宇宙論の物理

〈上〉

松原隆彦

東京大学出版会

Physical Foundations of Cosmology I
Takahiko MATSUBARA
University of Tokyo Press, 2014
ISBN978-4-13-062615-6

はじめに

　この宇宙全体はいったい何ものなのだろうか．この根本的な疑問は古代から存在するにちがいない．現代の宇宙論は，物理学に基づいてその答えを探る試みである．近年，宇宙の広い範囲を観測するための技術進歩が著しく，今世紀に入ってから，宇宙論は精密な実証科学としてその装いを新たにした．

　物理学と宇宙論は切っても切れない関係にある．古い宇宙観では，地上の世界と天上の世界はまったく別の法則にしたがうものと考えられていた．ところが，天動説から地動説へと切り替わり，さらにニュートンの力学体系が確立すると，天体にも地上の物体と同じ物理法則が働いていることが明らかになった．20世紀初頭，アルバート・アインシュタインにより時空の物理学ともいえる相対性理論が樹立された．これにより，宇宙の中にある物質と時空間そのものは不可分の関係にあることが明らかにされ，宇宙全体の振る舞いや進化を物理学によって調べることができるようになった．

　現代宇宙論において，観測される宇宙の基本的な振る舞いは，標準ビッグバン理論により説明されている．宇宙初期にはビッグバンと呼ばれる高温・高密度の状態があった．その後，空間が膨張することによって徐々に宇宙全体が冷えていき，さらに重力によって物質が集合して天体が形成され，現在の宇宙に至る．この過程は相対性理論や量子論などの現代物理学を用いて定量的に理解されている．標準ビッグバン理論は，最近の精密な宇宙観測による厳しい検証にも驚くほど耐えている．

　とはいえ，標準ビッグバン理論は完全な理論ではない．高温・高密度の初期宇宙がなぜ始まったのかという基本的な疑問に答えるためには，この理論を拡張する必要がある．この観点から，宇宙初期に指数関数的に広がる急激な宇宙膨張が起きたと仮定するインフレーション理論が広く調べられている．実際にインフレーションがこの宇宙に起こったのか，起こったとすればどういう形だったのか，あるいは他の可能性もあるのか，確固とした結論を得るためにはさらなる研究が必要である．

　また，初期宇宙だけでなく，現在の宇宙にも不明な点がある．現在の宇宙に存在するエネルギー成分のうち，95%以上の正体がわかっていない．そのうち3分の1程度をダークマターと呼ばれる正体不明の物質が占めており，残りの3分の2程度をダークエネルギーと呼ばれる正体不明のエネルギーが占めていると考えられている．これは宇宙論の研究分野だけで閉じた問題でなく，素粒子物理学や一般相対

性理論などの，基礎的な物理学分野にも大きな波紋を投げかけている．もしかすると，天動説から地動説へ移り変わるような，大きな宇宙観の変更を示唆しているのかもしれないとすらいわれている．

　本書は，現代宇宙論の基礎的な理論的方法を習得したい読者に向けて書かれたものである．主な読者像として宇宙論に関連する分野を専攻する大学院生を念頭においているが，予備知識としては物理学科の学部3年生程度までに習うものだけを仮定しているので，学部生でも時間をかけて読み込めば理解できるであろう．相対性理論や場の理論については，宇宙論の理解に必要な最小限の事項を，基礎からくわしく解説してある．現代宇宙論に用いられるさまざまな物理的事柄を，すべて第一原理から導出するように努めた．本書に現れるほぼすべての式は，注意深く読めば読者自身が導けるようにしてある．演習問題を付けていないが，本文中に現れる式を読者自ら手を動かして導くことがそのまま演習となる．

　ここで，筆者の前著『現代宇宙論――時空と物質の共進化』（東京大学出版会）[12] と本書との違いを述べておく．前著では，宇宙論の全体像を解説することに主眼がおかれ，正確な定量的取り扱いが多少犠牲になっている．本書では，実際の研究に用いられている数学的な手法もくわしく述べることにより，宇宙論の定量的な物理的基礎を解説している．本書は前著に比べて，より理論指向の強い読者に向けたものである．一方，前著で触れられている非線形構造形成や重力レンズ効果などの理論については分量の関係で本書には含まれていない．

　本書で扱う理論は，一部を除いて現在までの観測や実験で確かめられ，確立したものに限っている．素粒子論においては，大統一理論や超対称性理論，弦理論など，まだ実験的に確かめられていない数多くの理論的仮説が研究されている．宇宙論においても同様であり，とくにインフレーションやダークエネルギーに関する理論的仮説は数多く提案されている．これらの理論のうち，ごく限られたものは将来的に生き残るかもしれないが，大多数の理論は棄却されていく運命にある．物理学の進歩においては，膨大な理論的可能性の中から現実の実験や観測に合うものが選別され，最終的に正しい理論だけが後世に残されるという過程を経る．これまでに選別されて確立した理論は，将来的に近似的な理論になることはあっても，（よほどのパラダイム・シフトが起こらない限り）根本から覆されて棄却されることはまずない．本書で宇宙論における確固とした理論的基礎を習得しておけば，さらに進んで最先端の仮説的理論を学ぶことも容易になるであろう．

　理論物理を専攻する学部生から大学院生，さらには，これから宇宙論分野に進出しようとする他分野の研究者など，宇宙論の理論的な側面に興味を持つ幅広い読者

にとって，本書が長く使える教科書，または参考書となることを願っている．

本書の公式ウェブサイトを

http://tmcosmos.org/books/pcosmology/

とする．誤植・訂正情報はここに随時アップロードする．また，本書に誤植などを見つけた場合，このウェブサイトに書かれている方法で筆者に連絡してほしい．

前著『現代宇宙論』とともに本書の執筆を勧めてくださった東京大学の須藤靖教授には，研究上のご指導をはじめとして，ひとかたならぬお世話になった．本書の原型は，筆者が名古屋大学大学院で行った講義の資料として作成したノートにある．講義を聴講した学生さんにはさまざまな形でフィードバックしていただいた．とくに加未敬行氏にはその講義ノートにあった多くの誤植を指摘していただいた．本書は前著『現代宇宙論』と同時に企画されたのだが，前著の脱稿から，はや5年の歳月が経ってしまった．その間，辛抱強く原稿を待っていただいた編集部の丹内利香氏には，編集・校正の作業でもご苦労をかけた．杉山直教授をはじめとする名古屋大学宇宙論研究室のメンバーには，日頃のセミナーなどで有益な情報を提供していただいた．とくに本書で用いたCAMB改変コードは市來淨與助教によるところが大きい．本書の校正原稿を輪講形式でくわしく読み，有用な質問や誤りの指摘をしていただくなど最終段階で貢献してくださった方々は，学部4年生の新居舜，遠藤隆夫，堀井俊宏，松井由佳の各氏，田代寛之特任講師，西澤淳特任講師，浦川優子特任助教，日影千秋特任助教，新田大輔研究員，大学院生の嵯峨承平氏，森友紀氏などである．ここに名前を挙げられなかった方々を含めて，お世話になったすべての人々に心から感謝したい．

平成26年11月　　松原隆彦

上巻目次

はじめに	iii
本書における単位系	xiii

第 1 章　相対性理論　　1

1.1　特殊相対性理論　　1
- 1.1.1　ローレンツ変換　　1
- 1.1.2　スカラー，ベクトル，テンソル　　7
- 1.1.3　テンソルの対称化と反対称化　　9
- 1.1.4　相対論的力学　　10
- 1.1.5　電磁気学の共変形式　　13
- 1.1.6　エネルギー運動量テンソル　　18
- 1.1.7　エネルギーと運動量の保存則　　21

1.2　一般相対性理論　　23
- 1.2.1　等価原理　　23
- 1.2.2　計量テンソルと一般座標変換　　25
- 1.2.3　共変微分　　27
- 1.2.4　クリストッフェル記号と計量テンソル　　30
- 1.2.5　4 脚場形式　　31
- 1.2.6　平行移動　　33
- 1.2.7　座標変換とリー微分　　35
- 1.2.8　完全反対称テンソル　　37
- 1.2.9　ストークスの定理とガウスの定理　　38
- 1.2.10　測地線方程式　　41
- 1.2.11　測地線方程式のニュートン極限　　44
- 1.2.12　曲率テンソル　　45
- 1.2.13　アインシュタイン方程式　　49

第 2 章　一様等方宇宙モデル　　54

2.1　ロバートソン-ウォーカー計量　　54
- 2.1.1　宇宙原理　　54
- 2.1.2　ロバートソン-ウォーカー計量　　55
- 2.1.3　共動距離と共形時間　　56

	2.1.4	幾何学的な量	58
2.2	赤方偏移と宇宙論的距離		59
	2.2.1	粒子の自由運動と赤方偏移	59
	2.2.2	光度距離と角径距離	62
	2.2.3	ホライズン	63
2.3	スケール因子の膨張則		65
	2.3.1	一様等方時空のアインシュタイン方程式	65
	2.3.2	宇宙論パラメータ	68
	2.3.3	エネルギー成分の優勢期	71
	2.3.4	宇宙膨張と宇宙論パラメータ	73
	2.3.5	宇宙論的距離とホライズン	76
	2.3.6	宇宙年齢の漸近形	77
	2.3.7	ダークエネルギー	78
2.4	宇宙の熱的性質		82
	2.4.1	宇宙の熱力学変数	82
	2.4.2	宇宙膨張と温度	85
	2.4.3	脱結合とその後の温度	89
2.5	宇宙の熱的進化史		90
	2.5.1	電弱相転移	91
	2.5.2	クォーク・ハドロン転移	91
	2.5.3	ニュートリノの脱結合と電子・陽電子の対消滅	92
	2.5.4	原始元素合成	96
	2.5.5	電子の再結合と光子の脱結合	101

第3章　相対論的な古典場　　105

3.1	場の変分原理		105
	3.1.1	ラグランジアンと作用	105
	3.1.2	汎関数計算	107
	3.1.3	ネーターの定理	109
	3.1.4	保存カレントと保存量	113
	3.1.5	正準エネルギー運動量テンソル	115
	3.1.6	4次元角運動量テンソル密度	116
	3.1.7	場の正準形式	117
3.2	平坦時空における場の種類		119
	3.2.1	ローレンツ群	119
	3.2.2	ローレンツ群の表現	121
3.3	平坦時空の自由場		129
	3.3.1	実スカラー場	129
	3.3.2	複素スカラー場	131
	3.3.3	スピノル場	133
	3.3.4	電磁場	144

- 3.4 平坦時空のゲージ場 148
  - 3.4.1 ゲージ場としての電磁場 148
  - 3.4.2 ヤン-ミルズ場 152
- 3.5 時空間の変分原理 156
  - 3.5.1 幾何学量の変分 156
  - 3.5.2 重力場に対する最小作用の原理 158
  - 3.5.3 一般座標変換とエネルギー運動量テンソル 160

第 4 章 場の量子化　162

- 4.1 自由場の量子化 I：実スカラー場の例 162
  - 4.1.1 正準量子化 162
  - 4.1.2 フォック空間 164
  - 4.1.3 エネルギーの真空期待値と正規順序 166
  - 4.1.4 一般の時空点における交換関係 169
- 4.2 自由場の量子化 II：その他の場 170
  - 4.2.1 複素スカラー場 170
  - 4.2.2 スピノル場 172
  - 4.2.3 電磁場 173
- 4.3 場の相互作用 178
  - 4.3.1 量子系の時間発展 178
  - 4.3.2 場の相互作用表示 180
  - 4.3.3 漸近場と散乱行列 182
- 4.4 相互作用の摂動論 185
  - 4.4.1 散乱行列の摂動展開 185
  - 4.4.2 ウィックの定理と伝播関数 187
- 4.5 散乱振幅と散乱断面積 193
  - 4.5.1 散乱断面積の定義 193
  - 4.5.2 不変散乱振幅と散乱断面積 196
  - 4.5.3 粒子の崩壊幅 200
- 4.6 散乱断面積の計算例 201
  - 4.6.1 電子のクーロン散乱 201
  - 4.6.2 電子・電子散乱 206
  - 4.6.3 ファインマン則 211
  - 4.6.4 コンプトン散乱 215

第 5 章 素粒子標準モデル　226

- 5.1 対称性の自発的な破れ 227
  - 5.1.1 南部-ゴールドストーン粒子 227
  - 5.1.2 ヒッグス機構 229
- 5.2 電弱理論 231
  - 5.2.1 $SU(2) \times U(1)$ 対称性 231
  - 5.2.2 電弱対称性の破れ 233

		5.2.3	電弱ゲージ場	236

- 5.2.3 電弱ゲージ場 236
- 5.2.4 物質場の共変微分 238
- 5.2.5 弱ハイパーチャージと電荷 240
- 5.2.6 ワインバーグ–サラム理論 242
- 5.3 クォークの相互作用 247
  - 5.3.1 強い相互作用：量子色力学 248
  - 5.3.2 クォークの電弱相互作用 251
  - 5.3.3 クォークの質量 253
  - 5.3.4 **CKM** 行列 254
- 5.4 ニュートリノ質量 258
  - 5.4.1 電弱理論におけるニュートリノ質量 258
  - 5.4.2 マヨラナ質量項とシーソー機構 261
  - 5.4.3 ニュートリノ振動 268
- 5.5 ラグランジアンのまとめと低エネルギー現象論 271
  - 5.5.1 素粒子標準モデルのラグランジアン密度 271
  - 5.5.2 弱い相互作用の低エネルギー現象論 275

付録 A 有用な数値   279
- A.1 数学定数 279
- A.2 物理定数 280
- A.3 天文学的単位 281
- A.4 宇宙論的な量 282

付録 B 特殊関数および数学公式   284
- B.1 デルタ関数 284
- B.2 2 重階乗 284
- B.3 ガンマ関数 285
- B.4 ディガンマ関数 285
- B.5 リーマン・ツェータ関数 286
- B.6 多重対数関数 286
- B.7 ベッセル関数 287
- B.8 球ベッセル関数 287
- B.9 ルジャンドル多項式 289
- B.10 ルジャンドル陪多項式 290
- B.11 球面調和関数 292
- B.12 回転行列 294
- B.13 クレブシュ–ゴーダン係数 297
- B.14 スピン球面調和関数 297

参考図書   301

索　引   305

下巻目次

本書における単位系 ix

第 6 章　相対論的運動学　**1**
- 6.1　相対論的分布関数と巨視的変数 1
- 6.2　ボルツマン方程式 4
- 6.3　膨張宇宙における粒子の数密度進化 20
- 6.4　膨張宇宙における光子と電子の相互作用 45
- 6.5　トムソン散乱における偏極の取り扱い 58

第 7 章　線形摂動論　**79**
- 7.1　アインシュタイン方程式の線形近似 79
- 7.2　ゲージ変換と SVT 分解 90
- 7.3　ゲージ不変摂動論 97
- 7.4　いくつかのゲージ固定法 104
- 7.5　多成分系 112
- 7.6　線形ボルツマン方程式 119

第 8 章　インフレーション理論と初期密度ゆらぎ　**129**
- 8.1　インフレーション理論 129
- 8.2　スカラー型ゆらぎの生成 142
- 8.3　重力波の生成 161

第 9 章　線形摂動の時間発展　**169**
- 9.1　ゆらぎのモード分解 169
- 9.2　単成分系におけるゆらぎの進化 174
- 9.3　二成分系におけるゆらぎの進化 184
- 9.4　諸成分ゆらぎの発展方程式 198
- 9.5　光子の偏極自由度と発展方程式 214

第 10 章　諸成分の線形進化　**227**
- 10.1　諸成分ゆらぎの近似的進化 227
- 10.2　諸成分ゆらぎの初期条件 237
- 10.3　宇宙マイクロ波背景放射ゆらぎ 253

    10.4 宇宙の大規模構造 279

付録 A　有用な数値 **303**

付録 B　特殊関数および数学公式 **308**

参考図書 **325**

索　引 **329**

本書における単位系

本書を通じて採用されている単位系について説明する．真空中の光速度 c，換算プランク定数 $\hbar$，ボルツマン定数 k_B は，それぞれ物理的な次元を持つ普遍的な定数である．すると，長さ，質量，時間の 3 つの基本単位のうち任意の 2 つと，温度の単位を適切に選ぶことにより

$$c = \hbar = k_\mathrm{B} = 1 \tag{0.1}$$

とすることができる．このように普遍的な物理定数が 1 になるように選んだ単位系を**自然単位系** (natural units) という．さらに本書では，電磁気学の単位についてヘ**ビサイド-ローレンツ単位系** (Heaviside-Lorentz units) を採用する．この単位系では真空の誘電率 ϵ_0 と真空の透磁率 μ_0 を

$$\epsilon_0 = \mu_0 = 1 \tag{0.2}$$

とする．

本書ではとくに断らない限り，上に説明した自然単位系とヘビサイド-ローレンツ単位系を用いる．この単位系では時間と長さの次元は等しくなり，質量，温度，エネルギーは長さの逆数の次元に等しくなる．また電荷は無次元量になる．すべての物理量は 1 つの基本次元だけを持ち，たとえば長さの単位のみ，あるいはエネルギーの単位のみ，など任意の 1 つの単位だけですべての物理量が表される．

自然単位で表された物理量を一般の単位系の量に戻すには，その量が持つ本来の単位が正しく出るように，適切に $c, \hbar, k_\mathrm{B}, \epsilon_0, \mu_0$ のべきを乗じる．SI 単位系を例にとると，量 $c^\alpha \hbar^\beta k_\mathrm{B}^\gamma \epsilon_0^\delta \mu_0^\epsilon$ の単位は

$$[\mathrm{m}^{\alpha+2\beta+2\gamma-3\delta+\epsilon} \cdot \mathrm{kg}^{\beta+\gamma-\delta+\epsilon} \cdot \mathrm{s}^{-\alpha-\beta-2\gamma+4\delta-2\epsilon} \cdot \mathrm{A}^{2\delta-2\epsilon} \cdot \mathrm{K}^{-\gamma}] \tag{0.3}$$

となる．

たとえば圧力 p と温度 T の関係が自然単位で $p = aT^4$ と表されている場合を考える．ここで a は無次元の数とする．自然単位では両辺とも [長さ]$^{-4}$ の次元に揃っている．SI 単位系では圧力の単位は [m^{-1} · kg · s^{-2}]，温度の単位は [K] であるから，右辺に $c^\alpha \hbar^\beta k_\mathrm{B}^\gamma \epsilon_0^\delta \mu_0^\epsilon$ を乗じて単位が揃うことを要請すると，$\alpha = \beta = -3$, $\gamma = 4, \delta = \epsilon = 0$ となる．したがって一般の単位系では $p = a k_\mathrm{B}^4 T^4 / \hbar^3 c^3$ となるべ

きことがわかる．このようにして，自然単位で表された物理量はいつでも通常の単位系に戻すことができる．

第1章

相対性理論

　宇宙論において，時間と空間の性質は本質的な役割を演じる．時間と空間の物理学ともいえる相対性理論を抜きにして宇宙論を語ることはできない．この章では，本書を読むために最低限必要となる相対性理論の基礎的事項を，第一原理から説明する．本章の主目的は，相対性理論の包括的な知識を与えることではなく，後の章で用いる基礎的な公式を導出し，さらに相対性理論にまつわる記号法を確定することである．

1.1　特殊相対性理論

1.1.1　ローレンツ変換

　物理法則はどんな観測者にとっても同一の形をとる．とくに，真空中を伝播する光の速度は，誰にとっても一定である．お互いに等速直線運動している2人の観測者が，同じ光の伝播を観察する場合にさえ，どちらの観測者にとっても光速度の値は等しくなる．この事実は，時間と空間がお互いに運動する観測者の間で共通のものではないことを意味する．これがアインシュタインの考えた**相対性原理** (the principle of relativity) であり，そこから導かれる理論が特殊相対性理論である．

　最初に任意の慣性系を考え，そこに時間の座標 t と3次元空間の直交デカルト座標 (x,y,z) を考える．これらの座標値を $x^0 = t, x^1 = x, x^2 = y, x^3 = z$ と書き表し，それらをまとめて x^μ で表す．ここで添字である μ は，$\mu = 0,1,2,3$ のいずれかをとる．とくに断らない限り，一般的な記法としてギリシャ文字 $\mu, \nu, \ldots$ の添字は時空成分 $0,1,2,3$ をとるものとする．これに対して，ラテン文字 $i, j, \ldots$ の添字は空間成分 $1,2,3$ だけをとるものとする．たとえば x^i はこの慣性系の空間座標を表す．

4次元時空間の中に2つの事象点を考え，座標値をそれぞれ $(x_1^\mu) = (t_1, x_1, y_1, z_1)$, $(x_2^\mu) = (t_2, x_2, y_2, z_2)$ とする．座標値の差を $\Delta x^\mu = x_1^\mu - x_2^\mu$ とするとき，2つの事象の間の**時空間隔** (spacetime interval) Δs^2 を

$$\Delta s^2 = -(t_1 - t_2)^2 + (x_1 - x_2)^2 + (y_1 - y_2)^2 + (z_1 - z_2)^2 = \eta_{\mu\nu} \Delta x^\mu \Delta x^\nu \tag{1.1}$$

で定義する．ここで $\eta_{\mu\nu}$ は**計量テンソル** (metric tensor) と呼ばれる量である．その成分は $\eta_{00} = -1$, $\eta_{0i} = \eta_{i0} = 0$, $\eta_{ij} = \delta_{ij}$ で与えられる．ただし，δ_{ij} はクロネッカー・デルタ記号で，

$$\delta_{ij} \equiv \begin{cases} 1 & (i = j) \\ 0 & (i \neq j) \end{cases} \tag{1.2}$$

により定義される数である．計量テンソルが上のような値をとる時空間のことを，**ミンコフスキー時空** (Minkowski spacetime) という．ミンコフスキー時空でない時空間にも計量テンソルを考えることができるが，それについては次節で扱う一般相対性理論において現れる．

計量テンソル $\eta_{\mu\nu}$ を行列表示すると，対角行列

$$(\eta_{\mu\nu}) = \begin{pmatrix} -1 & & & 0 \\ & +1 & & \\ & & +1 & \\ 0 & & & +1 \end{pmatrix} \tag{1.3}$$

で表される．また，式 (1.1) の最後の表式においては添字 μ, ν についての和記号 $\sum_{\mu=0}^{3} \sum_{\nu=0}^{3}$ が省略されている．これは，アインシュタインの和の規約と呼ばれる記法で，上下に対になって現れる添字については和記号を書かなくてもこのように和をとることにする．上下に対になって現れる添字の和をとることを，添字の**縮約** (contraction) という．縮約において対になった添字は**ダミーの添字** (dummy index) と呼ばれる．ダミーの添字を同時に別の文字で置き換えても，式の意味は変わらない．

時空間隔の一方の端から粒子が出発して等速直線運動を行い，他方の端にその粒子が到着する場合を考える．式 (1.1) により，その粒子の速さは $v = (1 + \Delta s^2/\Delta t^2)^{1/2}$ で与えられる．したがって，$\Delta s^2 > 0$ では光速を超える．以下に示されるローレンツ変換によると，光速以下で動いている粒子を光速以上に加速することはできない．したがって，現実の粒子には不可能な経路となる．また $\Delta s^2 = 0$ ではちょうど

光速になるので，光はこの時空間隔に沿って進む．そして $\Delta s^2 < 0$ では光速よりも小さい速度となり，光速以下で動く現実の粒子はこの条件を満たす経路に沿ってのみ進むことができる．時空間隔が $\Delta s^2 < 0$ を満たす経路を**時間的** (time-like) である，という．また $\Delta s^2 > 0$ を満たす経路を**空間的** (space-like) である，という．さらに $\Delta s^2 = 0$ を満たす経路を**光的** (light-like) である，という．

いま，座標系 x^μ で記述される慣性系 O に対して，相対的に等速直線運動している他の座標系 $\tilde{x}^\mu$ で記述される慣性系 Õ を考える．物体に力が働かなければ，どちらの慣性系においてもその物体は等速直線運動する．このため，これら2つの座標系の座標値の間には線形関係が成り立つ．2つの慣性系座標の原点を一致させることにすれば，

$$\tilde{x}^\mu = \Lambda^\mu{}_\nu x^\nu \tag{1.4}$$

で関係づけられる．ここで $\Lambda^\mu{}_\nu = \partial \tilde{x}^\mu / \partial x^\nu$ は線形変換の係数行列である．

さて，慣性系 O において時空間隔 Δs^2 を持つ2つの事象を考え，慣性系 Õ で見たその2事象の時空間隔が $\Delta \tilde{s}^2$ になるとしよう．ここで慣性系 O における座標値 x_1^μ で光が出発し，真空中を伝播して座標値 x_2^μ に光が到達する場合を考える．真空中の光速は一定値 $c = 1$ であるから，この場合の時空間隔は $\Delta s^2 = 0$ となる．慣性系 Õ で見ても光速は同じ値であるから，対応する時空間隔は $\Delta \tilde{s}^2 = 0$ となる．時空間隔がゼロになる2つの時空点はいつでも光の出発点と到達点になれるから，ある慣性系で見た2事象間の時空間隔がゼロならば，他の慣性系でもその2事象間の時空間隔は必ずゼロになる．

次に，慣性系 Õ において任意の時空間隔を考え，それを $\Delta \tilde{s}^2 = \eta_{\mu\nu} \Delta \tilde{x}^\mu \Delta \tilde{x}^\nu$ とする．線形座標変換 (1.4) により，これを慣性系 O の座標値の差 Δx^μ で表すと，変換の線形性から，一般に任意の Δx^μ について

$$\Delta \tilde{s}^2 = M_{\mu\nu} \Delta x^\mu \Delta x^\nu = M_{00}(\Delta x^0)^2 + 2M_{0i}\Delta x^0 \Delta x^i + M_{ij}\Delta x^i \Delta x^j \tag{1.5}$$

が成り立つ．ただし，$M_{\mu\nu} = \eta_{\alpha\beta}\Lambda^\alpha{}_\mu \Lambda^\beta{}_\nu$ は座標には依存せず，対称行列 $M_{\mu\nu} = M_{\nu\mu}$ となる．ここで係数行列 $M_{\mu\nu}$ の満たす条件を求めるため，再び光的な時空間隔 $\Delta s^2 = 0$ の場合を考える．このとき $\Delta x^0 = (\delta_{ij}\Delta x^i \Delta x^j)^{1/2} \equiv \Delta r$ となり，さらに上の議論によって $\Delta \tilde{s}^2 = 0$ でもあるので，

$$0 = M_{00}\Delta r^2 + 2M_{0i}\Delta x^i \Delta r + M_{ij}\Delta x^i \Delta x^j \tag{1.6}$$

が任意の Δx^i について成り立つ．ここで，上の式において Δx^i の符号をすべて反

転したものを元の式から差し引くと $M_{0i} = 0$ が得られる．そして $(\Delta x^i) = (a, 0, 0)$，$(0, a, 0), (0, 0, a)$ をそれぞれ代入すると $M_{11} = M_{22} = M_{33} = -M_{00}$ が得られる．さらに $(\Delta x^i) = (a, a, 0), (0, a, a), (a, 0, a)$ をそれぞれ代入すると $M_{12} = M_{23} = M_{31} = 0$ が得られる．これらのことから係数行列は $M_{\mu\nu} \propto \eta_{\mu\nu}$ という形に制限される．このことと式 (1.5) により，比例定数を α として $\Delta \tilde{s}^2 = \alpha \Delta s^2$ となる．ただし Δs^2 は式 (1.1) で与えられる慣性系 O の時空間隔である．この比例定数 α は，慣性系 O から見た慣性系 Õ の速度 $\boldsymbol{v}$ に依存する関数である．時空間隔は空間座標の回転に対して不変なので，空間の等方性によりそれは絶対値 $v = |\boldsymbol{v}|$ のみの関数 $\alpha(v)$ になる．ここで，上の議論における慣性系 O と慣性系 Õ の役割を交換すると相対速度が $-\boldsymbol{v}$ になるが，比例定数は同じ値になるため，$\Delta s^2 = \alpha \Delta \tilde{s}^2$ が成り立つ．このことから，$\alpha^2 = 1$ つまり $\alpha = \pm 1$ でなければならない．ここで $\Delta s^2 \neq 0$ でかつ $\Delta t = \Delta \tilde{t} = 0$ の特別の場合には，Δs^2 と $\Delta \tilde{s}^2$ はそれぞれの慣性系で長さを表す量になるので，定数 α は正でなければならない．したがって，恒等的に $\alpha = 1$ となる．すなわち，時空間隔は $\Delta s^2 = \Delta \tilde{s}^2$ を満たす．

以上の考察により，相対性原理を満たすためには時空間隔 Δs^2 があらゆる慣性系で不変に保たれる必要がある．式 (1.4) の形の線形座標変換について時空間隔が不変になる条件は，変換係数行列 $\Lambda^\alpha{}_\mu$ が

$$\eta_{\mu\nu} = \Lambda^\alpha{}_\mu \Lambda^\beta{}_\nu \eta_{\alpha\beta} \tag{1.7}$$

を満たすことである．この条件を満たす行列 $\Lambda^\alpha{}_\mu$ による変換の式 (1.4) を**ローレンツ変換** (Lorentz transformation) と呼ぶ．何もしない単位変換 $\Lambda^\mu{}_\nu = \delta^\mu_\nu$ もローレンツ変換の一種である．ただし δ^μ_ν は 4 次元クロネッカー・デルタであり，

$$\delta^\mu_\nu \equiv \begin{cases} 1 & (\mu = \nu) \\ 0 & (\mu \neq \nu) \end{cases} \tag{1.8}$$

で定義される数である．空間軸だけの反転 $x^i \to -x^i$ つまり $(\Lambda^\mu{}_\nu) = \mathrm{diag.}(1, -1, -1, -1)$ や，時間軸だけの反転 $x^0 \to -x^0$ つまり $(\Lambda^\mu{}_\nu) = \mathrm{diag.}(-1, 1, 1, 1)$ もローレンツ変換の一種である．ただし，diag.(⋯) は引数を対角成分とする対角行列を表す．

ローレンツ変換行列 $\Lambda^\alpha{}_\mu$ を規定する式 (1.7) は μ, ν について対称であるから，10 個の独立成分を持つ．ローレンツ変換行列の要素 16 個に対して 10 個の関係式が課されるから，ローレンツ変換には 6 個の連続自由度がある．以下に見るように，これらは相対速度と空間回転の自由度に対応する．

ローレンツ変換の満たす式 (1.7) において，$\eta_{\mu\nu}, \Lambda^\alpha{}_\mu$ をそれぞれ 4×4 行列 $\boldsymbol{\eta}, \boldsymbol{\Lambda}$

の成分とみなせば，$\eta = \Lambda^T \eta \Lambda$ と表記できる．ただし Λ^T は Λ の転置行列である．この関係式の両辺に右から Λ の逆行列 Λ^{-1} をかけ，左から η の逆行列 η^{-1} をかけると，$\Lambda^{-1} = \eta^{-1} \Lambda^T \eta$ が得られる．ここで η^{-1} の行列要素を $\eta^{\mu\nu}$ のように添字を上にしたもので表すことにする．すると，逆ローレンツ変換の行列要素が得られて，

$$\left(\Lambda^{-1}\right)^\mu{}_\nu = \eta^{\mu\lambda} \Lambda^\rho{}_\lambda \eta_{\rho\nu} \tag{1.9}$$

となる．ただし，ミンコフスキー時空において，$\eta^{\mu\nu}$ と $\eta_{\mu\nu}$ は行列要素としては同じものである．

ローレンツ変換の条件式 (1.7) において両辺の行列式をとると，行列表示において $\det\eta = \det(\Lambda^T \eta \Lambda) = (\det\Lambda)^2 \det\eta$ となり，また $\det\eta = -1 \neq 0$ であるから，

$$\det\Lambda = \pm 1 \tag{1.10}$$

が得られる．さらに式 (1.7) の添字で $\mu = \nu = 0$ とおけば $-1 = -(\Lambda^0{}_0)^2 + \sum_i (\Lambda^i{}_0)^2$ となるので，

$$\left|\Lambda^0{}_0\right| \geq 1 \tag{1.11}$$

である．ここで $\det\Lambda = -1$ もしくは $\Lambda^0{}_0 \leq -1$ となるようなローレンツ変換は単位変換 $\Lambda^\mu{}_\nu = \delta^\mu_\nu$ から連続的に移り変わることができない．すなわち単位変換とは非連結な成分である．そのような非連結成分の例は，上述の座標軸反転である．たとえば，すべての空間軸を反転すると $\det\Lambda = -1$ となり，時間軸を反転すると $\Lambda^0{}_0 \leq -1$ となる．このように，変換の非連結成分は座標反転という離散的な変換を伴う．

単位変換から連続的に移ることができる変換は，空間座標の回転変換と，相対的に一定の速度を持った異なる慣性系へ移る**ローレンツ・ブースト** (Lorentz boost) の組み合わせから成り立つ．これらの変換は $\det\Lambda = 1$ かつ $\Lambda^0{}_0 \geq 1$ を満たす．この条件を満たすものは**本義ローレンツ変換** (proper orthochronous Lorentz transformation) と呼ばれる．特殊相対論の要請は，本義ローレンツ変換のもとで理論が不変であればよいということであり，時間反転や空間反転の不変性については必ずしも成り立っていなくともよい[*1]．

ローレンツ・ブーストの典型的な例として，x 軸方向へ一定の速度 $\boldsymbol{v} = (v, 0, 0)$

[*1] 以前には，およそ物理の基本法則と呼べるものはすべて，時間や空間の反転に対して当然対称であるはず，と思われていた．しかし現在では，その考えは正しくないことが実験的に示されている．

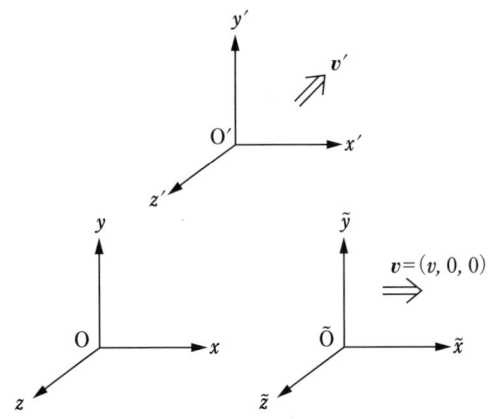

図 1.1 ローレンツ・ブーストの説明図. $O \to \tilde{O}$ は x 軸に平行に運動する慣性系への変換. $O \to O'$ は任意の方向へ運動する慣性系への変換. いずれの場合も，各座標軸は平行に保たれる.

で動く慣性系への変換（図 1.1 における $O \to \tilde{O}$）がよく知られている．この場合には，対称性から y 軸と z 軸はローレンツ変換に関与しない．そこで，$\tilde{t} = At + Bx$, $\tilde{x} = Ct + Dx$, $\tilde{y} = y$, $\tilde{z} = z$ という形のローレンツ変換を探す．ここで慣性系 $\tilde{O}$ の原点の運動を慣性系 O から見たときの x 方向の速度を考えると，$\tilde{x} = 0$ の条件より $v = -C/D$ という関係がある．これらの関係をローレンツ変換の条件式(1.7)へ代入すると，係数 A, B, C, D が一意的に求まる．その結果，

$$\tilde{t} = \frac{t - vx}{\sqrt{1 - v^2}}, \quad \tilde{x} = \frac{x - vt}{\sqrt{1 - v^2}}, \quad \tilde{y} = y, \quad \tilde{z} = z \tag{1.12}$$

が得られる．ここで因子

$$\gamma = \frac{1}{\sqrt{1 - v^2}} \tag{1.13}$$

は**ローレンツ因子** (Lorentz factor)，あるいは**ローレンツ項** (Lorentz term) と呼ばれる．

　同様の考察によって，一般の速度 $\boldsymbol{v}$ で運動する慣性系へのローレンツ・ブースト（図 1.1 における $O \to O'$）については，

$$(\Lambda^\alpha{}_\mu) = \begin{pmatrix} \gamma & -v\gamma n_j \\ -v\gamma n^i & (\gamma - 1)n^i n_j + \delta^i_j \end{pmatrix} \tag{1.14}$$

となることが導かれる．ただし n^i は速度の方向を表す単位ベクトル $\boldsymbol{n} = \boldsymbol{v}/v$ の i 成分である．また，平坦な直交座標の空間を考えている限り空間添字の上下には意味

がなく $n_j = n^j$ である．式 (1.14) で与えられる一般のローレンツ・ブーストに，空間軸回転を合わせたものが，一般のローレンツ変換である．空間軸回転は 3 つのオイラー角で表されるので，速度 v で与えられるローレンツ・ブーストの 3 自由度と合わせると，ローレンツ変換の自由度は 6 つになる．

無限小ローレンツ変換は，6 個の成分を持つ 4×4 反対称行列 $\epsilon^{\alpha\beta}$（$\epsilon^{\beta\alpha} = -\epsilon^{\alpha\beta}$）を用いて，

$$\Lambda^\alpha{}_\mu = \frac{\partial \tilde{x}^\alpha}{\partial x^\mu} = \delta^\alpha_\mu + \epsilon^{\alpha\beta}\eta_{\beta\mu} \tag{1.15}$$

と表すことができる．このことは式 (1.15) を式 (1.7) へ代入して ϵ の 2 次以上の項を無視すると確かめられる．ここで無限小 3 次元ベクトル

$$\boldsymbol{\theta} = \left(\epsilon^{23}, \epsilon^{31}, \epsilon^{12}\right), \quad \boldsymbol{u} = \left(\epsilon^{10}, \epsilon^{20}, \epsilon^{30}\right) \tag{1.16}$$

を定義すると，式 (1.15) の無限小ローレンツ変換は $\boldsymbol{\theta}$ 方向への角度 $|\boldsymbol{\theta}|$（ラジアン）の無限小 3 次元空間回転と，速度 $\boldsymbol{u}$ の無限小ローレンツ・ブーストを組み合わせたものになっていることが確かめられる．

ローレンツ変換係数の行列式の絶対値が 1 であることから，4 次元時空体積要素 $d^4x = dx^0 dx^1 dx^2 dx^3$ はローレンツ変換によって値を変えない不変量である．

1.1.2 スカラー，ベクトル，テンソル

アインシュタインの相対性原理を満たすためには，どのような慣性系においても物理法則は同じ形になる必要がある．すなわち，物理法則を表す方程式の内容は，ローレンツ変換によって不変に保たれる．しかし，3 次元空間上で定義されている関数やベクトルなどは，ローレンツ変換によって複雑にその形を変化させる．このため，そのような量で書き表された方程式の内容がローレンツ変換によって不変であるかどうかを，一目で判別することは難しい．そこで，ローレンツ変換による変換性が明らかになるような物理量を定義すると便利である．そのような量を用いて物理法則を表す方程式を書き下せば，それが相対性原理を満たすかどうかを一見して判別できるようになる．そのような量を以下に定義していく．

まず，ローレンツ変換に対して値を変えない量を**スカラー** (scalar) という．一般に時空間の関数 $\phi(x)$ を考える．ここで引数の x は 4 次元座標 x^μ の関数であることを簡略化して表したものである．ある慣性座標 x から他の慣性座標 $\tilde{x}$ へのローレンツ変換により，この関数は $\tilde{\phi}(\tilde{x})$ と変換されるとする．スカラー量とは，

$$\tilde{\phi}(\tilde{x}) = \phi(x) \tag{1.17}$$

という変換則にしたがう量のことである．

次に，ローレンツ変換のもとで座標値 x^μ と同じように変換する，4つの成分を持つ量を **4元ベクトル** (4-vector) という．4つの数の組で表される時空間の関数 $A^\mu(x)$ が4元ベクトルとなる条件は，式 (1.4) のローレンツ変換のもとで

$$\tilde{A}^\alpha(\tilde{x}) = \Lambda^\alpha{}_\mu A^\mu(x) \tag{1.18}$$

と変換することである．ここで，任意の4元ベクトル A^μ に対し，添字を下に付けた量 $A_\mu = \eta_{\mu\nu} A^\nu$ を定義する．式 (1.9) により，この量の変換性は，

$$\tilde{A}_\alpha(\tilde{x}) = \left(\Lambda^{-1}\right)^\mu{}_\alpha A_\mu(x) \tag{1.19}$$

となることがわかる．ここで $(\Lambda^{-1})^\mu{}_\alpha = \partial x^\mu / \partial \tilde{x}^\alpha$ は逆ローレンツ変換の行列で，慣性系 $\tilde{x}$ から慣性系 x へのローレンツ変換を表す行列である．下付き添字のベクトルは **共変ベクトル** (covariant vector) とも呼ばれている．これに対して上付き添字のベクトルは **反変ベクトル** (contravariant vector) とも呼ばれている．計量テンソルの逆行列 $\eta^{\mu\nu}$ を用いると，$A^\mu = \eta^{\mu\nu} A_\nu$ によって共変ベクトル A_μ を反変ベクトル A^μ にすることができる．

2つの4元ベクトル A^μ と B^μ の内積を $\eta_{\mu\nu} A^\mu B^\nu = A^\mu B_\mu$ で定義する．ローレンツ変換を施してみると明らかなように，この内積はあらゆる慣性系で同じ値をとる．すなわちスカラー量である．

ローレンツ変換に対して，異なる添字を持つ2つのベクトルの積 $A^\mu B^\nu$ と同じように変換するものを **2階テンソル** (2nd-order tensor) という．すなわち，$C^{\mu\nu}$ が2階テンソルであるための条件は，ローレンツ変換に対して

$$\tilde{C}^{\alpha\beta}(\tilde{x}) = \Lambda^\alpha{}_\mu \Lambda^\beta{}_\nu C^{\mu\nu}(x) \tag{1.20}$$

と変換することである．上に付いている添字は $C^\mu{}_\nu = \eta_{\nu\lambda} C^{\mu\lambda}$，$C_{\mu\nu} = \eta_{\mu\lambda} \eta_{\nu\sigma} C^{\lambda\sigma}$ などのように下げることができ，その変換性は

$$\tilde{C}^\alpha{}_\beta(\tilde{x}) = \Lambda^\alpha{}_\mu \left(\Lambda^{-1}\right)^\nu{}_\beta C^\mu{}_\nu(x) \tag{1.21}$$

$$\tilde{C}_{\alpha\beta}(\tilde{x}) = \left(\Lambda^{-1}\right)^\mu{}_\alpha \left(\Lambda^{-1}\right)^\nu{}_\beta C_{\mu\nu}(x) \tag{1.22}$$

などとなる．つまり，添字の位置によってその変換性が決まり，上付きの添字については反変ベクトルのように，また下付きの添字については共変ベクトルのように

変換行列がかけられて変換される．3階テンソルや，高階のテンソルも同様に定義できる．また，スカラーとベクトルはそれぞれ0階および1階のテンソルともみなされる．

一般にn階のテンソルにおいて，上下に配置された2つの添字の対に対して縮約をとると，それらについてはダミーの添字となり，残った添字に関して$(n-2)$階のテンソルとなる．たとえば$C^{\mu\lambda}{}_{\lambda\nu}$は2階テンソルである．また，座標微分$\partial_\mu \equiv \partial/\partial x^\mu$の変換は

$$\tilde{\partial}_\mu = \frac{\partial}{\partial \tilde{x}^\mu} = \frac{\partial x^\alpha}{\partial \tilde{x}^\mu}\frac{\partial}{\partial x^\alpha} = \left(\Lambda^{-1}\right)^\alpha{}_\mu \partial_\alpha \tag{1.23}$$

となるので，共変ベクトルとして振る舞う．さらにローレンツ変換行列の座標微分はゼロであるから，任意のn階テンソルに偏微分∂_μを作用させたものは$(n+1)$階テンソルとして変換する．

式 (1.7) からわかるように，計量$\eta_{\mu\nu}$はローレンツ変換について値を変えない2階の共変テンソルとして変換する．つまり，計量自体も2階テンソルとみなされる．このことが計量テンソルと呼ばれる由来である．量$\eta^{\mu\nu}$は計量テンソル$\eta_{\mu\nu}$の逆行列と定義されたから，$\eta^{\mu\lambda}\eta_{\lambda\nu} = \delta^\mu{}_\nu$となる．したがって，計量テンソルの一方の添字を上げたものは任意の慣性系において$\eta^\mu{}_\nu = \eta_\nu{}^\mu = \delta^\mu_\nu$となる．

1.1.3 テンソルの対称化と反対称化

高階テンソルにおいて，添字の交換に関する対称化を行うと便利な場合がある．たとえば，任意の2階テンソル$C^{\mu\nu}$が与えられたとき，添字の交換に対して値を変えないテンソル，および全体の符号が反転するテンソルを次のように作ることができる：

$$C^{(\mu\nu)} = \frac{1}{2}(C^{\mu\nu} + C^{\nu\mu}), \qquad C^{[\mu\nu]} = \frac{1}{2}(C^{\mu\nu} - C^{\nu\mu}) \tag{1.24}$$

同じ階数と添字の位置を持つ複数のテンソルの和や差も，やはり同じ型のテンソルであるから，上の量はテンソルである．このような操作をテンソルの対称化，および反対称化という．3階テンソル$C^{\mu\nu\rho}$の対称化と反対称化は次のようになる：

$$C^{(\mu\nu\rho)} = \frac{1}{3!}(C^{\mu\nu\rho} + C^{\nu\rho\mu} + C^{\rho\mu\nu} + C^{\nu\mu\rho} + C^{\mu\rho\nu} + C^{\rho\nu\mu}) \tag{1.25}$$

$$C^{[\mu\nu\rho]} = \frac{1}{3!}(C^{\mu\nu\rho} + C^{\nu\rho\mu} + C^{\rho\mu\nu} - C^{\nu\mu\rho} - C^{\mu\rho\nu} - C^{\rho\nu\mu}) \tag{1.26}$$

反対称テンソルは添字を奇置換したときに符号が反転する．さらに一般のn階テ

ンソルの対称化と反対称化については

$$C^{(\mu_1\cdots\mu_n)} = \frac{1}{n!}\sum_{\text{perm.}} C^{\mu_{i_1}\cdots\mu_{i_n}} \tag{1.27}$$

$$C^{[\mu_1\cdots\mu_n]} = \frac{1}{n!}\sum_{\text{perm.}} (-)^P C^{\mu_{i_1}\cdots\mu_{i_n}} \tag{1.28}$$

と定義することができる．ここで，和記号はすべての添字の置換 (permutation) $k \to i_k$ $(k = 1,\ldots,n)$ について和をとることを意味し，因子 $(-)^P$ は偶置換のとき $+$，奇置換のとき $-$ を与えるものとする．

1.1.4 相対論的力学

　ある慣性系における 4 次元座標の中を，質量を持つ粒子が運動する場合を考える．粒子の運動は，4 次元座標空間の中に描かれた 1 つの曲線で表される．この曲線は，**世界線** (world line) と呼ばれる．粒子とともに動く観測者によって計られる時間 τ をその粒子の**固有時** (proper time) という．粒子とともに動く慣性座標を，その粒子の**共動座標** (comoving coordinates) という．固有時とは共動座標における時間座標である．

　粒子の共動座標における微小時空間隔は $ds^2 = -d\tau^2$ で与えられる．一般の慣性座標系において対応する座標間隔を dx^μ とするとき，時空間隔の不変性により，

$$\eta_{\mu\nu} dx^\mu dx^\nu = -d\tau^2 \tag{1.29}$$

が成り立つ．一般の慣性系から見た粒子の 3 次元速度ベクトルを $\boldsymbol{v} = d\boldsymbol{x}/dt$ とし，その大きさを $v = |\boldsymbol{v}|$ とすると，上の式から

$$\frac{d\tau}{dt} = \sqrt{1 - v^2} \tag{1.30}$$

が導かれる．これは，運動する粒子に沿って計った時間 τ が，粒子とともには運動していない一般の観測者の時間 t よりも遅いことを示している．つまり，運動する粒子を観測者が見ると，時間が間延びして見えることを表す．もし粒子の質量がゼロであれば，その粒子は光速で進むので $v = 1$ となり，したがって $d\tau/dt = 0$ であるから固有時間はまったく進まない．

　質量がゼロでない粒子を考え，単位固有時あたりの粒子座標の変化量

$$u^\mu = \frac{dx^\mu}{d\tau} \tag{1.31}$$

を **4元速度** (4-velocity) という．ここで式 (1.29) により，4元速度は規格化条件

$$\eta_{\mu\nu}u^\mu u^\nu = -1 \tag{1.32}$$

を満たす．すなわち，4元速度は粒子の世界線に沿った単位接ベクトルである．式 (1.31) から導かれるように

$$u^\mu \partial_\mu = \frac{d}{d\tau} \tag{1.33}$$

が成り立つ．このことは，左辺が粒子の静止系に沿った微分であることからも理解できる．速度の定義式 (1.31) と式 (1.30) により，一般の慣性系から見た4元速度の成分を求めると，

$$(u^\mu) = \left(\frac{1}{\sqrt{1-v^2}}, \frac{\boldsymbol{v}}{\sqrt{1-v^2}}\right) \tag{1.34}$$

となる．粒子の共動座標系では $(u^\mu) = (1,0,0,0)$ である．

4元速度をもう一度固有時で微分した量

$$a^\mu = \frac{d^2x^\mu}{d\tau^2} = \frac{du^\mu}{d\tau} = u^\nu \partial_\nu u^\mu \tag{1.35}$$

を **4元加速度** (4-acceleration) という．4元速度の規格化の式 (1.32) を微分することにより，

$$\eta_{\mu\nu}u^\mu a^\nu = 0 \tag{1.36}$$

が導かれる．すなわち，4元速度 u^μ と4元加速度 a^μ は4次元時空において必ず直交する，という性質がある．4元加速度の成分を求めると，

$$(a^\mu) = \left(\frac{\boldsymbol{v}\cdot\dot{\boldsymbol{v}}}{(1-v^2)^2}, \frac{\dot{\boldsymbol{v}}}{1-v^2} + \frac{(\boldsymbol{v}\cdot\dot{\boldsymbol{v}})\boldsymbol{v}}{(1-v^2)^2}\right) \tag{1.37}$$

となる．ただし $\dot{\boldsymbol{v}} = d\boldsymbol{v}/dt$ である．

粒子の静止質量を m とするとき，

$$P^\mu = mu^\mu \tag{1.38}$$

で定義される量を **4元運動量** (4-momentum) という．4元運動量の満たす重要な性質は，式 (1.32) から導かれる

$$\eta_{\mu\nu}P^\mu P^\nu + m^2 = 0 \tag{1.39}$$

である．4元運動量の空間成分は

$$P = \frac{m\boldsymbol{v}}{\sqrt{1-v^2}} \tag{1.40}$$

である．これは非相対論的極限 $v \ll 1$ のとき，ニュートン力学における運動量 $m\boldsymbol{v}$ に等しい．また，4元運動量の時間成分を E とすると，

$$E = P^0 = \frac{m}{\sqrt{1-v^2}} \tag{1.41}$$

である．これを v で展開すると

$$E = m + \frac{1}{2}mv^2 + \cdots \tag{1.42}$$

となる．右辺第2項はニュートン力学の運動エネルギーに対応している．したがって，この量 $E = P^0$ は粒子の持つエネルギーと解釈できる．右辺第1項はニュートン力学には現れない量である．これは静止する粒子が持つエネルギーとなっていて，粒子の質量エネルギーと解釈できる．光速 c を復活させた一般の単位系では，この項は mc^2 である．式 (1.42) で $v = 0$ とおけば，質量とエネルギーの等価性を表すアインシュタインの有名な式 $E = mc^2$ となる．

　質量ゼロの粒子に対しては4元速度を定義できないが，その場合でも4元運動量は次のように定義することができる．まず，ある慣性系での時間成分 P^0 としては，その慣性系で見た粒子のエネルギー E を用いて $P^0 = E$ とする．さらに粒子の運動方向を空間成分 $\boldsymbol{P}$ のベクトルの向きと一致させ，その大きさを $E = |\boldsymbol{P}|$ とする．こうして，質量ゼロの粒子に対する4元運動量を

$$(P^\mu) = (E, \boldsymbol{P}) \tag{1.43}$$

で定義する．この定義のもとで，式 (1.39) は $m = 0$ の場合にも成り立つ．

　粒子の速度は式 (1.40), (1.41) により

$$\boldsymbol{v} = \frac{\boldsymbol{P}}{P^0} = \frac{\boldsymbol{P}}{E} \tag{1.44}$$

で与えられる．この式は質量ゼロ ($m = 0$) の粒子の場合にも成り立つ．実際，このときには $\boldsymbol{v}$ が単位ベクトルとなるので，速度は運動量の方向を向き，その絶対値は光速に等しくなっている．

　ニュートンの運動方程式は，そのままの形ではアインシュタインの相対性原理を満たさない．このため，ニュートン力学を相対性原理に矛盾しないように修正する必要がある．非相対論的な極限 $v \ll 1$ のとき，4元運動量の空間成分は通常の運動量 $m\boldsymbol{v}$ に等しくなる．そこで，力 $\boldsymbol{F}$ のかかる粒子に対するニュートンの運動方程

式 $dP/dt = F$ を非相対論的な極限として再現し，さらに相対性原理を満たすために両辺がテンソル式で表される方程式を考えると，

$$\frac{dP^\mu}{d\tau} = F^\mu \tag{1.45}$$

が得られる．これが相対論的に修正されたニュートンの運動方程式である．

上式の右辺における F^μ は **4元力** (4-force) と呼ばれる量である．式 (1.45) の左辺を計算することにより，4元力の空間成分は

$$\boldsymbol{F} = \frac{1}{\sqrt{1-v^2}} \frac{d}{dt}\left(\frac{m\boldsymbol{v}}{\sqrt{1-v^2}}\right) = \frac{m\dot{\boldsymbol{v}}}{1-v^2} + \frac{m(\boldsymbol{v}\cdot\dot{\boldsymbol{v}})\boldsymbol{v}}{(1-v^2)^2} \tag{1.46}$$

で与えられる．また時間成分は $F^0 = m\boldsymbol{v}\cdot\dot{\boldsymbol{v}}/(1-v^2)^2$ となるが，これは $\boldsymbol{F}\cdot\boldsymbol{v}$ に等しく，この力が粒子にする仕事率を表している．こうして，4元力の成分表示は式 (1.46) の $\boldsymbol{F}$ を用いて

$$(F^\mu) = (\boldsymbol{F}\cdot\boldsymbol{v}, \boldsymbol{F}) \tag{1.47}$$

となる．このように，相対性理論における一般化された運動量とは，時間成分にエネルギーを持つ4元ベクトルであり，さらに4元ベクトルで表される一般化された力は，4元運動量に対する変化率に対応している．

1.1.5　電磁気学の共変形式

電磁気学の基本方程式であるマクスウェル方程式は，相対性理論の発見以前から，そのままで真空中の光速が一定であることを予言していた．特殊相対性理論は，この事実を元にして，それまでの時空間の概念を覆すことによって作られたのである．すなわち，マクスウェル方程式ははじめから相対性原理を満たしているので，ニュートン力学のように修正される必要がない．このために，3次元のスカラーやベクトルで書き表されたマクスウェル方程式は，そのまま4次元テンソル形式で書き直すことができる．

最初に，電磁気学の基本事項を復習しておく．本書で採用しているヘビサイド-ローレンツ単位系に基づく自然単位において，真空中のマクスウェル方程式を書き下すと

$$\boldsymbol{\nabla}\cdot\boldsymbol{E} = \rho, \quad \boldsymbol{\nabla}\cdot\boldsymbol{B} = 0, \quad \boldsymbol{\nabla}\times\boldsymbol{B} - \frac{\partial\boldsymbol{E}}{\partial t} = \boldsymbol{J}, \quad \boldsymbol{\nabla}\times\boldsymbol{E} + \frac{\partial\boldsymbol{B}}{\partial t} = 0 \tag{1.48}$$

という形になる．ここで $\boldsymbol{E}(\boldsymbol{x},t)$ は電場，$\boldsymbol{B}(\boldsymbol{x},t)$ は磁場，$\rho(\boldsymbol{x},t)$ は電荷密度場，$\boldsymbol{J}(\boldsymbol{x},t)$ は電流密度場であり，すべて空間と時間の関数である．電磁場中で速度 $\boldsymbol{v}$

を持つ点電荷 q に働くローレンツ力は

$$F = q(E + v \times B) \tag{1.49}$$

で与えられる．式 (1.48) の第 1 式と第 3 式からは電荷保存則

$$\frac{\partial \rho}{\partial t} + \nabla \cdot J = 0 \tag{1.50}$$

が導かれる．

ここでスカラー・ポテンシャル $\phi(x,t)$ とベクトル・ポテンシャル $A(x,t)$ を

$$B = \nabla \times A, \quad E = -\nabla \phi - \frac{\partial A}{\partial t} \tag{1.51}$$

により導入すると，式 (1.48) の第 2 式と第 4 式は自動的に満たされる．ここで，$\theta(x,t)$ を任意のスカラー関数とするとき，次の**ゲージ変換** (gauge transformation)

$$\phi \to \tilde{\phi} = \phi - \frac{\partial \theta}{\partial t}, \quad A \to \tilde{A} = A + \nabla \theta \tag{1.52}$$

を施しても電磁場 E, B は不変に保たれる．このため，ポテンシャル場には物理的な自由度以外の任意性が含まれている．この自由度を電磁場の**ゲージ自由度** (gauge freedom) という．

残りのマクスウェル方程式である式 (1.48) の第 1 式と第 3 式をポテンシャル場の方程式として表すと，

$$\Delta \phi + \frac{\partial}{\partial t} \nabla \cdot A = -\rho, \quad \Delta A - \frac{\partial^2 A}{\partial t^2} - \nabla \left(\frac{\partial \phi}{\partial t} + \nabla \cdot A \right) = -J \tag{1.53}$$

となる．ただし $\Delta = \nabla \cdot \nabla$ はラプラシアンを表す．ゲージ変換の自由度を利用すると，上の方程式を簡単化することができる．よく用いられる方法の 1 つは，ゲージ変換によって次のローレンツ・ゲージ条件

$$\frac{\partial \phi}{\partial t} + \nabla \cdot A = 0 \tag{1.54}$$

を満たすようにすることである．このとき式 (1.53) は外場中の波動方程式

$$\frac{\partial^2 \phi}{\partial t^2} - \Delta \phi = \rho, \quad \frac{\partial^2 A}{\partial t^2} - \Delta A = J \tag{1.55}$$

に帰着する．

以上のように与えられる電磁場の記述を，相対論的なテンソル形式で書き表すことを考える．ここで電磁場 E, B を個別に 4 元ベクトルの空間成分と見なそうとしてもうまくいかない．対応する時間成分がないからである．そこでスカラー・ポテ

ンシャルとベクトル・ポテンシャルがそれぞれ時間成分と空間成分になる 4 元ベクトル

$$(A^\mu) = (\phi, \mathbf{A}) \tag{1.56}$$

を考えてみる．これを**電磁 4 元ポテンシャル** (electromagnetic 4-potential) という．さらに，電荷密度 ρ と電流密度 $\mathbf{J}$ から作られる 4 元ベクトル

$$(J^\mu) = (\rho, \mathbf{J}) \tag{1.57}$$

を定義する．これを **4 元電流密度** (4-current) という．

これらの 4 元ベクトルを用いると，マクスウェル方程式と等価な式 (1.53) は一つの共変な運動方程式

$$\Box A^\mu - \partial^\mu \partial_\nu A^\nu = -J^\mu \tag{1.58}$$

にまとめられる．ここで上付き添字の微分は $\partial^\mu = \eta^{\mu\nu}\partial_\nu$ で定義され，また

$$\Box = \partial_\mu \partial^\mu = -\frac{\partial^2}{\partial t^2} + \Delta \tag{1.59}$$

はダランベルシアンと呼ばれるスカラー微分演算子である．電荷保存則 (1.50) をこの 4 次元記法で表すと，

$$\partial_\mu J^\mu = 0 \tag{1.60}$$

というスカラー方程式になる．この式はベクトル方程式である運動方程式 (1.58) の発散をとることでも容易に導ける．

ゲージ変換の式 (1.52) は 4 次元記法で

$$A_\mu(x) \to \tilde{A}_\mu(x) = A_\mu(x) + \partial_\mu \theta(x) \tag{1.61}$$

とまとめて表される．ローレンツ・ゲージ条件 (1.54) は

$$\partial_\mu A^\mu = 0 \tag{1.62}$$

というスカラー方程式になる．すなわち相対論的に不変な条件となっている．ただしゲージ条件は物理的なものではなく，人工的に課されるものなので，必ずしも相対論的に共変な条件である必要はない．たとえば，クーロン・ゲージ条件 $\nabla \cdot \mathbf{A} = 0$，時間的ゲージ条件 $A^0 = 0$，軸性ゲージ条件 $A^3 = 0$ なども有用に用いられることがあるが，これらの条件は明らかに相対論的に不変ではない．ローレンツ・ゲー

ジ条件は相対論的な共変性を保つ特別なゲージ条件の1つである．ローレンツ・ゲージ条件のもとでの運動方程式 (1.55) は非常に簡潔な形

$$\Box A^\mu = -J^\mu \qquad (1.63)$$

で与えられる．

電磁場 E, B は次の2階反対称テンソル

$$F_{\mu\nu} = \partial_\mu A_\nu - \partial_\nu A_\mu \qquad (1.64)$$

から得られる．これを**電磁場テンソル** (electromagnetic field tensor) という．実際，その成分を計算して式 (1.51) と比較すると

$$(F_{\mu\nu}) = \begin{pmatrix} 0 & -E_1 & -E_2 & -E_3 \\ E_1 & 0 & B_3 & -B_2 \\ E_2 & -B_3 & 0 & B_1 \\ E_3 & B_2 & -B_1 & 0 \end{pmatrix}, \quad (F^{\mu\nu}) = \begin{pmatrix} 0 & E_1 & E_2 & E_3 \\ -E_1 & 0 & B_3 & -B_2 \\ -E_2 & -B_3 & 0 & B_1 \\ -E_3 & B_2 & -B_1 & 0 \end{pmatrix} \qquad (1.65)$$

となっていることがわかる．ここで

$$\epsilon_{ijk} = \begin{cases} 1 & [(i,j,k) = (1,2,3), (2,3,1), (3,1,2) \text{ のとき}] \\ -1 & [(i,j,k) = (1,3,2), (3,2,1), (2,1,3) \text{ のとき}] \\ 0 & [\text{その他}] \end{cases} \qquad (1.66)$$

により定義される3次元完全反対称テンソルを用いると，

$$F_{0i} = -E_i, \quad F_{ij} = \epsilon_{ijk} B_k \qquad (1.67)$$

$$E_i = -F_{0i}, \quad B_i = \frac{1}{2} \epsilon_{ijk} F_{jk} \qquad (1.68)$$

が成り立つ．電磁場テンソルを与える式 (1.64) は，明らかに式 (1.61) のゲージ変換のもとで不変である．

電磁場テンソルを用いると，マクスウェル方程式 (1.58) は簡潔な形

$$\partial_\nu F^{\mu\nu} = J^\mu \qquad (1.69)$$

で表される．この式の電磁場テンソル $F^{\mu\nu}$ に式 (1.65) を代入して電磁場 E, B の方程式に書き直すと，3次元ベクトルで表した元のマクスウェル方程式 (1.48) の第1

式と第3式が再現される．また，第2式と第4式は，式 (1.65) のもとで，

$$\partial_\lambda F_{\mu\nu} + \partial_\mu F_{\nu\lambda} + \partial_\nu F_{\lambda\mu} = 0 \tag{1.70}$$

と等価であることが確かめられる．この方程式は当然ながら，電磁4元ポテンシャルを用いた電磁場テンソルの表式 (1.64) のもとでは，単なる恒等式である．

ここで $\epsilon_{0123} = 1$ と規格化された4次元完全反対称テンソル $\epsilon_{\mu\nu\lambda\rho}$ を導入する．これは式 (1.66) を4次元テンソルに拡張したもので，$(\mu, \nu, \lambda, \rho)$ が $(0, 1, 2, 3)$ の偶置換のとき 1，奇置換のとき -1，重複する成分が含まれるとき 0 と定義される量である．このとき次の2階テンソル

$$^*F_{\mu\nu} = \frac{1}{2} \epsilon_{\mu\nu\lambda\rho} F^{\lambda\rho} \tag{1.71}$$

を定義する．これを**双対電磁場テンソル** (dual electromagnetic field tensor) という．これを成分表示すると

$$(^*F_{\mu\nu}) = \begin{pmatrix} 0 & -B_1 & -B_2 & -B_3 \\ B_1 & 0 & -E_3 & E_2 \\ B_2 & E_3 & 0 & -E_1 \\ B_3 & -E_2 & E_1 & 0 \end{pmatrix}, \quad (^*F^{\mu\nu}) = \begin{pmatrix} 0 & B_1 & B_2 & B_3 \\ -B_1 & 0 & -E_3 & E_2 \\ -B_2 & E_3 & 0 & -E_1 \\ -B_3 & -E_2 & E_1 & 0 \end{pmatrix} \tag{1.72}$$

となる．この量を用いると，式 (1.70) は

$$\partial_\nu {}^*F^{\mu\nu} = 0 \tag{1.73}$$

と表すことができる．

式 (1.49) のローレンツ力は，共変なベクトル式

$$F^\mu = q F^{\mu\nu} u_\nu \tag{1.74}$$

で与えられる．実際，上式を成分で書けば，

$$(F^\mu) = \frac{q}{\sqrt{1-v^2}} (\boldsymbol{E} \cdot \boldsymbol{v}, \boldsymbol{E} + \boldsymbol{v} \times \boldsymbol{B}) \tag{1.75}$$

となり，非相対論的極限で式 (1.49) が再現される．式 (1.74) は電荷の静止系で成り立つ式 $\boldsymbol{F} = q\boldsymbol{E}$ を一般の慣性系にローレンツ変換すると得られる．実際，電荷の静止系では $(F^\mu) = (0, q\boldsymbol{E})$，$(u_\mu) = (-1, \boldsymbol{0})$，$F^{i0} = -E_i$ であるから式 $\boldsymbol{F} = q\boldsymbol{E}$ はこの系で式 (1.74) を満たす．これは相対論的に共変な式であるから，ローレンツ

変換して一般の慣性系に移ってもその形は変わらない．このことから，速度に垂直な磁場のローレンツ力は，相対論的共変性から必然的に現れる力であることがわかる．相対論的に修正されたニュートンの運動方程式 (1.46) を式 (1.75) と比較すると，電磁場中の荷電粒子の運動方程式は

$$\frac{d}{dt}\left(\frac{m\boldsymbol{v}}{\sqrt{1-v^2}}\right) = q\,(\boldsymbol{E}+\boldsymbol{v}\times\boldsymbol{B}) \tag{1.76}$$

で与えられる．

1.1.6　エネルギー運動量テンソル

物質や電磁場など，一般的な流体が時空間中に存在している状況を考える．そして，ある時空点のまわりに，座標 x^ν の値が一定になる微小な 3 次元面を想定する（図 1.2）．ここで面という言葉を用いているのは，4 次元時空間よりも次元が 1 つ小さいということを表していて，3 次元面は実際には体積的なものである．次に，この微小 3 次元面を通過する流体の 4 元運動量 P^μ を考える．このとき，微小 3 次元面の体積あたりに通過する 4 元運動量を $T^{\mu\nu}$ とし，これを**エネルギー運動量テンソル** (energy-momentum tensor) と呼ぶ．一般に，何かある量が微小 3 次元面を通過するとき，その微小 3 次元面の体積あたりに通過する量を，**流束** (flux) という．したがって，エネルギー運動量テンソル $T^{\mu\nu}$ とは，座標値 x^ν の一定面を通過する運動量 P^μ の流束のことである．

エネルギー運動量テンソルの意味をさらに見るため，成分ごとに考察する．まず時間・時間成分である T^{00} を考える．上の定義により，これは x^0 一定の微小 3 次

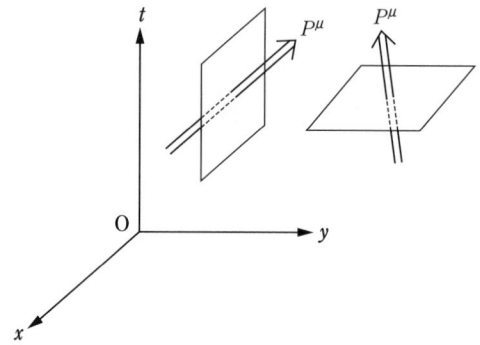

図 1.2　空間座標が一定の面（左）と，時間座標が一定の面（右）を通過する 4 元運動量．この図では 3 次元空間を xy 平面で表している．実際の 4 次元時空間では，面のように見えるものが 3 次元体積になっている．

元空間を通過する P^0 の流束である．ここで x^0 一定の微小 3 次元空間とは，通常の空間的な微小体積のことである．また P^0 はエネルギーであるから，T^{00} は単位体積あたりのエネルギーの量，すなわちエネルギー密度を表している．

次に，時間・空間成分である T^{0i} を考える．この場合，空間座標 x^i が一定になる微小 3 次元面とは，この軸に垂直な空間的 2 次元面と時間軸で張られる 3 次元時空間である．したがって，T^{0i} は x^i 軸に垂直な面を単位時間，単位面積あたりに通過するエネルギーの量である．これを**エネルギー流束** (energy flux) という．さらに，空間・時間成分である T^{i0} も同様に考えれば，単位体積あたりの運動量 i 成分の量，すなわち運動量 i 成分の密度を表していることがわかる．

最後に，空間・空間成分である T^{ij} を考える．これも上と同様に考えれば，x^j 軸に垂直な面を単位時間，単位面積あたりに通過する運動量 i 成分である．つまり運動量 i 成分に関する流束の j 成分ということになる．仮想的に考えた面を単位時間あたりに通過する運動量は，その仮想的な面に作用する力に等しい．つまり T^{ij} は，x^j 軸に垂直な仮想面に働く力の i 成分であるともいえる．これは流体力学や連続体力学などにおいて**応力テンソル** (stress tensor) と呼ばれている量である．

以上の考察をまとめると，

$T^{00} =$ 「エネルギーの密度」 (1.77)

$T^{0i} =$ 「エネルギー流束の i 成分」 (1.78)

$T^{i0} =$ 「運動量 i 成分の密度」 (1.79)

$T^{ij} =$ 「運動量 i 成分に関する流束の j 成分」$=$ 「応力テンソルの ij 成分」 (1.80)

となる．

エネルギー運動量テンソルは対称テンソルになるという性質がある．応力テンソルが対称行列 $T^{ij} = T^{ji}$ になることは，流体力学においてよく知られている[*2]．また，「エネルギー流束」は「エネルギー密度」×「流れの速度」である．エネルギーと質量の等価性を表す式 (1.41) によれば，「エネルギー密度」は「質量密度」でもある．ただし，ここでは $m/\sqrt{1-v^2}$ を「質量」と呼んでいる．すると，式 (1.40) により「質量」に流れの速度をかけたものが運動量であるから，「エネルギー密度」×「流れの速度」は「運動量密度」に等しい．したがって $T^{0i} = T^{i0}$ である．以上により，エネルギー運動量テンソルは全体として対称テンソルであり，

---

*2 たとえば，参考図書 [5] などを参照．

$T^{\mu\nu} = T^{\nu\mu}$ を満たす.

　流体の局所的な共動座標系において $T^{00} = \rho$ とする. これは流体の静止系におけるエネルギー密度を表す. また, この局所共動座標から見て等方的な流体を**完全流体 (perfect fluid)** という. 等方的な流体とは, 応力テンソルが特別な方向のない $T^{ij} = p\,\delta_{ij}$ の形で与えられることを意味する. ここで p は等方的な通常の圧力に対応する. このことから, 完全流体には熱伝導や粘性がない. 以上により, 局所共動座標系における完全流体のエネルギー運動量テンソルは

$$(T^{\mu\nu}) = \begin{pmatrix} \rho & & & \\ & p & & \\ & & p & \\ & & & p \end{pmatrix} \tag{1.81}$$

で与えられる.

　流体の静止系とは限らない一般の慣性座標系において, 完全流体のエネルギー運動量テンソルは流体の局所的な 4 元速度 u^μ に依存する. そのような 2 階テンソルは $T^{\mu\nu} = au^\mu u^\nu + b\eta^{\mu\nu}$ の形に限られる. 局所共動座標系では $(u^\mu) = (1,0,0,0)$ となり, このとき式 (1.81) になることを用いて係数 a, b を決定すれば,

$$T^{\mu\nu} = (\rho + p)u^\mu u^\nu + p\,\eta^{\mu\nu} \tag{1.82}$$

が得られる.

　一般の粘性流体のように応力テンソルが完全流体の形をしていない場合, 非等方ストレス σ^{ij} が応力テンソルに寄与する. この場合, 応力テンソルのトレース部分を $p = \sum_i T^{ii}/3$ として, その他の部分をトレースなしの非等方応力テンソル σ^{ij} ($\sum_i \sigma^{ii} = 0$) で表す. すなわち, 一般流体の局所共動座標系における成分表示は

$$(T^{\mu\nu}) = \begin{pmatrix} \rho & 0 & 0 & 0 \\ 0 & p + \sigma^{11} & \sigma^{12} & \sigma^{13} \\ 0 & \sigma^{21} & p + \sigma^{22} & \sigma^{23} \\ 0 & \sigma^{31} & \sigma^{32} & p + \sigma^{33} \end{pmatrix} \tag{1.83}$$

となる. 非等方応力テンソルの寄与する成分を一般の慣性系にローレンツ変換したものを $\sigma^{\mu\nu}$ とし, 上と同様の考察によってこれを一般の慣性系で書き表すと,

$$T^{\mu\nu} = (\rho + p)u^\mu u^\nu + p\,\eta^{\mu\nu} + \sigma^{\mu\nu} \tag{1.84}$$

となる．流体の局所共動座標系における非等方応力テンソルおよび流体 4 元速度をそれぞれ $\bar{\sigma}^{\mu\nu}$, $(\bar{u}^\mu)$ とすれば，$\bar{\sigma}^{00} = \bar{\sigma}^{0i} = \bar{\sigma}^{i0} = 0$, $\bar{u}_0 = -1$, $\bar{u}_i = 0$ である．これらを一般の慣性座標系へローレンツ変換すれば，$\sigma^{\mu\nu} = \Lambda^\mu{}_i \Lambda^\nu{}_j \bar{\sigma}^{ij}$, $u_\nu = -(\Lambda^{-1})^0{}_\nu$ となる．このこととローレンツ変換の性質 (1.7) を用いると，

$$\sigma^\mu{}_\mu = 0, \quad \sigma^{\mu\nu} u_\nu = 0, \quad \sigma^{\mu\nu} = \sigma^{\nu\mu} \tag{1.85}$$

が示される．すなわち，4 次元非等方応力テンソル $\sigma^{\mu\nu}$ は，トレースなしで 4 元速度に垂直な成分のみを持つ 2 階対称テンソルとなる．

電磁場にも，流体と同じようにエネルギー密度やエネルギーの流れなどの概念がある．したがって電磁場に対してもエネルギー運動量テンソルが構成できる．電磁気学によると，真空中の電磁場のエネルギー密度は $(E^2 + B^2)/2$ で与えられ，エネルギー流束はポインティング・ベクトル $\boldsymbol{E} \times \boldsymbol{B}$ で与えられる．電磁場の持つ運動量密度も $\boldsymbol{E} \times \boldsymbol{B}$ である．さらに電磁場の応力テンソルはマクスウェルの応力テンソル $-E_i E_j - B_i B_j + (E^2 + B^2)\delta_{ij}/2$ で与えられる．電磁場の応力テンソルには非等方成分も存在する．上に挙げた量がそれぞれ $T^{00}, T^{0i}, T^{i0}, T^{ij}$ となるような 4 次元対称テンソルは，

$$T^{\mu\nu} = F^{\mu\lambda} F^\nu{}_\lambda - \frac{1}{4} \eta^{\mu\nu} F_{\lambda\rho} F^{\lambda\rho} \tag{1.86}$$

で与えられる．これが電磁場のエネルギー運動量テンソルである．このテンソルにはトレースがゼロという性質がある．

1.1.7 エネルギーと運動量の保存則

流体のエネルギーと運動量の保存則は，エネルギー運動量テンソルを用いると簡単に表すことができる．いま，3 次元空間中に任意の形を持つ閉じた体積 V を考え，その境界面を S とする．流体に外力が働いていない場合，この体積に含まれるエネルギーが単位時間あたりに増加する量と，境界面を通過して単位時間あたりに出て行くエネルギーの量を加え合わせたものは，エネルギー保存則によりゼロになる．また，運動量保存則により，運動量の各成分についても同様のことが成り立つ．

式 (1.77)–(1.80) により，エネルギー運動量テンソルの各成分は，エネルギーや運動量の密度と流束を与えている．したがって，上に述べた保存則から導かれる性質は，

$$\frac{d}{dt}\int_V T^{\mu 0} dV + \int_S T^{\mu i} n_i dS = 0 \tag{1.87}$$

と表現できる．ただし n_i は，境界面の微小面積 dS に垂直で領域 V に外向きの単位ベクトルとする．上の式で $\mu = 0$ がエネルギー保存則に，$\mu = i$ が運動量保存則に，それぞれ対応する．左辺第 2 項はガウスの定理により

$$\int_S T^{\mu i} n_i dS = \int_V \partial_i T^{\mu i} dV \tag{1.88}$$

と変形できる．これにより式 (1.87) は

$$\int_V \partial_\nu T^{\mu\nu} dV = 0 \tag{1.89}$$

と表される．ここで積分する領域は任意の体積であったから，上式の被積分関数は恒等的にゼロでなければならない．したがって，エネルギー保存則と運動量保存則はまとめて

$$\partial_\nu T^{\mu\nu} = 0 \tag{1.90}$$

という簡潔な形で与えられる．

　流体に外力が働いている場合，その流体の中だけではエネルギー運動量保存則が成り立たず，したがって式 (1.90) も成り立たない．この場合には，外力の作用によって体積 V の中にエネルギーや運動量が湧き出すことになる．すると，式 (1.87) の左辺は，体積 V 中に湧き出す 4 元運動量の変化率に等しくなる．流体の共動座標系から見た 4 元運動量の変化率は 4 元力に等しい．したがって，単位体積あたりの流体に外から働く 4 元力の密度を f^μ とすると，外力が働く場合の式 (1.90) は

$$\partial_\nu T^{\mu\nu} = f^\mu \tag{1.91}$$

と変更される．

　ここで，エネルギー運動量テンソルが式 (1.84) で与えられる一般の流体に対して，非相対論的極限での式 (1.90) の形を導いてみる．非相対論的極限において，圧力 p はエネルギー密度 ρ に比べて十分小さく，また $(u^\mu) \simeq (1, \boldsymbol{v})$, $\sigma^{0i} = \sigma^{i0} \simeq 0$, $\sigma^{00} \simeq 0$ と近似できる．すると，式 (1.84) は近似的に

$$T^{00} \simeq \rho, \quad T^{0i} = T^{i0} \simeq \rho v_i, \quad T^{ij} \simeq \rho v_i v_j + p\delta_{ij} + \sigma_{ij} \tag{1.92}$$

となる．この形を保存則 (1.90) に代入して変形すると，次の独立な 2 式

$$\frac{\partial \rho}{\partial t} + \boldsymbol{\nabla} \cdot (\rho \boldsymbol{v}) = 0, \quad \frac{\partial v_i}{\partial t} + (\boldsymbol{v} \cdot \boldsymbol{\nabla})v_i = -\frac{1}{\rho}\left(\partial_i p + \partial_j \sigma_{ij}\right) \tag{1.93}$$

が得られる．これは非相対論的な流体力学でよく知られた基本方程式であり，第1式は**連続の式** (continuity equation)，第2式は**オイラー方程式** (Euler equation) と呼ばれている．

最後に，電磁場のエネルギー運動量テンソル (1.86) を考える．この式の発散を計算すると，マクスウェル方程式 (1.69), (1.70) を用いることにより，

$$\partial_\nu T^{\mu\nu} = -F^{\mu\nu}J_\nu \tag{1.94}$$

が示される．電荷や電流が存在すると右辺は消えず，電磁場自体ではエネルギーと運動量が保存しない．これは電磁場が物質の電荷や電流と相互作用するからである．ローレンツ力の式 (1.74) と比較してみると，右辺の符号を逆にしたものが，4元電流の受けるローレンツ力の密度に対応している．つまり，この右辺はローレンツ力の反作用であり，電磁場が物質から及ぼされる外力の密度を表している．こうして式 (1.91) が成り立っている．

1.2　一般相対性理論

1.2.1　等価原理

特殊相対性理論により，時間と空間は一体化したものであるという深い事実が明らかになった．しかし，この理論では，お互いに等速直線運動する慣性座標系の間の関係しか調べることができない．一般に加速運動を伴う非慣性座標系においても，物理法則が不変に保たれるような形式を考えられないだろうか．ニュートン力学において加速座標系を考えると，遠心力や慣性力など見かけ上の力が働いてしまう．慣性座標系に限られない形式では，こうした見かけの力も自然に取り込まれていることが必要になる．

加速座標系から見ると，その中にある自由粒子はすべて同じ加速度で，座標系の加速度とは逆の向きへ加速される．質量によらずに同じ加速度が発生するという性質は，重力場中の運動と似ている．アインシュタインは，これを単に似ているだけでなく，実は同じものだと考えた．すなわち，非慣性系は重力場中の慣性系と物理的に同一であると考えたのである．これを**等価原理** (equivalence principle) という．この原理に従うと，重力は本質的に時空間の性質から発生する．ニュートンの

万有引力の法則では，重力は直接物体同士の間に働くと考えられたが，相対性理論においてはそうでない．等価原理によって非慣性系にも相対性原理を適用できるように拡張し，自然に重力を含むようにした理論が一般相対性理論である．

物体に対する加速度と力の比例定数としての質量を慣性質量といい，万有引力の法則に現れる質量を重力質量という．ニュートン力学において，これらは原理的に別の概念である．これまでの実験の範囲では，同じ物体に対するこれら2種類の質量の間に，差異はまったく認められていない[*3]．等価原理が正しいならば，同じ物体に対する慣性質量と重力質量は必ず等しくなければならない．

重力が時空間の性質に帰着するのであれば，加速座標系や重力場中の空間はミンコフスキー時空で表すことはできない．ミンコフスキー時空中にある自由粒子には，加速度が働かないからである．ミンコフスキー時空は全体に一様な直交座標を張ることのできる，いわゆる平坦な時空間である．時空間がミンコフスキー時空でないということは，時空間が平坦でなく曲がっていて，曲率を持つようなものであることを意味する．

曲がった空間のわかりやすい例として，2次元空間を考えてみる．2次元空間全体に一様直交座標を張ることができるのは，それが平坦な平面である場合に限られる．これが球面であったり，でこぼこした山地の地形のようなものであったとしたら，全体に一様な直交座標を張ることは不可能である．曲率がゼロでない空間には，一様な直交座標を張ることができない．

一般相対性理論においては曲率を持つ4次元時空間を取り扱うことになる．そして，時空間に任意に張られた4次元曲線座標において，物理法則を記述する必要がある．物理法則の内容は，人間が任意に考えた座標系に依存するべきではない．すなわち，この4次元座標系で任意の一般座標変換をしたとき，物理法則の形が不変に保たれるような形式を探すべきである．

一般に曲がった時空間であっても，それがなめらかなものであれば，無限小領域を取り出してくると平坦な時空間のように見える．すなわち，各時空点のまわりの無限小領域は，平坦なミンコフスキー時空と見なすことができる．このことは，局所的に重力が消去できることを意味する．実際，等価原理によれば重力場中で自由落下する座標系は，局所的に慣性系と同等である．ここで，局所的なミンコフスキー時空に張った平坦な座標系のことを**局所慣性系** (local inertial frame) と呼ぶ．言い換えれば，曲がった時空間の各点に接する仮想的な平坦時空が局所慣性系であ

[*3] 現在では15桁もの精度で実験が行われて，慣性質量と重力質量の等価性が確かめられている．

る.

1.2.2 計量テンソルと一般座標変換

時空間の各点において,局所慣性系で定義される無限小時空間隔を ds^2 とする.時空間隔は座標間隔の2次形式であり,4次元時空間における一般曲線座標 x^μ の微小間隔 dx^μ で表すと,

$$ds^2 = g_{\mu\nu} dx^\mu dx^\nu \tag{1.95}$$

という形になる.この時空間隔は,時空間の各点において局所的に決まる微小量であり,ミンコフスキー時空で考えたように有限の間隔にとることはできない.上の定義から,計量テンソル $g_{\mu\nu}$ は対称行列で表され,さらに時空間の場所に依存する関数になる.平坦な時空間に直交座標を張ったときにだけミンコフスキー時空の計量 $g_{\mu\nu} = \eta_{\mu\nu}$ となる.

一般座標変換 $x^\mu \to \tilde{x}^\mu$ を行うとき,ある時空点における微小座標間隔の変換は

$$d\tilde{x}^\alpha = \frac{\partial \tilde{x}^\alpha}{\partial x^\mu} dx^\mu \tag{1.96}$$

と表される.微小時空間隔 (1.95) は座標系に依存しない量であることから,計量テンソルの変換は

$$\tilde{g}_{\alpha\beta} = \frac{\partial x^\mu}{\partial \tilde{x}^\alpha} \frac{\partial x^\nu}{\partial \tilde{x}^\beta} g_{\mu\nu}, \quad g_{\mu\nu} = \frac{\partial \tilde{x}^\alpha}{\partial x^\mu} \frac{\partial \tilde{x}^\beta}{\partial x^\nu} \tilde{g}_{\alpha\beta} \tag{1.97}$$

となる.

さらに,曲がった時空間における計量テンソルの性質をいくつか導いておく.任意の時空点における局所慣性系の直交座標を $\bar{x}^\mu$ とし,その点のまわりの時空体積素片を $d^4\bar{x} = d\bar{x}^0 d\bar{x}^1 d\bar{x}^2 d\bar{x}^3$ とする.ローレンツ変換は時空体積素片を不変に保つから,この量は局所慣性系における直交座標の選び方には依存しない.局所慣性座標系 $\bar{x}^\mu$ から一般座標系 x^μ に座標変換すると,ヤコビアン $J = \|\partial \bar{x}^\alpha / \partial x^\mu\|$ を用いて,この時空体積素片は $d^4\bar{x} = J d^4 x$ で与えられる.さらに計量の変換

$$g_{\mu\nu} = \frac{\partial \bar{x}^\alpha}{\partial x^\mu} \frac{\partial \bar{x}^\beta}{\partial x^\nu} \eta_{\alpha\beta} \tag{1.98}$$

において両辺の行列式をとると,$\det(g_{\mu\nu}) = -[\det(\partial \bar{x}^\alpha / \partial x^\mu)]^2$ となる.ただし $\det(\eta_{\alpha\beta}) = -1$ を用いた.したがって,ヤコビアンは

$$J = \left|\det\left(\frac{\partial \tilde{x}^\alpha}{\partial x^\mu}\right)\right| = \sqrt{-g} \tag{1.99}$$

と求まる．ただし，

$$g = \det(g_{\mu\nu}) \tag{1.100}$$

は計量の行列式である．したがって，一般座標で時空体積素片を表すと，

$$d^4\tilde{x} = \sqrt{-g}\, d^4x \tag{1.101}$$

となる．右辺は一般座標変換によって値を変えない不変量である．この量 $\sqrt{-g}\, d^4x$ を 4 次元時空の**不変体積要素** (invariant volume element) と呼ぶ．

計量の行列式 g に関して，線形代数における逆行列の要素と余因子行列の関係から導かれる，行列式の微分の関係式

$$dg = g g^{\mu\nu} dg_{\mu\nu} \tag{1.102}$$

はよく使われる有用な公式である．ただし，計量テンソル $g_{\mu\nu}$ の逆行列を $g^{\mu\nu}$ と表記する．

スカラー，ベクトル，テンソルの概念も，平坦な時空と同様に定義できる．平坦な時空と異なるのは，時空全体に共通したローレンツ変換行列 $\Lambda^\alpha{}_\mu$ の代わりに，局所的な座標変換の係数 $\partial \tilde{x}^\alpha/\partial x^\mu$ を使うところと，添字を上下させるときには $\eta_{\mu\nu}$ の代わりにその場所ごとの計量テンソル $g_{\mu\nu}$ を使うところである．

スカラー場の変換は自明であり，

$$\tilde{\phi}(\tilde{x}) = \phi(x) \tag{1.103}$$

である．上付き添字のベクトル場 A^μ は，一般座標変換において局所的に dx^μ と同じ変換

$$\tilde{A}^\alpha = \frac{\partial \tilde{x}^\alpha}{\partial x^\mu} A^\mu \tag{1.104}$$

をする．下付き添字のベクトル場は，

$$\tilde{A}_\alpha = \frac{\partial x^\mu}{\partial \tilde{x}^\alpha} A_\mu \tag{1.105}$$

という変換をする．上付き添字のベクトル場 A^μ から

$$A_\mu = g_{\mu\nu} A^\nu \tag{1.106}$$

を作ると，これは下付き添字のベクトル場として正しく変換する．

計量テンソル $g_{\mu\nu}$ とその逆行列 $g^{\mu\nu}$ の間には，

$$g^{\mu\lambda} g_{\lambda\nu} = \delta^\mu_\nu \tag{1.107}$$

が成り立つ．式 (1.97) の両辺の逆行列をとってみればわかるように，$g^{\mu\nu}$ はその見かけの通りに上付き添字の 2 階テンソルとして変換する．これを使って下付き添字のベクトル場 A_μ から

$$A^\mu = g^{\mu\nu} A_\nu \tag{1.108}$$

を作ると，これは上付き添字のベクトル場として正しく変換する．

高階のテンソル場の定義と変換則も，前節の特殊相対性理論において説明した式 (1.20)-(1.22) などの例において $\Lambda^\alpha{}_\mu \to \partial \tilde{x}^\alpha/\partial x^\mu, (\Lambda^{-1})^\mu{}_\alpha \to \partial x^\mu/\partial \tilde{x}^\alpha$ と置き換えたものが成り立つことは明らかであろう．

1.2.3 共変微分

慣性系における直交座標系では，微分演算子 $\partial_\mu = \partial/\partial x^\mu$ が共変ベクトルのように変換し，テンソルの階数を 1 つ増やす働きがあった．このことは一般曲線座標でも成り立つだろうか．まず，スカラー場 $\phi(x)$ の微分の一般座標変換を求めてみると，

$$\tilde{\partial}_\mu \tilde{\phi}(\tilde{x}) = \frac{\partial \tilde{\phi}(\tilde{x})}{\partial \tilde{x}^\mu} = \frac{\partial x^\alpha}{\partial \tilde{x}^\mu} \frac{\partial \phi(x)}{\partial x^\alpha} = \frac{\partial x^\alpha}{\partial \tilde{x}^\mu} \partial_\alpha \phi(x) \tag{1.109}$$

となるので，たしかに共変ベクトルとして変換する．ところが，たとえば共変ベクトルの微分の変換を求めてみると，

$$\tilde{\partial}_\nu \tilde{A}_\mu(\tilde{x}) = \frac{\partial}{\partial \tilde{x}^\nu} \left(\frac{\partial x^\alpha}{\partial \tilde{x}^\mu} A_\alpha(x) \right) = \frac{\partial x^\beta}{\partial \tilde{x}^\nu} \frac{\partial x^\alpha}{\partial \tilde{x}^\mu} \partial_\beta A_\alpha(x) + \frac{\partial^2 x^\alpha}{\partial \tilde{x}^\mu \partial \tilde{x}^\nu} A_\alpha(x) \tag{1.110}$$

となって，これは 2 階テンソルとしては変換していないことがわかる．すなわちベクトルの座標微分はテンソルではない．ローレンツ変換の場合には座標変換が線形であったため，右辺の第 2 項に対応するものは現れてこなかった．一般座標変換では，この項の存在がテンソル性を損なっている．他のテンソル場の座標微分についても同様であり，やはり座標変換の非線形性がテンソル性を損なってしまう．物理法則は微分方程式として表されるから，一般座標変換についての共変性を明ら

かにするためには，微分に対応する演算子をテンソル量で表す必要がある．

一般曲線座標でベクトルの微分が共変なテンソルにならない理由は，微分を求めるときに異なる場所のベクトルを比べる必要があるからである．このとき，ベクトルを平行移動して同じ場所で比較しなければならない．平坦な直交座標系では，ベクトルの平行移動は自明な操作であり，その成分は変化しない．しかし，曲線座標系でベクトルを平行移動させると，その成分は座標系に依存して変化してしまう．この事情によって，単なる微分がテンソルにならないのである．この点には後に再び立ち戻ることにして，ここでは代数的にテンソル性を持つ微分を定義することをまず考えてみる．

式 (1.110) でテンソル性を破るのは最後の項である．そこで，この項を打ち消すために，微分を含みながらテンソル性を持つような線形演算子として

$$\nabla_\nu A_\mu = \partial_\nu A_\mu - \Gamma^\lambda_{\mu\nu} A_\lambda \tag{1.111}$$

を考える．この演算子 ∇_μ を**共変微分** (covariant derivative) と呼ぶ．ここで $\Gamma^\lambda_{\mu\nu}$ は時空間の関数であり，共変微分をテンソルにするために付け加えられた線形変換の係数である．式 (1.105) と (1.110) を用いて，式 (1.111) がテンソルとして変換する条件を求めると，この係数の変換は

$$\tilde{\Gamma}^\lambda_{\mu\nu}(\tilde{x}) = \frac{\partial x^\alpha}{\partial \tilde{x}^\mu} \frac{\partial x^\beta}{\partial \tilde{x}^\nu} \frac{\partial \tilde{x}^\lambda}{\partial x^\gamma} \Gamma^\gamma_{\alpha\beta}(x) + \frac{\partial^2 x^\alpha}{\partial \tilde{x}^\mu \partial \tilde{x}^\nu} \frac{\partial \tilde{x}^\lambda}{\partial x^\alpha} \tag{1.112}$$

となるべきことが導かれる．このような変換則を満たす係数 $\Gamma^\lambda_{\mu\nu}$ を，**クリストッフェル記号** (Christoffel symbol)，あるいは**接続係数** (connection coefficients) と呼ぶ．クリストッフェル記号自体は明らかにテンソルでない．式 (1.112) は，恒等式

$$0 = \frac{\partial}{\partial \tilde{x}^\nu} \delta^\lambda_\mu = \frac{\partial}{\partial \tilde{x}^\nu}\left(\frac{\partial x^\alpha}{\partial \tilde{x}^\mu} \frac{\partial \tilde{x}^\lambda}{\partial x^\alpha}\right) = \frac{\partial^2 x^\alpha}{\partial \tilde{x}^\mu \partial \tilde{x}^\nu} \frac{\partial \tilde{x}^\lambda}{\partial x^\alpha} + \frac{\partial x^\alpha}{\partial \tilde{x}^\mu} \frac{\partial x^\beta}{\partial \tilde{x}^\nu} \frac{\partial^2 \tilde{x}^\lambda}{\partial x^\alpha \partial x^\beta} \tag{1.113}$$

を用いると，次の形

$$\tilde{\Gamma}^\lambda_{\mu\nu}(\tilde{x}) = \frac{\partial x^\alpha}{\partial \tilde{x}^\mu} \frac{\partial x^\beta}{\partial \tilde{x}^\nu} \left[\frac{\partial \tilde{x}^\lambda}{\partial x^\gamma} \Gamma^\gamma_{\alpha\beta}(x) - \frac{\partial^2 \tilde{x}^\lambda}{\partial x^\alpha \partial x^\beta}\right] \tag{1.114}$$

とも等価である．

同様の考察により，上付き添字のベクトル A^μ の共変微分も定義できる．その結果，同じクリストッフェル記号を用いて

$$\nabla_\nu A^\mu = \partial_\nu A^\mu + \Gamma^\mu_{\lambda\nu} A^\lambda \tag{1.115}$$

となる．これがテンソルとして変換することは，式 (1.114) の表式を用いれば確か

められる．

　ベクトル場以外のテンソル場に対しても，同様の手続きによって共変微分が定められる．その際，共変微分には通常の微分と同様の分配則が成り立つようにする．すなわち，$A^{\alpha\beta\cdots}$, $B^{\gamma\delta\cdots}$ を任意のテンソルとするとき，

$$\nabla_\mu \left(A^{\alpha\beta\cdots} B^{\gamma\delta\cdots}\right) = \left(\nabla_\mu A^{\alpha\beta\cdots}\right) B^{\gamma\delta\cdots} + A^{\alpha\beta\cdots} \nabla_\mu B^{\gamma\delta\cdots} \tag{1.116}$$

が成り立つことを要請する．

　まず，スカラー場の共変微分がどう定義されるべきかを見るため，2つのベクトル A^μ, B^μ の内積 $A^\mu B_\mu$ がスカラーであることに着目する．この内積を共変微分し，分配則 (1.116) とベクトル場の共変微分の式 (1.111), (1.115) を用いると，$\nabla_\nu(A^\mu B_\mu) = \partial_\nu(A^\mu B_\mu)$ が導かれる．したがってスカラー場の共変微分は通常の微分と等しくなるべきである．すなわち任意のスカラー場 $\phi(x)$ について，

$$\nabla_\mu \phi = \partial_\mu \phi \tag{1.117}$$

となる．この節の最初に述べたように，スカラー場の微分はそのままでベクトル場として変換するので，この結論は妥当である．

　高階テンソルの共変微分を求めるには，高階テンソルがベクトルの積のように変換することを思い出せばよい．たとえばテンソル $A^\mu{}_{\nu\lambda}$ の共変微分を求めるには，ベクトル場の積 $A^\mu B_\nu C_\lambda$ に対し，分配則 (1.116) を繰り返し用いてその共変微分を計算すればよい．その結果，

$$\nabla_\rho A^\mu{}_{\nu\lambda} = \partial_\rho A^\mu{}_{\nu\lambda} + \Gamma^\mu_{\sigma\rho} A^\sigma{}_{\nu\lambda} - \Gamma^\sigma_{\nu\rho} A^\mu{}_{\sigma\lambda} - \Gamma^\sigma_{\lambda\rho} A^\mu{}_{\nu\sigma} \tag{1.118}$$

が得られる．つまり，全体を微分したものに，クリストッフェル記号を用いて各添字を縮約した項を付け加えていけばよい．ここで上付き添字と縮約する項にはプラス符号，下付き添字と縮約する項にはマイナス符号を付与する．テンソル場の共変微分に関する上のような式は，ベクトル場の共変微分を求めた手続きと同様にテンソル場の変換則から直接求めることも可能であり，当然ながらその結果は上の結果と一致する．

　共変微分は通常の偏微分と異なり，演算子として一般に可換でない．すなわち，一般に $\nabla_\mu \nabla_\nu \neq \nabla_\nu \nabla_\mu$ である．共変微分はセミコロンで，また，単なる微分はカンマで表す記法がよく使われる．たとえば，

$$A^\mu{}_{\nu\lambda,\rho} \equiv \partial_\rho A^\mu{}_{\nu\lambda}, \quad A^\mu{}_{\nu\lambda,\rho\sigma} \equiv \partial_\sigma \partial_\rho A^\mu{}_{\nu\lambda} \tag{1.119}$$

$$A^\mu{}_{\nu\lambda;\rho} \equiv \nabla_\rho A^\mu{}_{\nu\lambda}, \quad A^\mu{}_{\nu\lambda;\rho\sigma} \equiv \nabla_\sigma \nabla_\rho A^\mu{}_{\nu\lambda} \tag{1.120}$$

などのように書かれる．共変微分の順序は一般に交換できないため，セミコロンの後にある添字は左から順番に共変微分がとられることに注意する．これに対してカンマの後の添字は自由に交換できる．

1.2.4 クリストッフェル記号と計量テンソル

局所慣性系における直交座標系では，共変微分が通常の微分に帰着するべきである．したがって，そこではクリストッフェル記号の成分がすべてゼロになるべきである．この要請によってクリストッフェル記号の性質をさらに絞り込むことができる．

まず，一般曲線座標 x^μ において，ある時空点のまわりに局所慣性座標 $\bar{x}^\alpha$ を張る．座標系 $\bar{x}^\alpha$ におけるクリストッフェル記号の成分はこの点ですべてゼロであるとする．クリストッフェル記号の変換則を与える式 (1.112) において $x \to \bar{x}, \bar{x} \to x$ とおけば，その時空点でのクリストッフェル記号は

$$\Gamma^\lambda_{\mu\nu} = \frac{\partial^2 \bar{x}^\alpha}{\partial x^\mu \partial x^\nu} \frac{\partial x^\lambda}{\partial \bar{x}^\alpha} \tag{1.121}$$

で与えられる．このことからクリストッフェル記号は下に配置された 2 つの添字について対称であり，$\Gamma^\lambda_{\mu\nu} = \Gamma^\lambda_{\nu\mu}$ を満たすことがわかる*4．

計量テンソルの変換式は

$$g_{\mu\nu} = \frac{\partial \bar{x}^\alpha}{\partial x^\mu} \frac{\partial \bar{x}^\beta}{\partial x^\nu} \eta_{\alpha\beta}, \quad \eta_{\alpha\beta} = \frac{\partial x^\mu}{\partial \bar{x}^\alpha} \frac{\partial x^\nu}{\partial \bar{x}^\beta} g_{\mu\nu} \tag{1.122}$$

で与えられる．第 1 式を x^λ で微分してから第 2 式と式 (1.121) を用いると，

$$g_{\mu\nu,\lambda} = g_{\nu\rho} \Gamma^\rho_{\mu\lambda} + g_{\mu\rho} \Gamma^\rho_{\nu\lambda} \tag{1.123}$$

が得られる．この関係から，

$$\Gamma^\lambda_{\mu\nu} = \frac{1}{2} g^{\lambda\rho} \left(g_{\mu\rho,\nu} + g_{\rho\nu,\mu} - g_{\mu\nu,\rho} \right) \tag{1.124}$$

---

*4 このことは，次のようにも理解できる．式 (1.112) からわかるように反対称部分 $\Gamma^\lambda_{[\mu\nu]} = (\Gamma^\lambda_{\mu\nu} - \Gamma^\lambda_{\nu\mu})/2$ はテンソルとして変換する．したがってこれがある 1 つの座標系でゼロになるならば，他のどんな座標系でもゼロでなければならない．もし反対称部分がゼロでない成分を持つならば，それは慣性座標系でも共変微分が通常の微分にならないことを意味する．

が導かれる．したがって，クリストッフェル記号は計量テンソルとその1階微分によって一意的に与えられる．さらに式 (1.123) によれば，計量テンソルの共変微分は

$$g_{\mu\nu;\lambda} = \nabla_\lambda g_{\mu\nu} = g_{\mu\nu,\lambda} - \Gamma^\rho_{\mu\lambda} g_{\nu\rho} - \Gamma^\rho_{\nu\lambda} g_{\mu\rho} = 0 \tag{1.125}$$

となって恒等的に消える．これによりたとえば $\nabla_\nu A_\mu = \nabla_\nu (g_{\mu\lambda} A^\lambda) = g_{\mu\lambda} \nabla_\nu A^\lambda$ のような変形が可能で，計量テンソルは共変微分に関してあたかも定数であるかのように振る舞う．

式 (1.124) の縮約をとると，$\Gamma^\nu_{\mu\nu} = g^{\nu\lambda} g_{\nu\lambda,\mu}/2$ が導かれ，さらに式 (1.102) から導かれる $\partial_\mu g = g g^{\nu\lambda} g_{\nu\lambda,\mu}$ を用いると，

$$\Gamma^\nu_{\mu\nu} = \frac{\partial_\mu (\sqrt{-g})}{\sqrt{-g}} \tag{1.126}$$

が得られる．この式から，共変微分を用いたベクトルの発散に関する公式

$$\nabla_\mu A^\mu = \frac{1}{\sqrt{-g}} \partial_\mu (\sqrt{-g} A^\mu) \tag{1.127}$$

が得られる．ここに $A^\mu = \nabla^\mu \phi = g^{\mu\nu} \partial_\nu \phi$ を代入すると，スカラー場のダランベルシアンに関する公式

$$\nabla_\mu \nabla^\mu \phi = \frac{1}{\sqrt{-g}} \partial_\mu (\sqrt{-g} g^{\mu\nu} \partial_\nu \phi) \tag{1.128}$$

が得られる．高階テンソルの場合は，完全反対称の場合のみ類似の全微分形で表されることが示される．すなわち $A^{[\mu\nu\cdots]}$ を高階テンソル $A^{\mu\nu\cdots}$ の反対称部分として，

$$\nabla_\mu A^{[\mu\nu\cdots]} = \frac{1}{\sqrt{-g}} \partial_\mu \left(\sqrt{-g} A^{[\mu\nu\cdots]} \right) \tag{1.129}$$

となる．ただし対称部分についてはこのような簡潔な形では与えられない．

1.2.5　4脚場形式

ある時空領域に張られた一般曲線座標系を x^μ とし，さらに時空の各点ごとに定義される局所慣性座標系を $\bar{x}^\alpha$ とする．これら2つの座標系は，各時空点において局所的なローレンツ変換で結びついている．その変換係数を

$$e^{(\alpha)}_\mu(x) = \frac{\partial \bar{x}^\alpha}{\partial x^\mu}, \quad e^\mu_{(\alpha)}(x) = \frac{\partial x^\mu}{\partial \bar{x}^\alpha} \tag{1.130}$$

とおく．ここで $(\partial \bar{x}^\alpha/\partial x^\mu)(\partial x^\nu/\partial \bar{x}^\alpha) = \delta^\nu_\mu$, $(\partial \bar{x}^\alpha/\partial x^\mu)(\partial x^\mu/\partial \bar{x}^\beta) = \delta^\alpha_\beta$ という明らかな関係式，および式 (1.122) や $g^{\mu\nu}$, $\eta^{\alpha\beta}$ に対する同様の変換式により，

$$e^{(\alpha)}_\mu e^\nu_{(\alpha)} = \delta^\nu_\mu, \qquad e^{(\alpha)}_\mu e^\mu_{(\beta)} = \delta^\alpha_\beta \tag{1.131}$$

$$\eta_{\alpha\beta} e^{(\alpha)}_\mu e^{(\beta)}_\nu = g_{\mu\nu}, \qquad g^{\mu\nu} e^{(\alpha)}_\mu e^{(\beta)}_\nu = \eta^{\alpha\beta} \tag{1.132}$$

$$g_{\mu\nu} e^\mu_{(\alpha)} e^\nu_{(\beta)} = \eta_{\alpha\beta}, \qquad \eta^{\alpha\beta} e^\mu_{(\alpha)} e^\nu_{(\beta)} = g^{\mu\nu} \tag{1.133}$$

が成り立つ．ここでは添字 (α) も含め，すべての添字の繰り返しにアインシュタインの和の規約を用いる．時空点ごとの局所慣性系を固定しておけば，式 (1.130) の量は一般曲線座標 x^μ の変換に関してベクトル場になる．式 (1.132), (1.133) の行列式をとることにより，この変換係数の行列式は

$$\det\left(e^{(\alpha)}_\mu\right) = \sqrt{-g}, \quad \det\left(e^\mu_{(\alpha)}\right) = \frac{1}{\sqrt{-g}} \tag{1.134}$$

であることがわかる．

一般に，時空間の各点において定義される 4 つのベクトル場の組で，式 (1.131)-(1.133) の関係を満たすものを **4 脚場**あるいは**テトラッド** (tetrad) と呼ぶ．上では局所座標系への座標変換によって導かれる 4 脚場を考えたが，一般的な 4 脚場は，必ずしも座標変換から導かれなくともよい．

以下では式 (1.130) によって作られる 4 脚場を考える．任意のベクトル A^μ は局所慣性系で $\bar{A}^\alpha = A^\mu e^{(\alpha)}_\mu$ と表される．この 4 つの量 $\bar{A}^\alpha$ は，一般曲線座標 x^μ の座標変換に対してスカラーである．すなわち，一般曲線座標とは無関係に決まるベクトル $\bar{A}^\alpha$ を，一般曲線座標の座標基底 $e^{(\alpha)}_\mu$ で展開したものが $A^\mu e^{(\alpha)}_\mu$ であり，A^μ はその展開係数であるとみなすことができる．他の型のテンソルについても，たとえば $\bar{A}^\alpha{}_{\beta\gamma} = A^\mu{}_{\nu\lambda} e^{(\alpha)}_\mu e^\nu_{(\beta)} e^\lambda_{(\gamma)}$ のように座標基底で展開した形とみなすことができる．

式 (1.121) に与えられるクリストッフェル記号は，4 脚場を用いて

$$\Gamma^\lambda_{\mu\nu} = e^\lambda_{(\alpha)} e^{(\alpha)}_{\mu,\nu} \tag{1.135}$$

と表すことができる．ここで式 (1.130) の定義から $e^{(\alpha)}_{\mu,\nu} = e^{(\alpha)}_{\nu,\mu}$ が成り立つが，この性質は座標基底によって作られる 4 脚場の特徴である．さらに式 (1.131) の第 1 式を微分したものと第 2 式，および式 (1.135) により，

$$e^{(\alpha)}_{\mu,\nu} = \Gamma^\lambda_{\mu\nu} e^{(\alpha)}_\lambda, \quad e^\mu_{(\alpha),\nu} = -\Gamma^\mu_{\lambda\nu} e^\lambda_{(\alpha)} \tag{1.136}$$

が導かれる．すなわち，4 脚場の変化率を同じ 4 脚場自身で展開したときの展開係数がクリストッフェル記号である．言い換えれば，クリストッフェル記号は座標基底が時空間の中でどのように変化するかを表す．

この立場に立ち，局所慣性系におけるベクトル $\bar{A}^\alpha = A^\mu e^{(\alpha)}_\mu$ の微分を計算してみ

ると,

$$\frac{\partial \bar{A}^\alpha}{\partial \bar{x}^\beta} = \mathrm{e}_{(\beta)}^\nu \partial_\nu \left(A^\mu \mathrm{e}_\mu^{(\alpha)}\right) = \mathrm{e}_{(\beta)}^\nu \left(A^\mu{}_{,\nu} \mathrm{e}_\mu^{(\alpha)} + A^\lambda \mathrm{e}_{\lambda,\nu}^{(\alpha)}\right) = \mathrm{e}_\mu^{(\alpha)} \mathrm{e}_{(\beta)}^\nu \left(A^\mu{}_{,\nu} + \Gamma_{\lambda\nu}^\mu A^\lambda\right) = A^\mu{}_{;\nu} \mathrm{e}_\mu^{(\alpha)} \mathrm{e}_{(\beta)}^\nu$$

(1.137)

となる．つまり，局所慣性系における座標微分を一般曲線座標の基底で展開したものが共変微分となっている．上の式は一般曲線座標の変換に対してスカラーであるから，共変微分がテンソルであることは明らかである．そして共変微分にクリストッフェル記号がつく理由は，座標基底である 4 脚場が時空間中で変化するためであることがわかる．式 (1.131) を用いると，上の式から

$$A^\mu{}_{;\nu} = \mathrm{e}_{(\alpha)}^\mu \mathrm{e}_\nu^{(\beta)} \frac{\partial \bar{A}^\alpha}{\partial \bar{x}^\beta}$$

(1.138)

が得られる．つまり，局所慣性系における座標微分を一般曲線座標で見たものが共変微分なのである．

1.2.6 平行移動

共変微分を導入した際に，ベクトル場に作用させた座標微分が 2 階テンソルにならない理由は，一般曲線座標系でのベクトル移動に座標依存性が入り込むからであると述べた．そして式 (1.138) において，局所慣性系での座標微分を一般曲線座標系で見ると共変微分になることがわかった．ここでは，このことをもう少しくわしく考察し，曲がった時空間におけるベクトルの平行移動という概念とそれを表す式を導く．

平坦な空間に張られた直交座標におけるベクトルの平行移動は自明である．ある点のベクトルを他の時空点に平行移動しても，その成分は変化しない．ところが，一般曲線座標系では，ベクトルの移動に伴って成分が変化してしまう．その変化の仕方は張られた座標系にも依存する．ベクトルの平行移動という操作は，座標系に依存しない方法で定義されるべきである．

有限距離の移動は微小距離の移動を積分すれば得られるので，各時空点における微小平行移動を考える．各時空点での微小な平行移動は，その点における局所慣性系での微小な平行移動に一致するべきである．局所慣性系での平行移動は自明であるから，それを座標変換することにより，一般曲線座標系における平行移動が定義できる．

まず，一般曲線座標系におけるベクトル場 $A^\mu(x)$ を考える．式 (1.130) で定義された 4 脚場を用いると，座標点 x^μ における局所慣性系 $\bar{x}^\alpha$ のベクトル場は $\bar{A}^\alpha(\bar{x}) =$

$e^{(\alpha)}_{\mu}(x)A^\mu(x)$ であり,その逆変換は $A^\mu(x) = e^\mu_{(\alpha)}(x)\bar{A}^\alpha(\bar{x})$ である.いま,ある座標点 x^μ のベクトル $A^\mu(x)$ が微小変位 dx^μ だけ平行移動して,ベクトル $A^\mu(x+dx)_\parallel$ になるとする.これを局所慣性系で見るとき,もとのベクトルを $\bar{A}^\alpha(\bar{x})$ とし,平行移動したベクトルを $\bar{A}^\alpha(\bar{x}+d\bar{x})_\parallel$ とする.平行移動後のベクトル同士は

$$A^\mu(x+dx)_\parallel = e^\mu_{(\alpha)}(x+dx)\bar{A}^\alpha(\bar{x}+d\bar{x})_\parallel \tag{1.139}$$

で関係づけられている.一般曲線座標における平行移動が局所慣性系での平行移動と一致する条件により,局所慣性系においてもベクトル $\bar{A}^\alpha(\bar{x}+d\bar{x})_\parallel$ はベクトル $\bar{A}^\alpha(\bar{x})$ の平行移動である.局所慣性系では平行移動によってベクトルの成分が値を変えないから,式 (1.139) の最後の因子は $\bar{A}^\alpha(\bar{x}+d\bar{x})_\parallel = \bar{A}^\alpha(\bar{x})$ である.さらに 4 脚場を微小量で展開してから式 (1.136) を用いることにより,

$$A^\mu(x+dx)_\parallel = \left[e^\mu_{(\alpha)}(x) + e^\mu_{(\alpha),\nu}(x)dx^\nu\right]\bar{A}^\alpha(\bar{x}) = A^\mu(x) - \Gamma^\mu_{\lambda\nu}(x)A^\lambda(x)dx^\nu \tag{1.140}$$

が得られる.これが求めたかった一般曲線座標における無限小平行移動の式である.共変ベクトルの平行移動についても同様に得られて,

$$A_\mu(x+dx)_\parallel = \left[e^{(\alpha)}_\mu(x) + e^{(\alpha)}_{\mu,\nu}(x)dx^\nu\right]\bar{A}_\alpha(\bar{x}) = A_\mu(x) + \Gamma^\lambda_{\mu\nu}(x)A_\lambda(x)dx^\nu \tag{1.141}$$

となる.

　以上の式より,一般に曲がった時空間の曲線座標において,ベクトルを無限小平行移動したときの成分の変化は

$$\delta_\parallel A^\mu \equiv A^\mu(x+dx)_\parallel - A^\mu(x) = -\Gamma^\mu_{\lambda\nu}A^\lambda dx^\nu \tag{1.142}$$

$$\delta_\parallel A_\mu \equiv A_\mu(x+dx)_\parallel - A_\mu(x) = \Gamma^\lambda_{\mu\nu}A_\lambda dx^\nu \tag{1.143}$$

となる.あるいは共変微分を用いると,

$$\delta_\parallel A^\mu = (\partial_\nu A^\mu - \nabla_\nu A^\mu)\,dx^\nu \tag{1.144}$$

$$\delta_\parallel A_\mu = (\partial_\nu A_\mu - \nabla_\nu A_\mu)\,dx^\nu \tag{1.145}$$

とも表される.この表式は,微分で与えられる見かけのベクトル値の変化から,共変微分で与えられる実質的なベクトル値の変化を差し引いたものが,平行移動による変化分であることを表している.共変微分は平行移動を用いると

$$\nabla_\nu A^\mu = \lim_{\Delta x \to 0} \frac{A^\mu(x+\Delta x) - A^\mu(x+\Delta x)_\parallel}{\Delta x^\nu} \tag{1.146}$$

などとも表すことができる.

同様にして，任意のテンソル場に関する無限小平行移動を求めることもできる．その結果はたとえば，

$$\begin{aligned}\delta_\| A^{\mu\nu}{}_\lambda &\equiv A^{\mu\nu}{}_\lambda(x+dx)_\| - A^{\mu\nu}{}_\lambda(x) \\ &= \left(-\Gamma^\mu_{\rho\sigma} A^{\rho\nu}{}_\lambda - \Gamma^\nu_{\rho\sigma} A^{\mu\rho}{}_\lambda + \Gamma^\rho_{\lambda\sigma} A^{\mu\nu}{}_\rho\right) dx^\sigma \\ &= \left(\partial_\rho A^{\mu\nu}{}_\lambda - \nabla_\rho A^{\mu\nu}{}_\lambda\right) dx^\rho \end{aligned} \qquad (1.147)$$

などとなる．この例から他のテンソルに対する平行移動の表式も明らかであろう．

1.2.7 座標変換とリー微分

時空の関数である場の量は，一般座標変換に伴ってその関数形が変化する．一般に曲がった時空には座標系のとり方に任意性があり，この任意性は場の物理的な自由度と区別されなければならない．そこで，座標変換によって場の関数形がどのように変化するかを押さえておく必要がある．以下では，一般のテンソル場に対して無限小座標変換による関数形の変化を求めておく．

まず，一般曲線座標系における無限小座標変換

$$x^\mu \to \tilde{x}^\mu = x^\mu - \epsilon \xi^\mu(x) \qquad (1.148)$$

を考える．ここで ϵ は任意の微小量とし，$\xi^\mu(x)$ は座標変換によって各座標点が動く大きさと方向を指定する有限のベクトル場である．いま，共変ベクトル場 $A_\mu(x)$ を例にとって考えると，その変換は微小量の線形近似において

$$\tilde{A}_\mu(\tilde{x}) = \frac{\partial x^\nu}{\partial \tilde{x}^\mu} A_\nu(x) = \left[\delta^\nu_\mu + \epsilon \xi^\nu{}_{,\mu}\right] A_\nu(x) = A_\mu(x) + \epsilon \xi^\nu{}_{,\mu} A_\nu \qquad (1.149)$$

となる．

ここで，変換後のベクトル場の座標値は $\tilde{x}^\mu$ に移動してしまっていることに注意する．変換前と同じ座標値 x^μ に変換されてくるベクトルの値は，微小量の線形近似において

$$\tilde{A}_\mu(x) = \tilde{A}_\mu(\tilde{x}+\epsilon\xi) = \tilde{A}_\mu(\tilde{x}) + \epsilon A_{\mu,\nu}\xi^\nu = A_\mu(x) + \epsilon \left(\xi^\nu{}_{,\mu} A_\nu + A_{\mu,\nu}\xi^\nu\right) \qquad (1.150)$$

で与えられる．最後の項の括弧内で偏微分を共変微分に置き換えても，クリストッフェル記号を含む項が打ち消し合うため，その値は変わらないことがわかる．一般座標変換における共変ベクトル場の関数形の変化を

$$\mathscr{L}_\xi A_\mu = \lim_{\epsilon \to 0} \frac{1}{\epsilon}\left[\tilde{A}_\mu(x) - A_\mu(x)\right] \qquad (1.151)$$

で定義すると，

$$\mathcal{L}_\xi A_\mu = \xi^\nu A_{\mu;\nu} + A_\nu \xi^\nu{}_{;\mu} = \xi^\nu \nabla_\nu A_\mu + A_\nu \nabla_\mu \xi^\nu \tag{1.152}$$

が得られる．数学的にこの演算子 $\mathcal{L}_\xi$ は，ξ^μ 方向に沿ったリー微分 (Lie derivative) と呼ばれる．リー微分を用いると，同一座標点におけるベクトル場の無限小変化は

$$\tilde{A}_\mu(x) - A_\mu(x) = \epsilon \mathcal{L}_\xi A_\mu \tag{1.153}$$

と表すことができる．

同様にして，他の型のテンソル場に対するリー微分も導くことができる．たとえばスカラー場 $\phi(x)$，反変ベクトル場 $A^\mu(x)$，テンソル場 $A^{\mu\nu}{}_\rho(x)$ を例にすると，それらのリー微分は

$$\mathcal{L}_\xi \phi = \xi^\mu \phi_{;\mu} = \xi^\mu \nabla_\mu \phi, \tag{1.154}$$

$$\mathcal{L}_\xi A^\mu = \xi^\nu A^\mu{}_{;\nu} - A^\nu \xi^\mu{}_{;\nu} = \xi^\nu \nabla_\nu A^\mu - A^\nu \nabla_\nu \xi^\mu, \tag{1.155}$$

$$\mathcal{L}_\xi A^{\mu\nu}{}_\lambda = \xi^\rho A^{\mu\nu}{}_{\lambda;\rho} - A^{\rho\nu}{}_\lambda \xi^\mu{}_{;\rho} - A^{\mu\rho}{}_\lambda \xi^\nu{}_{;\rho} + A^{\mu\nu}{}_\rho \xi^\rho{}_{;\lambda}$$
$$= \xi^\rho \nabla_\rho A^{\mu\nu}{}_\lambda - A^{\rho\nu}{}_\lambda \nabla_\rho \xi^\mu - A^{\mu\rho}{}_\lambda \nabla_\rho \xi^\nu + A^{\mu\nu}{}_\rho \nabla_\lambda \xi^\rho \tag{1.156}$$

で与えられる．右辺ではクリストッフェル記号がすべて打ち消し合うので，共変微分をすべて偏微分に置き換えても同値である．

とくに計量テンソル $g_{\mu\nu}$ のリー微分を求めると，

$$\mathcal{L}_\xi g_{\mu\nu} = \xi^\lambda g_{\mu\nu;\lambda} + g_{\lambda\nu} \xi^\lambda{}_{;\mu} + g_{\mu\lambda} \xi^\lambda{}_{;\nu} = \xi_{\nu;\mu} + \xi_{\mu;\nu} = \nabla_\mu \xi_\nu + \nabla_\nu \xi_\mu \tag{1.157}$$

が得られる．ただし式 (1.125) を用いた．また $\xi_\mu = g_{\mu\nu} \xi^\nu$ である．もしここで計量テンソルのリー微分がゼロになるならば，ベクトル場 $\xi^\mu(x)$ で与えられる座標変換に対して，計量テンソルが不変に保たれる．すなわち，時空に対称性があることを意味する．一般に曲線座標の張り方は任意なので，ある時空が対称性を持っていたとしても，座標系の選び方によってはその対称性が明らかでない場合がある．そこで，与えられた時空に対称性があるかどうかを見つけるために，方程式 $\mathcal{L}_\xi g_{\mu\nu} = 0$ を満たす解 $\xi^\mu(x)$ を探すことが有力な方法となる．計量テンソル $g_{\mu\nu}$ の与えられた時空座標があるとき，その時空が対称性を持つかどうかの判定条件となる方程式

$$\nabla_\mu \xi_\nu + \nabla_\nu \xi_\mu = 0 \tag{1.158}$$

はキリング方程式 (Killing equation) と呼ばれ，その解 ξ^μ はキリング・ベクトル (Killing vector) と呼ばれる．キリング・ベクトルが見つかれば，その性質を調べることで対称性が明らかになるような特別な座標系を見つける手がかりにもなる．

1.2.8 完全反対称テンソル

任意の添字の交換について反対称な 4 階テンソル $\epsilon_{\mu\nu\rho\sigma}$ を**完全反対称テンソル** (totally antisymmetric tensor) という．すなわち，式 (1.28) で定義される添字の反対称化について

$$\epsilon_{\mu\nu\rho\sigma} = \epsilon_{[\mu\nu\rho\sigma]} \tag{1.159}$$

を満たす．このテンソルでは，ϵ_{0123} の値を与えれば他のすべての成分がその添字の置換により一意的に決まる．また，ある座標でこのテンソルが完全反対称ならば，任意の座標変換をしてもその添字に関する反対称性が保たれる．したがって，座標変換によりその規格化因子だけが変化する．

その規格化因子を与えるため，このテンソルを局所慣性座標 $\bar{x}^\mu$ で見るとき $\bar{\epsilon}_{0123}$ = 1 になるものとする．このとき

$$\bar{\epsilon}_{\mu\nu\rho\sigma} = \begin{cases} +1 & [(\mu,\nu,\rho,\sigma)\ \text{が}\ (0,1,2,3)\ \text{の偶置換の場合}] \\ -1 & [(\mu,\nu,\rho,\sigma)\ \text{が}\ (0,1,2,3)\ \text{の奇置換の場合}] \\ 0 & [\text{その他の場合}] \end{cases} \tag{1.160}$$

となる．局所慣性系において添字をすべて上げると，必ず η^{00} が 1 回だけ出てくるので，$\bar{\epsilon}^{\mu\nu\rho\sigma} = -\bar{\epsilon}_{\mu\nu\rho\sigma}$ となる．4 脚場を使って局所慣性座標から一般曲線座標へ戻し，さらに行列式の定義と式 (1.134) を用いると

$$\epsilon_{0123} = e_0^{(\alpha)} e_1^{(\beta)} e_2^{(\gamma)} e_3^{(\delta)} \bar{\epsilon}_{\alpha\beta\gamma\delta} = \det\left(e_\mu^{(\alpha)}\right) = \sqrt{-g} \tag{1.161}$$

$$\epsilon^{0123} = e_{(\alpha)}^0 e_{(\beta)}^1 e_{(\gamma)}^2 e_{(\delta)}^3 \bar{\epsilon}^{\alpha\beta\gamma\delta} = -\det\left(e_{(\alpha)}^\mu\right) = -\frac{1}{\sqrt{-g}} \tag{1.162}$$

が得られる．したがって

$$\epsilon_{\mu\nu\rho\sigma} = \sqrt{-g}\,\bar{\epsilon}_{\mu\nu\rho\sigma}, \quad \epsilon^{\mu\nu\rho\sigma} = \frac{\bar{\epsilon}^{\mu\nu\rho\sigma}}{\sqrt{-g}} \tag{1.163}$$

が成り立つ．また完全反対称テンソルの積の縮約について次の恒等式

$$\epsilon^{\alpha\beta\gamma\delta}\epsilon_{\mu\nu\rho\sigma} = -4!\,\delta_\mu^{[\alpha}\delta_\nu^\beta\delta_\rho^\gamma\delta_\sigma^{\delta]} \tag{1.164}$$

$$\epsilon^{\alpha\beta\gamma\sigma}\epsilon_{\mu\nu\rho\sigma} = -3!\,\delta_\mu^{[\alpha}\delta_\nu^\beta\delta_\rho^{\gamma]} \tag{1.165}$$

$$\epsilon^{\alpha\beta\rho\sigma}\epsilon_{\mu\nu\rho\sigma} = -(2!)^2\,\delta_\mu^{[\alpha}\delta_\nu^{\beta]} \tag{1.166}$$

$$\epsilon^{\alpha\nu\rho\sigma}\epsilon_{\mu\nu\rho\sigma} = -3!\,\delta_\mu^\alpha \tag{1.167}$$

$$\epsilon^{\mu\nu\rho\sigma}\epsilon_{\mu\nu\rho\sigma} = -4! \tag{1.168}$$

が成り立つ．ただし，右辺で角括弧に囲まれた添字については，異なる因子に属するものであっても反対称化する．

1.2.9　ストークスの定理とガウスの定理

上で導入した完全反対称テンソルは，曲がった時空上での積分を表すときに便利な量である．以下では，4次元時空における多重積分を定義し，それに関する有用な公式を導く．

はじめに4次元時空中の2次元面積分を考える．面積分を定義するには，まず向き付けられた微小な面要素を考え，その面積に被積分関数をかけて積分する．3次元空間における2次元面の面要素は，微小な2次元面積に垂直な方向を向き，大きさがその微小面積に等しくなる双対ベクトルを用いて表すことができる．だが，4次元時空間における向き付けられた微小面積は，双対ベクトルで表すことはできない．面に垂直な方向が1つではないからである．

そこで，2つの線要素 d_1x^μ, d_2x^μ が張る微小な平行四辺形で表される面積要素を考える．この微小面積を座標軸 x^μ と x^ν が張る平面へ射影し，その射影面積要素を $dS^{\mu\nu}$ とする．この量は，その射影平面において2つの2次元ベクトル (d_1x^μ, d_1x^ν), (d_2x^μ, d_2x^ν) が張る微小な平行四辺形の面積に等しいから，

$$dS^{\mu\nu} = \begin{vmatrix} d_1x^\mu & d_2x^\mu \\ d_1x^\nu & d_2x^\nu \end{vmatrix} = d_1x^\mu d_2x^\nu - d_1x^\nu d_2x^\mu \tag{1.169}$$

となる．これに双対なテンソルを

$$d\sigma_{\mu\nu} \equiv \frac{1}{2}\epsilon_{\mu\nu\rho\sigma}dS^{\rho\sigma} = \epsilon_{\mu\nu\rho\sigma}d_1x^\rho d_2x^\sigma, \quad dS^{\mu\nu} = -\frac{1}{2}\epsilon^{\mu\nu\rho\sigma}d\sigma_{\rho\sigma} \tag{1.170}$$

で定義する．第2式は式 (1.166) を用いて第1式を逆に表したものである．

4次元時空中の3次元体積積分についても同様に考えられる．3つの線要素 d_1x^μ, d_2x^μ, d_3x^μ が張る平行六面体を，座標軸 x^μ, x^ν, x^ρ が張る体積に射影した体積要素

は

$$d\Sigma^{\mu\nu\rho} \equiv \begin{vmatrix} d_1x^\mu & d_2x^\mu & d_3x^\mu \\ d_1x^\nu & d_2x^\nu & d_3x^\nu \\ d_1x^\rho & d_2x^\rho & d_3x^\rho \end{vmatrix} \tag{1.171}$$

である．これに双対なベクトルを

$$d\Sigma_\mu \equiv \frac{1}{3!}\epsilon_{\mu\nu\rho\sigma}d\Sigma^{\nu\rho\sigma} = \epsilon_{\mu\nu\rho\sigma}d_1x^\nu d_2x^\rho d_3x^\sigma, \quad d\Sigma^{\mu\nu\rho} = -\epsilon^{\mu\nu\rho\sigma}d\Sigma_\sigma \tag{1.172}$$

で定義する．このベクトルは最初に考えた 3 次元体積要素に垂直なベクトルで，絶対値はその 3 次元体積に等しい．

さらに 4 つの線要素 $d_0x^\mu, d_1x^\mu, d_2x^\mu, d_3x^\mu$ が張る 4 次元平行超立体の 4 次元体積要素を，座標軸 $x^\mu, x^\nu, x^\rho, x^\sigma$ が張る 4 次元体積に射影した 4 次元体積要素は

$$dV^{\mu\nu\rho\sigma} \equiv \begin{vmatrix} d_0x^\mu & d_1x^\mu & d_2x^\mu & d_3x^\mu \\ d_0x^\nu & d_1x^\nu & d_2x^\nu & d_3x^\nu \\ d_0x^\rho & d_1x^\rho & d_2x^\rho & d_3x^\rho \\ d_0x^\sigma & d_1x^\sigma & d_2x^\sigma & d_3x^\sigma \end{vmatrix} \tag{1.173}$$

である．そしてこれに双対なスカラーを

$$dV \equiv \frac{1}{4!}\epsilon_{\mu\nu\rho\sigma}dV^{\mu\nu\rho\sigma} = \epsilon_{\mu\nu\rho\sigma}d_0x^\mu d_1x^\nu d_2x^\rho d_3x^\sigma, \quad dV^{\mu\nu\rho\sigma} = -\epsilon^{\mu\nu\rho\sigma}dV \tag{1.174}$$

で定義する．

ここで，具体的に無限小ベクトル $d_\alpha x^\mu$ ($\alpha = 0, 1, 2, 3$) を各座標軸に沿ってとり，

$$(d_0x^\mu) = \left(dx^0, 0, 0, 0\right) \tag{1.175}$$

$$(d_1x^\mu) = \left(0, dx^1, 0, 0\right) \tag{1.176}$$

$$(d_2x^\mu) = \left(0, 0, dx^2, 0\right) \tag{1.177}$$

$$(d_3x^\mu) = \left(0, 0, 0, dx^3\right) \tag{1.178}$$

とする．このとき，時間座標が一定の 3 次元体積要素について，双対ベクトルの式 (1.172) は，式 (1.161) を用いて

$$d\Sigma_\mu = \epsilon_{\mu 123}\, dx^1 dx^2 dx^3 = \delta_\mu^0 \sqrt{-g}\, d^3x \tag{1.179}$$

となる．また，4 次元体積の双対スカラーの式 (1.174) は

$$dV = \epsilon_{0123}\,dx^0 dx^1 dx^2 dx^3 = \sqrt{-g}\,d^4x \tag{1.180}$$

となる．これは式 (1.101) で導かれた不変 4 次元体積要素で，座標変換に関して値を変えない．

面積分と線積分の間に成り立つ 3 次元空間のストークスの定理を一般化することにより，曲がった 4 次元時空間におけるストークスの定理を 3 種類導くことができる．それらは

$$\int_S \partial_{[\mu}A_{\nu]} dS^{\mu\nu} = \int_{\partial S} A_\mu dx^\mu \tag{1.181}$$

$$\int_\Sigma \partial_{[\mu}A_{\nu\rho]} d\Sigma^{\mu\nu\rho} = \int_{\partial\Sigma} A_{[\mu\nu]} dS^{\mu\nu} \tag{1.182}$$

$$\int_V \partial_{[\mu}A_{\nu\rho\sigma]} dV^{\mu\nu\rho\sigma} = \int_{\partial V} A_{[\mu\nu\rho]} d\Sigma^{\mu\nu\rho} \tag{1.183}$$

である．ここで，S, Σ, V はそれぞれ 2 次元，3 次元，4 次元の積分領域を表し，∂S, $\partial\Sigma$, ∂V はそれぞれの境界を表す．積分要素には局所慣性座標が張れるので，上の式の証明は，3 次元空間におけるストークスの定理やガウスの定理の証明と同様にできる．これらのストークスの定理は時空の計量には依存しない一般的な恒等式であり，添字を持つ量 A_μ, $A_{\mu\nu}$, $A_{\mu\nu\rho}$ がベクトルやテンソルの変換性を持っている必要もない．被積分関数の添字にはわかりやすいように反対称化の記号を入れてあるが，積分要素の添字が反対称であるから，自動的に反対称成分しか残らない．したがって，反対称化記号を付けない式も同様に成り立つ．さらに，共変微分の定義から

$$\partial_{[\mu}A_{\nu]} = \nabla_{[\mu}A_{\nu]}, \quad \partial_{[\mu}A_{\nu\rho]} = \nabla_{[\mu}A_{\nu\rho]}, \quad \partial_{[\mu}A_{\nu\rho\sigma]} = \nabla_{[\mu}A_{\nu\rho\sigma]} \tag{1.184}$$

となることが示されるので，計量を持つ空間に対しては式 (1.181)-(1.183) の左辺に現れる微分をすべて共変微分に置き換えてもよい．

次に，一般的なストークスの定理から導かれるいくつかの性質を述べておく．式 (1.182) において $A_{\nu\rho} \to \partial_\nu A_\rho$ と置き換えると，左辺の被積分関数は $\partial_{[\mu}\partial_\nu A_{\rho]}$ となるが，偏微分は交換するので，反対称化したこの量は恒等的にゼロである．式 (1.183) において $A_{\nu\rho\sigma} \to \partial_\nu A_{\rho\sigma}$ と置き換えたものについても同様のことがいえる．さらに式 (1.181), (1.182) を用いると，

$$0 = \int_\Sigma \partial_{[\mu} \partial_\nu A_{\rho]} d\Sigma^{\mu\nu\rho} = \int_{\partial\Sigma} \partial_{[\mu} A_{\nu]} dS^{\mu\nu} = \int_{\partial\partial\Sigma} A_\mu dx^\mu \tag{1.185}$$

$$0 = \int_V \partial_{[\mu} \partial_\nu A_{\rho\sigma]} dV^{\mu\nu\rho\sigma} = \int_{\partial V} \partial_{[\mu} A_{\nu\rho]} d\Sigma^{\mu\nu\rho} = \int_{\partial\partial V} A_{\mu\nu} dS^{\mu\nu} \tag{1.186}$$

が成り立つ．これらの恒等式は，それぞれの右辺がつねに消えることを意味しているので，積分領域である $\partial\partial\Sigma$, $\partial\partial V$ が空集合になることを示している．すなわち，任意の閉じた領域の境界に対する境界は存在しない．

最後に，式 (1.183) において $A_{\mu\nu\rho} = \epsilon_{\mu\nu\rho\sigma} A^\sigma$ を代入してから式 (1.172), (1.174) を用い，さらに式 (1.163), (1.167), (1.127) を用いると，

$$\int_V \nabla_\mu A^\mu dV = \int_{\partial V} A^\mu d\Sigma_\mu \tag{1.187}$$

が導かれる．これはよく知られたガウスの定理を 4 次元時空へ拡張したものに他ならない．この定理は，もとのストークスの定理と違って計量に依存する関係式である．ただし，ここでも A^μ がベクトルとして変換する必要性はなく，1 つの座標系で 4 つの成分を持つ場でありさえすればよい．このガウスの定理は式 (1.127), (1.180) を用いて

$$\int_V d^4x \, \partial_\mu \left(\sqrt{-g} A^\mu \right) = \int_{\partial V} A^\mu d\Sigma_\mu \tag{1.188}$$

とも表される．

1.2.10 測地線方程式

4 次元時空間において粒子の運動を表す世界線は，パラメータ変数 λ の関数 $x^\mu(\lambda)$ により与えることができる．ここでパラメータ λ は世界線に沿って単調に増加（あるいは減少）する変数である．ここでは，重力以外の力を受けずに運動する自由な粒子の世界線が，どのような形で与えられるかを考える．

そのためには，自由粒子の運動が局所慣性系で等速直線運動となるを用いればよい．局所慣性座標系における粒子の世界線を $\bar{x}^\alpha(\lambda)$ とすれば，それに接する接ベクトルは $\bar{V}^\alpha = d\bar{x}^\alpha/d\lambda$ で与えられる．平坦時空中において直線上を移動しても接ベクトルの方向は変化せず，パラメータ変数 λ を適当に選ぶことにより，接ベクトルの大きさを一定にすることができる．したがって，

$$\frac{d\bar{V}^\alpha}{d\lambda} = 0 \tag{1.189}$$

を満たすようなパラメータをつねに選ぶことができる．これが局所座標系で直線を

求める方程式になる．

上の方程式を一般曲線座標系で表すことを考える．パラメータ変数 λ は世界線上における事象に固定された量で，座標変換を受けないスカラー量とみなせる．一般曲線座標系における接ベクトルを $V^\mu = dx^\mu/d\lambda$ とすると，式 (1.130) の 4 脚場を用いて $\bar{V}^\alpha = e^{(\alpha)}_\mu V^\mu$ となる．これを式 (1.189) へ代入し，$d/d\lambda = (dx^\mu/d\lambda)\partial/\partial x^\mu = V^\mu \partial_\mu$ であることと式 (1.131), (1.136) を用いると，

$$\frac{dV^\mu}{d\lambda} + V^\nu V^\lambda \Gamma^\mu_{\nu\lambda} = 0 \tag{1.190}$$

が得られる．この式は

$$V^\nu \nabla_\nu V^\mu = V^\mu_{;\nu} V^\nu = 0 \tag{1.191}$$

と表すこともできる．

式 (1.190) により，世界線を表す関数 $x^\mu(\lambda)$ を求めるための微分方程式は

$$\frac{d^2 x^\mu}{d\lambda^2} + \frac{dx^\nu}{d\lambda}\frac{dx^\lambda}{d\lambda}\Gamma^\mu_{\nu\lambda} = 0 \tag{1.192}$$

である．これを**測地線方程式** (geodesic equation) と呼ぶ．測地線方程式の解 $x^\mu(\lambda)$ のことを**測地線** (geodesic) と呼ぶ．一般に，曲がった空間中では平坦な空間中のように直線を描くことはできないが，曲がった空間にもできるだけまっすぐになるように線を伸ばすことはできる．これが測地線である．2 次元空間における例として，球面上に描いた測地線は大円となり，平面に描いた測地線は直線となる．

測地線方程式におけるパラメータ変数 λ は**アフィン・パラメータ** (affine parameter) と呼ばれる．このアフィン・パラメータは，粒子の世界線上で任意にとれるようなパラメータではない．上の導出からわかるように，局所慣性系で見た接ベクトル $dx^\mu/d\lambda$ が測地線に沿って不変になるようなものでなければならない．測地線方程式の形が不変に保たれるのは，パラメータの線形変換 $\lambda \to \tilde{\lambda} = a\lambda + b$（$a, b$ は定数）を行う場合である．この変換を**アフィン変換** (affine transformation) という．しかし，一般に非線形な変換 $\lambda \to \tilde{\lambda} = f(\lambda)$ を行うと，明らかに上の形の測地線方程式は成り立たなくなる．

上の構成により，$V^\mu V_\mu = \bar{V}^\alpha \bar{V}_\alpha$ の値は測地線上で一定である．このため，測地線上のある点で接ベクトル V^μ が時間的（$V^\mu V_\mu < 0$）であれば，その測地線上のあらゆる点でずっと時間的である．これを**時間的測地線** (time-like geodesic) という．同じように，測地線上のある点で光的（$V^\mu V_\mu = 0$）ならずっと光的であり，これを**光的測地線** (light-like geodesic) という．また，測地線上のある点で空間的

($V^\mu V_\mu > 0$) ならずっと空間的であり，これを**空間的測地線** (space-like geodesic) という．現実の粒子がたどることのできる測地線は，質量のある粒子について時間的測地線，質量のない粒子について光的測地線となる．

重力以外の力を受けない自由な粒子は測地線に沿って運動するので，アフィン・パラメータを物理的な量と関係づけておくと便利である．粒子の質量 m がゼロでなければ，アフィン・パラメータに粒子の固有時 τ を用いることができる．この場合の接ベクトルは4元速度 $u^\mu = dx^\mu/d\tau$ となり，規格化 $u^\mu u_\mu = -1$ を満たす．局所慣性系で自由粒子の4元速度は一定であり，τ はアフィン・パラメータになる．こうして測地線方程式 (1.192) は $m \neq 0$ のとき $\lambda = \tau$ と選ぶことができて，

$$\frac{d^2 x^\mu}{d\tau^2} + \Gamma^\mu_{\nu\lambda} \frac{dx^\nu}{d\tau} \frac{dx^\lambda}{d\tau} = 0 \tag{1.193}$$

となる．これは次の形

$$u^\mu{}_{;\nu} u^\nu = \frac{du^\mu}{d\tau} + \Gamma^\mu_{\nu\lambda} u^\nu u^\lambda = 0 \tag{1.194}$$

と等価である．

光子など，質量ゼロ ($m = 0$) の粒子では，粒子の世界線に沿って固有時が進まないため，これをアフィン・パラメータにとることはできない．この場合には，質量ゼロの粒子にも定義されている4元運動量 P^μ を接ベクトルに選ぶことができる．つまり，粒子の世界線に沿って

$$P^\mu = \frac{dx^\mu}{d\lambda} \tag{1.195}$$

を満たすようにパラメータ λ を選ぶとよい．局所慣性系において4元運動量は一定であり，この λ はアフィン・パラメータとなる．粒子の質量がゼロでない場合 ($m \neq 0$) にも，$\lambda = \tau$ の代わりに式 (1.195) のアフィン・パラメータの定義を適用することができる．その場合には固有時を質量で割った $\lambda = \tau/m$ をアフィン・パラメータに選んだことになる．

こうして，質量がゼロであるかどうかにかかわらず，式 (1.195) でアフィン・パラメータを定義すると，測地線方程式 (1.192) は4元運動量を用いて

$$P^\mu{}_{;\nu} P^\nu = \frac{dP^\mu}{d\lambda} + \Gamma^\mu_{\nu\lambda} P^\nu P^\lambda = 0 \tag{1.196}$$

と表すことができる．ここで4元運動量は，平坦時空における式 (1.39) を一般時空に拡張した式

$$P^\mu P_\mu + m^2 = 0 \tag{1.197}$$

を満たす．

1.2.11 測地線方程式のニュートン極限

重力が曲がった時空の性質から生じるならば，なんらかの極限をとった測地線方程式が，ニュートン力学における重力場中の運動方程式

$$\frac{\partial \boldsymbol{v}}{\partial t} = -\boldsymbol{\nabla}\phi \tag{1.198}$$

に対応するべきである．ただし $\boldsymbol{v}$ は粒子速度，ϕ は重力ポテンシャルである．この対応を導く極限について考える．

まず，経験的に我々のまわりの空間ではユークリッド幾何学がよい精度で成り立つので，時空の曲がりは小さいはずである．座標系を適当に選べば，計量テンソルは平坦計量に近いものにできる．そこで，計量テンソルを平坦計量とそれ以外の部分に分けて，

$$g_{\mu\nu}(x) = \eta_{\mu\nu} + h_{\mu\nu}(x), \quad |h_{\mu\nu}| \ll 1 \tag{1.199}$$

と表されるものとする．時空の曲がりが小さいので，$h_{\mu\nu}$ について 2 次以上の項を無視する線形近似を適用する．このとき，計量の逆行列は

$$g^{\mu\nu} = \eta^{\mu\nu} - \eta^{\mu\rho}\eta^{\nu\sigma}h_{\rho\sigma} \tag{1.200}$$

で与えられる．また，クリストッフェル記号の式 (1.124) を線形近似により計算すれば，

$$\Gamma^\lambda_{\mu\nu} = \frac{1}{2}\eta^{\lambda\rho}\left(h_{\rho\mu,\nu} + h_{\rho\nu,\mu} - h_{\mu\nu,\rho}\right) \tag{1.201}$$

となる．

ニュートン力学は非相対論的な理論なので，質量を持つ粒子の 3 次元速度 v が光速 $c = 1$ よりも十分小さく $v \ll 1$ となる場合に適用される．そこで，v^2 よりも高次の項を無視し，さらに 3 次元速度 v^i と $h_{\mu\nu}$ の積も小さい量として無視する．このとき $u^i = dx^i/d\tau = (dx^i/dt)/(d\tau/dt) = u^0 v^i$ となること，および 4 元速度の規格化 $g_{\mu\nu}u^\mu u^\nu = -1$ により，この近似での 4 元速度は

$$(u^\mu) = \left(1 + \frac{1}{2}h_{00}, v^i\right) \tag{1.202}$$

の形になることがわかる.

以上の近似を式 (1.194) の測地線方程式

$$u^{\mu}_{;\nu}u^{\nu} = u^{\mu}_{,\nu}u^{\nu} + \Gamma^{\mu}_{\nu\lambda}u^{\nu}u^{\lambda} = 0 \tag{1.203}$$

に代入する.いま採用している v^i, $h_{\mu\nu}$ の線形近似により,最後の項は $\Gamma^{\mu}_{\nu\lambda}u^{\nu}u^{\lambda} = \Gamma^{\mu}_{00}$ となる.ここで $\dot{h}_{\mu\nu} = \partial h_{\mu\nu}/\partial t$ とすれば,式 (1.201) により $\Gamma^{0}_{00} = -\dot{h}_{00}/2$, $\Gamma^{i}_{00} = -\partial_i h_{00}/2 + \dot{h}_{0i}$ となる.これらの式を測地線方程式 (1.203) へ代入すると,その時間成分は恒等式 $h_{00,0}/2 = \dot{h}_{00}/2$ となり,空間成分は

$$\frac{\partial v_i}{\partial t} = \frac{1}{2}\partial_i h_{00} - \dot{h}_{0i} \tag{1.204}$$

となる.ただし,いま採用している近似において,変数 v^i や $h_{\mu\nu}$ を含む項についている空間添字は $\eta_{ij} = \delta_{ij}$ で上げ下げできるので,その添字の上下を区別する必要はない.

式 (1.204) がニュートン力学の方程式 (1.198) に対応するならば,いま考えている極限で

$$\phi \simeq -\frac{1}{2}h_{00}, \quad \frac{\partial h_{0i}}{\partial t} \simeq 0 \tag{1.205}$$

と近似できるはずである.我々のまわりの重力場は時間的に速く変動することはないから,ニュートン力学の方程式を導くために最後の近似が必要なのは,妥当なことである.

以上をまとめると,測地線方程式が重力場中のニュートン力学における運動方程式に帰着する条件は,計量テンソル $g_{\mu\nu}$ が平坦計量 $\eta_{\mu\nu}$ に十分近いこと,粒子の速度が光速よりも十分遅いこと,そして計量テンソルにおける g_{0i} 成分の時間変化が十分小さいことである.これらの条件を満たすとき,計量テンソルとニュートンの重力ポテンシャルとの間に

$$g_{00} \approx -(1 + 2\phi) \tag{1.206}$$

という対応がつけられる.

1.2.12 曲率テンソル

平坦な時空であっても,直交座標でない曲線座標を考えれば,計量テンソル $g_{\mu\nu}$ の形が一般に場所に依存し,またクリストッフェル記号 $\Gamma^{\lambda}_{\mu\nu}$ も一般にはゼロでない.これらの形を眺めても,実際に時空間が平坦であるかそうでないかは判別し

くい．逆に，時空が平坦でなくても，局所慣性系をとると局所的には平坦時空のように見える．局所慣性座標系ではクリストッフェル記号を消すことができるので，計量テンソルの1階微分はすべてゼロになっている．なぜなら $\nabla_\lambda g_{\mu\nu} = 0$ により，$\Gamma^\lambda_{\mu\nu} = 0$ であれば $\partial_\lambda g_{\mu\nu} = 0$ となるからである．したがって，計量テンソルの1階微分を用いても時空の曲がり方は特徴づけられない．

　局所的な時空がどのように曲がっているかは，計量テンソルの2階微分を用いて定量化される．ベクトル場に作用する共変微分がクリストッフェル記号を含むことに着目すると，ベクトル場 A^μ に共変微分を続けて行う $\nabla_\alpha \nabla_\beta A^\mu$ という操作には，計量テンソルの2階微分が含まれている．平坦時空においては $\partial_\alpha \partial_\beta A^\mu = \partial_\beta \partial_\alpha A^\mu$ と微分が交換するが，このことは一般曲線座標では成り立たない．そこで，共変微分の順序を交換したときにどれだけの差が出るのかを共変微分の定義に戻って計算してみると，

$$\nabla_\alpha \nabla_\beta A^\mu - \nabla_\beta \nabla_\alpha A^\mu = R^\mu{}_{\nu\alpha\beta} A^\nu \tag{1.207}$$

の形に書いたとき，右辺の係数 $R^\mu{}_{\nu\alpha\beta}$ は

$$R^\mu{}_{\nu\alpha\beta} = \partial_\alpha \Gamma^\mu_{\nu\beta} - \partial_\beta \Gamma^\mu_{\nu\alpha} + \Gamma^\mu_{\lambda\alpha} \Gamma^\lambda_{\nu\beta} - \Gamma^\mu_{\lambda\beta} \Gamma^\lambda_{\nu\alpha} \tag{1.208}$$

で与えられる．この量にはクリストッフェル記号の微分が現れているため，確かに計量テンソルの2階微分が含まれている．このため，局所慣性系においてもこの量は一般に消えない．

　この係数 $R^\mu{}_{\nu\alpha\beta}$ はテンソル量であり，これを**曲率テンソル** (curvature tensor) という．あるいはリーマン・テンソル，リーマン曲率テンソルなどとも呼ばれる．平坦時空に張られた直交座標系では，クリストッフェル記号がゼロであるから，曲率テンソルの全成分がゼロである．全成分がゼロのテンソルはどの座標系から見てもゼロのままであるから，平坦な時空では座標系によらず曲率テンソルの全成分が消える．逆に曲率テンソルに1つでもゼロでない成分があれば，時空は平坦でない．このように，曲率テンソルは時空が平坦かそうでないかを区別する量になっている．

　共変微分はベクトルの平行移動によって得られるものであったから，曲率テンソルを直接的にベクトルの平行移動を用いて導くこともできる．平坦空間においては，ベクトルの平行移動により閉じた経路を回ってもとの場所に戻ってきた場合，そのベクトルの成分は変化しない．曲率を持つ空間では，一般に変化してしまう．その変化分により，空間の曲がり方を特徴づけられる．

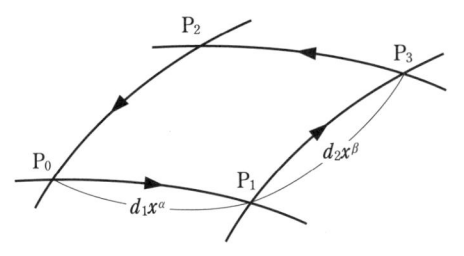

図 1.3 微小な面積要素のまわりに沿って，ベクトルを平行移動により一周させる．

いま，2 つの微小な変位ベクトル d_1x^μ, d_2x^μ で作られる四辺形状の微小面積要素を考える．そして，この四辺形の辺に沿ってベクトル A^μ を平行移動により一周させる操作を考える（図 1.3）．この四辺形の頂点の名前と座標をそれぞれ，$P_0(x^\mu)$, $P_1(x^\mu + d_1x^\mu)$, $P_2(x^\mu + d_2x^\mu)$, $P_3(x^\mu + d_1x^\mu + d_2x^\mu)$ とする．平行移動の式 (1.140) により，点 P_0 から点 P_1 へ平行移動すると

$$A^\mu(P_0 \to P_1)_\| = A^\mu(P_0) - \Gamma^\mu_{\nu\alpha}(P_0)A^\nu(P_0)d_1x^\alpha \tag{1.209}$$

となる．引き続いて点 P_3 へ平行移動すると，

$$A^\mu(P_0 \to P_1 \to P_3)_\| = A^\mu(P_0 \to P_1)_\| - \Gamma^\mu_{\nu\beta}(P_1)A^\nu(P_0 \to P_1)_\| d_2x^\beta \tag{1.210}$$

となる．この式に式 (1.209) と $\Gamma^\mu_{\nu\beta}(P_1) = \Gamma^\mu_{\nu\beta}(P_0) + \partial_\alpha \Gamma^\mu_{\nu\beta}(P_0)d_1x^\alpha$ を代入する．各微小量 d_1x^μ, d_2x^μ についてそれぞれの線形項まで残すことにより，

$$A^\mu(P_0 \to P_1 \to P_3)_\| = A^\mu - \Gamma^\mu_{\nu\alpha}A^\nu(d_1x^\alpha + d_2x^\alpha) - \left(\partial_\alpha \Gamma^\mu_{\nu\beta} - \Gamma^\mu_{\lambda\beta}\Gamma^\lambda_{\nu\alpha}\right)A^\nu d_1x^\alpha d_2x^\beta \tag{1.211}$$

が得られる．ただし，右辺の場の量はすべて点 P_0 における値であり，引数 (P_0) は省略した．

このベクトルをさらに点 P_2 を経由して点 P_0 に戻すが，そのときのベクトルの変化は $P_0 \to P_2 \to P_3$ の経路による変化を逆にしたものである．すなわち，

$$A^\mu(P_0 \to P_1 \to P_3 \to P_2 \to P_0)_\| = A^\mu(P_0 \to P_1 \to P_3)_\| - [A^\mu(P_0 \to P_2 \to P_3)_\| - A_\mu] \tag{1.212}$$

となる．ここで $A^\mu(P_0 \to P_2 \to P_3)_\|$ の形は式 (1.211) において変数を形式的に $d_1x^\mu \leftrightarrow d_2x^\mu$ と交換すれば得られる．こうして，最終的に四辺形のまわりを平行移動で一周したときのベクトル値の変化は，

$$dA^\mu = A^\mu(P_0 \to P_1 \to P_3 \to P_2 \to P_0)_\| - A^\mu(P_0)$$
$$= \left(\partial_\beta \Gamma^\mu_{\nu\alpha} - \partial_\alpha \Gamma^\mu_{\nu\beta} + \Gamma^\mu_{\lambda\beta}\Gamma^\lambda_{\nu\alpha} - \Gamma^\mu_{\lambda\alpha}\Gamma^\lambda_{\nu\beta}\right) A^\nu d_1 x^\alpha d_2 x^\beta$$
$$= -\frac{1}{2} R^\mu{}_{\nu\alpha\beta} A^\nu dS^{\alpha\beta} \tag{1.213}$$

となる．ここで $dS^{\alpha\beta}$ は式 (1.169) で与えられる面積要素である．これを見てわかるように，ベクトル値の変化量は，ベクトル自身の値と周回した面積要素の大きさに比例し，その係数が曲率テンソルになっている．

曲率テンソルの最初の添字を下げたものを $R_{\mu\nu\rho\sigma} = g_{\mu\lambda} R^\lambda{}_{\nu\rho\sigma}$ とする．定義式である式 (1.208) により直接確かめられるように，曲率テンソルには次のような対称性

$$R_{\mu\nu\rho\sigma} = -R_{\nu\mu\rho\sigma} = -R_{\mu\nu\sigma\rho} \tag{1.214}$$

$$R_{\mu\nu\rho\sigma} = R_{\rho\sigma\mu\nu} \tag{1.215}$$

$$R_{\mu\nu\rho\sigma} + R_{\mu\sigma\nu\rho} + R_{\mu\rho\sigma\nu} = 0 \tag{1.216}$$

$$R_{\mu\nu\lambda\rho;\sigma} + R_{\mu\nu\rho\sigma;\lambda} + R_{\mu\nu\sigma\lambda;\rho} = 0 \tag{1.217}$$

が成り立つ．最後の式は**ビアンキ恒等式** (Bianchi identity) と呼ばれる．これを最初の対称性の式 (1.214) と合わせれば，簡潔な表現として

$$R^\mu{}_{\nu[\lambda\rho;\sigma]} = 0 \tag{1.218}$$

と表すこともできる．

曲率テンソルの最初の2つの添字，または最後の2つの添字を縮約した $R^\lambda{}_{\lambda\mu\nu}$，$R_{\mu\nu\lambda}{}^\lambda$ は，式 (1.214) の対称性によりゼロになる．さらに式 (1.215) の対称性も考慮すると，曲率テンソルの縮約でゼロにならないものは

$$R_{\mu\nu} = R^\lambda{}_{\mu\lambda\nu} \tag{1.219}$$

だけである．この2階テンソル $R_{\mu\nu}$ を**リッチ曲率テンソル** (Ricci curvature tensor) という．リッチ曲率テンソルは添字の交換について対称であり，

$$R_{\mu\nu} = R_{\nu\mu} \tag{1.220}$$

が成り立つ．さらにもう一度縮約した量

$$R = R^\mu{}_\mu \tag{1.221}$$

をスカラー曲率 (scalar curvature) という．曲率テンソルは計量テンソルの 2 階微分で与えられるので，これらの量 $R_{\mu\nu\rho\sigma}$, $R_{\mu\nu}$, R はすべて [長さ]$^{-2}$ の次元を持つ．スカラー曲率が R となる場所では，長さの目安 $|R|^{-1/2}$ を越えるスケールで曲率の効果が顕著になる．逆にそれより十分小さなスケールでは平坦な空間に近くなる．

式 (1.207) は反変ベクトルに作用する共変微分についての交換関係を与えている．高階のテンソルについても同様に交換関係を計算すると，やはり曲率テンソル $R^\mu{}_{\nu\alpha\beta}$ だけで表すことができる．たとえば

$$[\nabla_\alpha, \nabla_\beta] A^{\mu\nu}{}_\lambda = R^\mu{}_{\rho\alpha\beta} A^{\rho\nu}{}_\lambda + R^\nu{}_{\rho\alpha\beta} A^{\mu\rho}{}_\lambda - R^\rho{}_{\lambda\alpha\beta} A^{\mu\nu}{}_\rho \tag{1.222}$$

のようになる．ここで演算子 A, B に対する $[A, B] = AB - BA$ は交換子を表す記号である．

この項では 4 次元時空の曲率テンソルなどを説明してきたが，計量の定義される任意次元空間においても同様の概念が定義できる．たとえば 3 次元空間においては，3 次元計量 $^{(3)}g_{ij}$ から 3 次元クリストッフェル記号 $^{(3)}\Gamma^i_{jk}$ が得られ，さらに 3 次元曲率テンソル $^{(3)}R^i{}_{jkl}$, 3 次元リッチ曲率テンソル $^{(3)}R_{ij}$, 3 次元スカラー曲率 $^{(3)}R$ が得られる．これらの間の関係は 4 次元の場合と同じ関係式によって与えられる．

1.2.13　アインシュタイン方程式

ここまでには，曲がった時空を数学的に取り扱う方法を説明した．では，時空は実際にはどのように曲がっているのであろうか．時空間の曲がりが重力の本質であるという一般相対性理論の立場では，物質あるいは一般的にエネルギーの存在がその周囲の時空自体を曲げることになる．この関係を与える方程式が必要である．

一般相対性理論が重力の理論であるためには，ニュートンの万有引力の法則を極限として含むべきである．ニュートン力学における重力の場は，重力ポテンシャル ϕ によって与えられる．それは質量密度 ρ と結びつき，ポアソン方程式

$$\Delta\phi = 4\pi G\rho \tag{1.223}$$

によって関係づけられている．この方程式の左辺が重力場から導かれる量，右辺が物質分布から導かれる量になっている．つまり重力場と物質の分布の関係を表す式になっている．

一般相対性理論では，重力場は曲がった時空の性質から導かれると考えられる．ポアソン方程式に対応する方程式は，左辺に時空間の曲がり方から導かれる量，右辺に物質やエネルギーの分布から導かれる量を配置した式として表現できるであろう．そして相対性原理を満たすため，その方程式はテンソル方程式になるべきである．

その方程式はなんらかの極限でポアソン方程式の情報を含むはずである．ここで，ニュートンの重力ポテンシャルと計量テンソルが式 (1.206) で関係づけられていることを思い出すと，求めたい方程式の左辺は計量テンソルの 2 階微分が含まれる幾何学的な量になると考えられる．曲率テンソルがまさにそのような量である．

一方，ポアソン方程式から類推すると，求めたい方程式の右辺はエネルギー密度を含むテンソル量になると考えられる．エネルギー運動量テンソルがそのような量である．そこで，右辺にエネルギー運動量テンソルを持つ，2 階テンソル方程式を探す．左辺は曲率テンソルから作られる 2 階テンソルと考えられる．そのような簡単なものとしては $R_{\mu\nu}$ と $g_{\mu\nu}R$ の線形重ね合わせがある．そこで，我々の探す基本方程式の形として

$$R_{\mu\nu} + \alpha g_{\mu\nu}R = \kappa T_{\mu\nu} \tag{1.224}$$

とおいてみる．ここで α, κ は未定の定数である．これらの定数値は，この方程式が極限としてポアソン方程式 (1.223) を含むべきことから，以下のように決めることができる．

式 (1.224) の右辺は添字の下げられたエネルギー運動量テンソルである．一般に局所慣性系のエネルギー運動量テンソルは式 (1.84) で与えられ，これを一般曲線座標へ変換すると，

$$T^{\mu\nu} = (\rho + p)u^{\mu}u^{\nu} + p\,g^{\mu\nu} + \sigma^{\mu\nu} \tag{1.225}$$

という表式となる．ここで u^{μ} は規格化 $u^{\mu}u_{\mu} = -1$ を満たす局所的な流体素片の 4 元速度，また $\sigma^{\mu\nu}$ は

$$\sigma^{\mu}{}_{\mu} = 0, \quad \sigma^{\mu\nu}u_{\nu} = 0, \quad \sigma^{\mu\nu} = \sigma^{\nu\mu} \tag{1.226}$$

を満たす非等方応力テンソルである．

局所慣性系で導かれたエネルギー運動量テンソルの満たす保存則の式 (1.90) は，一般曲線座標において

$$\nabla_\nu T^{\mu\nu} = 0 \tag{1.227}$$

という表式になる．これと式 (1.224) が無矛盾であるためには，$R^{\mu\nu}{}_{;\nu} + \alpha R^{;\mu} = 0$ でなければならない．ところが，ビアンキ恒等式 (1.217) を縮約することにより恒等式 $R^{;\mu} = 2R^{\mu\nu}{}_{;\nu}$ が示されるので，$\alpha = -1/2$ でなければならない．すなわち，我々の探している方程式 (1.224) は

$$R_{\mu\nu} - \frac{1}{2}g_{\mu\nu}R = \kappa T_{\mu\nu} \tag{1.228}$$

という形になる．この式の左辺は**アインシュタイン・テンソル** (Einstein tensor) と呼ばれる量で，

$$G_{\mu\nu} \equiv R_{\mu\nu} - \frac{1}{2}g_{\mu\nu}R \tag{1.229}$$

と定義される．ビアンキ恒等式によって

$$\nabla_\nu G^{\mu\nu} = 0 \tag{1.230}$$

が成り立つ．

式 (1.228) における未定の定数 κ を決めるには，ニュートン重力理論との対応を考えるとよい．式 (1.205) で見たように，計量テンソルを $g_{\mu\nu} = \eta_{\mu\nu} + h_{\mu\nu}$ とおいてから $h_{\mu\nu}$ を小さい量とみなした線形近似により，ニュートンの重力ポテンシャルは $\phi \approx -h_{00}/2$ と対応する．そこで式 (1.228) においてニュートン力学が成立するような極限，すなわちニュートン極限を考えると，ポアソン方程式 (1.223) が得られるはずである．そこで以下では重力場は弱いものとして $h_{\mu\nu}$ の線形近似を適用する．

まず，方程式 (1.228) の線形近似を求める．線形近似のクリストッフェル記号の式 (1.201) を曲率テンソルの式 (1.208) へ代入し，さらに縮約をとることにより，

$$R_{\mu\nu\alpha\beta} = \frac{1}{2}\left(h_{\mu\beta,\nu\alpha} - h_{\nu\beta,\mu\alpha} - h_{\mu\alpha,\nu\beta} + h_{\nu\alpha,\mu\beta}\right) \tag{1.231}$$

$$R_{\mu\nu} = \frac{1}{2}\eta^{\alpha\beta}\left(h_{\nu\beta,\mu\alpha} - h_{\mu\nu,\alpha\beta} - h_{\alpha\beta,\mu\nu} + h_{\mu\alpha,\nu\beta}\right) \tag{1.232}$$

$$R = \eta^{\mu\nu}\eta^{\alpha\beta}\left(h_{\mu\alpha,\nu\beta} - h_{\mu\nu,\alpha\beta}\right) \tag{1.233}$$

という結果が得られる．ここでポアソン方程式の右辺 $\triangle\phi$ に対応する $\triangle h_{00}$ の項を簡単に出すためには，式 (1.228) に等価な次の式

$$R_{\mu\nu} = \kappa\left(T_{\mu\nu} - \frac{1}{2}g_{\mu\nu}T^\lambda{}_\lambda\right) \tag{1.234}$$

を用いると便利である.なぜなら,左辺の時間・時間成分を式 (1.232) により計算すると,

$$R_{00} = -\frac{1}{2}\triangle h_{00} - \frac{1}{2}\ddot{h}_{ii} + \dot{h}_{0i,i} \tag{1.235}$$

となるからである.また右辺の時間・時間成分を式 (1.225) により計算すると $(\rho + 3p)/2$ となるので,

$$-\frac{1}{2}\triangle h_{00} - \ddot{h}_{ii} + \dot{h}_{0i,i} = \frac{\kappa}{2}(\rho + 3p) \tag{1.236}$$

という関係式が得られる.

ここで重力場の時間変化が小さい場合を考えると,$\ddot{h}_{ii} \approx 0, \dot{h}_{0i,i} \approx 0$ と近似できる.ニュートン重力理論がよく成り立っている我々のまわりの重力場は時間的に速い変動をしないので,これは妥当な近似である.また,非相対論的な物質では圧力はエネルギー密度よりも十分小さく $p \ll \rho$ となるので $\rho + 3p \approx \rho$ と近似できる.このようなニュートン極限のもとで,式 (1.236) は

$$-\frac{1}{2}\triangle h_{00} = \frac{\kappa}{2}\rho \tag{1.237}$$

となる.ニュートン重力ポテンシャルとの対応 $h_{00} \approx -2\phi$ によれば,式 (1.237) がポアソン方程式 (1.223) に対応するためには,

$$\kappa = 8\pi G \tag{1.238}$$

となればよい.確かに式 (1.228) はポアソン方程式を極限として持っていることが示された.

こうして,式 (1.224) で未定だった定数が定まり,式 (1.228) は

$$R_{\mu\nu} - \frac{1}{2}g_{\mu\nu}R = 8\pi G T_{\mu\nu} \tag{1.239}$$

となる.この方程式を**アインシュタイン方程式** (Einstein equation) という.一般相対性理論において,これは重力と物質やエネルギーとの関係を与えるもっとも重要な基本方程式である.

ニュートン重力を極限に持つ方程式として,上に導出されたアインシュタイン方程式は一意的なものではない.曲率テンソルに関する線形性は必然的な要請ではなく,方程式をなるべく簡単にするためのものである.実際,物質やエネルギーを時空の幾何学的性質と結びつけるテンソル方程式は,他にいくらでも考えることができる.だが,アインシュタイン方程式はその中でとくに簡単な形をしているのであ

る.

　アインシュタイン方程式が現実世界の重力の性質を正しく記述しているかどうかは，最終的には実験や観測によって検証されるべきである．ニュートンの万有引力の法則に基づくニュートン重力理論と，アインシュタイン方程式に基づくアインシュタイン重力理論は，高い精度の観測量について異なる予言をする．これについては，アインシュタイン重力理論の予言の正しさが確かめられている．これまでに行われた重力の検証実験において，実験精度の範囲内でアインシュタイン重力理論に矛盾した結果は得られていない．

　上の考察では，方程式の左辺に計量の微分を 2 回含むような項だけを探した．この制限を緩めるならば，計量テンソルそのものに依存する項 $\Lambda g_{\mu\nu}$ があってもよい．ここで Λ は定数である．計量テンソルの共変微分は消えるので，この項をアインシュタイン方程式の左辺に追加しても，保存則 $\nabla_\nu T^{\mu\nu} = 0$ とは両立する．この項 $\Lambda g_{\mu\nu}$ のことを**宇宙項** (cosmological term) という．また定数 Λ のことを**宇宙定数** (cosmological constant) という．宇宙項を追加したアインシュタイン方程式は

$$R_{\mu\nu} - \frac{1}{2} g_{\mu\nu} R + \Lambda g_{\mu\nu} = 8\pi G T_{\mu\nu} \tag{1.240}$$

である．

　歴史的には，アインシュタインがはじめに提案した方程式に宇宙項は存在しなかった．しかしアインシュタインは，宇宙が膨張したり収縮したりしない静止宇宙モデルを作る必要性から，宇宙項を後から付け足したのである．ところが，観測的に宇宙膨張が発見されたことにより，宇宙項は必要のないものになった．しかしその後も，宇宙定数の値が完全にゼロでない可能性は繰り返し取り沙汰された．理論的な好ましさから，宇宙定数は完全にゼロであるものと考えられることも多かった．だが，20 世紀末ごろからの観測により，宇宙膨張は加速していることが確定的になってきた．宇宙膨張の加速は正の宇宙定数によって単純に説明できるため，現在では宇宙定数がゼロではないものと考えられている．ただし，観測された加速膨張から示唆される宇宙定数の値はきわめて小さく，直接的な実験で宇宙定数の存在を検証することは今後とも難しい．宇宙定数は真空のエネルギーとみなすことができるが，その値があまりにも小さいことから，宇宙項の起源は謎に包まれている．

第2章

一様等方宇宙モデル

ニュートン力学では時間や空間は固定されたものであった．ところが，一般相対性理論によって時間や空間は動的に変化するものであることが明らかになった．このため，宇宙全体を記述するには，一般相対性理論を用いて時間や空間の性質を特定する必要がある．実際の宇宙は非常に複雑なものであるが，細かい構造を無視して大局的な観点から見ると，比較的単純なモデルを構成することができる．それは一様等方宇宙モデルと呼ばれるもので，現代宇宙論の標準的な宇宙モデルとなっており，実際の観測と驚くほどよく一致する．本章では，この一様等方宇宙モデルを導いて，その基本的な性質を述べる．

2.1 ロバートソン–ウォーカー計量

2.1.1 宇宙原理

現代宇宙論の標準モデルは**宇宙原理** (cosmological principle) を基礎に構成されている．宇宙原理とは，

- 大局的スケールで宇宙は一様かつ等方

という仮定である．宇宙には大小さまざまな天体が存在する．星，銀河，銀河団，超銀河団，というように小さな天体から大きな天体まで階層的な構造を持っている．こうした構造が見られるスケールでは，明らかに宇宙の一様性や等方性は成り立っていない．だが，こうした天体のスケールを超えて，十分に大きなスケールで平均してみると，宇宙には特別な場所や方向が存在しないであろう．この考え方を原理に据えることによって構成されるのが，一様等方宇宙モデルである．

宇宙原理における等方性が成り立っていても，観測者によっては宇宙が等方的に

見えないこともある．ある観測者にとって宇宙が等方的に見えていても，その観測者に対して運動している観測者には，その運動方向が特別の方向になってしまうからである．空間の各点ごとに，宇宙が等方的に見える観測者を一人ずつ考えることができる．そのような仮想的観測者を**基本観測者** (fundamental observer) と呼ぶ．

宇宙原理における一様性により，すべての基本観測者に対して宇宙が同じように見える3次元空間が存在する．そのような3次元空間を時間一定面とするように時間を同期させ，空間の各点にいる基本観測者の固有時間を時間座標 t とすることができる．こうして定義される時間のことを**宇宙時間** (cosmic time) と呼ぶ．すなわち，宇宙時間が一定となる3次元空間では，すべての基本観測者に対して宇宙が同じように見える．その上でさらに，各基本観測者の座標値が時間的に変化しないような空間座標 x^i を張ることができる．この空間座標は，宇宙の膨張や収縮に伴って基本観測者とともに動く座標なので，**共動座標** (comoving coordinates) と呼ばれる．

2.1.2 ロバートソン-ウォーカー計量

上に導入した宇宙時間 t と共動座標 x^i は，その構成により直交している．なぜなら，もし直交していなければ，時間座標軸を空間座標軸に射影したベクトルが空間に特別な方向を定め，宇宙の等方性に反するからである．したがって，計量テンソル $g_{\mu\nu}$ には時間と空間を混ぜる成分は存在せず，$g_{0i} = g_{i0} = 0$ が成り立つ．また，基本観測者の固有時間が宇宙時間であることから，$dx^i = 0$ のとき4次元線素は $ds^2 = -dt^2$ となり，これと式 (1.95) により $g_{00} = -1$ が成り立つ．さらに，空間に一様等方性が備わっていることから，計量テンソルの空間成分 g_{ij} の時間変化はある共通の因子により膨張，あるいは収縮する．すなわち，空間計量は $g_{ij} = a(t)\gamma_{ij}$ という形で与えられる．ここで γ_{ij} は時間に依存しない3次元一様等方計量である．また $a(t)$ は**スケール因子** (scale factor) と呼ばれる時間だけの関数で，宇宙が全体として膨張したり収縮したりする尺度を表す．以上の考察により，宇宙時間と共動座標を用いた線素は

$$ds^2 = -dt^2 + a^2(t)\gamma_{ij}dx^i dx^j \tag{2.1}$$

という形に制限される．

上に導入した3次元一様等方計量 γ_{ij} の形を具体的に求めるため，極座標を採用する．原点から一定の距離を持つ2次元球面の面積が $4\pi r^2$ となるように動径方向の座標 r をとる．空間曲率がゼロでない限り，この動径座標の値は物理的な距離と

は異なる．面積が $4\pi r^2$ の球面上において，その線素は $r^2(d\theta^2 + \sin^2\theta d\phi^2)$ で与えられる．球面方向と動径方向とは直交するから，一様等方な 3 次元空間の線素は一般に

$$\gamma_{ij}dx^i dx^j = F(r)dr^2 + r^2\left(d\theta^2 + \sin^2\theta d\phi^2\right) \tag{2.2}$$

の形となる．ここで未定の関数 $F(r)$ を決めるため，上の線素から 3 次元スカラー曲率を求めると，

$$^{(3)}R = \frac{2}{r^2}\frac{d}{dr}\left[r\left(1 - \frac{1}{F}\right)\right] \tag{2.3}$$

が得られる．宇宙原理の一様性を満たすために，上の 3 次元スカラー曲率の値は空間の場所によらない定数となる必要がある．そこで K を定数として $^{(3)}R = 6K$ とおく．この定数 K を空間曲率と呼ぶ．計量が原点で発散しないという境界条件を用いて上の方程式 (2.3) を解くと，その解として $F = 1/(1 - Kr^2)$ が得られる．この解を式 (2.2) へ代入すれば，極座標表示の 3 次元一様等方空間の線素は

$$\gamma_{ij}dx^i dx^j = \frac{dr^2}{1 - Kr^2} + r^2\left(d\theta^2 + \sin^2\theta d\phi^2\right) \tag{2.4}$$

で与えられる．この計量には一定の空間曲率 K だけしかパラメータが含まれていない．

宇宙原理を満たす 4 次元時空の計量は，座標変換の自由度を除けば，式 (2.1) と式 (2.4) を組み合わせたものしかない．この計量をロバートソン–ウォーカー計量 (Robertson-Walker metric) という．スケール因子 $a(t)$ を，現在時刻 t_0 において

$$a(t_0) = 1 \tag{2.5}$$

と規格化するとき，パラメータ K は現在時刻に対応する空間曲率となる．本書ではつねにこの規格化を用いることにする．

2.1.3　共動距離と共形時間

一様等方空間の線素 (2.4) における動径座標 r の変数変換として，次の関係

$$dx = \frac{dr}{\sqrt{1 - Kr^2}} \tag{2.6}$$

を満たす新しい動径座標 x を導入する．ここで原点 $x = r = 0$ は共通にとる．このとき角度座標 (θ, ϕ) を一定に保ちつつ動径座標が大きくなる方向へ向かう光的測地線を考えると，光的測地線の条件 $ds^2 = 0$ と式 (2.1), (2.4), (2.5) により，現在時刻

$t = t_0$ において $dt = dx$ を満たす．光が単位時間に進む距離は物理的な単位距離である．したがって，上に導入した座標 x は，現在時刻における原点からの物理的距離に対応する．この座標 x を**共動距離** (comoving distance) と呼ぶ．

式 (2.6) を積分することにより，

$$r = S_K(x) \equiv \begin{cases} \dfrac{\sinh\left(\sqrt{-K}x\right)}{\sqrt{-K}} & (K < 0) \\ x & (K = 0) \\ \dfrac{\sin\left(\sqrt{K}x\right)}{\sqrt{K}} & (K > 0) \end{cases} \tag{2.7}$$

が得られる．上で定義した関数 $S_K(x)$ を使うと，式 (2.4) の一様等方 3 次元計量は共動距離を用いて

$$\gamma_{ij}dx^i dx^j = dx^2 + S_K^{\;2}(x)\left(d\theta^2 + \sin^2\theta d\phi^2\right) \tag{2.8}$$

と表すことができる．

次に，時間座標についても便利な変数を導入する．ロバートソン–ウォーカー計量の線素の式 (2.1) において，次の関係

$$d\tau = \frac{dt}{a(t)} \tag{2.9}$$

を満たすように新しい時間座標 τ を導入する．これを**共形時間** (conformal time) と呼ぶ．上式を積分することにより，

$$\tau = \int^t \frac{dt'}{a(t')} \tag{2.10}$$

が得られる．ただし，積分定数は任意に選んでよい．共形時間を用いると，ロバートソン–ウォーカー計量に対応する線素の式 (2.1) は

$$ds^2 = a^2(\tau)\left(-d\tau^2 + \gamma_{ij}dx^i dx^j\right) \tag{2.11}$$

と表される．

本書では，とくに断らない限り宇宙時間による微分を

$$\frac{\partial X}{\partial t} = \dot{X}, \quad \frac{\partial^2 X}{\partial t^2} = \ddot{X}, \quad \ldots \tag{2.12}$$

のようにドット (˙) を用いて表し，共形時間による微分は

$$\frac{\partial X}{\partial \tau} = X', \quad \frac{\partial^2 X}{\partial \tau^2} = X'', \quad \ldots \tag{2.13}$$

のようにプライム（′）を用いて表すことにする．

2.1.4　幾何学的な量

3次元一様等方空間には特別な方向がないため，3次元曲率テンソル $^{(3)}R_{ijkl}$ の添字は，特別な方向を持たないテンソル量 $\gamma_{ij}, \epsilon_{ijk}$ からしか現れ得ない．ここで ϵ_{ijk} は3次元完全反対称テンソルである．曲率テンソルの対称性の式 (1.214)-(1.217) は，3次元空間においても成り立つ．完全反対称テンソルについての公式 $\epsilon_{ijm}\epsilon_{kl}{}^m = \gamma_{ik}\gamma_{jl} - \gamma_{il}\gamma_{jk}$ が成り立つことを考えると，これらの対称性を満たすためには

$$^{(3)}R_{ijkl} = K\left(\gamma_{ik}\gamma_{jl} - \gamma_{il}\gamma_{jk}\right) \tag{2.14}$$

という形しか許されない．式 (2.14) を用いれば，具体的な空間座標を考えなくとも，ロバートソン-ウォーカー計量の幾何学量の形を3次元一様等方計量 γ_{ij} によって表すことができる．

宇宙時間 t によって表した線素 (2.1) の計量により，定義にしたがって幾何学量を計算し，さらに式 (2.14) を用いると，以下のようになる．

クリストッフェル記号（宇宙時間）：

$$\Gamma^0_{00} = \Gamma^0_{0i} = \Gamma^0_{i0} = \Gamma^i_{00} = 0, \quad \Gamma^0_{ij} = a\dot{a}\gamma_{ij} \tag{2.15}$$

$$\Gamma^i_{0j} = \Gamma^i_{j0} = \frac{\dot{a}}{a}\delta^i{}_j, \quad \Gamma^i_{jk} = \frac{1}{2}\gamma^{il}(\gamma_{lk,j} + \gamma_{jl,k} - \gamma_{jk,l}) \equiv {}^{(3)}\Gamma^i_{jk} \tag{2.16}$$

曲率テンソル（宇宙時間）：

$$R^0{}_{00i} = R^0{}_{0ij} = R^0{}_{ijk} = R^i{}_{0jk} = R^i{}_{j0k} = 0, \quad R^0{}_{i0j} = a\ddot{a}\gamma_{ij} \tag{2.17}$$

$$R^i{}_{00j} = \frac{\ddot{a}}{a}\delta^i{}_j, \quad R^i{}_{jkl} = \left(\dot{a}^2 + K\right)(\delta^i{}_k\gamma_{jl} - \delta^i{}_l\gamma_{jk}) \tag{2.18}$$

リッチ曲率テンソル（宇宙時間）：

$$R^0{}_0 = \frac{3\ddot{a}}{a}, \quad R^i{}_0 = R^0{}_i = 0, \quad R^i{}_j = \left[\frac{\ddot{a}}{a} + 2\left(\frac{\dot{a}}{a}\right)^2 + \frac{2}{a^2}K\right]\delta^i{}_j \tag{2.19}$$

スカラー曲率（宇宙時間）：

$$R = 6\left[\frac{\ddot{a}}{a} + \left(\frac{\dot{a}}{a}\right)^2 + \frac{1}{a^2}K\right] \tag{2.20}$$

ここで式 (2.16) で定義した $^{(3)}\Gamma^i_{jk}$ は3次元一様等方空間の3次元クリストッフェル記号である．

時間座標に共形時間 τ を用いることもよく行われる．線素 (2.11) の計量から定義にしたがって幾何学量を計算すると，以下のようになる．

クリストッフェル記号（共形時間）：

$$\Gamma^0_{00} = \frac{a'}{a}, \quad \Gamma^0_{0i} = \Gamma^i_{i0} = \Gamma^i_{00} = 0, \quad \Gamma^0_{ij} = \frac{a'}{a}\gamma_{ij} \tag{2.21}$$

$$\Gamma^i_{0j} = \Gamma^i_{j0} = \frac{a'}{a}\delta^i{}_j, \quad \Gamma^i_{jk} = \frac{1}{2}\gamma^{il}(\gamma_{lk,j} + \gamma_{jl,k} - \gamma_{jk,l}) \equiv {}^{(3)}\Gamma^i_{jk} \tag{2.22}$$

曲率テンソル（共形時間）：

$$R^0{}_{00i} = R^0{}_{0ij} = R^0{}_{ijk} = R^0{}_{0jk} = R^i{}_{j0k} = 0, \quad R^0{}_{i0j} = \left[\frac{a''}{a} - \left(\frac{a'}{a}\right)^2\right]\gamma_{ij} \tag{2.23}$$

$$R^i{}_{00j} = \left[\frac{a''}{a} - \left(\frac{a'}{a}\right)^2\right]\delta^i{}_j, \quad R^i{}_{jkl} = \left[\left(\frac{a'}{a}\right)^2 + K\right](\delta^i{}_k\gamma_{jl} - \delta^i{}_l\gamma_{jk}) \tag{2.24}$$

リッチ曲率テンソル（共形時間）：

$$R^0{}_0 = \frac{3}{a^2}\left[\frac{a''}{a} - \left(\frac{a'}{a}\right)^2\right], \quad R^i{}_0 = R^0{}_i = 0, \quad R^i{}_j = \frac{1}{a^2}\left[\frac{a''}{a} + \left(\frac{a'}{a}\right)^2 + 2K\right]\delta^i{}_j \tag{2.25}$$

スカラー曲率（共形時間）：

$$R = \frac{6}{a^2}\left(\frac{a''}{a} + K\right) \tag{2.26}$$

以上が宇宙原理を満たす一様等方時空の幾何学量であり，スケール因子 a の時間変化と一定の空間曲率 K の値に依存して定まる．

2.2 赤方偏移と宇宙論的距離

2.2.1 粒子の自由運動と赤方偏移

膨張宇宙や収縮宇宙など，宇宙のスケール因子が時間変化する場合，共動座標から自由運動する粒子を見ると，そのエネルギーは一定でない．膨張宇宙においては，共動座標から見た粒子のエネルギーが減少する．とくに光子のエネルギーが減少すると，波長が長くなることによって赤方偏移を示す．

一様等方空間中で自由運動する粒子を考える．4 元運動量の満たす式 (1.197) に，式 (2.1) のロバートソン–ウォーカー計量を代入すると，

$$\left(P^0\right)^2 = |\boldsymbol{P}|^2 + m^2 \tag{2.27}$$

となる．ただし

$$|\boldsymbol{P}| \equiv \sqrt{g_{ij}P^iP^j} = a\sqrt{\gamma_{ij}P^iP^j} \tag{2.28}$$

は 3 次元運動量の大きさである．また，測地線方程式 (1.196) の時間成分は

$$\frac{dP^0}{d\lambda} = -\frac{\dot{a}}{a}|\boldsymbol{P}|^2 \tag{2.29}$$

となる．ここで，式 (2.27) を微分すると $P^0 dP^0/d\lambda = |\boldsymbol{P}|d|\boldsymbol{P}|/d\lambda$ が得られ，さらに式 (1.195) により $P^0 = dt/d\lambda$ であることを用いると，式 (2.29) を積分することができて，

$$|\boldsymbol{P}| \propto a^{-1} \tag{2.30}$$

が導かれる．すなわち，スケール因子が時間変化する宇宙では，自由運動する粒子を共動座標から見たとき，その 3 次元運動量の絶対値がスケール因子に反比例して時間変化する．とくに膨張宇宙では，3 次元運動量の絶対値が時間とともに減少する．

　質量のない光子については，エネルギー $E = |\boldsymbol{P}|$ がスケール因子に反比例することになる．光子のエネルギーは波長に反比例するから，膨張宇宙を光が伝播するとき，スケール因子に比例して波長 λ（上のアフィン・パラメータ λ とは区別せよ）は

$$\lambda \propto a \tag{2.31}$$

となり，スケール因子に比例する．時刻 t_1 に天体などから光が放射され，途中でその光が遮られることなく，現在時刻 t_0 で観測者に到達する場合を考える．このとき，観測される光の波長 λ_0 と放射時の波長 λ_1 との比から，赤方偏移 z を

$$1 + z = \frac{\lambda_0}{\lambda_1} = \frac{1}{a(t_1)} \tag{2.32}$$

により定義する．ここで $a(t_0) = 1$ の規格化を用いた．赤方偏移 z は波長の伸び具合を表す量である．膨張宇宙では，赤方偏移が大きい天体ほど光の放射された時刻が早くなり，その天体までの距離は遠くなる．したがって，赤方偏移は時間の指標であると同時に距離の指標ともなる．

　我々の宇宙は，スケール因子がゼロの初期特異点から始まり，現在時刻まで膨張

し続けているものと考えられる．この場合，宇宙時間 t や共形時間 τ の原点を初期特異点に選ぶと便利である．すなわち，$t = \tau = 0$ のとき $a = 0$ とする．ここで，宇宙の膨張率を表すハッブル・パラメータを

$$H \equiv \frac{\dot{a}}{a} = \frac{a'}{a^2} \tag{2.33}$$

により定義する．すると，天体から光が出発したときの宇宙時間と共形時間を赤方偏移 z の関数として表すことができ，

$$t(z) = \int_0^a \frac{da}{\dot{a}} = \int_0^a \frac{da}{aH} = \int_z^\infty \frac{dz}{(1+z)H} \tag{2.34}$$

$$\tau(z) = \int_0^a \frac{da}{a'} = \int_0^a \frac{da}{a^2 H} = \int_z^\infty \frac{dz}{H} \tag{2.35}$$

が得られる[*1]．また，ロバートソン–ウォーカー計量に対する線素の式 (2.1), (2.8) に $ds^2 = 0, d\theta = d\phi = 0$ を代入してから積分すると，天体までの共動距離 x を赤方偏移の関数として表すことができ，

$$x(z) = \int_t^{t_0} \frac{dt}{a} = \int_a^1 \frac{da}{a^2 H} = \int_0^z \frac{dz}{H} \tag{2.36}$$

が得られる．現在の宇宙の共形時間を $\tau_0 = \tau(z=0)$ とすると，式 (2.35), (2.36) により，

$$\tau = \tau_0 - x \tag{2.37}$$

が成り立つ．式 (2.4) における動径座標 r を赤方偏移の関数として表すと，式 (2.7) より

$$r(z) = S_K[x(z)] \tag{2.38}$$

となる．

赤方偏移が十分小さい近傍宇宙では，式 (2.36), (2.38) により

$$z \simeq H_0 x \simeq H_0 r \quad (z \ll 1) \tag{2.39}$$

が成り立つ．ここで $H_0 = \dot{a}(t_0)$ は現在時刻の膨張率である．一般に，光速よりも

[*1] 積分範囲に現れる変数と積分変数に同じ記号を用いたが，本来は異なる記号で表されるべきものである．混乱のおそれのない限り，本書では以下でもこのような簡略化した記法を用いることがある．

十分小さな速度 $v \ll 1$ で遠ざかる物体がドップラー偏移によって赤方偏移 z を生じるとき，$v = z$ が成り立つ．宇宙膨張によって生じる赤方偏移を，こうした後退速度によって生じたドップラー偏移とみなすとき，式 (2.39) は，銀河が距離に比例した後退速度を持つことを表す[*2]．これを**ハッブルの法則** (Hubble's law) という．ここで定数 H_0 を**ハッブル定数** (Hubble's constant) という．ハッブル定数は現在時刻における宇宙の膨張率を表す空間的な定数であるが，時間的な定数ではない．

2.2.2 光度距離と角径距離

遠方天体までの共動距離を観測により決定することは容易ではない．絶対的な明るさや絶対的な大きさが知られている天体については，見かけの明るさや見かけの大きさを観測することによって，その天体までの距離に関する情報を得ることができる．ここでは，観測量から求められる2つの距離を定義する．

天体から放射された光などの電磁波を観測するとき，観測者が単位面積，単位時間あたりに受けるエネルギーを**フラックス** (flux) と呼ぶ．これは天体の見かけの明るさを与える量である．これに対して，単位時間あたりに天体が放射する全エネルギーを**絶対光度** (absolute luminosity) と呼ぶ．絶対光度 L の天体から出た光が途中で吸収を受けずにフラックス F で観測された場合，次の量

$$d_\mathrm{L} = \sqrt{\frac{L}{4\pi F}} \tag{2.40}$$

を**光度距離** (luminosity distance) と呼ぶ．この距離は，静止ユークリッド空間や十分近傍の宇宙においては天体までの物理的距離に一致するが，宇宙膨張や曲率の効果が無視できなければ物理的距離とは異なる値を持つ．

現在時刻において，式 (2.4) における動径座標 r が一定となる2次元面の面積は $4\pi r^2$ である．このことから，宇宙膨張のない静止宇宙では，動径座標が r の位置にあって絶対光度が L の天体を原点で観測すると，そのフラックスは $F = L/4\pi r^2$ となる．だが，実際には宇宙膨張の効果がこれに加わる．光が天体を出発した時刻のスケール因子を a とすると，単位時間あたりに観測者に届く光子数は宇宙膨張により放射時の a 倍となり，さらに赤方偏移により1光子あたりのエネルギーも a 倍となる．したがって観測者の受けるフラックスは $F = a^2 L/4\pi r^2$ となる．式

[*2] 遠方宇宙で $z \ll 1$ が満たされない場合，宇宙膨張によって生じる赤方偏移を単純な速度差によるドップラー偏移と解釈することはできない．

(2.40) と式 (2.32) により光度距離を天体の赤方偏移 z で表すと

$$d_L(z) = \frac{r}{a} = (1+z)r(z) \tag{2.41}$$

が得られる．

次に，物理的な長さ l を持つ天体が見込み角 $\Delta\theta$ で観測されたとする．この場合，次の量

$$d_A = \frac{l}{\Delta\theta} \tag{2.42}$$

を**角径距離** (angular diameter distance) と呼ぶ．この距離も，静止ユークリッド空間や十分近傍の宇宙では天体までの物理的距離に一致するが，膨張や曲率の効果が無視できなければ物理的距離とは異なる値を持つ．

極座標表示のロバートソン–ウォーカー計量において，観測者が原点にいるとき，宇宙の等方性により角度座標一定の線に沿って光が観測者まで進んでくる．観測者から見て，視線と垂直な方向に離れた2点の空間座標を (r,θ,ϕ) と $(r,\theta+\Delta\theta,\phi)$ とする．ここで2点を見込む角度は十分小さく $\Delta\theta \ll 1$ が成り立つものとする．ロバートソン–ウォーカー計量により，これら2点間の物理的距離 l は

$$l = ar\Delta\theta \tag{2.43}$$

である．ただし a は光の放射時点におけるスケール因子の値である．式 (2.42), (2.43) により，角径距離を天体の赤方偏移で表すと

$$d_A(z) = ar = \frac{r(z)}{1+z} \tag{2.44}$$

となる．

式 (2.41), (2.44) より，赤方偏移に依存する因子を除き，光度距離と角径距離は本質的に座標距離 $r(z)$ で与えられる．同じ赤方偏移の天体については

$$d_A = a^2 d_L = \frac{d_L}{(1+z)^2} \tag{2.45}$$

という比例関係が成り立つ．

2.2.3 ホライズン

相対性理論の原理によって，真空中の光の速さよりも速く情報が伝わることはない．ある時空点を中心にして情報が因果的に到達できる範囲の境界を**ホライズン** (horizon) あるいは地平面という．ホライズンには少なくとも2種類ある．1つは，

ある時空点に影響を及ぼすことのできる過去の領域を表すもので，これを**粒子ホライズン** (particle horizon) という．もう1つは，ある時空点が影響を及ぼすことのできる未来の領域を表すもので，これを**事象ホライズン** (event horizon) という．

我々の宇宙は初期特異点を持つ膨張宇宙と考えられる．この場合，ある時刻の粒子ホライズンとは，初期特異点からその時刻までに光の到達可能な距離を半径とする球面である．また，ある時刻の事象ホライズンとは，その時刻以降に光の到達可能な距離を半径とする球面である．初期特異点を時間の原点 $t = 0$ にとって，宇宙時間 t における粒子ホライズンまでの共動距離を $L_H(t)$ とし，事象ホライズンまでの共動距離を $L_E(t)$ とすると，ロバートソン–ウォーカー計量の積分により

$$L_H(t) = \int_0^t \frac{dt'}{a(t')} = \int_0^a \frac{da}{a^2 H} = \int_z^\infty \frac{dz}{H} \tag{2.46}$$

$$L_E(t) = \int_t^\infty \frac{dt'}{a(t')} = \int_a^\infty \frac{da}{a^2 H} = \int_{-1}^z \frac{dz}{H} \tag{2.47}$$

と求められる．ただし，積分範囲の上限や下限に現れる a と z は，それぞれ時刻 t に対応するスケール因子と赤方偏移である．また式 (2.47) では，将来にわたって宇宙膨張が続き，スケール因子は際限なく大きくなるものとした．式 (2.35) と式 (2.46) を比較すると，粒子ホライズンまでの共動距離 $L_H(t)$ は，時刻 t に対応する共形時間 τ に等しいことがわかる．時刻 t におけるそれぞれの物理的距離は $l_H(t) = a(t) L_H(t)$, $l_E(t) = a(t) L_E(t)$ で与えられる．すなわち，

$$l_H(t) = a \int_0^a \frac{da}{a^2 H} = \frac{1}{1+z} \int_z^\infty \frac{dz}{H} \tag{2.48}$$

$$l_E(t) = a \int_a^\infty \frac{da}{a^2 H} = \frac{1}{1+z} \int_{-1}^z \frac{dz}{H} \tag{2.49}$$

となる．

粒子ホライズンと事象ホライズンのどちらも，スケール因子の時間変化が与えられれば決定される．その値は，過去もしくは未来におけるスケール因子の時間変化全体に依存する．これに対して，ある特定の時刻 t の膨張率だけに依存する物理的距離を

$$d_H(t) = \frac{1}{H} \tag{2.50}$$

で定義し，これを**ハッブル半径** (Hubble radius) という．共動距離に換算したハッブル半径は $D_H = d_H/a$ で与えられ，

$$D_{\mathrm{H}}(t) = \frac{1}{aH} = \frac{1+z}{H} \tag{2.51}$$

となる.ハッブル半径が表す距離は,ハッブルの法則 $v = Hr$ を遠方宇宙まで外挿するときに,後退速度 v が光速 c に等しくなる距離である.このことより,因果関係を持てない領域を表すおおまかな目安として用いられる.だが,ハッブル半径は厳密な意味でのホライズンではない.べき的な膨張則 $a \propto t^n$ にしたがう減速宇宙 ($n < 1$) において,ハッブル半径は粒子ホライズンの半径程度になる.また,指数関数的な膨張則 $a \propto e^{Ht}$ にしたがう加速宇宙(H が定数に近い場合)では事象ホライズンの半径程度になる.

2.3 スケール因子の膨張則

2.3.1 一様等方時空のアインシュタイン方程式

前節ではスケール因子の時間変化を具体的に指定せず,一様等方宇宙の一般的な性質を述べた.とくにそこではアインシュタイン方程式を用いていないので,たとえアインシュタイン方程式が修正されることがあっても,前節で得られた距離と赤方偏移の一般的関係などは正しく保たれる.ただし,それらの関係を具体的に求めるには,スケール因子の時間変化 $a(t)$ が必要である.それは力学的に決まるものであり,一様等方時空に対するアインシュタイン方程式の解として得られる.

一般に宇宙項を含むアインシュタイン方程式は式 (1.240) に与えられる.最初の添字を上げた形は

$$R^{\mu}{}_{\nu} - \frac{1}{2}\delta^{\mu}{}_{\nu}R + \Lambda\delta^{\mu}{}_{\nu} = 8\pi G T^{\mu}{}_{\nu} \tag{2.52}$$

である.一様等方時空では,ロバートソン-ウォーカー計量におけるリッチ曲率テンソルの式 (2.19) [あるいは式 (2.25)] およびアインシュタイン方程式 (2.52) の形により,エネルギー運動量テンソル $T^{\mu}{}_{\nu}$ には対角成分しかなく,また空間成分が等方的な形

$$T^0{}_0 = -\rho, \quad T^i{}_0 = T^0{}_i = 0, \quad T^i{}_j = p\,\delta^i_j \tag{2.53}$$

しか許されない.これを式 (1.81) と比較すると,完全流体のエネルギー運動量テンソルと等価であり,ρ はエネルギー密度に,p は圧力にそれぞれ対応している.一様等方性の制限により熱伝導や粘性を持つことが許されないのである.宇宙時間

による微分で定義されたハッブル・パラメータ H と，共形時間の微分を用いたパラメータ $\mathcal{H}$ を

$$H \equiv \frac{\dot{a}}{a}, \quad \mathcal{H} \equiv \frac{a'}{a} = aH \tag{2.54}$$

とする．式 (2.19), (2.20) および式 (2.25), (2.26) を用いることにより，アインシュタイン方程式 (2.52) の独立成分は一様等方時空において

$$H^2 = \frac{8\pi G}{3}\rho - \frac{K}{a^2} + \frac{\Lambda}{3} \quad \Big| \quad \mathcal{H}^2 = \frac{8\pi G}{3}a^2\rho - K + \frac{\Lambda a^2}{3} \tag{2.55}$$

$$\dot{H} = -4\pi G(\rho + p) + \frac{K}{a^2} \quad \Big| \quad \mathcal{H}' = -\frac{4\pi G}{3}a^2(\rho + 3p) + \frac{\Lambda a^2}{3} \tag{2.56}$$

で与えられる．各行における縦棒の左右に，それぞれ宇宙時間で表したものと共形時間で表したものを対比させてある．式 (2.55) を**フリードマン方程式** (Friedmann equation) という．

次に，式 (1.227) の保存則 $T^\mu{}_{\nu;\mu} = 0$ を一様等方時空の場合に求めると，ロバートソン-ウォーカー計量の式 (2.1), (2.11) とエネルギー運動量テンソルの式 (2.53) を用いることにより，

$$\dot{\rho} + 3H(\rho + p) = 0 \quad \Big| \quad \rho' + 3\mathcal{H}(\rho + p) = 0 \tag{2.57}$$

が得られる．この式はアインシュタイン方程式と独立ではないため，当然ながら式 (2.55), (2.56) を組み合わせて導くこともできる．すなわち，3 つの式 (2.55)-(2.57) のうち 2 つの式が独立である．

ここで単位共動体積 $V = a^3$ に着目する．この体積中に含まれるエネルギーは $U = \rho a^3$ である．この中に含まれる粒子種 A の粒子数を N_A，化学ポテンシャルを μ_A とする．このとき熱力学第一法則は

$$dU = T\,dS - p\,dV + \sum_A \mu_A\,dN_A \tag{2.58}$$

で与えられる．ここで T, S, p はそれぞれこの体積中の温度，エントロピー，圧力である．この式と保存則の式 (2.57) により

$$\frac{dS}{dt} = -\sum_A \frac{\mu_A}{T}\frac{dN_A}{dt} \tag{2.59}$$

が導かれる．このことから，

(a) 粒子の生成消滅反応がない： $dN_A = 0$

(b) 化学ポテンシャルが無視できる： $\dfrac{\mu_A}{T} = 0$

(c) 化学平衡が成り立つ： $\sum_A \mu_A \, dN_A = 0$

の条件がどれか 1 つでも成り立つ場合には，式 (2.59) の右辺がゼロになり，共動体積あたりのエントロピー S は保存される．逆にいうと，一様等方時空でエントロピーが生成されるためには，上の条件をすべて破る必要がある．すなわち，化学ポテンシャルを持つ粒子が非化学平衡過程によって生成消滅反応を行う必要がある．

　独立なアインシュタイン方程式は式 (2.55)-(2.57) のうち 2 つだけであり，時間依存する未定の関数はスケール因子 $a(t)$, エネルギー密度 $\rho(t)$, 圧力 $p(t)$ の 3 つである．実際の解を求めるには，もう 1 つ方程式が必要であり，それはエネルギー成分の状態方程式により与えられる．上述のような特殊な場合を除いて，一様等方時空ではエントロピーが保存されるから，断熱条件下での状態方程式を考えればよい．この場合，圧力がエネルギー密度の関数 $p(\rho)$ として与えられる．すると式 (2.57) は ρ の微分方程式となり，これを積分すると ρ が a の関数として求まる．さらにそれをフリードマン方程式 (2.55) に代入すると，スケール因子に対する微分方程式が得られ，これを解くことによりスケール因子の時間変化を表す解 $a(t)$ が求まる．

　ここで積分を 2 回行っているので積分定数が 2 つ現れる．1 つの積分定数はスケール因子の規格化 ($a_0 = 1$) により固定されるが，エネルギー密度 ρ を求めるときの積分定数は不定パラメータとなる．これはエネルギー密度の現在値 $\rho(t_0) \equiv \rho_0$ によって与えることができる．またはじめからフリードマン方程式に含まれている曲率 K も，不定なパラメータの 1 つである．このように，宇宙の進化を表す具体的な解を求めるために必要なパラメータのことを**宇宙論パラメータ** (cosmological parameters) という．

　フリードマン方程式を解くのに必要な状態方程式は，宇宙で支配的になっているエネルギー優勢成分の種類によって決まる．熱運動エネルギーが質量エネルギーに比べて無視できる非相対論的エネルギー成分では，圧力がエネルギー密度に比べて無視できるほど小さいため，アインシュタイン方程式においてはよい近似で $p = 0$ としてよい．逆に質量が十分小さい相対論的エネルギー成分の状態方程式は，統計力学で知られているように $p = \rho/3$ となる．以下では，非相対論的なエネルギー成分のことを，単に物質成分と呼び，相対論的なエネルギー成分のことを，単に放

射成分と呼ぶ．

断熱条件下での状態方程式を $p = w\rho$ と表すとき，物質成分では $w = 0$ となり，放射成分では $w = 1/3$ となる．このパラメータ w を**状態方程式パラメータ** (equation-of-state parameter) と呼ぶ．完全に非相対論的になっている物質成分や，完全に相対論的になっている放射成分に対する状態方程式パラメータは定数であるが，一般の場合には定数とは限らない．状態方程式パラメータ w が定数の場合，保存則の式 (2.57) を積分すると

$$\rho \propto a^{-3(1+w)} \tag{2.60}$$

が得られる．簡単な場合として，宇宙定数と空間曲率が無視でき，$w \geq 0$ となる場合を考えると，上式と $\Lambda = K = 0$ をフリードマン方程式 (2.55) へ代入して積分することにより，

$$a \propto t^{2/[3(1+w)]} \propto \tau^{2/(1+3w)} \tag{2.61}$$

という解が得られる．状態方程式パラメータが一定とは限らない一般の場合，この変数 w は一般にスケール因子 a の関数として与えられる．この場合，保存則の式 (2.57) を形式的に解いた形

$$\rho \propto \exp\left[-3\int^{a}(1+w)\frac{da}{a}\right] \tag{2.62}$$

をフリードマン方程式 (2.55) へ代入すると，時間に関する 1 階微分方程式となる．その解によってスケール因子の時間変化 $a(t)$ が一般に得られる．

2.3.2 宇宙論パラメータ

宇宙の時間進化を記述するにあたり，理論だけからは決めることができず，観測によって決められる未定パラメータが，宇宙論パラメータである．ここでは，フリードマン方程式を解いて宇宙膨張の時間進化を決める場合に必要となる宇宙論パラメータについて述べる．

ハッブル・パラメータ $H = \dot{a}/a$ の現在値であるハッブル定数 $H_0 = \dot{a}(t_0)$ は [時間]$^{-1}$ の次元を持ち，膨張宇宙における重要なスケールを与える．これは代表的な宇宙論パラメータの 1 つである．ハッブル定数の値を観測で決定することは，歴史的に難しい課題であった．このため，ハッブル定数の不定性を表す無次元パラメータ h を導入し，

$$H_0 = 100\,h \text{ km s}^{-1} \text{ Mpc}^{-1} = 3.241 \times 10^{-18}\,h \text{ s}^{-1} \tag{2.63}$$

と表されてきた．ハッブル定数の値に依存する値を表記する際には，この無次元パラメータ h を用いることが一般的に行われている．現在でもそれほど精密なハッブル定数の値が求められているわけではないが，最近の観測によれば $H_0 \simeq 70$ km/s/Mpc 程度に収束している．すなわち $h \simeq 0.7$ であることが知られている．

宇宙定数と空間曲率がゼロ ($\Lambda = K = 0$) の宇宙を**アインシュタイン-ド・ジッター宇宙** (Einstein-de Sitter universe) という．この宇宙モデルにおいて膨張率 H とフリードマン方程式 (2.55) から見積もられるエネルギー密度 ρ_c を**臨界密度** (critical density) と呼ぶ．各時刻ごとにその値は

$$\rho_c = \frac{3H^2}{8\pi G} \tag{2.64}$$

で与えられる．とくに臨界密度の現在値は

$$\rho_{c0} = \frac{3H_0^2}{8\pi G} = 1.878 \times 10^{-26} h^2 \text{ kg m}^{-3} \tag{2.65}$$

である．宇宙論では現在時刻 t_0 での値を表すのに，添字 0 をつけて表すという記法が一般的である．同様の記法は以下にも用いられる．

一般の宇宙におけるエネルギー密度と臨界密度の比を**密度パラメータ** (density parameter) と呼ぶ．全エネルギー成分に対するエネルギー密度を ρ，その現在値を ρ_0 とするとき，全密度パラメータおよびその現在値は

$$\Omega = \frac{\rho}{\rho_c} = \frac{8\pi G \rho}{3H^2}, \qquad \Omega_0 = \frac{\rho_0}{\rho_{c0}} = \frac{8\pi G \rho_0}{3H_0^2} \tag{2.66}$$

で与えられる．宇宙に存在する各エネルギー成分ごとの密度パラメータも考えられる．成分 A のエネルギー密度を ρ_A とし，その現在値を ρ_{A0} とするとき，この成分の密度パラメータとその現在値は

$$\Omega_A = \frac{\rho_A}{\rho_c} = \frac{8\pi G \rho_A}{3H^2}, \qquad \Omega_{A0} = \frac{\rho_{A0}}{\rho_{c0}} = \frac{8\pi G \rho_{A0}}{3H_0^2} \tag{2.67}$$

である．すべての成分に対する密度パラメータの和をとれば全密度パラメータとなり，

$$\Omega = \sum_A \Omega_A, \qquad \Omega_0 = \sum_A \Omega_{A0} \tag{2.68}$$

が成り立つ．

一様等方時空のアインシュタイン方程式 (2.55), (2.56) において，宇宙定数と曲

率の項がエネルギー成分とともに宇宙の膨張率に関与している．形式上これらをエネルギー密度と圧力によって解釈しようとすれば，

$$\rho_\Lambda = \frac{\Lambda}{8\pi G}, \qquad p_\Lambda = -\frac{\Lambda}{8\pi G} \tag{2.69}$$

$$\rho_K = -\frac{3K}{8\pi G a^2}, \qquad p_K = \frac{K}{8\pi G a^2} \tag{2.70}$$

という対応が考えられる．すなわち，上の量をエネルギー成分だとみなして，一様等方時空のアインシュタイン方程式(2.55), (2.56)における右辺のエネルギー成分へ代入すると，宇宙定数と曲率の項が現れる．つまり宇宙定数はあたかも状態方程式 $p_\Lambda = -\rho_\Lambda$ を，曲率はあたかも状態方程式 $p_K = -\rho_K/3$ をそれぞれ持つエネルギー成分であるかのように振る舞う．とくに量 ρ_Λ は時間的にも空間的にも一定であり，宇宙定数は真空の持つエネルギーであると解釈することができる．これについては後にまた触れる．式(2.69), (2.70)により，宇宙定数と曲率に対しても密度パラメータに対応する量を定義して，

$$\Omega_\Lambda = \frac{\rho_\Lambda}{\rho_c} = \frac{\Lambda}{3H^2}, \qquad \Omega_{\Lambda 0} = \frac{\rho_{\Lambda 0}}{\rho_{c0}} = \frac{\Lambda}{3H_0^2} \tag{2.71}$$

$$\Omega_K = \frac{\rho_K}{\rho_c} = \frac{-K}{a^2 H^2}, \qquad \Omega_{K0} = \frac{\rho_{K0}}{\rho_{c0}} = \frac{-K}{H_0^2} \tag{2.72}$$

を導入すると便利である．ここで Ω_Λ を**宇宙定数パラメータ** (cosmological constant parameter) と呼び，また Ω_K を**曲率パラメータ** (curvature parameter) と呼ぶ．

以上に導入した密度パラメータなどの間には，フリードマン方程式(2.55)により，

$$\Omega + \Omega_\Lambda + \Omega_K = 1, \qquad \Omega_0 + \Omega_{\Lambda 0} + \Omega_{K0} = 1 \tag{2.73}$$

という関係が成り立つ．たとえば曲率パラメータ Ω_K を他の密度パラメータで表すと，$\Omega_K = 1 - \Omega - \Omega_\Lambda$ となる．これは，宇宙の密度量と膨張率によって宇宙の空間曲率が一意的に決定されることを表している．なお，宇宙定数をエネルギー成分の一種とみなして，式(2.68)における全密度パラメータ Ω の一成分に含めてしまう記法もある．この場合には式(2.73)の関係に宇宙定数パラメータは現れない．本書では，宇宙定数を他のエネルギー成分とは別に扱い，全密度パラメータ Ω に宇宙定数の寄与は含まれないものとする．

一様等方宇宙における宇宙論パラメータは，以上に導入したハッブル定数と各種の密度パラメータである．これらのパラメータは，任意に選んだ1つの基準時

刻での値が独立な宇宙論パラメータとなる．通常は，現在時刻を基準とした値 H_0, $\Omega_{A0}, \Omega_{\Lambda 0}$ を独立な宇宙論パラメータとして用いる．

2.3.3 エネルギー成分の優勢期

エネルギー成分間に重力以外の直接的な相互作用が働かない場合，一般相対性理論における保存則 $T^\mu{}_{\nu;\mu} = 0$ は各成分のエネルギー運動量テンソルごとに満たされる．これに対応して，成分間でエネルギーの交換が無視できる場合，式 (2.57) や式 (2.62) は成分ごとに成り立つ．現実の宇宙においても，ごく初期の宇宙を除けば，エネルギー密度は放射成分と物質成分に分けることができ，その間のエネルギー交換は無視できるほど小さい．放射成分の状態方程式は $w = 1/3$，物質成分の状態方程式は $w = 0$ にそれぞれ対応するから，式 (2.60) により，放射成分と物質成分のエネルギー密度はそれぞれ

$$\rho_\mathrm{r} = \frac{\rho_\mathrm{r0}}{a^4}, \qquad \rho_\mathrm{m} = \frac{\rho_\mathrm{m0}}{a^3} \tag{2.74}$$

で与えられる．ただし，$\rho_\mathrm{r}, \rho_\mathrm{m}$ はそれぞれ任意時刻での放射と物質のエネルギー密度であり，$\rho_\mathrm{r0}, \rho_\mathrm{m0}$ はそれらの現在値である．

式 (2.74) の振る舞いは，熱力学的な断熱膨張に対する変化としてよく知られたものである．物質成分のエネルギー密度は質量エネルギーで担われているため，体積すなわちスケール因子の 3 乗に反比例して減少する．放射成分のエネルギー密度は，粒子数が体積に反比例して減少する効果と赤方偏移によるエネルギー減少の効果が合わさることにより，スケール因子の 4 乗に反比例してエネルギー密度が減少する．

現在の宇宙において，放射成分のエネルギー密度は物質成分に比べてずっと小さく，$\rho_\mathrm{r0} \ll \rho_\mathrm{m0}$ となっている．だが，式 (2.74) により，過去に遡るほど放射成分の比率は大きくなる．したがって，過去には密度の等しい $\rho_\mathrm{r} = \rho_\mathrm{m}$ となる時刻 t_eq があった．これを**物質・放射の等密度時** (matter-radiation equality time) あるいは単に**等密度時** (equality time) と呼ぶ．そのときのスケール因子の値は式 (2.74) より

$$a_\mathrm{eq} \equiv \frac{\rho_\mathrm{r0}}{\rho_\mathrm{m0}} = \frac{\Omega_\mathrm{r0}}{\Omega_\mathrm{m0}} \tag{2.75}$$

で与えられる．

現在の曲率パラメータ Ω_K0 や宇宙定数パラメータ $\Omega_{\Lambda 0}$ の値は，物質密度パラメータ Ω_m0 に比べて絶対値が桁違いに大きいことはない．フリードマン方程式 (2.55) と式 (2.74) を比べると，曲率や宇宙定数の項があったとしても，過去に遡

るほどそれらは放射や物質の項に比べて無視できるようになる．したがって等密度時前後のような十分初期の宇宙では，曲率や宇宙定数の項は膨張率へほとんど寄与しない．

　等密度時よりも十分以前の宇宙では，放射成分だけが膨張率に寄与する．このような時期を**放射優勢期** (radiation-dominated epoch) という．等密度時の後，放射成分の密度が物質成分の密度に比べて十分小さくなり，さらに曲率や宇宙定数の項が膨張率に寄与しない間の時期を**物質優勢期** (matter-dominated epoch) という．放射優勢期と物質優勢期におけるフリードマン方程式の解の振る舞いは，式 (2.61) にそれぞれ $w = 1/3, w = 0$ を代入したもので与えられ，漸近的に

$$a \propto t^{1/2} \propto \tau \qquad \text{（放射優勢期）} \tag{2.76}$$

$$a \propto t^{2/3} \propto \tau^2 \qquad \text{（物質優勢期）} \tag{2.77}$$

となる．どちらの場合も，時間に関するベキ関数として宇宙が膨張する．宇宙時間 t に対するベキ指数の値は 1 より小さいので，宇宙膨張は減速することがわかる．

　宇宙定数がゼロ ($\Lambda = 0$) で負の空間曲率 ($K < 0$) がある場合，宇宙膨張によってエネルギー成分が十分に薄められると，フリードマン方程式 (2.55) の右辺において曲率の項が支配的になる．このような時期を**曲率優勢期** (curvature-dominated epoch) という．曲率優勢期が十分長く続くときの漸近解は，

$$a = \sqrt{-K}\, t \propto e^{\sqrt{-K}\tau} \qquad \text{（曲率優勢期）} \tag{2.78}$$

となり，宇宙時間に比例してスケール因子が大きくなる．この極限では，エネルギー成分による宇宙膨張の減速が起こらないため，膨張速度が一定になる．このように負の曲率が優勢になる宇宙を**ミルン宇宙** (Milne universe) という．

　正の宇宙定数 $\Lambda > 0$ がある場合，宇宙膨張が進むとフリードマン方程式の右辺において宇宙定数の項が支配的になる状況が考えられる．このような時期を**宇宙定数優勢期** (cosmological-constant-dominated epoch) という．宇宙定数優勢期が十分長く続くときの漸近解は，

$$a \propto e^{\sqrt{\Lambda/3}\, t} \qquad \text{（宇宙定数優勢期）} \tag{2.79}$$

となり，宇宙時間に対して指数関数的にスケール因子が大きくなる．正の宇宙定数は宇宙を加速する働きがあり，物質による減速を受けなければ，宇宙膨張は際限なく速くなっていく．このように正の宇宙定数が優勢になる宇宙を**ド・ジッター宇宙** (de Sitter universe) という．

2.3.4 宇宙膨張と宇宙論パラメータ

式 (2.74) における 2 つのエネルギー密度の和 $\rho = \rho_r + \rho_m$ をフリードマン方程式 (2.55) へ代入し，密度パラメータの定義を用いると

$$H = H_0 \sqrt{\frac{\Omega_{r0}}{a^4} + \frac{\Omega_{m0}}{a^3} + \frac{\Omega_{K0}}{a^2} + \Omega_{\Lambda 0}} \tag{2.80}$$

が得られる．ただし，式 (2.73) により恒等式

$$\Omega_{r0} + \Omega_{m0} + \Omega_{\Lambda 0} + \Omega_{K0} = 1 \tag{2.81}$$

が成り立つ．式 (2.80) の右辺を赤方偏移 $z = a^{-1} - 1$ で表すことにより，ハッブル・パラメータは赤方偏移の関数として

$$H(z) = H_0 \sqrt{(1+z)^4 \Omega_{r0} + (1+z)^3 \Omega_{m0} + (1+z)^2 \Omega_{K0} + \Omega_{\Lambda 0}} \tag{2.82}$$

$$= H_0 \sqrt{(1+z)^2 + z(1+z)^2(2+z)\Omega_{r0} + z(1+z)^2 \Omega_{m0} - z(2+z)\Omega_{\Lambda 0}} \tag{2.83}$$

で与えられる．ハッブル定数を固定して放射成分や物質成分の量を増やすと，式 (2.83) により赤方偏移 z を固定した過去の膨張率は大きくなることがわかる．放射や物質は宇宙膨張を減速させるからである．宇宙定数が正のとき，その値を増やせば過去の膨張率は小さくなる．正の宇宙定数は宇宙膨張を加速させるためである．

式 (2.80), (2.82) を宇宙時間の式 (2.34) に代入すると，

$$t = \frac{1}{H_0} \int_0^a \frac{a\, da}{\sqrt{\Omega_{r0} + \Omega_{m0}\, a + \Omega_{K0}\, a^2 + \Omega_{\Lambda 0}\, a^4}} \tag{2.84}$$

$$= \frac{1}{H_0} \int_z^\infty \frac{dz}{(1+z)\sqrt{(1+z)^4 \Omega_{r0} + (1+z)^3 \Omega_{m0} + (1+z)^2 \Omega_{K0} + \Omega_{\Lambda 0}}} \tag{2.85}$$

が得られる．式 (2.84) を逆に解けばスケール因子の時間変化 $a(t)$ が得られる．いくつかの特別な場合には解析的な表式が求まり，以下にその結果をまとめて与えておく．

- 放射優勢期：
  $\Omega_{r0} \gg \Omega_{m0}\, a,\ |\Omega_{K0}|\, a^2,\ |\Omega_{\Lambda 0}|\, a^4$ の場合

$$a = \left(2 H_0 \sqrt{\Omega_{r0}}\, t\right)^{1/2} \tag{2.86}$$

- 放射優勢期から物質優勢期：

  $\Omega_{r0},\ \Omega_{m0}\,a \gg |\Omega_{K0}|\,a^2,\ |\Omega_{\Lambda 0}|\,a^4$ の場合（パラメータ表示）

  $$\begin{cases} a = 2\sqrt{\Omega_{r0}}\,\theta + \Omega_{m0}\,\theta^2 \\ H_0\,t = 2\sqrt{\Omega_{r0}}\,\theta^2 + \dfrac{2}{3}\Omega_{m0}\,\theta^3 \end{cases} \tag{2.87}$$

- 物質優勢期：

  $\Omega_{m0}\,a \gg \Omega_{r0},\ |\Omega_{K0}|\,a^2,\ |\Omega_{\Lambda 0}|\,a^4$ の場合

  $$a = \left(\frac{3}{2} H_0\,\sqrt{\Omega_{m0}}\,t\right)^{2/3} \tag{2.88}$$

- 物質優勢期から曲率優勢期：

  $\Omega_{m0}\,a,\ |\Omega_{K0}|\,a^2 \gg \Omega_{r0},\ |\Omega_{\Lambda 0}|\,a^4$ の場合（パラメータ表示）

  $$\begin{cases} a = \dfrac{\Omega_{m0}}{2\Omega_{K0}}(\cosh\theta - 1) \\ H_0\,t = \dfrac{\Omega_{m0}}{2\Omega_{K0}^{3/2}}(\sinh\theta - \theta) \end{cases} \quad (\Omega_{K0} > 0) \tag{2.89}$$

  $$\begin{cases} a = \dfrac{\Omega_{m0}}{2\,|\Omega_{K0}|}(1 - \cos\theta) \\ H_0\,t = \dfrac{\Omega_{m0}}{2\,|\Omega_{K0}|^{3/2}}(\theta - \sin\theta) \end{cases} \quad (\Omega_{K0} < 0) \tag{2.90}$$

- 物質優勢期から宇宙定数優勢期：

  $\Omega_{m0}\,a,\ |\Omega_{\Lambda 0}|\,a^4 \gg \Omega_{r0},\ |\Omega_{K0}|\,a^2$ の場合

  $$a = \left(\frac{\Omega_{m0}}{\Omega_{\Lambda 0}}\right)^{1/3} \sinh^{2/3}\left(\frac{3}{2}\sqrt{\Omega_{\Lambda 0}}\,H_0\,t\right) \quad (\Omega_{\Lambda 0} > 0) \tag{2.91}$$

  $$a = \left(\frac{\Omega_{m0}}{|\Omega_{\Lambda 0}|}\right)^{1/3} \sin^{2/3}\left(\frac{3}{2}\sqrt{|\Omega_{\Lambda 0}|}\,H_0\,t\right) \quad (\Omega_{\Lambda 0} < 0) \tag{2.92}$$

アインシュタイン-ド・ジッター宇宙モデル ($\Lambda = K = 0$) の場合，物質のエネルギー密度は臨界密度に等しく，等密度時以降はずっと物質優勢期が続くので，膨張則は式 (2.88) に $\Omega_{m0} = 1$ を代入したもので与えられる．宇宙定数をゼロ ($\Lambda = 0$) とする宇宙モデルは**フリードマン宇宙モデル** (Friedmann model) と呼ばれる．$\Lambda = 0$, $K \neq 0$ となるフリードマン宇宙モデルにおいて，物質優勢期以降の膨張則は式 (2.89), (2.90) に $\Omega_{K0} = 1 - \Omega_{m0}$ を代入したもので与えられる．また，空間曲率をゼロ ($K = 0$) とする宇宙モデルは**平坦宇宙モデル** (flat model) と呼ばれる．$\Lambda \neq 0$,

2.3 スケール因子の膨張則 | 75

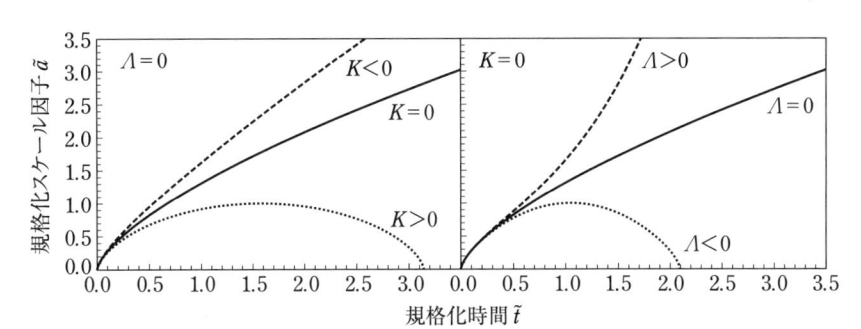

図 2.1 左図：フリードマン宇宙モデル，および右図：平坦宇宙モデルにおけるスケール因子 $a(t)$ の時間変化．縦軸と横軸には，式 (2.93)-(2.95) により規格化されたスケール因子 $\tilde{a}$ と時間 $\tilde{t}$ を用いた．

$K = 0$ となる平坦宇宙モデルにおいて，物質優勢期以降の膨張則は式 (2.91), (2.92) に $\Omega_{\Lambda 0} = 1 - \Omega_{m0}$ を代入したもので与えられる．

式 (2.88)-(2.92) を用いて，フリードマン宇宙モデルと平坦宇宙モデルに対する膨張則を図示したものが図 2.1 である．ただし，図の縦軸と横軸は宇宙論パラメータの値によって規格化されたスケール因子 $\tilde{a}$ と時刻 $\tilde{t}$ で，

$$\tilde{a} = a, \qquad \tilde{t} = H_0 t \qquad (\Lambda = K = 0) \qquad (2.93)$$

$$\tilde{a} = \frac{|\Omega_{K0}|}{\Omega_{m0}} a, \qquad \tilde{t} = \frac{|\Omega_{K0}|^{3/2}}{\Omega_{m0}} H_0 t \qquad (\Lambda = 0, K \neq 0) \qquad (2.94)$$

$$\tilde{a} = \left(\frac{|\Omega_{\Lambda 0}|}{\Omega_{m0}}\right)^{1/3} a, \qquad \tilde{t} = |\Omega_{\Lambda 0}|^{1/2} H_0 t \qquad (\Lambda \neq 0, K = 0) \qquad (2.95)$$

により定義される量である．

図 2.1 の左図に示されるフリードマン宇宙モデルを見る．この場合，空間曲率 K の値にかかわらずつねに宇宙膨張は減速する．正の空間曲率 $K > 0$ の場合，物質密度が十分に大きいため，宇宙膨張は物質の重力によっていったん止まり，その後は収縮に向かう．負の空間曲率 $K < 0$ の場合，物質密度が小さいため，宇宙は永遠に膨張し続ける．最終的には式 (2.78) に与えられる曲率優勢期になり，一定速度で膨張するようになる．

次に，図 2.1 の右図に示される平坦宇宙モデルを見る．負の宇宙定数 ($\Lambda < 0$) の場合，宇宙定数は膨張を減速させる．宇宙が大きいほど宇宙定数の効果も大きくなるので，この場合は宇宙が永遠に膨張することはできない．膨張は必ずいったん止まり，その後は収縮に向かう．正の宇宙定数 ($\Lambda > 0$) の場合，宇宙定数は膨張を加速させる．最初は物質の重力によって宇宙膨張が減速しているが，膨張によって物

質密度が十分に薄まると宇宙定数が支配的になり，減速から加速に転じる．その後は式 (2.79) に与えられる宇宙定数優勢期となり，宇宙は指数関数的に急激な膨張をするようになる．

2.3.5　宇宙論的距離とホライズン

2.2 節で導入したいろいろな宇宙論的距離は，ハッブル・パラメータ H の時間変化により決定されるので，式 (2.80), (2.82) の表式を用いると，それらの具体的な値を求めることができる．たとえば，共動距離の式 (2.36) は

$$x = \frac{1}{H_0} \int_a^1 \frac{da}{\sqrt{\Omega_{r0} + \Omega_{m0}\,a + \Omega_{K0}\,a^2 + \Omega_{\Lambda 0}\,a^4}} \tag{2.96}$$

$$= \frac{1}{H_0} \int_0^z \frac{dz}{\sqrt{(1+z)^4 \Omega_{r0} + (1+z)^3 \Omega_{m0} + (1+z)^2 \Omega_{K0} + \Omega_{\Lambda 0}}} \tag{2.97}$$

という具体的表式になる．また，共動距離と赤方偏移の関係式 (2.97) を式 (2.38), (2.41), (2.44) の $x(z)$ に代入すれば他の宇宙論的距離 $r(z)$, $d_L(z)$, $d_A(z)$ の具体的表式も得られる．同様に，粒子ホライズンと事象ホライズンまでの物理的距離 l_H, l_E およびハッブル半径 d_H は式 (2.80), (2.82) を式 (2.48)-(2.50) に代入すれば具体的に求められる．

現実に近い宇宙論パラメータの値 $\Omega_{m0} = 0.3$, $\Omega_{\Lambda 0} = 0.7$ に対し，物質優勢期以降のこれら各種の距離を図示すると図 2.2 のようになる．左図に示されるように，共動距離 $x(z)$ は赤方偏移とともに大きくなるが，徐々に傾きが緩やかになる．赤方偏移が無限大の極限で，共動距離は現在時刻の粒子ホライズンに等しくなる．したがって，赤方偏移とともに際限なく大きくなることはない．光度距離 $d_L(z)$ は赤方偏移とともに急激に大きくなる．膨張宇宙では遠方天体になるほど急激に暗くなるためであり，天体がどれくらい暗く見えるかによって光度距離が定められるからである．また，角径距離 $d_A(z)$ は赤方偏移とともに最初は増えていくが，$z \simeq 1.6$ 付近の最大値を境にして，それより遠方では減少していく．角径距離は天体の見かけの大きさで定められるから，膨張宇宙においては十分遠方の天体が拡大されて見えることを意味している．

右図には，粒子ホライズン l_H と事象ホライズン l_E，およびハッブル半径 d_H をスケール因子の関数として示した．粒子ホライズン l_H は単調に増加していくが，事象ホライズン l_E は徐々に一定値へ近づいていく．その理由として，宇宙定数優勢期になって指数関数的な宇宙膨張を始めると，遠方宇宙を出発した光が永遠に

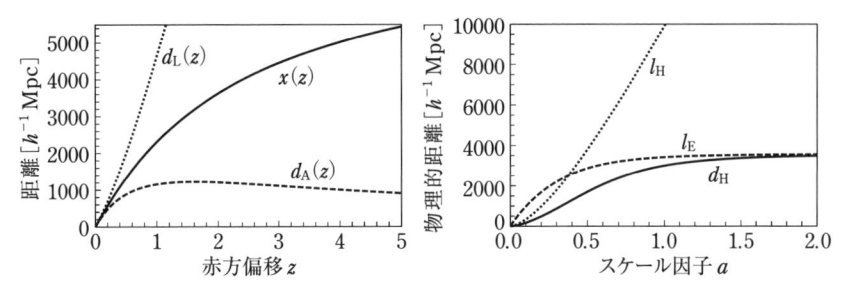

図 2.2 左図:宇宙論的距離と赤方偏移の関係. 共動距離 $x(z)$, 光度距離 $d_L(z)$ および角径距離 $d_A(z)$ が示されている. 右図:ホライズンに関する物理的距離とスケール因子の関係. 粒子ホライズン l_H, 事象ホライズン l_E およびハッブル半径 d_H の物理的距離が示されている. すべての曲線で $\Omega_{m0} = 0.3, \Omega_{\Lambda 0} = 0.7$ を仮定した.

我々まで届かない,ということが起きるからである. ハッブル半径 d_H は,宇宙膨張がベキ的な時間変化をする物質優勢期には粒子ホライズンと同様に振る舞い,指数関数的な時間変化をする宇宙定数優勢期には粒子ホライズンへ漸近することが見てとれる.

2.3.6 宇宙年齢の漸近形

宇宙年齢とスケール因子もしくは赤方偏移との関係は,一般に式 (2.84), (2.85) で与えられる. 成分のいくつかが無視できる特別な場合には,解析的な積分が可能で,その結果は式 (2.86)–(2.92) に与えられた. これらの関係式は,時間 t を求める式として表すこともできる. 現実の宇宙で重要ないくつかの場合については,以下のようになる.

- 放射優勢期:

$$H_0 t = \frac{a^2}{2\sqrt{\Omega_{r0}}} \tag{2.98}$$

- 放射優勢期から物質優勢期:

$$H_0 t = \frac{2}{3\sqrt{\Omega_{m0}}} \left[2a_{eq}^{3/2} + (a - 2a_{eq})\sqrt{a + a_{eq}} \right] \tag{2.99}$$

- 物質優勢期：

$$H_0 t = \frac{2a^{3/2}}{3\sqrt{\Omega_{\mathrm{m0}}}} \tag{2.100}$$

- 物質優勢期から宇宙定数優勢期：

$$H_0 t = \begin{cases} \dfrac{2}{3\sqrt{\Omega_{\Lambda 0}}} \ln\left(\dfrac{\sqrt{\Omega_{\mathrm{m0}} + \Omega_{\Lambda 0}\, a^3} + \sqrt{\Omega_{\Lambda 0}\, a^3}}{\sqrt{\Omega_{\mathrm{m0}}}}\right) & (\Omega_{\Lambda 0} > 0) \\ \dfrac{2}{3\sqrt{|\Omega_{\Lambda 0}|}} \mathrm{Arcsin}\sqrt{\dfrac{|\Omega_{\Lambda 0}|\, a^3}{\Omega_{\mathrm{m0}}}} & (\Omega_{\Lambda 0} < 0) \end{cases} \tag{2.101}$$

観測的に宇宙定数は正であり空間曲率は無視できるほど小さい．したがって現実の宇宙は正の宇宙定数を持つ平坦宇宙に近く，物質優勢期以降の宇宙年齢は式 (2.101) の上の表式において $\Omega_{\Lambda 0} = 1 - \Omega_{\mathrm{m0}}$ を代入したもので近似できる．とくに現在の宇宙年齢 t_0 は，この式に $a = 1$ を代入することにより

$$t_0 = \frac{1}{3H_0\sqrt{\Omega_{\Lambda 0}}} \ln\left(\frac{1 + \sqrt{\Omega_{\Lambda 0}}}{1 - \sqrt{\Omega_{\Lambda 0}}}\right) \tag{2.102}$$

という簡潔な形に表される．

2.3.7 ダークエネルギー

一様等方時空のアインシュタイン方程式 (2.55), (2.56) により，宇宙膨張の加速度の式を求めると，

$$\frac{\ddot{a}}{a} = \dot{H} + H^2 = -\frac{4\pi G}{3}(\rho + 3p) + \frac{\Lambda}{3} \tag{2.103}$$

が得られる．通常のエネルギー成分は $\rho + 3p > 0$ を満たすので，宇宙定数が正でなければ式 (2.103) の右辺は負になり，膨張速度は必ず減速する．重力は引力であるため，宇宙膨張を抑える働きがあるからである．ところが正の宇宙定数は宇宙膨張を加速させる働きを持ち，宇宙全体の斥力となっている．第 1 章の最後に述べたように，歴史的には，静止宇宙モデルを作るためにアインシュタインによって宇宙定数が導入された．正の宇宙定数の斥力を利用し，物質の重力を打ち消して宇宙全体が収縮しないようにしたのである．

いまでは，複数の観測的証拠により，現在の宇宙は加速膨張していることが示さ

れている．この観測事実は，正の宇宙定数を導入することによってもっとも簡単に説明することができる．観測ではある程度過去の膨張速度を調べることができる．過去の宇宙は実際に減速膨張をしていた時期があったことも確認されている．この事実も宇宙定数による加速膨張の特徴である．式 (2.103) の右辺第 1 項は過去の宇宙ほど寄与が大きく，一方で宇宙定数の寄与は変化しないため，初期の宇宙における宇宙定数の寄与は小さい．図 2.1 にも示されているように，物質優勢期の間は減速膨張をするが，宇宙定数優勢期へ移り変わると加速膨張へ転じる．物質優勢期以降を考えて式 (2.103) の右辺をゼロとおくことにより，減速膨張から加速膨張へ変化するスケール因子の値は

$$a_{\rm acc} = \left(\frac{\Omega_{\rm m0}}{2\Omega_{\Lambda 0}}\right)^{1/3} \tag{2.104}$$

となることがわかる．

だが，いまのところ宇宙項の起源が謎に包まれているため，宇宙項を導入せずに加速膨張を説明しようとする立場もある．その 1 つの可能性として，正のエネルギーと負の圧力を持つ未知のエネルギー成分が考えられている．もしそのような成分があり，さらに不等式 $p < -\rho/3$ を満たすならば，式 (2.103) の右辺は宇宙定数の項がなくても正になる．宇宙を加速させる源となるエネルギー成分のことを，**ダークエネルギー** (dark energy) という．

宇宙定数もダークエネルギーの一種である．式 (2.52) の宇宙項を右辺に移項し，エネルギー運動量テンソルの一部であると解釈することができる．このとき式 (2.53) と比較することにより，宇宙定数のエネルギー密度と圧力に対応する量がそれぞれ

$$\rho_\Lambda = \frac{\Lambda}{8\pi G}, \quad p_\Lambda = -\frac{\Lambda}{8\pi G} \tag{2.105}$$

で与えられることがわかる．一様等方時空においては，フリードマン方程式における考察により同じ対応関係が式 (2.69) で導かれた．この対応関係は一様等方時空でなくとも成り立つ一般的なものである．宇宙定数は時間的にも空間的にも一定のエネルギー密度に対応するので，空間自体が持つ真空のエネルギーとみなすことができる．膨張によってエネルギー密度が薄まらないという性質は，よく知られた物質や放射のようなものでは説明できない．逆に，断熱膨張によってエネルギーの総量が増えてしまうという奇妙な性質により，圧力に対応する量が負になるのである．

場の量子論によると，真空のエネルギーは量子場の性質として現れる．場の量子

論では，空間の各点に力学自由度があり，不確定性原理によりそのエネルギーを完全にゼロにすることができない．このため，真空が一定のエネルギー密度を持ってしまう．このことは第4章において具体的に述べられる．そこで導かれる式 (4.31) を先取りすると，量子場の真空エネルギーは1自由度あたり

$$\rho_{\mathrm{vac}} = \frac{1}{2} \int \frac{d^3 k}{(2\pi)^3} \sqrt{|\boldsymbol{k}|^2 + m^2} \tag{2.106}$$

となる．これは発散量であるため，文字通り受け取れば無限大の真空エネルギーを予言する．平坦時空中に定義される場の量子論の枠組みでは，真空エネルギーの値が他の予言量に影響を及ぼすことがないため，この値を引き去ったものを改めて真空のエネルギーと再定義することで問題が回避されている．

だが，一般相対性理論では真空エネルギーが時空に曲率をもたらすので，無限大の真空エネルギーは無限大の曲率を生み，現実の宇宙と矛盾する．このため，なんらかの方法で真空エネルギーが打ち消されていると期待したいのだが，これについては信頼できる理論的な説明は得られていないのが現状である．

式 (2.106) が発散しているとはいえ，場の量子論は平坦時空上に定義されているので，時空そのものに量子効果が働くと期待されるプランク長 $l_\mathrm{P} = G^{1/2} = 1.616 \times 10^{-35}$ m 程度よりも短い波長スケールでは場の量子論が破綻しているであろうから，その自由度を勘定に入れるべきではないであろう．そこでプランク長に対応する波数 $k_{\max} = 2\pi/l_\mathrm{P}$ を積分の上限として式 (2.106) を求めれば，

$$\rho_{\mathrm{vac}} \simeq \frac{k_{\max}^4}{16\pi^2} = \pi^2 G^{-2} \tag{2.107}$$

となる*3．ただし，量子場の質量 m はプランク質量 $m_\mathrm{P} = G^{-1/2} = 2.176 \times 10^{-8}$ kg より十分小さいものとして近似的に積分の値を求めた．この真空エネルギー密度に対応する密度パラメータの値は

$$\Omega_{\mathrm{vac}} \simeq \frac{8\pi^3}{3GH_0^2} = 2.7 \times 10^{123} h^{-2} \tag{2.108}$$

である．実際の宇宙定数パラメータの値は $\Omega_{\Lambda 0} \simeq 0.7$ であるから，量子場の真空エネルギーは実際より 123 桁も大きすぎる値になる．

もし，複数の量子場による真空エネルギーが打ち消し合うことで宇宙定数の働き

---

*3 波数積分に上限を導入する操作はローレンツ対称性を破っているため，ここでの素朴な計算は場の理論に内在する真空エネルギーの問題をあらわにすること以上の定量的な意味は持たない．ローレンツ対称性を保つ真空エネルギーの正則化法については，J. Martin, *Comptes Rendus Physique*, **13**, 566-665 (2012) [arXiv:1205.3365] を参照せよ．

をしているならば，異なる成分間に 123 桁の精度で微調整をしてわずかな量を残さなければならない．このような微調整を自然に起こす機構はまったく不明である．この深刻な問題は現在のところ未解決であり，場の量子論における**宇宙定数問題** (cosmological constant problem) と呼ばれている．

　場の量子論の立場から見ると宇宙定数問題があるため，小さすぎる宇宙定数を無批判に導入することには抵抗がある．これが大きな理由になって，宇宙定数ではないダークエネルギーを導入する理論的試みが行われている．一般のダークエネルギーに対する状態方程式パラメータを w_{de} とすると，少なくとも現在の宇宙が加速膨張していることから，その現在値が $w_{de0} < -1/3$ を満たすべきである．初期の宇宙や未来の宇宙における状態方程式パラメータの値についてはその限りでない．ダークエネルギーが宇宙定数であれば，時刻にかかわらずつねに $w_{de} = -1$ となる．もし宇宙定数でないダークエネルギーが宇宙膨張を加速しているのならば，状態方程式パラメータの値が -1 からずれているかもしれない．

　一般にスケール因子の関数として表された状態方程式パラメータ $w_{de}(a)$ を持つダークエネルギーが宇宙定数の代わりに存在し，他のエネルギー成分とは直接の相互作用をしないものとする．このとき，ダークエネルギー成分だけで保存則が成り立ち，ダークエネルギー密度 ρ_{de} は式 (2.62) により

$$\rho_{de} = \rho_{de0} \exp\left[3 \int_a^1 (1 + w_{de}) \frac{da}{a}\right] \tag{2.109}$$

となる．これにより，宇宙の膨張率を与えるハッブル・パラメータの式 (2.80)，(2.82) は

$$H = H_0 \sqrt{\frac{\Omega_{r0}}{a^4} + \frac{\Omega_{m0}}{a^3} + \frac{\Omega_{K0}}{a^2} + \Omega_{de0} \exp\left[3 \int_a^1 (1 + w_{de}) \frac{da}{a}\right]} \tag{2.110}$$

$$= H_0 \sqrt{(1+z)^4 \Omega_{r0} + (1+z)^3 \Omega_{m0} + (1+z)^2 \Omega_{K0} + \Omega_{\Lambda 0} \exp\left[3 \int_0^z \frac{1 + w_{de}}{1 + z} dz\right]} \tag{2.111}$$

と変更される．この表式を用いると，宇宙年齢やいろいろな宇宙論的距離，ホライズンなどが求められる．それらの量に依存する観測量を求め，それを実際の観測と比較することにより，ダークエネルギーの正体に迫ろうとする研究が行われている．

2.4 宇宙の熱的性質

2.4.1 宇宙の熱力学変数

初期の宇宙では密度と温度が高いので，各エネルギー成分は平衡状態になっていると考えられる．そこでは，統計熱力学による記述が有効である．質量 m を持つ粒子種の集団が温度 T の平衡分布をしているとき，運動量 $\boldsymbol{P}$ に対する分布関数は

$$f(\boldsymbol{P}) = \frac{1}{e^{[E(\boldsymbol{P})-\mu]/T} \pm 1} \tag{2.112}$$

で与えられる．ここで $E(\boldsymbol{P}) = [|\boldsymbol{P}|^2 + m^2]^{1/2}$ は粒子のエネルギーである．複号記号 ± は，フェルミ粒子の場合 +，ボース粒子の場合 − をとる．また μ は化学ポテンシャルに対応するパラメータである．上の分布関数の形は，一般に運動学的な平衡により実現され，必ずしも化学平衡が成り立っている必要はない．考えている粒子種の内部自由度を g とすると，数密度 n, エネルギー密度 ρ, 圧力 p は分布関数の積分として

$$n = g \int \frac{d^3 P}{(2\pi)^3} f(\boldsymbol{P}) \tag{2.113}$$

$$\rho = g \int \frac{d^3 P}{(2\pi)^3} E(\boldsymbol{P}) f(\boldsymbol{P}) \tag{2.114}$$

$$p = g \int \frac{d^3 P}{(2\pi)^3} \frac{|\boldsymbol{P}|^2}{3E(\boldsymbol{P})} f(\boldsymbol{P}) \tag{2.115}$$

で与えられる．

式 (2.113)–(2.115) の被積分関数は運動量の大きさ $|\boldsymbol{P}|$ だけの関数であるから，すべて1重積分として表すことができる．そこで変数変換 $x = |\boldsymbol{P}|/T$ を行うと，

$$n = \frac{gT^3}{2\pi^2} \int_0^\infty \frac{x^2 dx}{\exp\left[\sqrt{x^2 + (m/T)^2} - \mu/T\right] \pm 1} \tag{2.116}$$

$$\rho = \frac{gT^4}{2\pi^2} \int_0^\infty \frac{x^2 \sqrt{x^2 + (m/T)^2}\, dx}{\exp\left[\sqrt{x^2 + (m/T)^2} - \mu/T\right] \pm 1} \tag{2.117}$$

$$p = \frac{gT^4}{6\pi^2} \int_0^\infty \frac{x^4 \left[x^2 + (m/T)^2\right]^{-1/2} dx}{\exp\left[\sqrt{x^2 + (m/T)^2} - \mu/T\right] \pm 1} \tag{2.118}$$

が得られる．

粒子の運動エネルギーが質量エネルギーに比べて十分小さいと，非相対論的極

限 $T \ll m$ が成り立つ．このとき，化学ポテンシャル μ が質量 m より小さい限り $T \ll m - \mu$ となる．すると式 (2.116)-(2.118) の分母に現れる指数関数の部分が大きくなることにより，フェルミ粒子とボース粒子の分布関数に区別のない，古典統計にしたがうようになる．この極限で上の積分はガウス積分に帰着し，解析的に実行できる．その結果，

$$n \simeq g \left(\frac{mT}{2\pi} \right)^{3/2} e^{-(m-\mu)/T} \tag{2.119}$$

$$\rho \simeq nm + \frac{3}{2}nT \tag{2.120}$$

$$p \simeq nT \tag{2.121}$$

が得られる．

逆に粒子の運動エネルギーが大きい相対論的極限 $T \gg m$ では，式 (2.116)-(2.118) の積分を，付録 B.6 に与えられた多重対数関数 $\mathrm{Li}_s(z)$ の積分表示 (B.22) によって表すことができる．この結果，

$$n \simeq \mp \frac{gT^3}{2\pi^2} \mathrm{Li}_3 \left(\mp e^{\mu/T} \right) \tag{2.122}$$

$$\rho \simeq \mp \frac{3gT^4}{\pi^2} \mathrm{Li}_4 \left(\mp e^{\mu/T} \right) \tag{2.123}$$

$$p \simeq \frac{\rho}{3} \tag{2.124}$$

となる．この相対論的極限において，さらに $T \gg |\mu|$ も成り立つ場合は，式 (B.23)，(B.24) の性質 $\mathrm{Li}_s(1) = \zeta(s), \mathrm{Li}_s(-1) = (2^{1-s}-1)\zeta(s)$ により，上の式を近似的にリーマン・ツェータ関数 $\zeta(z)$ で表すことができる．同じ結果は，リーマン・ツェータ関数の積分表示 (B.18) をもとの積分 (2.116)-(2.118) の極限に直接適用しても得られる．その結果は，

$$n \simeq \frac{\zeta(3)}{\pi^2} gT^3 \times \begin{cases} 1 & (\text{ボース粒子}) \\ 3/4 & (\text{フェルミ粒子}) \end{cases} \tag{2.125}$$

$$\rho \simeq \frac{\pi^2}{30} gT^4 \times \begin{cases} 1 & (\text{ボース粒子}) \\ 7/8 & (\text{フェルミ粒子}) \end{cases} \tag{2.126}$$

$$p \simeq \frac{\rho}{3} \tag{2.127}$$

で与えられる．ここで $\zeta(4) = \pi^4/90$ を用いた．また，リーマン・ツェータ関数の特別な値 $\zeta(3) = 1.2020569\cdots$ はアペリーの定数とも呼ばれる数である．

宇宙の中でありふれた相対論的粒子である光子の持つ温度は，宇宙全体の代表的な温度としてよく用いられる．宇宙の放射優勢期において，すべての成分に対する全エネルギー密度 ρ と，光子の温度 T の関係を

$$\rho = \frac{\pi^2}{30} g_*(T) T^4 \tag{2.128}$$

と表しておくと便利である．ここで $g_*(T)$ は有効自由度と呼ばれる温度の関数であり，上の式がその定義を与えている．すなわち $g_*(T) \equiv (30/\pi^2)\rho/T^4$ で定義される．光子は質量を持たないボース粒子である．仮に光子しか宇宙に存在しなければ，式 (2.126) により g_* は光子の内部自由度 2 に等しい．だが実際には他の粒子の寄与が付け加わり，温度に依存してその値は変化する．

いま，すべての粒子種が化学ポテンシャルの無視できる完全な熱平衡分布になっている場合を考える．粒子種を区別する添字を A とし，粒子種 A の内部自由度を g_A とし，その温度を T_A とする．各粒子種の温度が異なる一般の場合を考えると，各粒子種のエネルギー密度 ρ_A は式 (2.117) の右辺で $g \to g_A, T \to T_A$ としたものにより与えられる．式 (2.128) における左辺のエネルギー密度はすべての粒子種について足し合わせたものであるから，有効自由度は

$$g_*(T) = \frac{15}{\pi^4} \sum_A g_A \left(\frac{T_A}{T}\right)^4 \int_0^\infty \frac{x^2 \sqrt{x^2 + (m_A/T_A)^2}\, dx}{e^{\sqrt{x^2+(m_A/T_A)^2}} \pm 1} \tag{2.129}$$

で与えられる．ただし粒子種 A の質量を m_A とした．ここでは各粒子種のエネルギー分布が平衡分布にしたがうことを仮定しているが，必ずしも他の粒子と相互作用して平衡状態を保つ必要はない．このため，各粒子種の温度 T_A の値は一般に光子の温度 T とは異なっていてよい．非相対論的な粒子は $m_A \gg T_A$ となるため，式 (2.129) で指数関数的に抑制される因子を持ち，有効自由度への寄与は無視できる．そこで，宇宙に存在する相対論的な粒子の寄与だけを考慮して $m_A \ll T_A$ とすれば，上の式は近似的に

$$g_*(T) \simeq \sum_{A:\text{ボース粒子}} g_A \left(\frac{T_A}{T}\right)^4 + \frac{7}{8} \sum_{A:\text{フェルミ粒子}} g_A \left(\frac{T_A}{T}\right)^4 \tag{2.130}$$

で与えられる．ただし，上式では相対論的粒子についてのみ和をとる．

熱力学によると，内部エネルギー U，体積 V を持つ系のエントロピーは $S = (U + pV)/T$ で与えられる．ただし化学ポテンシャルは無視している．この関係は，エントロピー密度 $s = S/V$ を用いて

$$s = \frac{\rho + p}{T} \tag{2.131}$$

と表される．したがって相対論的粒子のエントロピー密度は

$$s = \frac{4\rho}{3T} = \frac{2\pi^2}{45} g T^3 \tag{2.132}$$

となる．現実の宇宙では，相対論的粒子の数密度が非相対論的粒子よりも非常に大きい．このため，宇宙の全エントロピーはほとんどが相対論的粒子によって担われている．全エントロピー密度 s と光子温度 T の関係を

$$s = \frac{2\pi^2}{45} g_{*S}(T) T^3 \tag{2.133}$$

と表しておくと便利である．ここで $g_{*S}(T)$ はエントロピーに関する有効自由度であり，上の式がその定義を与えている．各粒子種 A が完全な熱平衡分布をしているとき，式 (2.117), (2.118), (2.131), (2.133) により，

$$g_{*S}(T) = \frac{15}{\pi^4} \sum_A g_A \left(\frac{T_A}{T}\right)^3 \int_0^\infty \frac{x^2 \left[x^2 + \frac{3}{4}\left(\frac{m_A}{T_A}\right)^2\right]\left[x^2 + \left(\frac{m_A}{T_A}\right)^2\right]^{-1/2}}{e^{\sqrt{x^2 + (m_A/T_A)^2}} \pm 1} dx \tag{2.134}$$

となる．この式においても，非相対論的な粒子の寄与は指数関数的に抑制される．そこで，相対論的な粒子の寄与だけを考慮することにより，上の式は近似的に

$$g_{*S}(T) \simeq \sum_{A:\text{ボース粒子}} g_A \left(\frac{T_A}{T}\right)^3 + \frac{7}{8} \sum_{A:\text{フェルミ粒子}} g_A \left(\frac{T_A}{T}\right)^3 \tag{2.135}$$

で与えられる．

エネルギー密度についての有効自由度 $g_*(T)$ とエントロピーについての有効自由度 $g_{*S}(T)$ をあらかじめ求めておけば，光子温度により宇宙の状態を表すことができて便利である．放射優勢期においては式 (2.130), (2.135) がよい近似で成り立つ．異なる粒子種の間に平衡状態が成り立っていて，すべての相対論的粒子の温度が光子温度 T に等しければ，これら2種類の有効自由度 $g_*(T)$, $g_{*S}(T)$ は等しくなる．だが，ニュートリノのように早い段階で他の粒子とほとんど相互作用をしなくなる粒子については，熱平衡分布を保ちつつも光子の温度と異なる温度を持つことがある．

2.4.2 宇宙膨張と温度

化学ポテンシャルが無視できるとき，式 (2.59) により共動体積のエントロピー

sa^3 は保存する．すると式 (2.133) により，

$$T = \frac{g_{*S0}^{1/3}}{g_{*S}^{1/3}} \frac{T_0}{a} \tag{2.136}$$

が成り立つ．ただし T_0 は現在時刻における光子の温度で，観測値は

$$T_0 = 2.72548 \pm 0.00057 \text{ K} \tag{2.137}$$

である[*4]．また $g_{*S0} \equiv g_{*S}(T_0)$ は現在時刻でのエントロピーに関する有効自由度の値である．有効自由度が変化しないとき，温度は宇宙膨張によりスケール因子に反比例して冷却する．有効自由度が減少するとき，それまで存在した自由度で担われていたエントロピーが，残された自由度へ流入してくることになり，温度の冷却はその分だけ鈍る．

　放射優勢期において，式 (2.128) をフリードマン方程式 $H^2 = 8\pi G \rho / 3$ に入れると，宇宙の膨張率が温度の関数として与えられ，

$$H = \sqrt{\frac{4\pi^3 g_*}{45}} \frac{T^2}{m_{\text{Pl}}} = 1.660 \sqrt{g_*} \frac{T^2}{m_{\text{Pl}}} \tag{2.138}$$

となる．ただし $m_{\text{Pl}} = G^{-1/2}$ はプランク質量である．一方，式 (2.136) から膨張率 $H = \dot{a}/a$ を求めると，

$$H = -\left(1 + \frac{1}{3} \frac{d \ln g_{*S}}{d \ln T}\right) \frac{\dot{T}}{T} \tag{2.139}$$

という関係が得られる．これを式 (2.138) へ代入して積分すると，

$$t = \sqrt{\frac{45}{4\pi^3}} \, m_{\text{Pl}} \int_T^\infty \left(1 + \frac{1}{3} \frac{d \ln g_{*S}}{d \ln T}\right) \frac{dT}{\sqrt{g_*} T^3} \tag{2.140}$$

が得られる．有効自由度が急激に変化しなければ，この積分の中にある有効自由度は，温度 T における値で近似的に置き換えることができる．これにより，

$$t \simeq \sqrt{\frac{45}{16\pi^3 g_*(T)}} \, m_{\text{Pl}} T^{-2} = \frac{2.420}{\sqrt{g_*(T)}} \left(\frac{T}{\text{MeV}}\right)^{-2} \text{ sec} \tag{2.141}$$

という近似的な関係式を得る．

　有効自由度 $g_*(T)$, $g_{*S}(T)$ は時間変化する．現在時刻の宇宙における相対論的成

[*4] D. J. Fixsen, *Astrophys. J.*, **707**, 916 (2009).

分は，光子とニュートリノだけである．ニュートリノは早い段階で他の粒子と相互作用しなくなり，後の 2.5.3 項で導かれるように，現在時刻におけるニュートリノの温度は光子温度の $(4/11)^{1/3}$ 倍になっている．ここで現在時刻の宇宙における相対論的なニュートリノの種類数を N_ν とすると，有効自由度の現在値 $g_{*0} \equiv g_*(T_0)$ は，式 (2.130) により，

$$g_{*0} = 2 + \frac{7}{8} \times N_\nu \times 2 \times \left(\frac{4}{11}\right)^{4/3} = 3.363 + 0.4542\,(N_\nu - 3) \tag{2.142}$$

となる．またエントロピーに関する有効自由度の現在値 g_{*S0} は，式 (2.135) により，

$$g_{*S0} = 2 + \frac{7}{8} \times N_\nu \times 2 \times \frac{4}{11} = 3.909 + 0.6364\,(N_\nu - 3) \tag{2.143}$$

である．ここでニュートリノの質量が完全に無視できる場合はほぼ $N_\nu = 3$ である．ただしその場合でも，電子・陽電子の対消滅時に弱い結合を通じてニュートリノ分布関数が変形される効果により，式 (2.142) の N_ν を $N_\nu^{\mathrm{eff}} \simeq 3.046$ で置き換えた方が正確である[*5]．ここで N_ν^{eff} はニュートリノ**有効世代数** (effective number of neutrinos) と呼ばれる量で，ニュートリノと光子を含む相対論的成分すべてのエネルギー密度 ρ_{r} と，光子のエネルギー密度 ρ_γ を用いた関係式

$$\rho_{\mathrm{r}} = \left[1 + \frac{7}{8}\left(\frac{4}{11}\right)^{4/3} N_\nu^{\mathrm{eff}}\right]\rho_\gamma \tag{2.144}$$

で定義される量である．式 (2.142), (2.143) に上のニュートリノ有効世代数の値を用いると，$g_{*0} \simeq 3.384$, $g_{*S0} \simeq 3.938$ となる．以下で有効自由度の現在値に数値を代入するときにはこれらの値を用いる．

時間を宇宙初期に遡っていくと温度が上がっていく．温度を上げていけば，質量の小さい素粒子から順番に相対論的になっていくため，有効自由度は増えていく．図 2.3 には，素粒子の標準モデルに現れる粒子について式 (2.129), (2.134) により数値的に求めた有効自由度の変化が与えられている．この図に示されている有効自由度の変化の概要は次節で説明する．

式 (2.133), (2.136) より，保存量である共動体積あたりのエントロピーは，現在時刻のエントロピー密度 s_0 に等しく，

$$s_0 = a^3 s = \frac{2\pi^2}{45} g_{*S} a^3 T^3 = \frac{2\pi^2}{45} g_{*S0} T_0^3 = 2913\,\mathrm{cm}^{-3} \tag{2.145}$$

[*5]　G. Mangano *et al.*, *Nuclear Physics* B, **729**, 221 (2005).

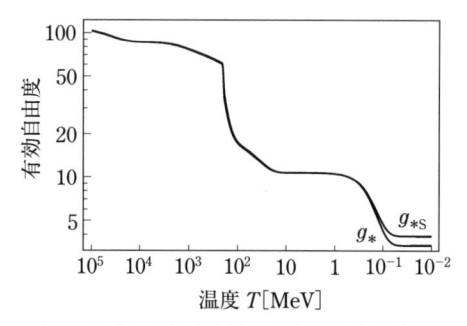

図 2.3 標準モデルにおける有効自由度の変化（T. S. Coleman and M. Roos, *Phys. Rev.* D **68**, 027702 (2003) を改変）．

となる．次節で述べるように，光子温度が電子の質量程度以下に下がった後は，有効自由度が現在値に固定し，また共動体積あたりの光子数は変化しない．式 (2.125) により光子の数密度は $n_\gamma = 2\zeta(3)T^3/\pi^2$ であるから，その時期以後の光子数・エントロピー比は一定値

$$\frac{n_\gamma}{s} = \frac{45\zeta(3)}{\pi^4 g_{*S0}} = 0.1410 \simeq \frac{1}{7} \quad (T \lesssim 100\,\text{keV}) \tag{2.146}$$

をとる．

現在時刻における放射成分のエネルギー密度は

$$\rho_{r0} = \frac{\pi^2}{30}g_{*0}T_0^4 = 7.858 \times 10^{-31}\,\text{kg/m}^3 \tag{2.147}$$

である．ここで式 (2.75) により等密度時のスケール因子，赤方偏移，および温度は

$$a_{\text{eq}} = \frac{\rho_{r0}}{\rho_{m0}} = 2.967 \times 10^{-4} \left(\frac{\Omega_{m0}h^2}{0.141}\right)^{-1} \tag{2.148}$$

$$1 + z_{\text{eq}} = \frac{1}{a_{\text{eq}}} = 3.371 \times 10^3 \left(\frac{\Omega_{m0}h^2}{0.141}\right) \tag{2.149}$$

$$T_{\text{eq}} = \frac{T_0}{a_{\text{eq}}} = 9.186 \times 10^3 \left(\frac{\Omega_{m0}h^2}{0.141}\right)\,\text{K} = 0.7916 \left(\frac{\Omega_{m0}h^2}{0.141}\right)\,\text{eV} \tag{2.150}$$

と求められる．ただし等密度時の温度は電子の質量エネルギーよりも十分に小さいので，このときすでに有効自由度が現在値に固定している．

等密度時の宇宙年齢は式 (2.99) により

$$t_{\text{eq}} = \frac{2}{3}(2 - \sqrt{2})\frac{a_{\text{eq}}^{3/2}}{H_0\sqrt{\Omega_{m0}}} = 5.197 \times 10^4 \left(\frac{\Omega_{m0}h^2}{0.141}\right)^{-2}\,\text{yr} \tag{2.151}$$

である．このとき全エネルギー密度は $\rho_{\rm eq} = 2\rho_{\rm m}(t_{\rm eq}) = 2\rho_{\rm m0}/a_{\rm eq}^3$ となるから，等密度時における膨張率の値は，

$$H_{\rm eq} = \sqrt{\frac{8\pi G \rho_{\rm eq}}{3}} = \frac{\sqrt{2}H_0 \Omega_{\rm m0}^2}{\Omega_{\rm r0}^{3/2}} \tag{2.152}$$

である．これにより，等密度時におけるハッブル半径の共動距離 $x_{\rm eq}$ とその逆数 $k_{\rm eq} \equiv 1/x_{\rm eq}$ は

$$x_{\rm eq} = \frac{1}{a_{\rm eq} H_{\rm eq}} = \frac{\sqrt{\Omega_{\rm r0}}}{\sqrt{2}H_0 \Omega_{\rm m0}} = 97.24 \left(\frac{\Omega_{\rm m0}h^2}{0.141}\right)^{-1} {\rm Mpc} \tag{2.153}$$

$$k_{\rm eq} = a_{\rm eq} H_{\rm eq} = 1.028 \times 10^{-2} \left(\frac{\Omega_{\rm m0}h^2}{0.141}\right) {\rm Mpc}^{-1} \tag{2.154}$$

となる．第9章と第10章でくわしく見るように，これらのスケールは宇宙の構造形成において重要な役割を果たす．上の量 $k_{\rm eq}$ は等密度時のハッブル半径を換算波長*6とする波数の大きさに対応する．

2.4.3 脱結合とその後の温度

平衡状態が保たれるためには，粒子同士の間に十分な相互作用が必要である．だが，宇宙が膨張すると密度が希薄になって温度が低下し，重力以外の直接的な相互作用が起こりにくくなる．このため，粒子の行う相互作用の強さに応じて，ある時刻以降に平衡状態から脱することがある．ある粒子種が直接の相互作用をしなくなることを，その粒子種の**脱結合 (decoupling)** という．

ここで，ある粒子が他の粒子と相互作用をする単位時間あたりの確率，すなわち粒子の反応率を Γ とする．また，相互作用の反応断面積を σ，反応相手となる粒子の密度を n，粒子の速度を v とすると，その粒子の反応率は $\Gamma = n \langle |v|\sigma \rangle$ で与えられる．ここで $\langle \cdots \rangle$ は粒子の速度分布，あるいはエネルギー分布について平均することを表す．反応率の逆数 Γ^{-1} は，1つの粒子が相互作用を行うのに必要な平均時間を表す．この平均時間 Γ^{-1} が宇宙年齢の目安である H^{-1} よりも十分大きくなれば，その粒子は脱結合しているといえる．その条件は $\Gamma \ll H$ で与えられる．また $\Gamma = H$ は脱結合時期を求めるためのおおまかな目安となる．この脱結合に対する簡単な目安は**ガモフの基準 (Gamov criterion)** と呼ばれる．後の第6章でくわしく述べるように，脱結合の正確な取扱いには，非平衡過程のボルツマン方程式を用

---

*6 換算波長とは，波長 λ を 2π で割った $\lambdabar \equiv \lambda/2\pi$ で定義される長さである．

いる．そのような正確な取扱いの結果と比較しても，このガモフの基準は非常によい近似になっていることが知られている．

十分に相対論的，あるいは十分に非相対論的な粒子が平衡状態から脱結合すると，その粒子は平衡分布の形を保ちつづけるという性質がある．最初に相対論的粒子を考える．この場合，平衡状態に対する分布関数は式 (2.112) の相対論的極限より，

$$f(\boldsymbol{P}) = \frac{1}{e^{(|\boldsymbol{P}|-\mu)/T} \pm 1} \tag{2.155}$$

である．粒子が脱結合すると，その粒子は自由運動するようになる．式 (2.30) で示されたように，自由粒子の運動量は宇宙膨張とともに $|\boldsymbol{P}| \propto a^{-1}$ にしたがって減少する．このとき温度と化学ポテンシャルを $T \propto a^{-1}, \mu \propto a^{-1}$ のように変化させた値にとれば，上の分布関数の形は保たれる．したがって，脱結合後も相対論的粒子の分布関数の形は平衡状態のものに保たれ，温度 T や化学ポテンシャル μ に対応する値は，スケール因子 a に反比例して減少する．

一方，式 (2.112) の非相対論的極限は，

$$f(\boldsymbol{P}) = \frac{1}{e^{(m-\mu+|\boldsymbol{P}|^2/2m)/T} \pm 1} \tag{2.156}$$

である．この場合は，温度 T と化学ポテンシャル μ について $T \propto a^{-2}, m-\mu \propto a^{-2}$ を満たすように変化させると，やはり分布関数の形が保たれる．すなわち，非相対論的粒子についても脱結合後の分布関数の形が変化せず，温度に対応する値は a^2 に反比例して減少する．十分希薄で古典統計にしたがう粒子の場合は，速度 $\boldsymbol{v} = \boldsymbol{P}/m$ の分布がマクスウェル–ボルツマン分布 $\propto \exp(-m|\boldsymbol{v}|^2/2T)$ にしたがう．この場合にも $T \propto a^{-2}$ となることは明らかである．

2.5 宇宙の熱的進化史

宇宙の熱的な性質は宇宙の温度とともに変化する．宇宙初期に遡りすぎると，素粒子の標準モデルで記述できないエネルギー領域になり，理論的な不定性が大きくなる．以下では，素粒子の標準モデルが成り立つ領域，すなわち温度が $T \lesssim 1\,\text{TeV}$ の範囲において，宇宙で起きた熱的進化史の概要を述べる．素粒子標準モデルの詳細については，後の第 5 章で述べられる．素粒子論になじみのない読者は，そちらを先に読んでからこの節に戻ってきたほうがわかりやすいであろう．

2.5.1 電弱相転移

最初に，温度が 100 GeV 程度以上の初期宇宙を考える．素粒子標準モデルに含まれる素粒子の質量は，すべて 100 GeV 程度以下であるから，このときすべてのエネルギー成分が相対論的になる．温度と密度が非常に高いために十分な頻度の相互作用が起こり，平衡状態となっている．この時期に存在する素粒子は，ボース粒子としてヒッグス粒子（自由度 4），グルーオン（自由度 16），電弱統一ゲージ粒子（自由度 8），またフェルミ粒子としてクォーク（自由度 72），レプトン（自由度 18）である．熱平衡状態にあるため，温度はすべての粒子で共通の値になり，2種類の有効自由度は共通の値

$$g_* = g_{*S} = 28 + \frac{7}{8} \times 90 = 106.75 \quad (100 \text{ GeV} \lesssim T \lesssim 1 \text{ TeV}) \tag{2.157}$$

を持つ．地上実験で到達できないほどの高エネルギー領域 $\gtrsim 1$ TeV には，実験的に確認されていない重い新粒子が存在する可能性があるため，そうした領域の有効自由度は上の値より大きいと考えられる．

宇宙膨張により温度が 100 GeV 程度以下になると，電弱相互作用における対称性の自発的破れ $SU(2)_L \otimes U(1)_Y \to U(1)_{EM}$ を伴って，弱い相互作用を媒介するゲージ粒子の $W^\pm$ 粒子と Z 粒子がヒッグス機構により質量を獲得する．このため，弱い相互作用が短距離力になる．この過程は**電弱相転移** (electroweak phase transition) と呼ばれている．それ以降は，電磁相互作用のゲージ対称性だけが破れずに残り，光子の質量はゼロにとどまる．

質量の重いトップクォーク（質量 172 GeV），ヒッグス粒子（125 GeV），$W^\pm$ 粒子（80 GeV）および Z 粒子（91 GeV）は，この電弱相転移前後に非相対論的になり，有効自由度には寄与しなくなる．この時点での有効自由度は

$$g_* = g_{*S} = 18 + \frac{7}{8} \times 78 = 86.25 \quad (4 \text{ GeV} \lesssim T \lesssim 20 \text{ GeV}) \tag{2.158}$$

となる．この値はボトムクォーク（4 GeV）が非相対論的になる時期まで保たれる．その後，ボトムクォークやチャームクォーク（1 GeV），タウ粒子（2 GeV）が非相対論的になることにより，有効自由度はさらに小さくなる．

2.5.2 クォーク・ハドロン転移

強い相互作用は量子色力学で記述され，近距離ほど相互作用が弱くなり，大きい距離ほど強くなるという顕著な性質がある．このため，低エネルギー領域において

はクォークが自由粒子として存在できず，クォークの束縛状態であるハドロンとしてしか存在できない．宇宙膨張により物質密度が小さくなって温度が 200 MeV 程度以下になると，それまで自由粒子として振る舞っていたクォークは，強い相互作用を媒介するゲージ粒子であるグルーオンとともに，ハドロンの中に閉じ込められてしまう．この現象を**クォーク・ハドロン転移** (quark-hadron transition) という．この転移により，非相対論的な陽子，中性子，ラムダ粒子などのバリオン，および相対論的なパイ中間子 $\pi^\pm, \pi^0$ が形成される．この時点でクォークとグルーオンがのきなみ有効自由度に寄与しなくなるため，図 2.3 に見られるように，200 MeV 付近において有効自由度が急激に低下する．

このクォーク・ハドロン転移の過程は非摂動的な現象であり，理論的に調べるのが難しい．実験的にも宇宙初期と同じ状況を作り出して調べるのは簡単なことではない．簡単な現象論的理論モデルとして，バッグモデルというものが知られていて，ある程度の定性的な振る舞いは理解されている．第一原理から定量的に調べる方法としては，大規模な数値計算を伴う格子ゲージ理論がある．計算精度の問題から定量的に正確な結果を得ることは依然として難しい．最近の結果によると，転移温度として 170 MeV 程度の値が得られている[*7]．だが，この転移が 1 次相転移であるのか 2 次相転移であるのかという基本的な問題にもまだ結論は出ていない．どちらかというと，はっきりとした相転移を伴わないクロスオーバーと呼ばれる過程である可能性が，数値計算により示唆されている．

クォーク・ハドロン転移後まもなく，不安定なハドロンであるラムダ粒子などはすぐに消滅してしまい，パイ中間子（140 MeV）とミュー粒子（106 MeV）も非相対論的になる．この時点で有効自由度に寄与する粒子は光子，電子，ニュートリノだけになる．以下に述べるニュートリノの脱結合や電子の対消滅が起こる時期まで，有効自由度は

$$g_* = g_{*S} = 2 + \frac{7}{8} \times 10 = 10.75 \qquad (0.5 \text{ MeV} \lesssim T \lesssim 20 \text{ MeV}) \tag{2.159}$$

に固定される．

2.5.3 ニュートリノの脱結合と電子・陽電子の対消滅

ニュートリノの行う相互作用は，重力以外には弱い相互作用だけである．宇宙初期には，電子やニュートリノの間で弱い相互作用による頻繁な反応が起こり，たと

[*7] D. Boyanovsky, H. J. de Vega and D. J. Schwarz, *Annu. Rev. Nucl. Part. Sci.*, **56**, 441500 (2006).

えば次のような過程

$$\nu_e + e^- \leftrightarrow \nu_e + e^-, \quad \nu_e + \bar{\nu}_e \leftrightarrow e^- + e^+,$$
$$\nu_e + \bar{\nu}_\mu \leftrightarrow e^- + \mu^+, \quad \nu_e + \mu^- \leftrightarrow \nu_\mu + e^-$$

などを通じて平衡状態になる．その反応散乱断面積 σ は，第5章で述べる素粒子標準モデルによって，第一原理から計算できる．その結果，相対論的領域では温度が T のときおおまかに $\sigma \sim G_F^2 T^2$ となる．ここで $G_F = 1.1664 \times 10^{-5}$ GeV^{-2} はフェルミ結合定数である．相対論的領域において粒子数密度は $n \sim T^3$，粒子の平均速度は光速度 $v \sim 1$ であるから，反応率 $\Gamma = n \langle |v| \sigma \rangle$ のおおまかな値は

$$\Gamma \sim G_F^2 T^5 \tag{2.160}$$

となる．これと式 (2.138), (2.159) により，

$$\frac{\Gamma}{H} \sim \left(\frac{45}{4\pi^3 g_*}\right)^{1/2} G_F^2 m_{Pl} T^3 \simeq \left(\frac{T}{1.5\,\mathrm{MeV}}\right)^3 \tag{2.161}$$

となる．したがって温度が $T \simeq 1.5$ MeV $\simeq 1.7 \times 10^{10}$ K のときにニュートリノが他の粒子から脱結合する．

電子の質量は 511 keV であるから，電子が非相対論的になって有効自由度に寄与しなくなるのは，ニュートリノ脱結合の少し後である．電子と陽電子は対消滅し，陽子とほぼ同じ数だけの電子と，対消滅を免れたきわめてわずかな陽電子が後に残される．電子が対消滅すると，そこからエントロピーが光子に流れ込む．

電子が対消滅する前，宇宙に存在する相対論的粒子の種類は光子，電子と陽電子，そして3世代のニュートリノと反ニュートリノである．このときエントロピーに関する有効自由度は $g_{*S-} \equiv 2 + 7/8 \cdot (2 \times 2 + 6) = 43/4$ である．すでに脱結合しているニュートリノの温度 T_ν はスケール因子に反比例して減少するから，式 (2.136) により，電子の対消滅後であっても $T_\nu = (g_{*S0}/g_{*S-})^{1/3} T_0/a$ を満たす．ところが光子には電子・陽電子の対消滅によってエントロピーが流入してくるため，光子の温度は $T = (g_{*S0}/g_{*S})^{1/3} T_0/a$ となる．したがって，電子の対消滅によりニュートリノと光子の間に温度差が生じ，その比は

$$\frac{T_\nu}{T} = \left[\frac{4}{43} g_{*S}(T)\right]^{1/3} \tag{2.162}$$

となる．

電子が対消滅する時期には，電子が相対論的な粒子から非相対論的な粒子へと移

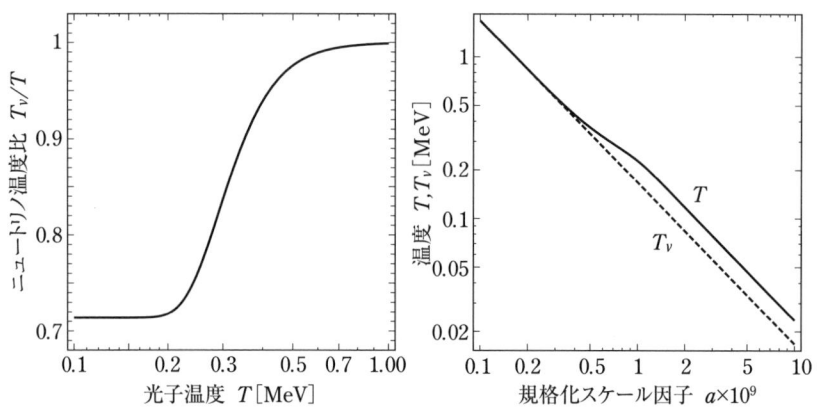

図 2.4 左図:ニュートリノ温度 T_ν と光子温度 T の比. 右図:ニュートリノ温度(破線)と光子温度(実線)の時間進化をスケール因子の関数として示したもの.

り変わる.光子とニュートリノは相対論的である.したがって有効自由度への寄与として電子には式 (2.134) を用い,光子とニュートリノには式 (2.135) を用いることにより,

$$g_{*S}(T) = \frac{60}{\pi^4} F\left(\frac{m_e}{T}\right) + 2 + \frac{21}{4}\left(\frac{T_\nu}{T}\right)^3 \tag{2.163}$$

となる.ただし

$$F(y) \equiv \int_0^\infty \frac{x^2\left(x^2 + 3y^2/4\right)\left(x^2 + y^2\right)^{-1/2}}{\exp\left(\sqrt{x^2 + y^2}\right) + 1} dx \tag{2.164}$$

という関数を定義した.式 (2.163) を式 (2.162) へ代入して T_ν について解けば,

$$\frac{T_\nu}{T} = \left(\frac{4}{11}\right)^{1/3}\left[1 + \frac{30}{\pi^4}F\left(\frac{m_e}{T}\right)\right]^{1/3} \tag{2.165}$$

が得られる.これが,電子の対消滅前後における光子とニュートリノの温度の関係を与える一般的な式である.ニュートリノが脱結合してからは,電子の対消滅の影響を受けず,現在まで $T_\nu \propto a^{-1}$ にしたがって変化する.式 (2.165) を逆に解くことにより,電子の対消滅前後の光子温度 T を求めることができる.図 2.4 にその数値的な結果を示す.左図は式 (2.165) を数値積分して求めたものである.右図には,ニュートリノと光子の温度変化をスケール因子の関数として示した.ただし横軸にはスケール因子を 10^9 倍した値が示されている.

式 (2.164) の関数 F の漸近形は $F(y \to 0) = 7\pi^4/120$, $F(y \to \infty) = 0$ である.し

したがって，式 (2.165) の漸近形は $T \gg m_e$ のとき $T_\nu = T$ であり，$T \ll m_e$ のとき $T_\nu = (4/11)^{1/3}T$ である．最後の結果は，電子の対消滅が終了した後の有効自由度 $g_{*S+} = 2 + 7/8 \cdot 6 \cdot (T_\nu/T)^3 = 2 + 21/4 \cdot (T_\nu/T)^3$ を式 (2.162) の $g_{*S}(T)$ へ代入してから T_ν/T について解いても得られる．こうして，電子の対消滅が終了してから十分な時間が経過すると，

$$\frac{T_\nu}{T} = \left(\frac{4}{11}\right)^{1/3} \simeq 0.71376... \tag{2.166}$$

が成り立つ．つまり，ニュートリノの温度が光子の温度よりも 30% ほど低く保たれる．したがって，現在のニュートリノの温度は $T_{\nu 0} = (4/11)^{1/3} T_0 \simeq 1.945$ K となる．

初期の宇宙で脱結合したニュートリノは，現在の宇宙にも満ちあふれているはずである．これを**宇宙ニュートリノ背景 (Cosmic Neutrino Background; CNB, CνB)** という．ニュートリノは物質とほとんど相互作用しないため，これを実際に観測することはできていない．ニュートリノには 3 つの世代があり，それぞれの世代で異なる質量を持つ．1 つの世代におけるニュートリノと反ニュートリノは同じ質量を持つ．現在の宇宙において，これら 3 世代のニュートリノがすべて相対論的であるなら，光子とともに現在の宇宙における放射成分として寄与する．現在のニュートリノが相対論的である条件は，その質量が $m_\nu \ll T_{\nu 0} \simeq 1.7 \times 10^{-4}$ eV を満たすことである．この場合，そのエネルギー密度の和は

$$\rho_{\nu 0} = \sum_{\substack{\text{相対論的} \\ \text{ニュートリノ世代}}} \frac{7\pi^2}{120} T_{\nu 0}{}^4 \sim 10^{-5} \, h^{-2} \rho_{c0} \ll \rho_{m0} \tag{2.167}$$

であり，物質成分のエネルギー密度に比べれば無視できるほど小さい．

だが，ニュートリノ振動（後の 5.4.3 項を参照）の実験により，少なくとも 1 世代以上のニュートリノは 0.05 eV よりも大きな質量を持つことが示されている．したがって，現在の宇宙では少なくとも 1 世代のニュートリノは非相対論的である．ニュートリノ質量が 1.7×10^{-4} eV $\ll m_\nu \ll 1.5$ MeV を満たすならば，それは脱結合時と現在時刻の間のどこかで非相対論的になっている．脱結合時の数密度はそのまま宇宙膨張によって薄められるので，その数は式 (2.125) で見積もることができる．こうして，非相対論的なニュートリノに対する現在の数密度は，1 世代あたり

$$n_{\nu 0} = \frac{6\zeta(3)}{4\pi^2} T_{\nu 0}{}^3 = \frac{6\zeta(3)}{11\pi^2} T_0{}^3 = 112 \text{ cm}^{-3} \tag{2.168}$$

であり，そのエネルギー密度は $\rho_{\nu 0} = m_\nu n_{\nu 0}$ となる．これを密度パラメータで表す

と，

$$\Omega_{\nu 0} h^2 = \frac{\sum m_\nu}{94\,\mathrm{eV}} \tag{2.169}$$

が得られる[*8]．ここでの和記号は，現在の非相対論的なニュートリノ世代についてとる．このエネルギー密度は現在の宇宙においてダークマターとして寄与するから，少なくともダークマターの観測値 $\Omega_{\mathrm{dm}0} h^2 \simeq 0.12$ を上回ってはならない．このことから，3世代のニュートリノ質量の和が 10 eV より大きくはないことがわかる．

2.5.4 原始元素合成

クォーク・ハドロン転移によって最初にできる陽子と中性子は，最初どちらも自由粒子となっているため，陽子1個からなる水素原子核の他には，原子核が存在しなかった．だが，宇宙膨張により温度が下がると，単独で存在している中性子が原子核反応によって陽子と結合し，さらに水素原子核以外の軽元素原子核が合成される．これが宇宙の**原始元素合成** (primordial nucleosynthesis) である．このときに合成される元素の種類と量は，その後の宇宙進化にとって非常に重要である．その過程の正確な取り扱いには，第6章で述べられるようにボルツマン方程式を用いる必要がある．ここでは簡単に，ガモフの基準を用いたおおまかな見積もりを与える．

まず，元素合成の材料となる陽子 p と中性子 n の数の比に着目する．電子・陽電子の対消滅前に，陽子と中性子は主として次の弱い相互作用反応

$$n + \nu_e \leftrightarrow p + e^-, \quad n + e^+ \leftrightarrow p + \bar{\nu}_e, \quad n \leftrightarrow p + e^- + \bar{\nu}_e \tag{2.170}$$

を通じて移り変わり，その数は平衡状態となっている．第5章で述べられる弱い相互作用の理論によると，これらの反応率はおおまかに

$$\Gamma \sim G_F^2 \left(1 + 3g_A^2\right) T^5 \tag{2.171}$$

である．ただし $g_A = 1.288$ は，核子の擬ベクトル結合定数と呼ばれる量である．これと式 (2.138), (2.159) により，

[*8] ここでは近似的にニュートリノの脱結合が瞬間的に起こるものと近似的に考えて求めたが，より正確な数値計算によると

$$\Omega_{\nu 0} h^2 = \frac{\sum m_\nu}{93.14\,\mathrm{eV}}$$

という結果が得られている [G. Mangano, *et al.*, *Nuclear Physics* B, **729**, 221 (2005)].

$$\frac{\Gamma}{H} \sim \sqrt{\frac{45}{4\pi^3 g_*}} m_{\rm Pl} G_{\rm F}^2 \left(1 + 3g_{\rm A}^2\right) T^3 \simeq \left(\frac{T}{0.82\,{\rm MeV}}\right)^3 \quad (2.172)$$

となる．したがって，温度がほぼ $T \simeq 0.82\,{\rm MeV} \simeq 0.95 \times 10^{10}\,{\rm K}$ になると陽子が中性子へ転化する反応がなくなり，中性子数が増えなくなる．この温度までは平衡状態の数密度の式 (2.119) が使える．ここで陽子と中性子の化学ポテンシャルをそれぞれ $\mu_{\rm p}, \mu_{\rm n}$，電子と電子ニュートリノの化学ポテンシャルをそれぞれ $\mu_{\rm e^-}, \mu_{\nu_{\rm e}}$ とすると，式 (2.170) の最初の反応における平衡により $\mu_{\rm n} - \mu_{\rm p} = \mu_{\rm e^-} - \mu_{\nu_{\rm e}}$ となる．ここで標準的にレプトンの化学ポテンシャルはゼロと考えられている．実際，宇宙のバリオン数とレプトン数が同程度であれば，レプトンの化学ポテンシャルが十分小さくなることを示すことができる．このとき $\mu_{\rm p} = \mu_{\rm n}$ となるから，式 (2.119) により，中性子数 $n_{\rm n}$ と陽子数 $n_{\rm p}$ の比は

$$\frac{n_{\rm n}}{n_{\rm p}} = \exp\left(-\frac{m_{\rm n} - m_{\rm p}}{T}\right) = \exp\left(-\frac{1.29\,{\rm MeV}}{T}\right) \quad (2.173)$$

で与えられる．反応が切れる温度 $T \simeq 0.82\,{\rm MeV}$ において上の比がそのまま凍結されると近似的に考えれば，その値は $n_{\rm n}/n_{\rm p} \simeq \exp(-1.29/0.82) \simeq 0.207$ となる．式 (2.141) により，この値は宇宙時刻が $t_{\rm n} \simeq 1.1\,{\rm s}$ のときのものである．

原子核に取り込まれていない孤立した中性子は，平均寿命 $\tau_{\rm n} = 880\,{\rm s}$ のベータ崩壊によって陽子へ転化する．このため共動体積あたりの中性子数は $\exp[-(t-t_{\rm n})/\tau_{\rm n}]$ に比例して徐々に減少する．共動体積あたりのバリオン数は保存するから，全バリオン数あたりの中性子数の割合 $X_{\rm n}$ は

$$X_{\rm n}(t) \equiv \frac{n_{\rm n}}{n_{\rm p} + n_{\rm n}} = \frac{e^{-(t-t_{\rm n})/\tau_{\rm n}}}{1 + n_{\rm p}/n_{\rm n}(t_{\rm n})} \simeq 0.172\,e^{-(t-t_{\rm n})/\tau_{\rm n}} \quad (2.174)$$

という時間変化をする．温度が低下すると，残っている中性子のほとんどが強い相互作用によって陽子と結合し，重水素原子核 D（$= {}^2{\rm H}$）になる．

さらにその後，主として図 2.5 に示すような原子核反応が続けて起きる．こうした反応により合成される原子核の種類と量を定量的に求めるには，実験によって求めた原子核反応過程の反応率を使って，数値計算を行う必要がある．その結果は図 2.6 に示すようになる．この図には合成された原子核質量比の時間変化が示されている．宇宙時刻が $270\,{\rm s}$ 程度，温度にして $8 \times 10^8\,{\rm K} \sim 70\,{\rm keV}$ 程度の付近で大きく核反応が進む[*9]．

[*9] 光子のエネルギーが重水素の束縛エネルギーである $2.2\,{\rm MeV}$ 程度を下回ると重水素が光分解されなくなるにもかかわらず，実際に元素合成の起きる温度はそれよりずいぶん低い．これは宇

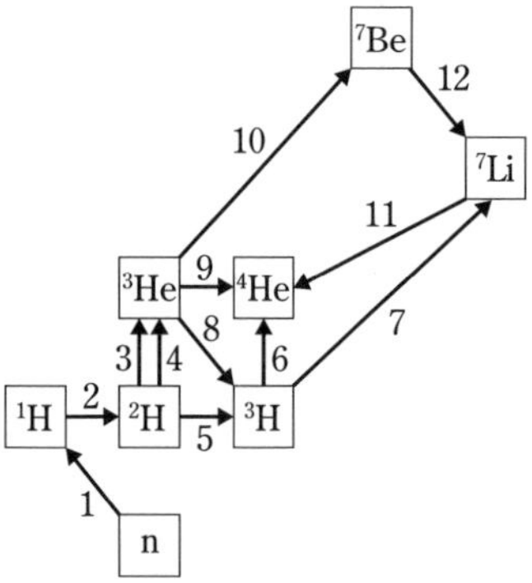

```
 1  n  ⟶  ¹H + e⁻ + ν̄
 2  ¹H + n  ⟶  ²H + γ
 3  ²H + ¹H  ⟶  ³He + γ
 4  ²H + ²H  ⟶  ³He + n
 5  ²H + ²H  ⟶  ³H + ¹H
 6  ²H + ³H  ⟶  ⁴He + n
 7  ³H + ⁴He  ⟶  ⁷Li + γ
 8  ³He + n  ⟶  ³H + ¹H
 9  ³He + ²H  ⟶  ⁴He + ¹H
10  ³He + ⁴He  ⟶  ⁷Be + γ
11  ⁷Li + ¹H  ⟶  ⁴He + ⁴He
12  ⁷Be + n  ⟶  ⁷Li + ¹H
```

図 2.5 元素合成における主要な核反応の関係図.

合成された軽い原子核のうち,3重水素 (^{3}H) とヘリウム 3 (^{3}He) は束縛エネルギーが小さいため,最終的に残される量は少ない.またリチウム 7 (^{7}Li) やベリリウム 7 (^{7}Be) などのもう少し重い原子核も微量ながら合成される.最終的に残る原子核の多くは水素 (^{1}H) とヘリウム 4 (^{4}He) である.したがって元素合成時に存在する中性子の多くは最終的に 2 つずつ ^{4}He に取り込まれる.元素合成時における中性子の割合は式 (2.174) により $t = 270$ s のとき $X_\mathrm{n} \simeq 0.125$ となるので,バリオンの総質量に対するヘリウム 4 の質量比は

$$Y(^4\mathrm{He}) \equiv \frac{^4\mathrm{He} \text{の総質量}}{\text{バリオンの総質量}} = \frac{n_\mathrm{n}/2 \cdot 4 m_\mathrm{p}}{n_\mathrm{p} m_\mathrm{p} + n_\mathrm{n} m_\mathrm{n}} \simeq 2 X_\mathrm{n} \simeq 0.25 \tag{2.175}$$

となる.ここで m_p と m_n はそれぞれ陽子と中性子の質量であり,近似的に $m_\mathrm{p} \simeq m_\mathrm{n}$ となることと,^{4}He の質量がほぼ $4 m_\mathrm{p}$ であることを用いた.このおおまかな見積りは,正確な数値計算の結果ともほぼ一致する.

最終的に合成される元素の組成は,宇宙に存在するバリオン量に依存する.バリオン量が増えると反応率が大きくなり,最終生成物である ^{4}He の量が多くなる.逆に,中間生成物である ^{2}H, ^{3}H, ^{3}He は少なくなる.バリオン量はバリオン数密度と光子数密度の比 $\eta = n_\mathrm{b}/n_\gamma$ によって定量化できる.バリオン数も光子数も元素合成の時期から現在まで保存する.現在のバリオン数密度は $n_\mathrm{b0} = \rho_\mathrm{c0} \Omega_\mathrm{b0}/m_\mathrm{p}$ である.ただし Ω_b0 は現在のバリオン密度パラメータである.したがって,バリオン数と光子数の比は

宙に存在する光子数がバリオン数よりはるかに多いためで,平均エネルギーよりもずっと大きなエネルギーを持つわずかな割合の光子が無視できないからである.

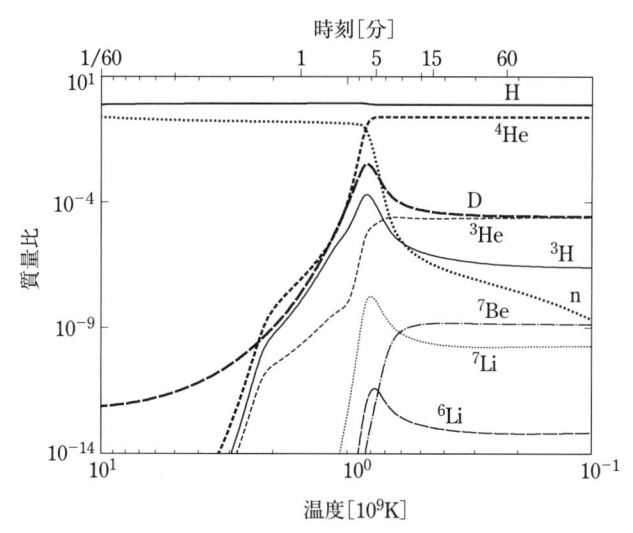

図 2.6 ビッグバン元素合成による質量比の時間変化 [S. Burles, K. M. Nollett, M. S. Turner, poster for the DAP "Great Discoveries in Astronomy in the Last 100 Years" exhibit at APS centennial meeting (arXiv:astro-ph/9903300) を改変].

$$\eta = \frac{n_{\rm b}}{n_\gamma} = \frac{n_{\rm b0}}{n_{\gamma 0}} = \frac{\pi^2 \rho_{\rm c0} \Omega_{\rm b0}}{2\zeta(3) m_{\rm p} T_0^3} = 6.016 \times 10^{-10} \left(\frac{\Omega_{\rm b0} h^2}{0.022} \right) \quad (2.176)$$

で与えられる.

原始元素合成で作られる元素の組成比は，宇宙のバリオン量を見積もるのに用いることができる．理論的な数値計算によって求めた主要な元素の原始組成比が図 2.7 に示される．原始的な元素組成比を観測により見積もることができれば，それを理論的な結果と比較することにより，宇宙のバリオン量が決められる．クェーサー吸収線系や星，星間ガス雲の観測によって見積もられた最近の値をまとめると，

$$Y_{\rm P} = 0.2534 \pm 0.0083 \quad (2.177)$$

$$D/H|_{\rm P} = (3.02 \pm 0.23) \times 10^{-5} \quad (2.178)$$

$$^3{\rm He}/{\rm H}|_{\rm P} = (1.1 \pm 0.2) \times 10^{-5} \quad (2.179)$$

$$^7{\rm Li}/{\rm H}|_{\rm P} = (1.58 \pm 0.31) \times 10^{-10} \quad (2.180)$$

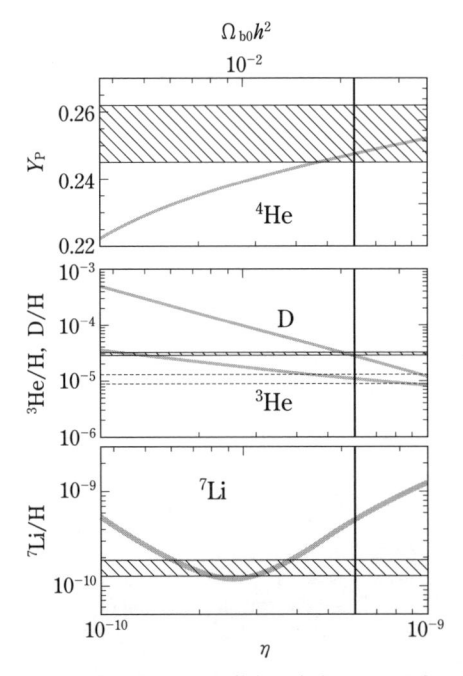

図 2.7 ビッグバン元素合成により最終的に合成された元素の存在比と宇宙のバリオン量の関係．水平線で囲まれた領域は観測によって見積もられた存在比を表し，細い垂直線の領域は宇宙マイクロ波背景放射温度ゆらぎの解析により求められたバリオン量を表している（A. Coc, J.-P. Uzan and E. Vangioni, arXiv:1307.6955 を改変）．

である[*10]．ただし，Y_P は全バリオン量に対するヘリウム 4 の原始的な質量比を表し，D/H|$_P$, ^{3}He/H|$_P$, ^{7}Li/H|$_P$ はそれぞれの原子核と水素原子核 ^{1}H の原始的な数密度比を表す．

上の元素組成比は，図 2.7 において水平線で囲まれる領域で表されている．この図より，光子・バリオン比の値が $\eta \simeq 6 \times 10^{-10}$ であれば，観測値をほぼ説明できる．ただし ^{7}Li の存在比に関しては，観測値が理論値よりも誤差の範囲を超えて小さく，その不一致の理由は現在のところ不明である[*11]．この注意点を別にすれば，ビッグバンモデルに基づく元素合成は現実の宇宙をよく説明するといえる．観測的には重水素 D の存在比に対する不定性がもっとも小さく，これを用いて η の

[*10] A. Coc, J.-P. Uzan and E. Vangioni, arXiv:1307.6955.
[*11] 理論値と観測値の双方において，系統的な不定性が除去しきれていない可能性も指摘されている．また，標準的でない物理法則を示唆しているのではないかという説もある．

値を制限すると，$\eta = (6.0 \pm 0.4) \times 10^{-10}$ という結果が得られている．これをバリオン密度パラメータの値にすると

$$\Omega_{b0}h^2 = 0.022 \pm 0.002 \tag{2.181}$$

となる．

　上で述べた方法とは独立な観測として，後の第10章で述べる宇宙マイクロ波背景放射の温度ゆらぎによってバリオン量を見積もることができ，その結果が図の垂直線で表されている．この場合にも^{7}Liの存在比に不一致が見られるが，その他の元素に対する存在比に関しては非常によく一致する．

2.5.5 電子の再結合と光子の脱結合

　宇宙の温度が下がってくると，原始元素合成によりできた原子核が宇宙空間に存在する自由電子と結合し，中性の原子となる．この過程により宇宙空間の自由電子数は激減する．これを電子の**再結合** (recombination) という．光子は自由電子とトムソン散乱によって相互作用するが，電子の再結合が起きた後にはこの相互作用が切れる．すなわち光子の脱結合が起こり，光子は宇宙空間を直進するようになる．このように，電子の再結合と光子の脱結合はほぼ同じ時期に続いて起きる．

　これらの時期を見積もるため，まず自由電子の数を考える．原始元素合成の後に，自由電子数は主に次の反応

$$p + e \leftrightarrow H + \gamma \tag{2.182}$$

によって変化する．水素以外の原子は数が少ないため，ここでは簡単な見積もりのために無視して考える．いま考えている時期において，電子e，陽子p，中性水素Hは非相対論的である．式 (2.119) により，平衡状態におけるこれらの粒子の数密度はそれぞれ

$$n_e = 2\left(\frac{m_e T}{2\pi}\right)^{3/2} \exp\left(-\frac{m_e - \mu_e}{T}\right) \tag{2.183}$$

$$n_p = 2\left(\frac{m_p T}{2\pi}\right)^{3/2} \exp\left(-\frac{m_p - \mu_p}{T}\right) \tag{2.184}$$

$$n_H = 4\left(\frac{m_H T}{2\pi}\right)^{3/2} \exp\left(-\frac{m_H - \mu_H}{T}\right) \tag{2.185}$$

で与えられる．ただし m_e, m_p, m_H はそれぞれの粒子の質量，μ_e, μ_p, μ_H はそれぞれの粒子の化学ポテンシャルである．光子の化学ポテンシャルはゼロであるから，反

応式 (2.182) の化学平衡条件により，化学ポテンシャルの間には $\mu_p + \mu_e = \mu_H$ が成り立つ．さらに宇宙の全電荷はゼロなので $n_p = n_e$ であること，さらに質量について近似的に $m_H \simeq m_p$ であることを用いると，

$$\frac{n_e^2}{n_H} = \left(\frac{m_e T}{2\pi}\right)^{3/2} \exp\left(-\frac{I_H}{T}\right) \tag{2.186}$$

が導かれる．ただし，

$$I_H = m_p + m_e - m_H = 13.59 \text{ eV} \tag{2.187}$$

はよく知られた水素の電離エネルギーである．式 (2.186) のように，化学平衡条件から導かれる数密度間の関係式をサハの式 (Saha equation) という．

全バリオン数密度 $n_b = n_p + n_H$ に対する電離率 $X_e \equiv n_e/n_b = n_p/n_b$ を導入すると，サハの式は X_e についての 2 次方程式となる．ここから $X_e > 0$ となる物理的な解を求めると，

$$X_e(T) = 2\left[1 + \sqrt{1 + 16\sqrt{\frac{2}{\pi}}\zeta(3)\eta\left(\frac{T}{m_e}\right)^{3/2}\exp\left(\frac{I_H}{T}\right)}\right]^{-1} \tag{2.188}$$

が得られる．これを温度のかわりに赤方偏移 $z = T/T_0 - 1$ の関数として表すと，図 2.8 のようになる．この図を見ると，赤方偏移が下がるにつれて，ほぼ $z \sim 1300$ 前後で急激に電離率が低下する．再結合は一瞬で起きるわけではないが，目安としてこの値を再結合の時期とみなすことができる．その赤方偏移と温度および宇宙年齢は

$$z_{\text{rec}} \simeq 1300, \quad T_{\text{rec}} = (1 + z_{\text{rec}})T_0 \simeq 3500 \text{ K}, \quad t_{\text{rec}} \simeq 2.8 \times 10^5 \text{ yrs} \tag{2.189}$$

となる[*12]．ここで宇宙年齢の見積りには $\Omega_{m0}h^2 \simeq 0.14$ の値と式 (2.99), (2.148) を用いた．

ただし，温度が低くなりすぎると陽子と電子が出会う確率が低くなり，平衡状態を仮定して導いた式 (2.188) は適用できなくなるため，最終的なイオン化率は完全なゼロにはならない．非平衡過程の計算は後の 6.3.3 項に述べられる．それによると，最終的な電離率は $X_e(T \ll T_{\text{rec}}) \simeq 2 \times 10^{-4}$ というかなり小さな値になる．

[*12] この再結合温度は 0.3 eV に対応し，水素の電離エネルギーよりもずっと小さい．この理由は，元素合成の時期の見積もりの場合と同様に，光子数が電子数よりもはるかに多いためである．

2.5 宇宙の熱的進化史

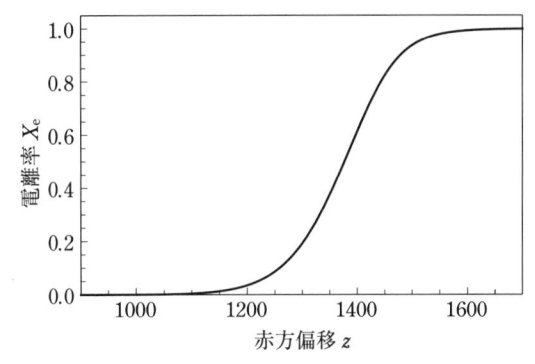

図 2.8　平衡電離率の変化を赤方偏移の関数として示したもの．バリオン量は $\Omega_{b0}h^2 = 0.022$ とした．

物質優勢期におけるハッブル・パラメータの値は $H = H_0(\Omega_{m0}/a^3)^{1/2}$ で与えられる．光子の散乱確率は，トムソン散乱断面積 $\sigma_T = 6.652 \times 10^{-29}$ m^2 を用いて，

$$\Gamma_\gamma = n_e \sigma_T = \sigma_T n_b X_e(T) = \frac{\sigma_T \rho_{c0} \Omega_{b0}}{m_p a^3} X_e(T_0/a) \tag{2.190}$$

となる．ガモフの基準を適用して $\Gamma_\gamma = H$ を数値的に解けば光子の脱結合時期が求まる．ここで観測値 $\Omega_{b0}h^2 \simeq 0.022$, $\Omega_{m0}h^2 \simeq 0.14$ を用いたときの結果は

$$z_{\text{dec}} \simeq 1100, \quad T_{\text{dec}} \simeq 3000 \text{ K}, \quad t_{\text{dec}} \simeq 3.8 \times 10^5 \text{ yrs} \tag{2.191}$$

である．式 (2.189) と比較すれば，確かに再結合後まもなく光子が脱結合している．

光子は平衡状態から脱結合するので，そのエネルギー分布は式 (2.112) において質量と化学ポテンシャルをゼロにしたボース粒子に対する分布関数

$$f_\gamma(\boldsymbol{P}) = \frac{1}{e^{|\boldsymbol{P}|/T} - 1} \tag{2.192}$$

で与えられる．自然単位系においては $\hbar = 1$ であるから，プランク定数は 2π に等しく，振動数 ν の光子に対するエネルギーは $E = 2\pi\nu$ で与えられる．ある微小時間 dt の間に微小面積 dA を横切り，かつ微小立体角 $d\Omega$ の方向を向いていて振動数が微小区間 $d\nu$ の間にある放射エネルギーを $dE = I_\nu\, dA\, dt\, d\Omega\, d\nu$ と表すとき，量 I_ν を**輝度** (brightness, specific intensity) と呼ぶ．ここで，放射エネルギーは光子の分布関数を用いて $dE = 2|\boldsymbol{P}|f_\gamma(\boldsymbol{P})\, dV\, d^3P/(2\pi)^3$ とも書ける．ただし，因子 2 は光子の自由度であり，dV は時間 dt の間に微小面積 dA を横切った光子が占める空間体積 $dV = dA\, dt$ である．さらに光子の運動量は $|\boldsymbol{P}| = E = 2\pi\nu$ を満たす．これら

表 2.1　宇宙の熱的進化史

温度	エネルギー	時間	出来事
$\sim 10^{15}$ K	~ 100 GeV	$\sim 10^{-11}$ s	電弱相転移
			トップクォークの消滅
			ヒッグス粒子，W 粒子，Z 粒子の消滅
$\sim 10^{13}$ K	~ 1 GeV	$\sim 10^{-7}$ s	ボトムクォークの消滅
			タウ粒子，チャームクォークの消滅
$\sim 10^{12}$ K	~ 100 MeV	$\sim 10^{-5}$ s	クォーク・ハドロン転移
			ミュー粒子の消滅
3×10^{10} K	3 MeV	0.1 s	ニュートリノの脱結合
5×10^9 K	0.5 MeV	3 s	電子・陽電子の対消滅
8×10^8 K	70 keV	4 min	原始元素合成
9000 K	0.8 eV	50 kyr	物質・放射の等密度時
3500 K	0.3 eV	280 kyr	水素の再結合
3000 K	0.26 eV	380 kyr	光子の脱結合
3.6 K	0.3 meV	10 Gyr	宇宙膨張の加速
2.7 K	0.2 meV	14 Gyr	現在の宇宙

のことから，輝度と光子の分布関数の関係は，

$$I_\nu = 4\pi\nu^3 f_\gamma(\bm{P}) = \frac{4\pi\nu^3}{e^{2\pi\nu/T} - 1} \tag{2.193}$$

となる．この公式が，黒体放射に対するよく知られた**プランクの法則** (Planck's law) である．

脱結合後の光子では，振動数がスケール因子に反比例して小さくなる．このため，分布関数 $f_\gamma(\bm{P})$ は熱平衡分布の形を保ちながら，温度がスケール因子に反比例して下がる．脱結合後に宇宙を直進してきた光子は観測することが可能であり，それを**宇宙マイクロ波背景放射** (Cosmic Microwave Background radiation; CMB) という．これは 1965 年にペンジャスとウィルソンによって観測的に発見され，ビッグバン宇宙論に対する大きな証拠となった．宇宙マイクロ波背景放射の大きな特徴は，そのスペクトルがほぼ完全な黒体放射になることである．この事実は現代の非常に精度のよい観測によって実際に確かめられている．それに伴って，現在時刻の光子温度は式 (2.137) に示されたようにかなり精度よく求められている．

最後に，ここまでに導かれた一様等方宇宙の熱的な進化史をまとめると，表 2.1 に示されるようになる．

第3章

相対論的な古典場

宇宙に存在する物質や放射などのエネルギー成分は，空間の各点に自由度を持つ「場」として記述される．場は連続的な広がりを持っている．人間が粒子として認識しているものは，量子化された場を観測することにより現れる概念である．場と時空は，宇宙の根源的な存在である．相対性理論と両立することを要請すると，場に対する性質が大きく制限される．本章では，相対論的に許される古典的な場について述べる．

3.1 場の変分原理

3.1.1 ラグランジアンと作用

場 (field) とは，空間の各点に連続的な力学的自由度を持つ物理的対象である．電磁場を例にとると，空間の各点に電場ベクトルと磁場ベクトルを持ち，それらすべてが力学的自由度となる．空間点の個数は連続無限大となるので，場の理論の力学自由度も連続無限大になるという際立った特徴がある．

一般に，力学系の基本的な物理的性質は作用積分 S によって決定される．これはラグランジアン L の時間積分として

$$S = \int L\, dt \tag{3.1}$$

で与えられる．ただし，記法上は省略しているが，積分範囲は考える系の全体である．ラグランジアンは力学変数に対する一般化座標の関数である．最小作用の原理によれば，系は作用積分を最小にするように時間変化する．このとき作用積分は必ず停留値をとるから，力学変数の変分に関して $\delta S = 0$ が成り立つ．この条件を具体的に力学変数で表したものが**オイラー–ラグランジュ方程式 (Euler-Lagrange** equation) であり，これが系の運動方程式を与える．

　局所的な相互作用を持つ通常の場の理論において，全体のラグランジアンは空間の各点ごとのラグランジアンを加え合わせたものになる．すなわち，ラグランジアンが

$$L = \int d^3x \sqrt{-g}\,\mathscr{L} \tag{3.2}$$

という積分形で与えられる．積分中に因子 $\sqrt{-g}$ を付けたのは，すぐ下で明らかになるように座標変換性の見通しをよくするためである．空間各点ごとのラグランジアンへの寄与 $\mathscr{L}$ をラグランジアン密度 (Lagrangian density) という．このとき作用積分は

$$S = \int d^4x \sqrt{-g}\,\mathscr{L} \tag{3.3}$$

の形になる．相対性理論の要請を満たすには，運動方程式が座標系によらない形を持たなければならない．そのためには作用積分が座標系に依存しないスカラー量でなければならない．式 (1.101) において示されたように，積分要素 $d^4x\sqrt{-g}$ は座標変換について不変である．したがって，ラグランジアン密度 $\mathscr{L}$ もスカラー量でなければならない．

　ラグランジアン密度が場 $\varphi_A(x)$ とその 1 階微分 $\partial_\mu \varphi_A = \varphi_{A,\mu}$ の関数

$$\mathscr{L} = \mathscr{L}(\varphi_A, \varphi_{A,\mu}) \tag{3.4}$$

となるような系を考える．ここで A は複数の種類の場を区別する添字である．以下では，この形のラグランジアン密度を仮定し，2 階以上の微分や座標 x^μ にあらわに依存することはないものとする．

　作用積分の変分により運動方程式を求めるため，時空各点における場の微小変化

$$\varphi_A(x) \to \tilde{\varphi}_A(x) = \varphi_A(x) + \delta\varphi_A(x) \tag{3.5}$$

を考える．第 1 章のときと同様に，場の引数としての 4 次元座標 x^μ は簡略化した記号 x で表す．この微小変化により作用積分の変分をとれば

$$\delta S = \int d^4x \left[\frac{\partial \sqrt{-g}\,\mathscr{L}}{\partial \varphi_A} \delta\varphi_A + \frac{\partial \sqrt{-g}\,\mathscr{L}}{\partial \varphi_{A,\mu}} \delta\varphi_{A,\mu} \right] \tag{3.6}$$

となる．ただし，座標の添字と同様に，場の種類を表す添字 A についても繰り返し現れてきたときは和をとるという規約を用いる．ここで，微分と変分は交換するという性質がある．実際，

$$\delta\varphi_{A,\mu}(x) = \partial_\mu \tilde{\varphi}_A(x) - \partial_\mu \varphi_A(x) = \partial_\mu \left[\tilde{\varphi}_A(x) - \varphi_A(x) \right] = \partial_\mu \left[\delta\varphi_A(x) \right] \quad (3.7)$$

となる．この性質を用いて式 (3.6) の右辺第 2 項を部分積分することにより，

$$\delta S = \int d^4x \left[\frac{\partial \sqrt{-g}\mathscr{L}}{\partial \varphi_A} - \frac{\partial}{\partial x^\mu} \left(\frac{\partial \sqrt{-g}\mathscr{L}}{\partial \varphi_{A,\mu}} \right) \right] \delta\varphi_A + \int d^4x \frac{\partial}{\partial x^\mu} \left(\frac{\partial \sqrt{-g}\mathscr{L}}{\partial \varphi_{A,\mu}} \delta\varphi_A \right) \quad (3.8)$$

が得られる．変分原理では境界値を固定して作用積分の変分を行うので，最後の境界項は消える．したがって，任意の微小変化 $\delta\varphi_A$ について作用積分が停留値となるには，

$$\frac{\partial \sqrt{-g}\mathscr{L}}{\partial \varphi_A} - \frac{\partial}{\partial x^\mu} \left(\frac{\partial \sqrt{-g}\mathscr{L}}{\partial \varphi_{A,\mu}} \right) = 0 \quad (3.9)$$

を満たす必要がある．ラグランジアン密度が式 (3.4) の形で与えられる場合，これがオイラー–ラグランジュ方程式である．

3.1.2 汎関数計算

作用積分は，時空の関数である場の具体形を与えることにより値が 1 つ定まる関数，すなわち関数の関数である．このように関数を与えるとそれに応じて値が決まる関数のことを**汎関数** (functional) という．作用積分は場の汎関数である．有限自由度を持つ通常の多変数関数に対する偏微分に対応するものが，汎関数に対しても定義できる．これを**汎関数微分** (functional derivative) という．ここでは，汎関数とその微分にまつわる基本的な計算手法を述べる．

通常の多変数関数では，有限個の値を与えると 1 つの値が返される．汎関数においては，無限個の値で表される関数を与えると 1 つの値が返される．すなわち汎関数とは無限次元の多変数関数であるといえる．作用積分は関数としての場 φ_A を引数として持つ汎関数である．汎関数が依存する関数を明らかにしたい場合，有限自由度の変数と区別するために角括弧を用いる．たとえば，作用積分 S が場 φ_A の汎関数であることを表すには $S[\varphi_A]$ と書く．

通常の関数の微分の一般化として，汎関数微分を導入する．汎関数でない，通常の多変数関数 $f(\boldsymbol{x})$ の偏微分の定義は

$$\frac{\partial f}{\partial x_i}(\boldsymbol{x}) = \lim_{\epsilon \to 0} \frac{f(x_1, \cdots, x_i + \epsilon, \cdots, x_n) - f(x_1, \cdots, x_i, \cdots, x_n)}{\epsilon} \quad (3.10)$$

であった．ここで $\boldsymbol{x} = (x_1, x_2, \ldots, x_n)$ は n 次元の変数である．ここで j をダミーの添字として，上の式を

$$\frac{\partial f(x_j)}{\partial x_i} = \lim_{\epsilon \to 0} \frac{f(x_j + \epsilon \delta_{ij}) - f(x_j)}{\epsilon} \tag{3.11}$$

と表すことができる．ただしダミーの添字を持つ記号 x_j は $x_1, \ldots, x_n$ をまとめて表していて，記号 $f(x_j)$ は $f(\boldsymbol{x})$ と同じ意味である．また $f(x_j + \epsilon \delta_{ij})$ は成分 x_i のみに微小量 ϵ を加えた関数値である．このように，式 (3.11) はダミーの添字 j には依存しない．

次に，一般的な n 次元変数 $\boldsymbol{x}$ を引数として持つ関数 $f(\boldsymbol{x})$ の汎関数 $F[f]$ を考える．汎関数は多変数関数の自由度を無限大に拡張したものと考えられる．式 (3.11) において $f \to F, x_i \to f(\boldsymbol{x})$ と対応させることにより，偏微分の定義を一般化した汎関数微分を

$$\frac{\delta F[f(\boldsymbol{y})]}{\delta f(\boldsymbol{x})} = \lim_{\epsilon \to 0} \frac{F[f(\boldsymbol{y}) + \epsilon \delta_D^n(\boldsymbol{x} - \boldsymbol{y})] - F[f(\boldsymbol{y})]}{\epsilon} \tag{3.12}$$

により定義する．ここで δ_D^n は n 次元デルタ関数である．また $\boldsymbol{y}$ はダミーの変数であり，式 (3.12) 自体は変数 $\boldsymbol{y}$ に依存せず，変数 $\boldsymbol{x}$ と関数 f のみを引数として持つ汎関数である．式 (3.12) の汎関数微分は，変数点 $\boldsymbol{x}$ における関数値 $f(\boldsymbol{x})$ のみを微小変化させたときの汎関数の変化率を表している．汎関数微分は通常の偏微分を連続無限自由度の場合に拡張したものであるため，ライプニッツ則（積の微分法則）や連鎖律（合成関数の微分法則）など，通常の偏微分に成り立つ法則が適用できることも上の定義から確かめられる．

簡単な例として，次のような積分

$$F[f] = \int d^n y\, G(\boldsymbol{y}) f(\boldsymbol{y}) \tag{3.13}$$

で表される汎関数を考える．ただし $G(\boldsymbol{x})$ は固定された関数とする．これを $f(\boldsymbol{x})$ で汎関数微分すると，定義式 (3.12) から直接計算することにより

$$\frac{\delta F[f]}{\delta f(\boldsymbol{x})} = \int d^n y\, G(\boldsymbol{y}) \delta_D^n(\boldsymbol{x} - \boldsymbol{y}) = G(\boldsymbol{x}) \tag{3.14}$$

となる．関数の微分を含む汎関数の例として

$$F[f] = \int d^n y\, G(\boldsymbol{y}) \frac{\partial f(\boldsymbol{y})}{\partial y_i} \tag{3.15}$$

を考えると，汎関数微分の定義から計算することにより，

$$\frac{\delta F[f]}{\delta f(\boldsymbol{x})} = \int d^n y\, G(\boldsymbol{y}) \frac{\partial}{\partial y_i} \delta_D^n(\boldsymbol{x} - \boldsymbol{y}) = -\frac{\partial G(\boldsymbol{x})}{\partial x_i} \tag{3.16}$$

となる．

また，点 x' での関数値だけを返す特別な汎関数 $F[f] = f(x')$ を考えると，これは式 (3.13) において $G(y) = \delta^n(y - x')$ としたもので与えられるから，式 (3.14) により

$$\frac{\delta f(x')}{\delta f(x)} = \delta_{\mathrm{D}}^n(x - x') \tag{3.17}$$

が得られる．この公式は有用である．たとえば式 (3.14), (3.16) は，定義に戻って計算しなくとも上の公式からただちに得られる．より複雑な汎関数の微分も，ライプニッツ則と連鎖律，および公式 (3.17) を組み合わせることで計算できる．

作用積分 (3.3) は場 φ_A の汎関数である．オイラー–ラグランジュ方程式 (3.9) を汎関数微分を用いて表すと

$$\frac{\delta S}{\delta \varphi_A} = 0 \tag{3.18}$$

という簡潔な表現になる．これはもちろん，作用積分が停留値となる条件と同値である．

3.1.3 ネーターの定理

一般の物理的な系において，時間的に保存される一定量が存在することは，その系の対称性と密接に結びついている．解析力学でよく知られているように，エネルギー保存則は時間並進対称性と結びついているし，運動量保存則は空間並進対称性に，角運動量保存則は回転対称性に，それぞれ結びついている．これらの対称性が成り立たないとき，対応する保存則も成り立たない．保存則と対称性の一般的な関係は，ネーターの定理 (Noether's theorem) によって表される．この定理によれば，作用積分で表すことのできる系に連続的な対称性があるとき，その系には必ず対応する保存量が存在する[1]．以下にネーターの定理を証明する．

ある系に連続的な対称性があるとは，なにか連続的な自由度を持つ変換操作を行ったときに，その系を支配する運動方程式が変化しないことを意味する．つまり，物理法則がその連続変換について不変となる．連続変換の性質は，微小変換によって調べることができる．座標 x^μ と場の値 $\varphi_A(x)$ を同時に微小変換するとき，その微小な変化を

---

[1] ネーターの定理は作用積分で表されない系には適用できない．たとえば，エネルギーが散逸するような系に連続的対称性が存在しても，そこに対応する保存則があるとは限らない．

$$x^\mu \to \tilde{x}^\mu = x^\mu + \bar{\delta}x^\mu \tag{3.19}$$

$$\varphi_A(x) \to \tilde{\varphi}_A(\tilde{x}) = \varphi_A(x) + \bar{\delta}\varphi_A(x) \tag{3.20}$$

と表す．この変換のもとで運動方程式の形が不変に保たれるには，作用積分そのものが不変になるか，もしくは作用積分の変化が表面項だけで与えられる場合に限られる．すなわち，作用積分の微小変化が

$$\bar{\delta}S = \int_V d^4x\, \partial_\mu \left(\sqrt{-g}\, \bar{\delta}\mathscr{L}^\mu \right) \tag{3.21}$$

という形であればよい．ここで V は作用積分の定義される 4 次元時空領域であり，また $\bar{\delta}\mathscr{L}^\mu$ は任意の微小な時空関数である．

変分原理における場の変分 $\delta\varphi_A$ は，式 (3.5) で定義されるように，同じ座標値を持つ点での関数形の変化である．一方，式 (3.20) における微小変化 $\bar{\delta}\varphi_A$ は，物理的に同じ時空点での場の値の変化であり，座標値の異なる点を比べているため，変分とは異なる変化量である．両者の間の関係はテイラー展開により求められ，

$$\bar{\delta}\varphi_A(x) = \tilde{\varphi}_A(\tilde{x}) - \varphi_A(x) = \tilde{\varphi}_A\left(x + \bar{\delta}x\right) - \varphi_A(x) = \delta\varphi_A(x) + \varphi_{A,\mu}\bar{\delta}x^\mu \tag{3.22}$$

となる．同様にして，$\sqrt{-g}\mathscr{L}$ を同一の時空点で比べた関数形の変化は，

$$\bar{\delta}(\sqrt{-g}\mathscr{L}) = \delta(\sqrt{-g}\mathscr{L}) + \partial_\mu(\sqrt{-g}\mathscr{L}) \cdot \bar{\delta}x^\mu \tag{3.23}$$

となる．ここでオイラー–ラグランジュ方程式 (3.9) を用いると，右辺第 1 項の変分は

$$\delta(\sqrt{-g}\mathscr{L}) = \frac{\partial\sqrt{-g}\mathscr{L}}{\partial\varphi_A}\delta\varphi_A + \frac{\partial\sqrt{-g}\mathscr{L}}{\partial\varphi_{A,\mu}}\delta\varphi_{A,\mu} = \partial_\mu\left[\frac{\partial\sqrt{-g}\mathscr{L}}{\partial\varphi_{A,\mu}}\delta\varphi_A\right] \tag{3.24}$$

と変形できる．さらに座標変換 (3.19) のヤコビアンは微小量の 1 次近似で $\det(\delta^\nu_\mu + \partial_\mu\bar{\delta}x^\nu) = 1 + \partial_\mu\bar{\delta}x^\mu$ となるから，4 次元体積要素の変換は

$$\bar{\delta}(d^4x) = \left(\partial_\mu\bar{\delta}x^\mu\right)d^4x \tag{3.25}$$

で与えられる．

式 (3.22)–(3.25) を用いることで作用積分の変換を求めると，

$$\begin{aligned}\bar{\delta}S &= \int_V d^4x \left[\left(\partial_\mu\bar{\delta}x^\mu\right)\sqrt{-g}\mathscr{L} + \bar{\delta}(\sqrt{-g}\mathscr{L})\right] \\ &= \int_V d^4x\, \partial_\mu\left[\frac{\partial\sqrt{-g}\mathscr{L}}{\partial\varphi_{A,\mu}}\bar{\delta}\varphi_A + \left(\delta^\mu_\nu\sqrt{-g}\mathscr{L} - \frac{\partial\sqrt{-g}\mathscr{L}}{\partial\varphi_{A,\mu}}\varphi_{A,\nu}\right)\bar{\delta}x^\nu\right]\end{aligned} \tag{3.26}$$

となる．ここで，被積分関数に現れる $\bar{\delta}x^\nu$ の係数に比例する量を

$$\Theta^\mu{}_\nu = -\frac{1}{\sqrt{-g}}\frac{\partial \sqrt{-g}\mathscr{L}}{\partial \varphi_{A,\mu}}\varphi_{A,\nu} + \delta^\mu_\nu \mathscr{L} \tag{3.27}$$

と定義する．この量 $\Theta^\mu{}_\nu$ は，すぐ後の節で明らかになる理由により，場の**正準エネルギー運動量テンソル** (canonical energy-momentum tensor) と呼ばれる．任意の4次元領域 V について，式 (3.26) は式 (3.21) に等しくなるべきだから，それらの被積分関数自体が等しい．すなわち，

$$\frac{\partial}{\partial x^\mu}\left[\frac{\partial \sqrt{-g}\mathscr{L}}{\partial \varphi_{A,\mu}}\bar{\delta}\varphi_A + \sqrt{-g}\Theta^\mu{}_\nu \bar{\delta}x^\nu - \sqrt{-g}\bar{\delta}\mathscr{Z}^\mu\right] = 0 \tag{3.28}$$

が成り立つ．

ここで座標に依存しない有限個の独立な無限小パラメータ ϵ^p ($p = 1, 2, \ldots$) を導入し，いま考えている微小連続変換が

$$\bar{\delta}x^\mu = X^\mu_p(x)\,\epsilon^p \tag{3.29}$$

$$\bar{\delta}\varphi_A(x) = Y_{Ap}(x)\,\epsilon^p \tag{3.30}$$

$$\bar{\delta}\mathscr{Z}^\mu(x) = Z^\mu_p(x)\,\epsilon^p \tag{3.31}$$

と表される場合を考える．ここで X^μ_p, Y_{Ap}, Z^μ_p は微小パラメータ変化に対する各変化量の線形応答を表す行列である．パラメータを区別する添字 p についても，同じ項に添字が繰り返される場合は，その添字に関して和をとるものと約束する．変換パラメータが時空点によらないということは，すべての時空点で同じように場を変換することを意味する．このような変換を**大域的変換** (global transformation) という．

これらの式 (3.29)-(3.31) を式 (3.28) に代入する．微小パラメータが独立であることを考慮すると，各パラメータ ϵ^p の係数がすべてゼロになるべきである．その結果，

$$J^\mu_p \equiv -\frac{1}{\sqrt{-g}}\frac{\partial \sqrt{-g}\mathscr{L}}{\partial \varphi_{A,\mu}}Y_{Ap} - \Theta^\mu{}_\nu X^\nu_p + Z^\mu_p \tag{3.32}$$

とおくと，

$$\partial_\mu\left(\sqrt{-g}\,J^\mu_p\right) = 0 \tag{3.33}$$

が得られる．この式は，有限個のパラメータによる連続対称性に対応する保存則を表している．電磁気学における電荷の保存則は，式 (1.60) で与えられるように，4元電流密度が発散を持たないという性質で表された．一般に曲がった時空における

発散は式 (1.127) で与えられるから，上の式 (3.33) は

$$\nabla_\mu J_p^\mu = 0 \tag{3.34}$$

と同じである．すなわち曲がった時空における4元ベクトルの保存則を表している．このような発散ゼロの4元ベクトル場のことを**保存カレント** (conserved current) という．ここで定義した J_p^μ をとくに**ネーター・カレント** (Noether current) という．

次に，大域的とは限らない一般的な変換を考える．この場合の無限小変換は，座標に依存する有限個の無限小関数 $\epsilon^p(x)$ $(p = 1, 2, \cdots)$ により表される．このような時空点ごとに異なる変換を**局所的変換** (local transformation) という．ここでは簡単のため，場の変換が関数 ϵ^p とその1次の微係数にのみ依存する場合を考える．つまり

$$\bar{\delta} x^\mu = X_p^\mu(x)\, \epsilon^p(x) \tag{3.35}$$

$$\bar{\delta}\varphi_A(x) = Y_{Ap}(x)\, \epsilon^p(x) + Y_{Ap}^\mu(x)\, \epsilon^p_{,\mu}(x) \tag{3.36}$$

$$\bar{\delta}\mathscr{L}^\mu(x) = Z_p^\mu(x)\, \epsilon^p(x) + Z_p^{\mu\nu}(x)\, \epsilon^p_{,\nu}(x) \tag{3.37}$$

という形で表される場合を考える．関数 ϵ^p が定数になる特別の場合は，上で考えた大域的変換の場合に帰着する．

式 (3.35)–(3.37) を式 (3.28) に代入すると

$$\partial_\mu \left[\sqrt{-g} \left(J_p^\mu \epsilon^p + K_p^{\mu\nu} \epsilon^p_{,\nu} \right) \right] = 0 \tag{3.38}$$

が得られる．ただし J_p^μ は式 (3.32) で与えられ，また

$$K_p^{\mu\nu} \equiv -\frac{1}{\sqrt{-g}} \frac{\partial \sqrt{-g}\mathscr{L}}{\partial \varphi_{A,\mu}} Y_{Ap}^\nu + Z_p^{\mu\nu} \tag{3.39}$$

と定義した．式 (3.38) の座標微分 ∂_μ を各項に作用させた式を考える．このとき ϵ^p は任意関数であるから，ϵ^p, $\epsilon^p_{,\mu}$, $\epsilon^p_{,\mu\nu}$ の係数はすべて消える必要がある．2階微分 $\epsilon^p_{,\mu\nu}$ が微分の添字について対称であることを考慮すると，その条件は

$$\partial_\mu \left(\sqrt{-g} J_p^\mu \right) = 0 \tag{3.40}$$

$$J_p^\mu + \frac{1}{\sqrt{-g}} \partial_\nu \left(\sqrt{-g} K_p^{\nu\mu} \right) = 0 \tag{3.41}$$

$$K_p^{\mu\nu} + K_p^{\nu\mu} = 0 \tag{3.42}$$

である．

式 (3.40) は式 (3.33) と同じ形をしている．つまり，局所的変換の場合にも J_p^μ が保存カレントを与えている．この最初の式 (3.40) は，後ろ 2 つの式 (3.41), (3.42) から導くこともできる．式 (3.42) は $K_p^{\mu\nu}$ が座標添字について反対称であることを意味している．すなわち $K_p^{\mu\nu} = K_p^{[\mu\nu]}$ が成り立つ．このことと式 (3.41) により，局所的変換の対称性に関するネーター・カレントは

$$J_p^\mu = \frac{1}{\sqrt{-g}} \partial_\nu \left(\sqrt{-g} K_p^{[\mu\nu]} \right) \tag{3.43}$$

で与えられる．

ネーター・カレント J_p^μ は保存則の式 (3.33), (3.40) を満たす保存カレントである．だが，保存カレントのとり方には不定性がある．実際，任意の反対称テンソル $f_p^{[\mu\nu]}$ を用いて

$$J_p^\mu + \frac{1}{\sqrt{-g}} \partial_\nu \left(\sqrt{-g} f_p^{[\mu\nu]} \right) \tag{3.44}$$

という量を作ると，これも J_p^μ と同様の保存則を満たす．逆に，この不定性を用いることで，ネーター・カレントから作られる保存カレントに望ましい性質を持たせることができる．

3.1.4 保存カレントと保存量

一般に保存カレントが存在すれば，それは保存量の存在を意味する．任意に固定された座標系において，その座標系の時間一定面上に定義される次の積分

$$Q_p = \int d^3x \sqrt{-g} J_p^0 \tag{3.45}$$

が保存量になる．実際，式 (3.33) を用いると

$$\frac{dQ_p}{dt} = \int d^3x \frac{\partial}{\partial x^0} \left(\sqrt{-g} J_p^0 \right) = -\int d^3x \frac{\partial}{\partial x^i} \left(\sqrt{-g} J_p^i \right) = (空間的表面積分) \tag{3.46}$$

が得られ，空間境界でカレントの空間成分がゼロであれば $dQ_p/dt = 0$，すなわち Q_p が時間的に一定の保存量となる．境界上でカレントが消えないとき，表面積分は境界を通過する流れ出しや流れ込みを与えている．

上のことは，もう少し正確にガウスの定理の式 (1.188) から導くこともできる．保存カレント J_p^μ に対してこのガウスの定理を適用すると，

$$\int_{\partial V} J_p^\mu d\Sigma_\mu = 0 \tag{3.47}$$

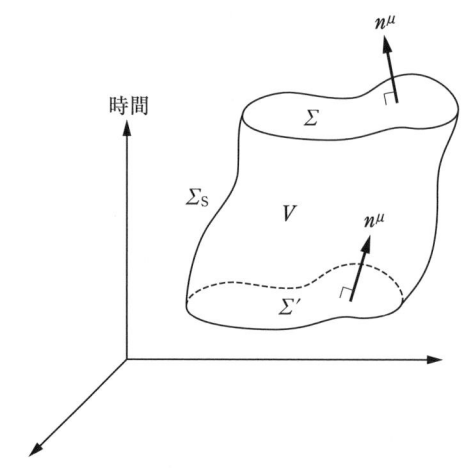

図 3.1 2つの空間的超平面 Σ, Σ' と，3次元的に閉じた時間的超平面 Σ_S に囲まれた4次元体積 V．

が成り立つ[*2]．ここで，2つの交わらない空間的超平面 Σ, Σ' と，3次元的に閉じた時間的な超平面 Σ_S に囲まれた4次元体積 V を考える（図3.1）．ただし Σ は Σ' よりも未来側にあるものとする．時間的な超平面 Σ_S は，3次元空間の境界に対する時間ごとの位置を表している．空間境界を表す超平面 Σ_S 上で，カレントの流れ出しや流れ込みがない場合を想定すれば，この超平面の寄与は式 (3.47) の積分において落としてよい．すると，式 (3.47) は

$$\int_\Sigma J_p^\mu \, d\Sigma_\mu + \int_{\Sigma'} J_p^\mu \, d\Sigma_\mu = 0 \tag{3.48}$$

と表される．

空間的超平面 Σ, Σ' の各点上において，これらの面に垂直で未来を向いた時間的単位ベクトルを n^μ と定義する．このベクトルの規格化は $n^\mu n_\mu = -1$ で与えられる．式 (1.172) で定義される3次元体積要素の双対ベクトル $d\Sigma_\mu$ は，その絶対値が3次元体積要素の体積 $d\Sigma$ に等しく，向きは3次元体積要素に垂直であったから，$d\Sigma_\mu = \pm n_\mu d\Sigma$ と表すことができる．式 (3.47) において，3次元表面 ∂V における $d\Sigma_\mu$ の向きづけを4次元体積 V の外向きにとれば，Σ 上では $n^\mu d\Sigma_\mu = d\Sigma$ となるため，符号を含めて $d\Sigma_\mu = -n_\mu d\Sigma$ となる．逆に Σ' 上では $d\Sigma_\mu = n_\mu d\Sigma$ となる．し

[*2] 添字 p が座標の添字を持っていたとしても，この式は正しい．ガウスの定理自体は，必ずしもベクトルの変換性を持たない4つの数の組について成り立つ一般的なものであることに注意する．

たがって，式 (3.48) は関係式

$$\int_{\Sigma} \left(-n_\mu J_p^\mu\right) d\Sigma = \int_{\Sigma'} \left(-n_\mu J_p^\mu\right) d\Sigma \tag{3.49}$$

と等価である．この式は任意に選んだ 2 つの空間的超平面 Σ, Σ' について成り立つので，両辺の積分はどのような超平面においても一定となる．すなわち，任意の空間的超平面 Σ について，その空間的境界にカレントの流れ出しや流れ込みがない場合，

$$Q_p = \int_{\Sigma} J_p^\mu d\Sigma_\mu = \int_{\Sigma} \left(-n_\mu J_p^\mu\right) d\Sigma \tag{3.50}$$

は保存量になる．

特別な場合として，空間的超平面 Σ をある座標系での時間一定面にとれば，式 (1.179) により $d\Sigma_\mu = \delta_\mu^0 \sqrt{-g} d^3 x$ となる．このときに上の式は式 (3.45) に一致する．

3.1.5 正準エネルギー運動量テンソル

ラグランジアン密度が陽に時空へ依存しない場合，時空座標の並進変換

$$x^\mu \to \tilde{x}^\mu = x^\mu + \epsilon^\mu \tag{3.51}$$

についてラグランジアン密度が不変に保たれる．ここで ϵ^μ は座標値 x には無関係な無限小パラメータである．場の量にとってこの変換は座標の付け変えにすぎず，式 (3.51) の変換のもとで

$$\tilde{\varphi}_A(\tilde{x}) = \varphi_A(x) \tag{3.52}$$

となる．この変換は，ネーターの定理における大域的変換に関する式 (3.29)-(3.31) において，

$$p \to \nu, \quad X_p^\mu \to \delta_\nu^\mu, \quad Y_{Ap} \to 0, \quad Z_p^\mu \to 0 \tag{3.53}$$

と対応させたものになっている．したがって式 (3.32) のネーター・カレントは

$$J_\nu^\mu = -\Theta^\mu{}_\nu = \frac{1}{\sqrt{-g}} \frac{\partial \sqrt{-g}\mathscr{L}}{\partial \varphi_{A,\mu}} \varphi_{A,\nu} - \delta_\nu^\mu \mathscr{L} \tag{3.54}$$

となり，場の正準エネルギー運動量テンソルの符号を逆にしたものに等しい．つまり，正準エネルギー運動量テンソル $\Theta^\mu{}_\nu$ は，並進対称性に対応するネーター・カレントだったのである．このとき保存量の式 (3.45) を逆符号にしたものは

$$P_\mu = \int d^3x \sqrt{-g}\, \Theta^0{}_\mu = -\int d^3x\, \frac{\partial \sqrt{-g}\mathscr{L}}{\partial \dot{\varphi}_A} \partial_\mu \varphi_A + \delta^0_\mu L \tag{3.55}$$

となる.ここで $\dot{\varphi}_A = \partial \varphi_A/\partial t$ であり,L は全ラグランジアンである.後述するように,この保存量 P_μ は系の全 4 元運動量に対応する.ここで $\mu = 0$ は時間並進対称性に,$\mu = i$ は空間並進対称性にそれぞれ対応するから,時間の一様性がエネルギー保存を導き,空間の一様性が運動量保存を導くことがわかる.

正準エネルギー運動量テンソルは一般に対称テンソルとは限らない.式 (3.44) で述べたネーター・カレントの不定性を用いれば,正準エネルギー運動量テンソルを用いて,保存則を満たしながらも対称になるテンソルを構成することができる.

3.1.6 4 次元角運動量テンソル密度

作用積分がローレンツ変換について不変な場合を考える.無限小ローレンツ変換は式 (1.15) に与えられ,6 つの自由度を持つ 4×4 反対称行列 $\epsilon^{\mu\nu}$ が変換のパラメータになる.ここで $\epsilon^\mu{}_\nu = \epsilon^{\mu\lambda}\eta_{\lambda\nu}$ と定義すれば,座標変換は

$$x^\mu \to \tilde{x}^\mu = x^\mu + \epsilon^\mu{}_\nu x^\nu \tag{3.56}$$

と表される.場の無限小変換を,変換パラメータである $\epsilon^{\mu\nu}$ で展開することにより,一般に

$$\varphi_A(x) \to \tilde{\varphi}_A(\tilde{x}) = \varphi_A(x) + \frac{i}{2}\epsilon^{\mu\nu}(S_{\mu\nu})_A{}^B \varphi_B \tag{3.57}$$

と表すことができる.ここで係数 $(S_{\mu\nu})_A{}^B$ はローレンツ変換での場の変換性を指定する係数であり,添字 $\mu\nu$ について反対称である.その具体的な形は場の種類によって異なり,次節でくわしく調べる.

式 (3.57) の変換は,ネーターの定理における大域的変換に関する式 (3.29)-(3.31) において,変換の無限小パラメータを $\epsilon^{\alpha\beta}$ として

$$p \to [\alpha\beta], \quad X^\mu_p \to \delta^\mu_{[\alpha} x_{\beta]}, \quad Y_{Ap} \to \frac{i}{2}(S_{\alpha\beta})_A{}^B \varphi_B, \quad Z^\mu_p \to 0 \tag{3.58}$$

と対応する.ここで

$$\delta^\mu_{[\alpha} x_{\beta]} = \frac{1}{2}\left(\delta^\mu_\alpha x_\beta - \delta^\mu_\beta x_\alpha\right) \tag{3.59}$$

である.すると式 (3.32) のネーター・カレントは

$$J^\mu_{\alpha\beta} = \frac{1}{2}\left[\frac{-i}{\sqrt{-g}}\frac{\partial \sqrt{-g}\mathscr{L}}{\partial \varphi_{A,\mu}}(S_{\alpha\beta})_A{}^B \varphi_B + x_\alpha \Theta^\mu{}_\beta - x_\beta \Theta^\mu{}_\alpha\right] \equiv \frac{1}{2}\mathscr{M}^\mu_{\alpha\beta} \tag{3.60}$$

となる．この量は $\alpha\beta$ について反対称である．

この保存カレント $\mathscr{M}^\mu_{\alpha\beta}$ から作られる保存量

$$M_{\alpha\beta} = \int d^3x \sqrt{-g}\, \mathscr{M}^0_{\alpha\beta} \tag{3.61}$$

は3次元角運動量の拡張になっている．いま α, β が空間成分 i, j であるとき，上の保存量は

$$M_{ij} = \int d^3x \sqrt{-g} \left[\frac{-i}{\sqrt{-g}} \frac{\partial \sqrt{-g}\mathscr{L}}{\partial \dot\varphi_A} (S_{ij})_A{}^B \varphi_B + x_i \Theta^0{}_j - x_j \Theta^0{}_i \right] \tag{3.62}$$

となる．ここで $\Theta^0{}_i$ は運動量の密度に対応するので，上式の最後の2項は軌道角運動量に対応している．たとえば，M_{12} は軌道角運動量の z 成分に等しい．軌道角運動量だけでは保存せず，場のローレンツ変換性による非自明な寄与である第1項を加えてはじめて保存している．この項は**スピン角運動量** (spin angular momentum) と呼ばれる量である．

3.1.7 場の正準形式

ここまでのラグランジアン形式から，ハミルトニアンを用いた正準形式へ移行することを考える．この移行は質点系の場合と同じようにできるが，場は無限大の自由度を持つというところが異なる．場 φ_A の各空間点での値が一般化座標となり，連続無限大の自由度を持つ．その共役運動量は，ラグランジアンの汎関数微分を用いて

$$\pi^A(x) = \frac{\delta L}{\delta \dot\varphi_A(x)} = \frac{\partial(\sqrt{-g}\mathscr{L})}{\partial \dot\varphi_A}(x) \tag{3.63}$$

で導入される．ここで $\dot\varphi_A = \partial_0 \varphi_A$ は時間微分である．これらの量 $\pi^A(x)$ と $\varphi_A(x)$ が，空間座標 x^i をラベルとして持つ無限個の正準変数となる．式 (3.63) を $\dot\varphi_A$ について解き，π^A, φ_A, および $\varphi_{A,i} = \partial_i \varphi_A$ の関数として表すことにより，ハミルトニアン

$$H = \int d^3x\, \pi^A(x) \dot\varphi_A \left[\pi^A(x), \varphi_A(x), \varphi_{A,i}(x)\right] - L \tag{3.64}$$

を定義する．ハミルトニアンは正準変数 φ_A, π_A の汎関数である．また，ハミルトニアンは時間に陽に依存してもかまわない．上式を式 (3.55) と比較すると，P_0 を正準変数で書き表したとき

$$H = -P_0 \tag{3.65}$$

が成り立つ．つまりハミルトニアンは場のエネルギーに対応する．ここでハミルトニアン密度 $\mathscr{H}(x)$ を

$$H = \int d^3x \sqrt{-g}\,\mathscr{H}(x) \tag{3.66}$$

により導入すると，

$$\mathscr{H}(x) = \frac{1}{\sqrt{-g}}\pi^A(x)\dot{\varphi}_A\left[\pi^A(x), \varphi_A(x), \varphi_{A,i}(x)\right] - \mathscr{L}(x) \tag{3.67}$$

である．ここで右辺は式 (3.63) を使って $\pi^A(x)$, $\varphi_A(x)$, $\varphi_{A,i}(x)$ の関数として表されている．このことに注意して，オイラー–ラグランジュの方程式 (3.8) と式 (3.63) を用いると，正準方程式

$$\frac{\partial \pi^A}{\partial t} = -\frac{\delta H}{\delta \varphi_A} = -\frac{\partial(\sqrt{-g}\mathscr{H})}{\partial \varphi_A} + \partial_i\left[\frac{\partial(\sqrt{-g}\mathscr{H})}{\partial \varphi_{A,i}}\right] \tag{3.68}$$

$$\frac{\partial \varphi_A}{\partial t} = \frac{\delta H}{\delta \pi^A} = \frac{\partial(\sqrt{-g}\mathscr{H})}{\partial \pi^A} \tag{3.69}$$

が導かれる．

ここで正準変数 $\pi^A(x)$, $\varphi_A(x)$ の任意の汎関数 $F[\pi^A, \varphi_A]$ を考える．ただし，以下では引数から省略するが，汎関数自体も座標へ陽に依存してよい．正準方程式により，この汎関数の時間微分は

$$\frac{\partial F}{\partial t} = \int d^3x\left[\frac{\delta F}{\delta \varphi_A(\boldsymbol{x},t)}\frac{\delta H}{\delta \pi^A(\boldsymbol{x},t)} - \frac{\delta F}{\delta \pi^A(\boldsymbol{x},t)}\frac{\delta H}{\delta \varphi_A(\boldsymbol{x},t)}\right] \tag{3.70}$$

となる．2つの汎関数 F_1, F_2 があるとき，時間 t におけるポアソン括弧を

$$\{F_1, F_2\}_\mathrm{P} = \int d^3x\left[\frac{\delta F_1}{\delta \varphi_A(\boldsymbol{x},t)}\frac{\delta F_2}{\delta \pi^A(\boldsymbol{x},t)} - \frac{\delta F_1}{\delta \pi^A(\boldsymbol{x},t)}\frac{\delta F_2}{\delta \varphi_A(\boldsymbol{x},t)}\right] \tag{3.71}$$

で定義する．このとき，

$$\{\varphi_A(\boldsymbol{x},t), \varphi_B(\boldsymbol{y},t)\}_\mathrm{P} = \left\{\pi^A(\boldsymbol{x},t), \pi^B(\boldsymbol{y},t)\right\}_\mathrm{P} = 0 \tag{3.72}$$

$$\left\{\varphi_A(\boldsymbol{x},t), \pi^B(\boldsymbol{y},t)\right\}_\mathrm{P} = \delta_A^B \delta_\mathrm{D}^3(\boldsymbol{x}-\boldsymbol{y}) \tag{3.73}$$

となる．また正準方程式 (3.68), (3.69) は

$$\frac{\partial \pi^A}{\partial t} = \left\{\pi^A, H\right\}_\mathrm{P}, \qquad \frac{\partial \varphi_A}{\partial t} = \{\varphi_A, H\}_\mathrm{P} \tag{3.74}$$

と表される．同様に式 (3.70) は

$$\frac{\partial F}{\partial t} = \{F, H\}_\mathrm{P} \tag{3.75}$$

となる．

正準エネルギー運動量テンソルから作られる保存量 P_μ は式 (3.55) で与えられ，その時間成分は式 (3.65) によりハミルトニアンで与えられる．すると式 (3.75) は

$$\frac{\partial F}{\partial t} = \{P_0, F\}_\mathrm{P} \tag{3.76}$$

と表される．相対論的な観点から，この式の一般化である

$$\frac{\partial F}{\partial x^\mu} = \{P_\mu, F\}_\mathrm{P} \tag{3.77}$$

が成り立つ．実際，P_μ の空間成分

$$P_i = -\int d^3x\, \pi^A(x) \varphi_{A,i}(x) \tag{3.78}$$

によりポアソン括弧を直接計算すれば，式 (3.77) の空間成分が示される．この汎関数 F として正準変数そのものをとると，

$$\frac{\partial \pi^A}{\partial x^\mu} = \{P_\mu, \pi^A\}_\mathrm{P}, \qquad \frac{\partial \varphi_A}{\partial x^\mu} = \{P_\mu, \varphi_A\}_\mathrm{P} \tag{3.79}$$

となる．ここで座標微分 $\partial/\partial x^\mu$ は並進変換の生成子であることに着目しよう．並進対称性に関する保存量の 4 元運動量とのポアソン括弧から，並進変換の生成子が出てきた．このような性質は一般的なものである．ある連続変換の対称性に関する保存量は，ポアソン括弧を通じてもとの変換の生成子になる．

3.2 平坦時空における場の種類

相対論的な共変性は，場の性質を強く制限する．一般に曲がった時空上における場は，局所慣性系に張った平坦時空上の場として与えられる．そこで，ここでは平坦時空を考えて，その上で相対論的な共変性を満たす場がどういうものかを調べる．

3.2.1 ローレンツ群

ローレンツ変換を 2 回続けて行ったものもローレンツ変換であるから，それは 1 回のローレンツ変換で表すことができる．このことはローレンツ変換が**群** (group) になっていることを意味する．

ある集合 G が群であるとは，次の性質を満たすことをいう：

- 集合 G に含まれる任意の 2 つの要素 g_1, g_2 の間に積 $g_1 g_2$ が定義され，その積もまた G に属する．

- 積は結合則 $(g_1 g_2)g_3 = g_1(g_2 g_3)$ を満たす．

- G の要素の中に $Ig = g$ を満たすような単位元 I が存在し，また G の任意の要素 g に対して $gg^{-1} = I$ となるような逆元 g^{-1} が存在する．

2 つのローレンツ変換を連続して行うことを積とみなせば，ローレンツ変換の全体はまさに上の性質をすべて満たす．ここで単位元は何も変換しない恒等変換に対応する．ローレンツ変換の作る群を**ローレンツ群** (Lorentz group) という．ローレンツ群はミンコフスキー空間における回転群であることから，記号 SO(3,1) で表される．

　ローレンツ変換は，座標変換を表す式 (1.4) によって 4×4 行列 $\Lambda^\mu{}_\nu$ で表すことができる．この行列の集合はローレンツ変換と同様に群をなしている．このときの群の積は，行列の積に対応する．だが，この行列の集合だけがローレンツ変換を表すものではない．ベクトル量はこの行列 1 つで変換されるが，テンソル量については複数の行列により変換される．ローレンツ群を具体的な行列 $\Lambda^\mu{}_\nu$ で表すのと同様に，一般に群を具体的な線形作用素によって表すことを**群の表現** (group representation) という．一般に群 G の要素ごとに対応する線形作用素 D があり，任意に選んだ 2 つの要素 g_1, g_2 に対して $D(g_1 g_2) = D(g_1)D(g_2)$ が成り立つとき，その線形作用素 D のことを群 G の表現であるという．ある群に対する表現は一通りではない．とくにすべての要素 g を単位写像に対応させる $D(g) = 1$ も 1 つの表現であり，これは**自明な表現** (trivial representation) と呼ばれる．群の特定の表現が作用する空間を，その群の**表現空間** (representation space) という．ローレンツ群を行列 $\Lambda^\mu{}_\nu$ で表現した場合，その表現空間はベクトル空間である．

　ある群に対して 2 つの表現を考える．その 2 つの表現は同じものでもよいし，異なるものでもよい．2 つの表現空間の要素を合わせたものは，別の表現の表現空間となる．これを表現空間の**テンソル積** (tensor product) という．テンソル積を表現空間として持つ新たな表現は，もとの表現の**直積表現** (representation of direct product) と呼ばれる．例として，ローレンツ群の 4 次元表現 ($\Lambda^\mu{}_\nu$) における表現空間の要素は 4 元ベクトル (A^μ) であるが，2 つのベクトルのテンソル積は成分の単なる積 $A^\mu A^\nu$ で定義される．これは 2 階テンソルであって $A^\mu A^\nu \rightarrow \Lambda^\mu{}_\alpha \Lambda^\nu{}_\beta A^\alpha A^\beta$ と変換する．ここで $A^\mu A^\nu$ の添字の組を順番に配列して，$(A^0 A^0, A^0 A^1, \ldots, A^3 A^3)$ と

いう 16 要素の組を作ると，これを表現空間とする 16 次元表現ができ，その行列要素は $\Lambda^\mu{}_\alpha \Lambda^\nu{}_\beta$ を1つずつ 16×16 正方行列に配置したものである．これがローレンツ変換の直積表現の例である．

表現に対する表現空間の基底を選ぶことにより，表現行列をブロック対角化できる場合がある．このときには各ブロック行列自体が1つの表現になり，個々の表現空間は混ざらずに分離する．つまり元の表現は独立ないくつかの表現の単なる寄せ集めになっている．このときもとの表現は**可約表現** (reducible representation) であるという．これに対して，表現空間の基底をどのように選ぼうとも，表現行列をブロック対角化できない場合もある．そのような表現は**既約表現** (irreducible representation) であるという．既約表現では，どの表現行列とも可換になる行列は単位行列のみである（シューアの補題）．

3.2.2 ローレンツ群の表現

ローレンツ群の要素を Λ とし，これに対応する座標値の変換を

$$\Lambda : x^\mu \to \tilde{x}^\mu = \Lambda^\mu{}_\nu x^\nu \tag{3.80}$$

とする．つまり Λ の4次元表現行列を $\Lambda^\mu{}_\nu$ とする．ここで，N 成分を持つ場 $\varphi_A(x)$ $(A = 1, \ldots, N)$ を考える．ローレンツ変換 Λ によって各成分が線形性を満たしながら混ざり合うとすれば，

$$\tilde{\varphi}_A(\tilde{x}) = [D(\Lambda)]_A{}^B \varphi_B(x) \tag{3.81}$$

と表すことができる．ここで $D(\Lambda)$ はローレンツ変換 Λ ごとに決まる場の線形変換行列を表し，$[D(\Lambda)]_A{}^B$ はその行列要素である．

2つのローレンツ変換 Λ_1, Λ_2 をこの順番で連続して行う場合，合成されたローレンツ変換をローレンツ群の積 $\Lambda_2 \Lambda_1$ に対応させる．ここで，ローレンツ群の積では右に配置したものを先に行うローレンツ変換に対応させていることに注意する．この連続した変換のもとで，場の変換行列は $D(\Lambda_2 \Lambda_1) = D(\Lambda_2) D(\Lambda_1)$ を満たしている．この関係は，変換行列 $D(\Lambda)$ がローレンツ群の1つの表現となっていることを意味する．このとき場 φ_A はその表現の表現空間である．したがって，ローレンツ群の表現ごとに変換式 (3.81) にしたがう異なる種類の場がある．相対性理論と両立する場の種類を探すには，ローレンツ群の可能な表現の種類を考えればよい．場のノルムが定義できて，それがローレンツ変換に対して不変になるためには，表現行列 $D(\Lambda)$ がユニタリ行列であればよい．すなわち $D^\dagger = D^{-1}$ を満たすようなユ

ニタリ作用素 D による表現がそのような場を規定する．ただし，ダガー (†) はエルミート共役を表す．

特殊相対性理論と両立するためには，少なくとも本義ローレンツ変換に対する対称性を満たせばよい．したがって本義ローレンツ群の表現を求めることで場の種類が規定される．そこでまず，単位元近傍の無限小ローレンツ変換を考える．この場合，ベクトルに対する変換行列は，式 (1.15) から

$$\Lambda^\mu{}_\nu = \delta^\mu_\nu + \epsilon^\mu{}_\nu \tag{3.82}$$

である．ただし，$\epsilon^\mu{}_\nu = \epsilon^{\mu\lambda}\eta_{\lambda\nu}$ は無限小反対称テンソル $\epsilon^{\mu\nu}$ から作られる無限小パラメータで，6つの独立な自由度を持つ．この無限小ローレンツ変換に対する任意の表現 $D(\Lambda)$ は，単位写像 $\mathbb{1}$ に $\epsilon^{\mu\nu}$ の線形項を加えた

$$D(\Lambda) = \mathbb{1} + \frac{i}{2}\epsilon^{\mu\nu}S_{\mu\nu} \tag{3.83}$$

という形で一般に表される．ただし $S_{\mu\nu}$ は Λ には依存しない線形演算子で，その添字について反対称 $S_{\nu\mu} = -S_{\mu\nu}$ である．ローレンツ変換 Λ の逆変換 Λ^{-1} に対応する $D(\Lambda^{-1}) = D^{-1}(\Lambda)$ は式 (3.83) の右辺第 2 項のプラス符号をマイナス符号に置き換えれば得られる．この表現 D がユニタリ演算子になるためには，$S_{\mu\nu}$ がエルミート演算子，すなわち $S_{\mu\nu}{}^\dagger = S_{\mu\nu}$ を満たす演算子であればよい．ローレンツ群の 4 次元表現では表現行列 D が式 (3.82) に等しく，この特別の場合には $S_{\mu\nu}$ の行列要素が

$$(S_{\mu\nu})^\alpha{}_\beta = -i\left(\delta^\alpha_\mu \eta_{\nu\beta} - \delta^\alpha_\nu \eta_{\mu\beta}\right) \tag{3.84}$$

で与えられる．

いま 2 つの無限小ローレンツ変換 Λ_1, Λ_2 を考え，その無限小パラメータをそれぞれ $\epsilon_1{}^{\mu\nu}, \epsilon_2{}^{\mu\nu}$ とする．ここで合成変換 $\Lambda_2\Lambda_1\Lambda_2{}^{-1}$ に対する 4 次元ベクトルの変換行列を式 (3.82) から求めると，

$$\left(\Lambda_2\Lambda_1\Lambda_2{}^{-1}\right)^\mu{}_\nu = \delta^\mu_\nu + \epsilon_1{}^\mu{}_\nu - \epsilon_1{}^\mu{}_\rho \epsilon_2{}^\rho{}_\nu + \epsilon_2{}^\mu{}_\rho \epsilon_1{}^\rho{}_\nu \tag{3.85}$$

となる．したがってこの無限小変換の一般的な表現は

$$D\left(\Lambda_2\Lambda_1\Lambda_2{}^{-1}\right) = \mathbb{1} + \frac{i}{2}\left[\epsilon_1{}^{\mu\nu} - \eta_{\rho\sigma}\left(\epsilon_1{}^{\mu\rho}\epsilon_2{}^{\sigma\nu} - \epsilon_1{}^{\nu\rho}\epsilon_2{}^{\sigma\mu}\right)\right]S_{\mu\nu} \tag{3.86}$$

となる．一方，式 (3.83) を用いると，

$$D(\Lambda_2)D(\Lambda_1)D^{-1}(\Lambda_2) = \mathbb{1} + \frac{i}{2}\epsilon_1^{\mu\nu}S_{\mu\nu} + \frac{1}{4}\epsilon_1^{\mu\nu}\epsilon_2^{\rho\sigma}\left(S_{\mu\nu}S_{\rho\sigma} - S_{\rho\sigma}S_{\mu\nu}\right) \quad (3.87)$$

となる．任意の反対称パラメータ $\epsilon_1^{\mu\nu}$, $\epsilon_2^{\mu\nu}$ に対して，式 (3.86) と式 (3.87) は等しい．この条件から演算子 $S_{\mu\nu}$ に対して

$$[S_{\mu\nu}, S_{\rho\sigma}] = -i\left(\eta_{\nu\rho}S_{\mu\sigma} - \eta_{\mu\rho}S_{\nu\sigma} - \eta_{\nu\sigma}S_{\mu\rho} + \eta_{\mu\sigma}S_{\nu\rho}\right) \quad (3.88)$$

という交換関係が導かれる．この交換関係はローレンツ群の**リー代数** (Lie algebra) と呼ばれるもので，群の積の構造を規定する．ここで $S_{\mu\nu}$ はリー代数の**生成子** (generator) と呼ばれる．ローレンツ群の既約表現を見つけるには，交換関係 (3.88) を満たす生成子の既約表現を見つければよい．

無限小ローレンツ変換の表現 (3.83) における生成子 $S_{\mu\nu}$ が得られれば，そこから次のように有限な本義ローレンツ変換を作ることができる．いま $\epsilon^{\mu\nu}$ を有限な反対称パラメータとすれば，$\epsilon^{\mu\nu}/N$ は $N \to \infty$ の極限で無限小パラメータになる．どのような演算子も自分自身とはつねに交換するから，

$$D(\Lambda) = \lim_{N \to \infty}\left(\mathbb{1} + \frac{i}{2}\frac{\epsilon^{\mu\nu}S_{\mu\nu}}{N}\right)^N = \exp\left(\frac{i}{2}\epsilon^{\mu\nu}S_{\mu\nu}\right) \quad (3.89)$$

が得られる．ここで演算子 X の指数関数は $\exp X = 1 + X + X^2/2! + X^3/3! + \cdots$ で定義される．

まず，3 次元ベクトルとなる次の 2 つの演算子

$$\boldsymbol{M} = (S_{23}, S_{31}, S_{12}), \quad \boldsymbol{N} = (S_{10}, S_{20}, S_{30}) \quad (3.90)$$

を定義する．これらの演算子は，式 (3.88) により交換関係

$$[M_i, M_j] = i\epsilon_{ijk}M_k, \quad [N_i, N_j] = -i\epsilon_{ijk}M_k, \quad [M_i, N_j] = i\epsilon_{ijk}N_k \quad (3.91)$$

を満たす．ただし ϵ_{ijk} は $\epsilon_{123} = 1$ と規格化された 3 次元完全反対称記号である．さらに

$$\boldsymbol{J} = \frac{1}{2}(\boldsymbol{M} + i\boldsymbol{N}), \quad \boldsymbol{K} = \frac{1}{2}(\boldsymbol{M} - i\boldsymbol{N}) \quad (3.92)$$

を定義すると，その間の交換関係は

$$[J_i, J_j] = i\epsilon_{ijk}J_k, \quad [K_i, K_j] = i\epsilon_{ijk}K_k, \quad [J_i, K_j] = 0 \quad (3.93)$$

となる．つまり演算子 J_i と K_i はお互いに可換であって，しかも各々の交換関係

は量子力学で見慣れている角運動量の交換関係と同じである．したがって，これらの表現を求める問題は，2つの独立な角運動量演算子の表現を求める問題に帰着する．角運動量の理論により，演算子 $J_i J_i$ と $K_i K_i$ の固有値をそれぞれ $J(J+1)$, $K(K+1)$ とすれば，J, K はゼロまたは正の整数か半整数となる．これらの数 J, K で特徴づけられる固有状態は，それぞれ $(2J+1), (2K+1)$ 次元既約表現に対する表現空間の基底となる．ここで J_i, K_i は独立な生成子であるから，一般の既約表現はこれらの直積表現により与えられる．こうしてローレンツ群の $(2J+1)(2K+1)$ 次元表現が構成され，ローレンツ群の既約表現がつくされる．この $(2J+1)(2K+1)$ 次元表現をローレンツ群の (J, K) 表現と呼ぶことにする．

無限小ローレンツ変換を式 (1.16) のように無限小空間回転 $\boldsymbol{\theta}$ と無限小ローレンツ・ブースト $\boldsymbol{u}$ のパラメータで表すと，式 (3.83) の表現は

$$D(\Lambda) = \mathbb{1} + i(\boldsymbol{\theta} \cdot \boldsymbol{M} + \boldsymbol{u} \cdot \boldsymbol{N}) = \mathbb{1} + (i\boldsymbol{\theta} + \boldsymbol{u}) \cdot \boldsymbol{J} + (i\boldsymbol{\theta} - \boldsymbol{u}) \cdot \boldsymbol{K} \tag{3.94}$$

と表される．これを式 (3.89) のようにして有限変換にすると

$$D(\Lambda) = \exp(i\boldsymbol{\theta} \cdot \boldsymbol{M} + i\boldsymbol{u} \cdot \boldsymbol{N}) = \exp[(i\boldsymbol{\theta} + \boldsymbol{u}) \cdot \boldsymbol{J} + (i\boldsymbol{\theta} - \boldsymbol{u}) \cdot \boldsymbol{K}] \tag{3.95}$$

となる．

スカラー

ローレンツ群のもっとも簡単な表現は $(0, 0)$ 表現である．これは1次元表現であるため生成子はすべて可換となる．交換関係 (3.93) を満たすリー代数の生成子の表現は $\boldsymbol{J} = \boldsymbol{K} = \boldsymbol{0}$ しかない．つまり群の表現行列が恒等的に 1 となる自明な表現である．1次元表現の表現空間である場は 1 成分場 $\phi(x)$ となる．これがローレンツ群の自明な表現となるのだから，ローレンツ変換は

$$\tilde{\phi}(\tilde{x}) = \phi(x) \tag{3.96}$$

で与えられる．これはスカラー場の満たす変換則に他ならない．つまり，ローレンツ群の $(0, 0)$ 表現に対応する場はスカラー場である．

スピノル

次にローレンツ群の $(0, 1/2)$ 表現を考える．このとき生成子 $\boldsymbol{J}$ は上と同様に自

明な表現 $J = 0$ である．生成子 K に対応する表現は角運動量の 2 次元表現と同値であるから，次のパウリ行列 (Pauli matrices)

$$\sigma_1 = \begin{pmatrix} 0 & 1 \\ 1 & 0 \end{pmatrix}, \quad \sigma_2 = \begin{pmatrix} 0 & -i \\ i & 0 \end{pmatrix}, \quad \sigma_3 = \begin{pmatrix} 1 & 0 \\ 0 & -1 \end{pmatrix} \tag{3.97}$$

を 3 成分とする行列の組 $\boldsymbol{\sigma} = (\sigma_1, \sigma_2, \sigma_3)$ を用いて $\boldsymbol{K} = \boldsymbol{\sigma}/2$ で与えることができる．ここでパウリ行列には以下のような性質がある：

$$\{\sigma_i, \sigma_j\} = \sigma_i \sigma_j + \sigma_j \sigma_i = 2\delta_{ij} I \tag{3.98}$$

$$[\sigma_i, \sigma_j] = \sigma_i \sigma_j - \sigma_j \sigma_i = 2i\epsilon_{ijk} \sigma_k \tag{3.99}$$

$$\sigma_i \sigma_j = i\epsilon_{ijk} \sigma_k + \delta_{ij} I \tag{3.100}$$

ただし $\{A, B\} = AB + BA$ は反交換子を表す記号であり，また I は 2×2 単位行列である．

この表現において式 (3.94) は

$$D(\Lambda) = \mathbb{1} + \frac{1}{2}(i\boldsymbol{\theta} - \boldsymbol{u}) \cdot \boldsymbol{\sigma} \tag{3.101}$$

となる．また，式 (3.95) で与えられる有限変換の表現は，2×2 ユニタリ行列

$$U(\Lambda) = \exp\left[\frac{1}{2}(i\boldsymbol{\theta} - \boldsymbol{u}) \cdot \boldsymbol{\sigma}\right] \tag{3.102}$$

となる．パウリ行列はすべてトレースがゼロであり，行列式の公式 $\det(\exp A) = \exp(\mathrm{Tr} A)$ によって必ず $\det U(\Lambda) = 1$ となる．6 個の実数パラメータ $\boldsymbol{\theta}, \boldsymbol{u}$ を動かすと，この表現行列は行列式が 1 で要素が複素数体 $\mathbb{C}$ 上に値を持つ 2×2 行列の全体を覆っている．このような行列の集合は特殊線形群と呼ばれる群をなし，SL(2,$\mathbb{C}$) という記号で表される．式 (3.102) の表現は群 SL(2,$\mathbb{C}$) の**スピノル表現** (spinor representation) と呼ばれる．その表現空間は複素 2 次元空間の要素 ξ_a $(a = 1, 2)$ となり，これを群 SL(2,$\mathbb{C}$) の **2 スピノル**と呼ぶ．すなわち，ローレンツ群の $(0, 1/2)$ 表現は群 SL(2,$\mathbb{C}$) のスピノル表現に等しい．したがって，ローレンツ群の $(0, 1/2)$ 表現に対応する場は，**2 スピノル**となる 2 成分の場 $\xi_a(x)$ であり，そのローレンツ変換は

$$\tilde{\xi}_a(\tilde{x}) = [U(\Lambda)]_a{}^b \xi_b(x) \tag{3.103}$$

で与えられる．

注意するべきこととして，ローレンツ群の元と SL(2,$\mathbb{C}$) の元の対応は一対一で

ない．空間をある方向に 2π 回転させる操作は，ローレンツ群では何もしない単位元に等価である．しかし，群 SL(2,$\mathbb{C}$) の元である式 (3.102) に，空間の 2π 回転に対応するパラメータ値を適用すると，全体の符号が反転する．このことは，たとえば $\theta_1 = \theta_2 = 0, \theta_3 = 2\pi$ を式 (3.102) に代入して $\sigma_3^2 = 1$ に注意すれば容易に見てとれる．したがって単位元にまで戻すには 4π 回転しなければならない．すなわち，スピノル表現はローレンツ群の 2 価表現になっている．

次にローレンツ群の (1/2,0) 表現を考える．これは上に説明した 2 スピノルをもとにすることで，以下のように構成できる．まず 2 スピノル ξ_a の複素共役 ξ_a^* と同じ変換をする量 $\eta_{\dot{a}}$ ($\dot{a} = 1,2$) を考え，これを 2^* スピノルと呼ぶ．点の付いた添字 $\dot{a}$ によって 2 スピノルの添字とは区別する．この 2^* スピノルのローレンツ変換は，2 スピノルのローレンツ変換に対して複素共役をとった関係により，

$$\tilde{\eta}_{\dot{a}}(\tilde{x}) = [U^*(\Lambda)]_{\dot{a}}{}^{\dot{b}} \eta_{\dot{b}}(x) \tag{3.104}$$

で与えられる．ここで U^* は U の複素共役行列である．

ここでスピノルの添字の上下を定義するため，SL(2,$\mathbb{C}$) の 2 階反対称テンソル

$$\varepsilon^{ab} = \varepsilon_{ab} = i(\sigma_2)^{ab}, \qquad \varepsilon^{\dot{a}\dot{b}} = \varepsilon_{\dot{a}\dot{b}} = i(\sigma_2)^{\dot{a}\dot{b}} \tag{3.105}$$

を定義する．この 2 階反対称テンソルの成分を行列とみなすと，

$$\varepsilon = \begin{pmatrix} 0 & 1 \\ -1 & 0 \end{pmatrix}, \quad \varepsilon^{\mathrm{T}} = \varepsilon^{-1} = -\varepsilon \tag{3.106}$$

を満たす．この反対称テンソルを用いてスピノルの添字を上げた量

$$\xi^a = \varepsilon^{ab} \xi_b, \qquad \eta^{\dot{a}} = \varepsilon^{\dot{a}\dot{b}} \eta_{\dot{b}} \tag{3.107}$$

を定義する．ここで $\varepsilon^{ab}\varepsilon_{bc} = -\delta^a_c$ であるから，添字を下げるときには

$$\xi_a = \xi^b \varepsilon_{ba}, \qquad \eta_{\dot{a}} = \eta^{\dot{b}} \varepsilon_{\dot{b}\dot{a}} \tag{3.108}$$

とする必要がある．もしこれを誤って ε_{ab} などで下げてしまうと，マイナス符号が出る．そこで，縮約により添字を上下させるときには必ず左上から右下に近接してつながった対でだけ縮約できる，という規則を適用すればマイナス符号は出なくなる．2 つのスピノル ξ_a, ζ_a に対するスカラー積を $\xi^a \zeta_a$ で定義できる．これがローレンツ変換によって確かに値を変えないことは

$$\tilde{\xi}^a \tilde{\zeta}_a = \varepsilon^{ab} \tilde{\xi}_b \tilde{\zeta}_a = \varepsilon^{ab} U_a{}^c U_b{}^d \xi_d \zeta_c = \det U \, \varepsilon^{cd} \xi_d \zeta_c = \xi^a \zeta_a \tag{3.109}$$

によってわかる．ただし U は SL(2,$\mathbb{C}$) の元であるから $\det U = 1$ である．

添字を上げた 2^* スピノル $\eta^{\dot{a}}$ の変換は

$$\tilde{\eta}^{\dot{a}} = -\varepsilon^{\dot{a}\dot{b}} U^*{}_{\dot{b}}{}^{\dot{c}} \varepsilon_{\dot{c}\dot{d}} \eta^{\dot{d}} \tag{3.110}$$

となる．この変換行列を $\bar{U}$ とおく．すなわち

$$\bar{U}^{\dot{a}}{}_{\dot{b}} = -\varepsilon^{\dot{a}\dot{c}} U^*{}_{\dot{c}}{}^{\dot{d}} \varepsilon_{\dot{d}\dot{b}} = \left(\varepsilon U^* \varepsilon^{-1} \right)^{\dot{a}}{}_{\dot{b}} \tag{3.111}$$

とすると，式 (3.110) は

$$\tilde{\eta}^{\dot{a}} = \bar{U}^{\dot{a}}{}_{\dot{b}} \eta^{\dot{b}} \tag{3.112}$$

と表される．ここでパウリ行列に対して直接確かめられる関係 $\varepsilon \sigma^* \varepsilon^{-1} = -\sigma$ を使えば，式 (3.102) により

$$\bar{U}(\Lambda) = \exp\left[\frac{1}{2}(i\boldsymbol{\theta} + \boldsymbol{u}) \cdot \boldsymbol{\sigma} \right] \tag{3.113}$$

となることがわかる[*3]．式 (3.95) より $\boldsymbol{J} = \boldsymbol{\sigma}/2$, $\boldsymbol{K} = \boldsymbol{0}$ の表現は $\bar{U}$ となる．したがって式 (3.113) はローレンツ群の (1/2, 0) 表現になっていて，上付きの 2^* スピノル $\eta^{\dot{a}}$ がその表現空間である．

ベクトル

次に (1/2, 1/2) 表現を考える．この表現は 2 スピノル表現と 2^* スピノル表現の直積表現であるから，点なしと点付きの混合スピノル $A_{a\dot{b}}$ が表現空間となる．これは 4 次元表現であるから，その表現空間は 4 元ベクトルと等価なのではないかと推測できるだろう．実際，それは以下に示されるように正しい．

混合スピノル $A_{a\dot{b}}$ の変換は，式 (3.102) のユニタリ行列 U を用いて

$$\tilde{A}_{a\dot{b}} = U_a{}^c U^*{}_{\dot{b}}{}^{\dot{d}} A_{c\dot{d}} = U_a{}^c A_{c\dot{d}} U^{\dagger \dot{d}}{}_{\dot{b}} \tag{3.114}$$

である．いま $U^\dagger = U^{-1}$ であるから $\det U^\dagger = 1/\det U$ である．したがって上式両辺の行列式をとると

[*3] 行列の指数関数を展開して示される $\varepsilon(\exp X)\varepsilon^{-1} = \exp(\varepsilon X \varepsilon^{-1})$ という関係を使う．

$$\det\left(\tilde{A}_{ab}\right) = \det\left(A_{ab}\right) \tag{3.115}$$

となる.

ここで 2×2 単位行列を σ_0 としてパウリ行列に加え,4次元化した4つのパウリ行列 $(\sigma_\mu)_{ab}$ を導入する.行列要素はスピノルの添字が2つとも下にあるときパウリ行列と同じものとする.スピノルの添字を上げるには式 (3.107) と同じ規則によって $(\sigma_\mu)^{ab} = \varepsilon^{ac}\varepsilon^{bd}(\sigma_\mu)_{cd}$ とする.具体的な行列要素は

$$[(\sigma_0)_{ab}] = \begin{pmatrix} 1 & 0 \\ 0 & 1 \end{pmatrix}, \qquad [(\sigma_1)_{ab}] = \begin{pmatrix} 0 & 1 \\ 1 & 0 \end{pmatrix},$$

$$[(\sigma_2)_{ab}] = \begin{pmatrix} 0 & -i \\ i & 0 \end{pmatrix}, \qquad [(\sigma_3)_{ab}] = \begin{pmatrix} 1 & 0 \\ 0 & -1 \end{pmatrix} \tag{3.116}$$

および

$$\left[(\sigma_0)^{ab}\right] = \begin{pmatrix} 1 & 0 \\ 0 & 1 \end{pmatrix}, \qquad \left[(\sigma_1)^{ab}\right] = \begin{pmatrix} 0 & -1 \\ -1 & 0 \end{pmatrix},$$

$$\left[(\sigma_2)^{ab}\right] = \begin{pmatrix} 0 & -i \\ i & 0 \end{pmatrix}, \qquad \left[(\sigma_3)^{ab}\right] = \begin{pmatrix} -1 & 0 \\ 0 & 1 \end{pmatrix} \tag{3.117}$$

である.また4つのパウリ行列を区別する添字 μ はミンコフスキー計量 $\eta_{\mu\nu}$ を用いて上げ下げするものとする.このとき次の直交関係と規格化関係

$$(\sigma_\mu)_{ab}(\sigma^\mu)^{cd} = -2\delta^a_c \delta^b_d \tag{3.118}$$

$$(\sigma_\mu)_{ab}(\sigma^\nu)^{ab} = -2\delta^\nu_\mu \tag{3.119}$$

が成り立つ.

上の量を用いて

$$A^\mu = -\frac{1}{2}(\sigma^\mu)^{ab} A_{ab} \tag{3.120}$$

を定義すると,式 (3.118) より

$$A_{ab} = A^\mu (\sigma_\mu)_{ab}, \quad (A_{ab}) = \begin{pmatrix} A^0 + A^3 & A^1 - iA^2 \\ A^1 + iA^2 & A^0 - A^3 \end{pmatrix} \tag{3.121}$$

となる.この式 (3.121) を式 (3.115) へ代入すると,

$$\eta_{\mu\nu}\tilde{A}^{\mu}\tilde{A}^{\nu} = \eta_{\mu\nu}A^{\mu}A^{\nu} \tag{3.122}$$

が得られる．さらに式 (3.120) の変換は式 (3.114) により

$$\tilde{A}^{\mu} = -\frac{1}{2}U_a{}^c U^*{}_b{}^d (\sigma^{\mu})^{ab}(\sigma_{\nu})_{cd} A^{\nu} \tag{3.123}$$

となる．ここで U がユニタリ行列であることと $\sigma^{\mu}, \sigma_{\nu}$ がエルミート行列であることを用いると，上式の変換係数は実数であることが示される．式 (3.122) を満たすそのような行列は，条件式 (1.7) を満たすローレンツ変換の行列 $\Lambda^{\mu}{}_{\nu}$ に等しい．したがって

$$\Lambda^{\mu}{}_{\nu} = -\frac{1}{2}U_a{}^c U^*{}_b{}^d (\sigma^{\mu})^{ab}(\sigma_{\nu})_{cd} \tag{3.124}$$

であり，式 (3.120) で定義される量は 4 元ベクトルである．逆に 4 元ベクトル A^{μ} を与えれば，式 (3.121) から混合スピノルが作られる．すなわち，(1/2, 1/2) 表現の表現空間と 4 元ベクトルの等価性が示された．ここで式 (3.124) において $U \to -U$ と置き換えても 4 元ベクトルに対しては同じ変換行列を与える．これはスピノル表現がローレンツ群の 2 価表現になっているためである．

3.3 平坦時空の自由場

ラグランジアン密度が場の 2 次の項だけを含む場合，場の運動方程式は線形方程式となる．線形方程式には重ね合わせの原理が成り立ち，他の場とは独立な時間発展をする．このような場は，相互作用を持たない**自由場** (free field) に対応している．以下では，平坦時空における自由場について述べる．

3.3.1 実スカラー場

まず，もっとも簡単な実スカラー場 $\phi(x)$ を考える．自由場に対するラグランジアン密度の一般形は

$$\mathcal{L} = -\frac{1}{2}\left(\partial^{\mu}\phi\partial_{\mu}\phi + m^2\phi^2\right) \tag{3.125}$$

で与えられる．この形が一般的である理由は以下の通りである．まずエネルギーが実数であるためには，式 (3.63), (3.64) からわかるように，ラグランジアン密度 $\mathcal{L}$ 自体が実数となる必要がある．また，運動方程式が相対論的な共変性を持つためには $\mathcal{L}$ がローレンツ不変なスカラー量となる必要がある．さらに運動方程式が時間

の2階微分までしか含まないことを要請すると，場の2次の項のみからなる自由場のラグランジアン密度は式 (3.125) の形に限られる．

オイラー–ラグランジュ方程式 $\delta S/\delta \phi = 0$ により場の運動方程式は

$$\Box \phi - m^2 \phi = 0 \tag{3.126}$$

となる．ここで $\Box = \partial^\mu \partial_\mu$ はダランベルシアンである．この方程式を**クライン–ゴルドン方程式** (Klein-Gordon equation) という．クライン–ゴルドン方程式は，4元運動量 P^μ と質量 m に対するアインシュタインの関係 $P^\mu P_\mu + m^2 = 0$ に対して，非相対論的シュレーディンガー方程式を構成するときに用いられる量子化規則 $P^\mu \to -i\partial^\mu$ を適用した微分方程式になっている．シュレーディンガー方程式の場合，時間について1階微分しか含まないために粒子を見つける全確率が保存するのであった．これに対してクライン–ゴルドン方程式の場合，時間の2階微分を含むために全確率が保存されない．つまり，この方程式で表される場を量子力学的な波動関数と考えて確率解釈をすることはできない．したがってこの場 ϕ は量子力学的な波動関数には対応せず，量子化されていない古典場とみなされる．

場に関する空間的フーリエ変換

$$\tilde{\phi}(\boldsymbol{k},t) = \int d^3x\, e^{-i\boldsymbol{k}\cdot\boldsymbol{x}} \phi(x) \tag{3.127}$$

を行うと，クライン–ゴルドン方程式は

$$\frac{\partial^2 \tilde{\phi}}{\partial t^2} + \left(|\boldsymbol{k}|^2 + m^2\right)\tilde{\phi} = 0 \tag{3.128}$$

となる．これは調和振動子の運動方程式と同じ形であり，その一般解は

$$\tilde{\phi}(\boldsymbol{k},t) = A(\boldsymbol{k})\, e^{ik_0 t} + B(\boldsymbol{k})\, e^{-ik_0 t} \tag{3.129}$$

である．ただし，

$$k_0 = -k^0 = -\sqrt{|\boldsymbol{k}|^2 + m^2} \tag{3.130}$$

とおいた．ここで $\phi(x)$ が実数であることから，$B(\boldsymbol{k}) = A^*(-\boldsymbol{k})$ でなければならない．さらに $a(\boldsymbol{k}) = 2k^0 A(\boldsymbol{k})$ と表記すると，式 (3.127) の逆変換によりクライン–ゴルドン方程式の一般解は

$$\phi(x) = \int \frac{d^3k}{(2\pi)^3 2k^0} \left[a(\boldsymbol{k})e^{ik\cdot x} + a^*(\boldsymbol{k})e^{-ik\cdot x}\right] \tag{3.131}$$

と求まる．ただし $k\cdot x = k_\mu x^\mu = \boldsymbol{k}\cdot\boldsymbol{x} - (|\boldsymbol{k}|^2 + m^2)^{1/2} t$ と略記した．

式 (3.131) に現れた積分測度は

$$\frac{d^3k}{(2\pi)^3 2k^0} = \frac{d^3k}{(2\pi)^3} \int dk^0 \Theta(k^0)\, \delta_{\mathrm{D}}(k^2 + m^2) \tag{3.132}$$

と表すことができる．ここで

$$\Theta(x) = \begin{cases} 1 & (x \geq 0) \\ 0 & (x < 0) \end{cases} \tag{3.133}$$

は階段関数である（ただし上式の x は 1 次元変数）．実際，デルタ関数の公式 (B.3) を用いると式 (3.132) 右辺の積分は

$$\begin{aligned}
\int dk^0\, \Theta(k^0)\, \delta_{\mathrm{D}}(k^2 + m^2) &= \int dk^0\, \Theta(k^0)\, \delta_{\mathrm{D}}\big[|\boldsymbol{k}|^2 + m^2 - (k^0)^2\big] \\
&= \int dk^0\, \frac{\delta_{\mathrm{D}}\big(\sqrt{|\boldsymbol{k}|^2 + m^2} - k^0\big)}{2k^0} = \frac{1}{2\sqrt{|\boldsymbol{k}|^2 + m^2}} = \frac{1}{2k^0}
\end{aligned} \tag{3.134}$$

と計算される．本義ローレンツ変換で k^0 は符号を変えない．またローレンツ変換はベクトルの 4 次元体積要素を不変に保つから，4 次元積分測度 d^4k はローレンツ不変である．したがって，式 (3.132) はローレンツ不変である．

3.3.2 複素スカラー場

上と同様に考えれば，複素スカラー場 $\varphi(x)$ に対する自由場のラグランジアン密度は

$$\mathscr{L} = -\partial^\mu \varphi^* \partial_\mu \varphi - m^2 \varphi^* \varphi \tag{3.135}$$

で与えられる．ここから導かれる運動方程式も，式 (3.126) と同じ形のクライン-ゴルドン方程式である．

上のラグランジアン密度は次の大局的位相変換

$$\varphi(x) \to \tilde{\varphi}(x) = e^{i\theta} \varphi(x), \qquad \varphi^*(x) \to \tilde{\varphi}^*(x) = e^{-i\theta} \varphi^*(x) \tag{3.136}$$

について不変である．ネーターの定理により，この対称性に対応する保存量が存在する．複素場は 2 自由度を持つので，φ, φ^* を独立変数と考え，$\theta = \epsilon$ とおいて ϵ を無限小パラメータとする．このとき，3.1.3 項で述べたネーターの定理の一般論において，場の微小変化は $\bar{\delta}\varphi(x) = i\epsilon\varphi(x), \bar{\delta}\varphi^*(x) = -i\epsilon\varphi^*(x)$ となる．ここで考えている変換は，変換パラメータが座標に依存しない大域的変換であり，また変換

パラメータの自由度は 1 である．すると式 (3.29)–(3.31) における添字 p は省略でき，さらに $X^\mu \to 0, (Y_A) \to (i\varphi, -i\varphi^*), Z^\mu \to 0$ と対応する．すると式 (3.32) のネーター・カレントは

$$J^\mu = i(\varphi \partial^\mu \varphi^* - \varphi^* \partial^\mu \varphi) \tag{3.137}$$

となる．これに対応する保存量は

$$Q = i \int d^3x \, (\varphi^* \dot\varphi - \dot\varphi^* \varphi) \tag{3.138}$$

である．この保存量は電荷と解釈することができ，複素スカラー場は電荷を帯びた粒子を記述するものとなっている．これに対して実スカラー場は中性粒子を記述するものになっている．

実スカラー場の場合，式 (3.127)–(3.131) によりクライン–ゴルドン方程式の解を基本モードに分解することができたが，複素スカラー場についてもまったく同様である．ただし場が実数でないため，式 (3.131) に対応する式は 2 つの自由度を含む

$$\varphi(x) = \int \frac{d^3k}{(2\pi)^3 2k^0} \left[a(\boldsymbol{k}) e^{ik \cdot x} + b^*(\boldsymbol{k}) e^{-ik \cdot x} \right] \tag{3.139}$$

の形となる．

クライン–ゴルドン方程式の一般解を与える式 (3.131) や式 (3.139) は，2 つの基本モード $e^{ik \cdot x}$, $e^{-ik \cdot x}$ の重ね合わせで与えられている．前者は**正振動モード** (positive frequency mode)，後者は**負振動モード** (negative frequency mode) と呼ばれる．これらのモードは

$$\partial_0 e^{\pm ik \cdot x} = \mp i k^0 e^{\pm ik \cdot x} \tag{3.140}$$

を満たすので，時間微分演算子の固有関数となっている．

必ずしも実数とは限らないスカラー関数 $\phi_1(x), \phi_2(x)$ に対し，平坦座標系における時刻 t 一定面上でのスカラー積を

$$(\phi_1, \phi_2) = -i \int d^3x \left\{ \phi_1(x) [\partial_0 \phi_2^*(x)] - [\partial_0 \phi_1(x)] \phi_2^*(x) \right\} \tag{3.141}$$

で定義する．このスカラー積について基本モードは直交関係

$$\left(e^{+ik\cdot x}, e^{+ik'\cdot x}\right) = 2k^0(2\pi)^3\delta_{\mathrm{D}}^3(\boldsymbol{k}-\boldsymbol{k}') \tag{3.142}$$

$$\left(e^{-ik\cdot x}, e^{-ik'\cdot x}\right) = -2k^0(2\pi)^3\delta_{\mathrm{D}}^3(\boldsymbol{k}-\boldsymbol{k}') \tag{3.143}$$

$$\left(e^{+ik\cdot x}, e^{-ik'\cdot x}\right) = 0 \tag{3.144}$$

を満たす．

3.3.3 スピノル場

次にスピノル場を考える．電子やクォークなど，我々の世界を形作る主要な粒子はこのスピノル場によって記述される．以下では，スピノル場に対する自由場のラグランジアン密度を構成する．

ラグランジアンにおける運動項は，場の微分を含んだ実のスカラー量で与えられる．スピノル 2 つを組み合わせると 4 元ベクトルとして変換する量が作れるので，それを微分と縮約することにより，微分を 1 つだけ含む運動項が構成できる．そのためには，式 (3.116) の拡張されたパウリ行列 $(\sigma_\mu)_{ab}$ を利用すればよい．以下では，拡張されたパウリ行列のスピノル添字がどちらも下付きの場合を標準とし，スピノル添字を省略した σ_μ は，添字が標準位置にある $(\sigma_\mu)_{ab}$ を意味するものとする．

ローレンツ群の $(1/2,0)$ 表現である $\mathbf{2}^*$ スピノルを $(\varphi_\mathrm{L})^a$ とする．以下では，$\mathbf{2}^*$ スピノルの添字を省略して φ_L と書き，上付きのスピノル添字を標準位置とする．ここで複素共役をとった $\varphi_\mathrm{L}{}^*$ は上付き添字の $\mathbf{2}$ スピノルとして変換するから，$(\varphi_\mathrm{L}{}^*)^a(\sigma^\mu)_{ab}\partial_\mu(\varphi_\mathrm{L})^b = \varphi_\mathrm{L}^\dagger \sigma^\mu \partial_\mu \varphi_\mathrm{L}$ はスカラー量になる．ただし，この形のままでは実数ではないため，ラグランジアン密度の運動項にするにはこれを実数化する必要がある．パウリ行列はエルミート行列であり $\sigma^{\mu\dagger} = \sigma^\mu$ を満たすから，この量の複素共役は $(\partial_\mu \varphi_\mathrm{L}^\dagger)\sigma^{\mu\dagger}\varphi_\mathrm{L} = (\partial_\mu \varphi_\mathrm{L}^\dagger)\sigma^\mu \varphi_\mathrm{L}$ である．ここで複素共役を加え合わせて実部をとると $\partial_\mu(\varphi_\mathrm{L}^\dagger \sigma^\mu \varphi_\mathrm{L})$ に比例する全微分となる．ラグランジアン密度における全微分は作用積分において境界項になるため，これを運動項として採用することはできない．そこで複素共役との差をとって虚部から実数を作り運動項を構成すれば，

$$\mathscr{L}_\mathrm{L}^{\mathrm{kin}} = -\frac{i}{2}\left[\varphi_\mathrm{L}^\dagger \sigma^\mu \partial_\mu \varphi_\mathrm{L} - (\partial_\mu \varphi_\mathrm{L}^\dagger)\sigma^\mu \varphi_\mathrm{L}\right] \tag{3.145}$$

となる．ここへ全微分の項 $-i\partial_\mu(\varphi_\mathrm{L}^\dagger \sigma^\mu \varphi_\mathrm{L})/2$ を加えるとさらに簡単化し，

$$\mathscr{L}_{\mathrm{L}}^{\mathrm{kin}} = -i\varphi_{\mathrm{L}}^{\dagger}\sigma^{\mu}\partial_{\mu}\varphi_{\mathrm{L}} \tag{3.146}$$

となる．後者の簡単化したラグランジアン密度は実数でなくなっているが，その虚部は作用積分に寄与しない．

次に，ローレンツ群の $(0, 1/2)$ 表現である 2 スピノルを $(\varphi_{\mathrm{R}})_a$ とする．以下では，2 スピノルの添字を省略して φ_{R} と書き，下付きのスピノル添字を標準位置とする．ここで複素共役をとった φ_{R}^* は下付き添字の 2^* スピノルとして変換するから，$(\varphi_{\mathrm{R}})_a(\sigma^{\mu})^{ab}\partial_{\mu}(\varphi_{\mathrm{R}}^*)_b = \varphi_{\mathrm{R}}^{\mathrm{T}}\sigma^{\mu}\partial_{\mu}\varphi_{\mathrm{R}}^*$ はスカラー量となる．これも実部をとると全微分になってしまうから，虚部を実数化して運動項を構成すれば，

$$\mathscr{L}_{\mathrm{R}}^{\mathrm{kin}} = -\frac{i}{2}\left[\varphi_{\mathrm{R}}^{\dagger}\bar{\sigma}^{\mu}\partial_{\mu}\varphi_{\mathrm{R}} - (\partial_{\mu}\varphi_{\mathrm{R}}^{\dagger})\bar{\sigma}^{\mu}\varphi_{\mathrm{R}}\right] \tag{3.147}$$

となる．ただし $\bar{\sigma}_{\mu}$ は $(\sigma_{\mu})^{ab}$ の複素共役である．この行列については，$(\bar{\sigma}_{\mu})^{ab}$ を添字の標準位置とする．式 (3.117) の複素共役をとることにより，具体的な行列要素は

$$\left[(\bar{\sigma}_0)^{ab}\right] = \begin{pmatrix} 1 & 0 \\ 0 & 1 \end{pmatrix}, \qquad \left[(\bar{\sigma}_1)^{ab}\right] = \begin{pmatrix} 0 & -1 \\ -1 & 0 \end{pmatrix},$$

$$\left[(\bar{\sigma}_2)^{ab}\right] = \begin{pmatrix} 0 & i \\ -i & 0 \end{pmatrix}, \qquad \left[(\bar{\sigma}_3)^{ab}\right] = \begin{pmatrix} -1 & 0 \\ 0 & 1 \end{pmatrix} \tag{3.148}$$

および

$$\left[(\bar{\sigma}_0)_{ab}\right] = \begin{pmatrix} 1 & 0 \\ 0 & 1 \end{pmatrix}, \qquad \left[(\bar{\sigma}_1)_{ab}\right] = \begin{pmatrix} 0 & 1 \\ 1 & 0 \end{pmatrix},$$

$$\left[(\bar{\sigma}_2)_{ab}\right] = \begin{pmatrix} 0 & i \\ -i & 0 \end{pmatrix}, \qquad \left[(\bar{\sigma}_3)_{ab}\right] = \begin{pmatrix} 1 & 0 \\ 0 & -1 \end{pmatrix} \tag{3.149}$$

で与えられる．標準位置における $(\sigma_{\mu})_{ab}$ と $(\bar{\sigma}_{\mu})^{ab}$ の行列要素に成り立つ関係としては

$$\bar{\sigma}_0 = \sigma_0, \quad \bar{\sigma}_i = -\sigma_i \tag{3.150}$$

となる．式 (3.147) は全微分の項を落として

$$\mathscr{L}_{\mathrm{R}}^{\mathrm{kin}} = -i\varphi_{\mathrm{R}}^{\dagger}\bar{\sigma}^{\mu}\partial_{\mu}\varphi_{\mathrm{R}} \tag{3.151}$$

としてもよい．微分を 2 回用いて構成した $(\partial^{\mu}\varphi_{\mathrm{L}}^{\dagger})(\partial_{\mu}\varphi_{\mathrm{R}}) + (\partial^{\mu}\varphi_{\mathrm{R}}^{\dagger})(\partial_{\mu}\varphi_{\mathrm{L}})$ も実ス

カラー量となるが，このような運動項を持つ粒子は現実の粒子には対応しないため，ここでは考えない．

量子論においてスピノル場 φ_L, φ_R はフェルミ粒子を表す場になるため，対応する古典論を考えるときにはこれらを通常の数ではなく，いわゆる**グラスマン数** (Grassmann numbers) とみなす．グラスマン数とは，お互いに反交換するような数であり，一般に 2 つのグラスマン数 χ_1, χ_2 の積について，

$$\chi_1 \chi_2 = -\chi_2 \chi_1 \tag{3.152}$$

が成り立つ．ここからただちに，グラスマン数は 2 乗するとゼロになることがわかり，さらに高次のべき乗もゼロになる．グラスマン数 χ と通常の数 c は普通に交換して

$$c\chi = \chi c \tag{3.153}$$

を満たすものとする．グラスマン数の積の複素共役は

$$(\chi_1 \chi_2)^* = \chi_2^* \chi_1^* = -\chi_1^* \chi_2^* \tag{3.154}$$

により定義される．ただし，この性質は χ_1, χ_2 が実グラスマン数である場合にも適用される．これらの約束により，場 φ_L, φ_R をグラスマン数であるとみなしても，上に導いた運動項 $\mathscr{L}_L^{\text{kin}}, \mathscr{L}_R^{\text{kin}}$ は実スカラー量となる．

グラスマン数による偏微分も反交換し，

$$\frac{\partial}{\partial \chi_1} \frac{\partial}{\partial \chi_2} = -\frac{\partial}{\partial \chi_2} \frac{\partial}{\partial \chi_1} \tag{3.155}$$

となる．そこで，関数 f をグラスマン数により偏微分するときには，左微分 $(\partial/\partial \chi) F$ と右微分 $\partial F/\partial \chi$ を区別する必要がある．たとえば，複数のグラスマン数 χ_i $(i = 1, 2, \ldots)$ があるとき，

$$(\partial/\partial \chi_i) \chi_j \chi_k = \delta_{ij} \chi_k - \delta_{ik} \chi_j \tag{3.156}$$

$$\partial(\chi_j \chi_k)/\partial \chi_i = \delta_{ik} \chi_j - \delta_{ij} \chi_k \tag{3.157}$$

のようになる．つまり左微分は左から順番に，右微分は右から順番に，それぞれ微分のライプニッツ則を適用し，グラスマン数が交換するときには符号を逆転させる．

上に構成した運動項 $\mathscr{L}_L^{\text{kin}}, \mathscr{L}_R^{\text{kin}}$ は，空間反転に対する不変性，すなわち**パリティ不変性** (parity invariance) を破っている．空間反転に対して，ローレンツ群の生

成分 $S_{\mu\nu}$ のうち空間添字を 1 つしか持たない S_{0i} は符号を変えるが, 2 つ持っている S_{ij} は符号を変えない. 式 (1.16) の対応により, 前者がローレンツ・ブーストに対応する生成子で, 後者が空間回転に対応する生成子だからである. このとき式 (3.90), (3.92) により, 生成子 J と K の役割がお互いに入れ替わり, (J,K) 表現は (K,J) 表現になる. このことは, 空間反転により $\varphi_L \leftrightarrow \varphi_R$ と入れ替わることを意味する. さらに式 (3.150) に注意すれば, $\mathscr{L}_L^{\text{kin}} \leftrightarrow \mathscr{L}_R^{\text{kin}}$ と入れ替わる. 2 つのスピノルやラグランジアン密度を区別する記号 L,R はこの性質を反映したものであり, φ_L は**左手型のスピノル** (left-handed spinor) と呼ばれ, φ_R は**右手型のスピノル** (right-handed spinor) と呼ばれる. 左や右という向き自体に意味はなく, 単に空間反転で入れ替わる 2 つの量を区別するため, 便宜的にそのように名付けられている.

パリティ不変性を保つ運動項を構成したければ, これらの 2 つの運動項を足し合わせればよい. 全微分を落とした式 (3.146), (3.151) を用いると, 2 つの運動項を足し合わせたものは

$$\mathscr{L}_{\text{Dirac}}^{\text{kin}} = \mathscr{L}_R^{\text{kin}} + \mathscr{L}_L^{\text{kin}} = -i\bar{\psi}\gamma^\mu \partial_\mu \psi \tag{3.158}$$

と表される. ここで ψ は**ディラック・スピノル** (Dirac spinor) と呼ばれる 4 成分のスピノルで, 2 つの 2 成分スピノルを組み合わせた

$$\psi = \begin{pmatrix} (\varphi_L)^{\dot{a}} \\ (\varphi_R)_a \end{pmatrix} \tag{3.159}$$

で定義される. また $\gamma^\mu = \eta^{\mu\nu}\gamma_\nu$ はパウリ行列を用いて定義される 4×4 行列

$$\gamma_\mu = \begin{pmatrix} 0 & (\bar{\sigma}_\mu)^{\dot{a}b} \\ (\sigma_\mu)_{a\dot{b}} & 0 \end{pmatrix} \tag{3.160}$$

の添字を上げたものである. 式 (3.160) の具体的な行列要素は

$$\gamma_0 = \begin{pmatrix} 0 & \sigma_0 \\ \sigma_0 & 0 \end{pmatrix}, \qquad \gamma_i = \begin{pmatrix} 0 & -\sigma_i \\ \sigma_i & 0 \end{pmatrix} \tag{3.161}$$

である. ここで σ_0 は 2×2 単位行列であり, σ_i は通常のパウリ行列 (3.97) である. また,

$$\bar{\psi} \equiv \psi^\dagger \gamma_0 \tag{3.162}$$

は 4 成分スピノル ψ のディラック共役 (Dirac adjoint) と呼ばれる量である．行列 γ_μ は次の関係

$$\{\gamma_\mu, \gamma_\nu\} = \gamma_\mu \gamma_\nu + \gamma_\nu \gamma_\mu = -2\eta_{\mu\nu} \tag{3.163}$$

$$\gamma_\mu{}^\dagger = \gamma_0 \gamma_\mu \gamma_0 \tag{3.164}$$

を満たす．上の性質により，とくに

$$\gamma_0{}^2 = 1, \quad \gamma_1{}^2 = \gamma_2{}^2 = \gamma_3{}^2 = -1, \quad \gamma_0 \gamma_i = -\gamma_i \gamma_0, \quad \gamma_0{}^\dagger = \gamma_0, \quad \gamma_i{}^\dagger = -\gamma_i \tag{3.165}$$

などが成り立つ．また，次の 4×4 行列

$$\gamma_5 \equiv -i\gamma_0 \gamma_1 \gamma_2 \gamma_3 = \begin{pmatrix} -\sigma_0 & 0 \\ 0 & \sigma_0 \end{pmatrix} \tag{3.166}$$

を定義すると便利である．このとき式 (3.163), (3.164) により

$$\gamma_5{}^\dagger = \gamma_5 \tag{3.167}$$

$$\{\gamma_5, \gamma_\mu\} = 0 \tag{3.168}$$

が成り立つ．行列 $(1 \mp \gamma_5)/2$ は 4 成分スピノルを左手型および右手型に射影する射影行列になる．すなわち，式 (3.159) に作用させると

$$\psi_\mathrm{L} = \frac{1 - \gamma_5}{2} \psi = \begin{pmatrix} (\varphi_\mathrm{L})^{\dot a} \\ 0 \end{pmatrix}, \quad \psi_\mathrm{R} = \frac{1 + \gamma_5}{2} \psi = \begin{pmatrix} 0 \\ (\varphi_\mathrm{R})_a \end{pmatrix} \tag{3.169}$$

となる．

ただし，式 (3.160) に与えられる γ_μ 行列の行列成分は**スピノル表示** (spinor representation) または**カイラル表示** (chiral representation) と呼ばれるものである．4 成分スピノル ψ を式 (3.159) とは異なる組み合わせで定義することもでき，その場合は γ_μ 行列の行列要素がスピノル表示とは異なるものになる．本書では，上に与えたスピノル表示だけを用いる．

さて，**2** スピノルの複素共役は $\mathbf{2}^*$ スピノルとして変換し，逆に $\mathbf{2}^*$ スピノルの複素共役は **2** スピノルとして変換するのであったから，式 (3.159) のディラック・スピノルから作られる

$$\psi^c \equiv -i\gamma_2 \psi^* = \begin{pmatrix} (\varphi_\mathrm{R}{}^*)^{\dot a} \\ (\varphi_\mathrm{L}{}^*)_a \end{pmatrix} \tag{3.170}$$

もディラック・スピノルの変換性を持つ．ここで $(\varphi_L{}^*)_a = (\varphi_L{}^*)^b \varepsilon_{ba}$，$(\varphi_R{}^*)^{\dot{a}} = \varepsilon^{\dot{a}\dot{b}}(\varphi_R{}^*)_{\dot{b}}$ は，複素共役をとったスピノルの添字をその変換性に応じた標準位置にしたものである．この変換 $\psi \to \psi^c$ を**荷電共役** (charge conjugation) と呼ぶ．この荷電共役は $(\psi^c)^c = \psi$ を満たし，物理的に粒子と反粒子を入れ替える操作に対応する．ここで行列

$$C \equiv -i\gamma_2 \gamma_0 = \begin{pmatrix} i\sigma_2 & 0 \\ 0 & -i\sigma_2 \end{pmatrix} \tag{3.171}$$

を定義すると，荷電共役の式 (3.170) は

$$\psi^c = C \bar{\psi}^T \tag{3.172}$$

と表すこともできる．この行列 C は荷電共役行列と呼ばれ，

$$C^{-1} = C^\dagger = C^T = -C \tag{3.173}$$

$$C\gamma_\mu C^{-1} = -\gamma_\mu{}^T, \quad C\gamma_5 C^{-1} = \gamma_5{}^T, \quad C\gamma_\mu\gamma_5 C^{-1} = (\gamma_\mu\gamma_5)^T \tag{3.174}$$

を満たす．これらの式と 4 成分スピノルがグラスマン数であることを用いると，

$$(\psi^c)^c = \psi, \quad \overline{\psi^c} = \psi^T C, \quad \overline{(\psi_1)^c}\psi_2 = \overline{(\psi_2)^c}\psi_1 \tag{3.175}$$

という関係式が示される．また，式 (3.169) のように左手型や右手型に射影する演算について，

$$(\psi_L)^c = (\psi^c)_R, \quad (\psi_R)^c = (\psi^c)_L \tag{3.176}$$

が成り立つ．すなわち，荷電共役は左手型成分を右手型成分へ，右手型成分を左手型成分へそれぞれ変換する．

パリティ不変性が成り立たなくともよいのなら，左手系あるいは右手系のスピノルだけからなる系を考えてもよい．このとき 2 成分スピノルを用いた式 (3.145), (3.147) もしくは式 (3.146), (3.151) が運動項を与える．これらの場合であっても，便宜上，4 成分スピノルで表示することが可能である．すなわち，

$$\psi_L^M = \psi_L + (\psi_L)^c = \begin{pmatrix} (\varphi_L)^{\dot{a}} \\ (\varphi_L{}^*)_a \end{pmatrix}, \quad \psi_R^M = \psi_R + (\psi_R)^c = \begin{pmatrix} (\varphi_R{}^*)^{\dot{a}} \\ (\varphi_R)_a \end{pmatrix} \tag{3.177}$$

を定義すると，これはディラック・スピノルと同じ変換をする 4 成分スピノルとなる．このように，2 成分スピノルを重複させて 4 成分スピノルにしたものを**マヨ**

ラナ・スピノル (Majorana spinor) という．これに対し，もとの 2 成分スピノルをワイル・スピノル (Weyl spinor) という．2 つのマヨラナ・スピノルに対する荷電共役をとれば，

$$\left(\psi_L^M\right)^c = \psi_L^M, \quad \left(\psi_R^M\right)^c = \psi_R^M \tag{3.178}$$

となり，それぞれがもとのスピノルに等しい．つまり，マヨラナ・スピノルに対応する粒子は，自分自身とその反粒子が等しいという性質を持っている．2 成分スピノルで書かれた運動項 (3.146), (3.151) をマヨラナ・スピノルによって表すと，

$$\mathcal{L}_L^{kin} = -\frac{i}{2}\overline{\psi_L^M}\gamma^\mu \partial_\mu \psi_L^M, \quad \mathcal{L}_R^{kin} = -\frac{i}{2}\overline{\psi_R^M}\gamma^\mu \partial_\mu \psi_R^M \tag{3.179}$$

となる．

式 (3.145), (3.147) もしくは式 (3.146), (3.151) で与えられる運動項は，2 成分スピノルの各々について次の大局的な位相変換

$$\varphi_L \to e^{i\theta_L}\varphi_L, \quad \varphi_L^* \to e^{-i\theta_L}\varphi_L^* \tag{3.180}$$

$$\varphi_R \to e^{i\theta_R}\varphi_R, \quad \varphi_R^* \to e^{-i\theta_R}\varphi_R^* \tag{3.181}$$

のもとで不変である．このことに対応して，ディラック・スピノルについては 4 成分全体の全位相変換

$$\psi \to e^{i\theta}\psi, \quad \psi^* \to e^{-i\theta}\psi^* \tag{3.182}$$

および，**カイラル変換** (chiral transformation)

$$\psi \to e^{i\theta'\gamma_5}\psi, \quad \psi^* \to e^{-i\theta'\gamma_5}\psi^* \tag{3.183}$$

の両方について不変となる．マヨラナ・スピノル (3.177) の運動項 (3.179) については全位相変換についての不変性はないが，カイラル変換の不変性は依然として成り立つ．ラグランジアン密度が運動項しか含まず質量がゼロの場合，これら 2 種の不変性はそのまま系の対称性となるので，ネーターの定理が適用できる．複素スカラー場の場合と同様に計算することにより，全位相変換についての保存カレントを求めると，

$$j^\mu = -\bar{\psi}\gamma^\mu\psi = -\varphi_L^\dagger \sigma^\mu \varphi_L - \varphi_R^\dagger \bar{\sigma}^\mu \varphi_R = -\overline{\psi_L}\gamma^\mu \psi_L - \overline{\psi_R}\gamma^\mu \psi_R \tag{3.184}$$

が得られる．ただし，ψ_L, ψ_R はそれぞれ式 (3.169) に与えられる左手型および右手型に射影された 4 成分スピノルである．上の式で定義される j^μ をディラック場の

ベクトル・カレントという．また，カイラル変換についての保存カレントを求めると，

$$j_5^\mu = -\bar{\psi}\gamma^\mu\gamma_5\psi = \varphi_L^\dagger \sigma^\mu \varphi_L - \varphi_R^\dagger \bar{\sigma}^\mu \varphi_R = \overline{\psi_L}\gamma^\mu\psi_L - \overline{\psi_R}\gamma^\mu\psi_R \tag{3.185}$$

が得られる．これをディラック場の軸性ベクトル・カレントという．これらの線形結合から作られる

$$j_L^\mu \equiv \frac{j^\mu - j_5^\mu}{2} = -\frac{1}{2}\bar{\psi}\gamma^\mu(1-\gamma_5)\psi = -\varphi_L^\dagger \sigma^\mu \varphi_L \tag{3.186}$$

$$j_R^\mu \equiv \frac{j^\mu + j_5^\mu}{2} = -\frac{1}{2}\bar{\psi}\gamma^\mu(1+\gamma_5)\psi = -\varphi_R^\dagger \bar{\sigma}^\mu \varphi_R \tag{3.187}$$

も便利な量となる．上のそれぞれのカレントから導かれる保存量は

$$Q = \int d^3x\, \bar{\psi}\gamma^0\psi = \int d^3x\, \psi^\dagger\psi = \int d^3x\, (\varphi_L^\dagger \varphi_L + \varphi_R^\dagger \varphi_R) \tag{3.188}$$

$$Q_5 = \int d^3x\, \bar{\psi}\gamma^0\gamma_5\psi = \int d^3x\, \psi^\dagger\gamma_5\psi = \int d^3x\, (-\varphi_L^\dagger \varphi_L + \varphi_R^\dagger \varphi_R) \tag{3.189}$$

$$Q_L = \int d^3x\, \varphi_L^\dagger \varphi_L, \quad Q_R = \int d^3x\, \varphi_R^\dagger \varphi_R \tag{3.190}$$

である．

次に，場の微分を含まないようなラグランジアン密度の2次の項を考える．それは質量項となる．左手型スピノルだけでスカラー量になる組み合わせは $(\varphi_L)^a \varepsilon_{ab}(\varphi_L)^b = \varphi_L^T \varepsilon \varphi_L$ である．ただし，スピノルがグラスマン数であるために，ε が反対称であってもこの組み合わせはゼロにならない．このことに注意して，複素共役との足し合わせにより実数を作ればそれが質量項となる．左手系も同様であり，

$$\mathscr{L}_L^{\text{mass}} = \frac{m}{2}\left(\varphi_L^\dagger \varepsilon \varphi_L^* - \varphi_L^T \varepsilon \varphi_L\right) \tag{3.191}$$

$$\mathscr{L}_R^{\text{mass}} = \frac{m}{2}\left(\varphi_R^T \varepsilon \varphi_R - \varphi_R^\dagger \varepsilon \varphi_R^*\right) \tag{3.192}$$

という実スカラー量が作られる．これを**マヨラナ質量項** (Majorana mass term) という．この質量項は，位相変換 (3.180), (3.181) の不変性をそれぞれ破っている．マヨラナ質量項は，マヨラナ・スピノルや射影スピノルを用いると簡潔に表されて，

$$\mathscr{L}_\text{L}^\text{mass} = -\frac{m}{2}\overline{\psi_\text{L}^\text{M}}\psi_\text{L}^\text{M} = -\frac{m}{2}\left[\overline{\psi_\text{L}}\,(\psi_\text{L})^c + \overline{(\psi_\text{L})^c}\,\psi_\text{L}\right] \tag{3.193}$$

$$\mathscr{L}_\text{R}^\text{mass} = -\frac{m}{2}\overline{\psi_\text{R}^\text{M}}\psi_\text{R}^\text{M} = -\frac{m}{2}\left[\overline{\psi_\text{R}}\,(\psi_\text{R})^c + \overline{(\psi_\text{R})^c}\,\psi_\text{R}\right] \tag{3.194}$$

で与えられる．

左手型と右手型のスピノルを両方用いれば，もう 1 つ 2 次の実スカラー量を作ることができ，

$$\mathscr{L}_\text{Dirac}^\text{mass} = -m\bar{\psi}\psi = -m\left(\varphi_\text{L}^\dagger\varphi_\text{R} + \varphi_\text{R}^\dagger\varphi_\text{L}\right) = -m\left(\overline{\psi_\text{L}}\psi_\text{R} + \overline{\psi_\text{R}}\psi_\text{L}\right) \tag{3.195}$$

という質量項が得られる．これを**ディラック質量項** (Dirac mass term) という．この質量項は，式 (3.182) の全位相変換に対する不変性を保つが，式 (3.183) のカイラル変換に対する不変性は破ってしまう．

以上に得られた運動項と質量項を足し合わせれば，スピノル場に対する自由場のラグランジアン密度が構成される．パリティ不変性を破るラグランジアン密度としては，たとえば左手型のワイル・スピノルから，

$$\mathscr{L}_\text{L} = -i\varphi_\text{L}^\dagger\sigma^\mu\partial_\mu\varphi_\text{L} + \frac{m}{2}\left(\varphi_\text{L}^\dagger\varepsilon\varphi_\text{L}^* - \varphi_\text{L}^\text{T}\varepsilon\varphi_\text{L}\right) \tag{3.196}$$

が構成できる．ただし全微分の項は落とした．これは，式 (3.177) で定義される左手型マヨラナ・スピノル ψ_R^M を用いると，

$$\mathscr{L}_\text{L} = -\frac{1}{2}\overline{\psi_\text{L}^\text{M}}\left(i\slashed{\partial} + m\right)\psi_\text{L}^\text{M} \tag{3.197}$$

とも表すことができる．ただし，$\slashed{\partial} \equiv \gamma^\mu\partial_\mu$ と定義した．一般に 4 元ベクトルを表す変数に重ね書きしたスラッシュ (/) はガンマ行列によって縮約する操作を表す．マヨラナ・スピノルは 4 成分で書かれてはいるが，実質的に複素 2 成分であるから 4 自由度しかなく，粒子と反粒子が等価であるという拘束条件 (3.178) を忘れてはならない．また，パリティ不変性を保つラグランジアン密度はディラック・スピノルから構成することができ，

$$\mathscr{L}_\text{Dirac} = -\bar{\psi}\left(i\slashed{\partial} + m\right)\psi \tag{3.198}$$

が得られる．これは電子やクォークなど，パリティ不変性の成り立つフェルミ粒子に対応する自由場のラグランジアン密度となっている．自然界に存在するニュートリノは左手型のものしか確認されていないため，マヨラナ質量項で記述することも可能である．ニュートリノがディラック質量項を持つのか，それともマヨラナ質量

項を持つのか，現在のところ実験的に区別することはできていない[*4].

ディラック場に対する自由場のラグランジアン密度の式 (3.198) から運動方程式を求めると，

$$(i\partial\!\!\!/ + m)\psi = 0 \tag{3.199}$$

が得られる．これは**ディラック方程式** (Dirac equation) として知られるものであり，相対論的な粒子の量子力学的な波動方程式として，最初にディラックによって導かれた．この方程式は1階の時間微分しか含まないため，シュレーディンガー方程式と同様に，波動関数から保存する確率密度を定義することができる．さらに式 (3.163) によると $\partial\!\!\!/^2 = -\partial^\mu \partial_\mu = -\Box$ であるから，

$$(i\partial\!\!\!/ - m)(i\partial\!\!\!/ + m) = \Box - m^2 \tag{3.200}$$

が成り立つ．つまりディラック・スピノルの各成分すべてがクライン–ゴルドン方程式を満たすことがわかる．

スカラー場のときと同様に，この運動方程式の解の完全系を求める．スピノルの各成分はクライン–ゴルドン方程式を満たすので，$k^2 + m^2 = 0$ を満たす4元ベクトル k^μ により，その基本モードは $\psi(x) = w(\boldsymbol{k})e^{\pm ik\cdot x}$ という形で与えられる．ここで $w(\boldsymbol{k})$ は4成分スピノルであり，ディラック方程式を満たす条件は，

$$(k\!\!\!/ \mp m)w(\boldsymbol{k}) = 0 \tag{3.201}$$

である．この式は4元線形連立方程式であり，代数的に解が求められる．具体的な解の形は以下で必要ないため，ここには与えない．その独立解は，正振動モードと負振動モードについて，それぞれ2つずつ存在する．これらの独立解を区別する添字 s を用いて，正振動モードと負振動モードの解をそれぞれ $u_s(\boldsymbol{k}), v_s(\boldsymbol{k})$ と表記する．すなわち，これらは

$$(k\!\!\!/ - m)u_s(\boldsymbol{k}) = 0, \quad (k\!\!\!/ + m)v_s(\boldsymbol{k}) = 0 \tag{3.202}$$

を満たす4成分スピノルである．上式のエルミート共役をとれば，

$$\overline{u_s}(\boldsymbol{k})(k\!\!\!/ - m) = 0, \quad \overline{v_s}(\boldsymbol{k})(k\!\!\!/ + m) = 0 \tag{3.203}$$

[*4] もしニュートリノの質量がマヨラナ質量項によって与えられるならば，原子核の中でニュートリノの放出を伴わない2重ベータ崩壊という過程が起きるため，将来的には実験的に検証できる可能性がある．

が成り立つ．

　正振動モードもしくは負振動モードの中では，2つの独立解への分解の方法は任意である．有用な分解方法を与える例として，スピンの2倍 σ を運動量の方向 $n \equiv k/|k|$ へ射影する行列

$$h = \begin{pmatrix} n \cdot \sigma & 0 \\ 0 & n \cdot \sigma \end{pmatrix} = -\frac{\gamma_5 \gamma_0 \gamma_i k^i}{|k|} \tag{3.204}$$

を考える．式 (3.163) により $\mu \neq \nu$ のとき行列 γ_μ, γ_ν が反交換することを用いると，上の射影行列 h は $\slashed{k}$ と交換することが確かめられる．つまり，式 (3.201) の左辺にかかっている行列と交換するので，この射影行列 h の固有ベクトルを基底として，解を2つの独立解へ分解できる．射影行列 h の固有値を，正振動モードと負振動モードについてそれぞれ $\pm s$ とすると，

$$h u_s(k) = s u_s(k), \qquad h v_s(k) = -s v_s(k) \tag{3.205}$$

となる．パウリ行列の固有値は ± 1 であるから，これらの固有値の値も $s = \pm 1$ である．この値 s は運動量方向へのスピンの向きを表すヘリシティ (helicity) と呼ばれる量に対応する．

　ここで次の直交規格化関係

$$\overline{u}_s(k) u_{s'}(k) = 2m \delta_{ss'}, \qquad \overline{v}_s(k) v_{s'}(k) = -2m \delta_{ss'} \tag{3.206}$$

$$\overline{u}_s(k) v_{s'}(k) = \overline{v}_s(k) u_{s'}(k) = 0 \tag{3.207}$$

を満たすようにできる．実際，式 (3.206) において $s = s'$ のときはスピノルの規格化を選べば満たされる．また行列 h, γ_0 はどちらもエルミート行列でお互いに交換するから，$\overline{u}_s h = (h \gamma_0 u_s)^\dagger = s \overline{u}_s$ となる．ここで量 $\overline{u}_s h u_{s'}$ を考えて，式 (3.205) を用いると $(s - s') \overline{u}_s u_{s'} = 0$ が示される．したがって $s \neq s'$ のとき式 (3.206) の第1式左辺は必ずゼロになる．第2式についても同様である．さらに式 (3.207) は，量 $\overline{u}_s \slashed{k} v_{s'}, \overline{v}_s \slashed{k} u_{s'}$ を考えて，式 (3.202), (3.203) を用いることで示される．ここではヘリシティを使って独立解を分解したが，そうでない場合でも上の直交規格化関係を満たすようにすると都合がよい．

　さらに，次の関係式

$$u_s^\dagger(k) v_{s'}(-k) = v_s^\dagger(k) u_{s'}(-k) = 0 \tag{3.208}$$

$$\overline{u}_s(k) \gamma_\mu u_{s'}(k) = \overline{v}_s(k) \gamma_\mu v_{s'}(k) = -2 k_\mu \delta_{ss'} \tag{3.209}$$

が成り立つ．これらの式は以下のように示される．式 (3.202) を変形すると，$\gamma_0(\boldsymbol{k} \cdot \boldsymbol{\gamma} - m)u_s(\boldsymbol{k}) = k_0 u_s(\boldsymbol{k})$ および $\gamma_0(\boldsymbol{k} \cdot \boldsymbol{\gamma} - m)v_s(-\boldsymbol{k}) = -k_0 v_s(-\boldsymbol{k})$ が得られる．ただし $\boldsymbol{\gamma}$ は γ_i をベクトル表記したものである．式 (3.165) を用いると，行列 $\gamma_0(\boldsymbol{k} \cdot \boldsymbol{\gamma} - m)$ がエルミート行列であることがわかる．ここで $u_s(\boldsymbol{k})$ と $v_s(-\boldsymbol{k})$ はこのエルミート行列の独立な固有ベクトルであるから直交し，式 (3.208) が示される．また，式 (3.163) より $\not{k}\gamma_\mu + \gamma_\mu \not{k} = -2k_\mu$ が成り立つ．この行列に左右からそれぞれ $\overline{u_s}$ と $u_{s'}$ をかけて，さらに式 (3.202), (3.203), (3.206) を用いれば，式 (3.209) が示される．

ここで，スピン自由度の和に関する有用な公式

$$\sum_{s=\pm 1} u_s(\boldsymbol{k})\overline{u_s}(\boldsymbol{k}) = \not{k} + m, \quad \sum_{s=\pm 1} v_s(\boldsymbol{k})\overline{v_s}(\boldsymbol{k}) = \not{k} - m \tag{3.210}$$

が成り立つ．これは次のように示される．式 (3.202) により，行列 $(\not{k}+m)/2m$ は正振動モードへの射影行列となっている．一方，正振動モードの解の完全系 $u_s(\boldsymbol{k})$ に対する直交性の式 (3.206) により，この射影演算子は式 (3.210) の第 1 式左辺に比例するべきであり，規格化を考慮すれば式 (3.210) の第 1 式が示される．同様に，行列 $(-\not{k}+m)/2m$ が負振動モードへの射影行列になっていることから，第 2 式も示される．

このようにして構成した解の完全系により，ディラック方程式を満たす場 ψ は，

$$\psi(x) = \int \frac{d^3 k}{(2\pi)^3 2k^0} \sum_{s=\pm 1} \left[c_s(\boldsymbol{k}) u_s(\boldsymbol{k}) e^{ik \cdot x} + d_s^*(\boldsymbol{k}) v_s(\boldsymbol{k}) e^{-ik \cdot x} \right] \tag{3.211}$$

と展開できる．この形から式 (3.170) の荷電共役 ψ^c を作るとき，係数 c_s と d_s を入れ換えた形

$$\psi^c = -i\gamma_2 \psi^* = \int \frac{d^3 k}{(2\pi)^3 2k^0} \sum_{s=\pm 1} \left[d_s(\boldsymbol{k}) u_s(\boldsymbol{k}) e^{ik \cdot x} + c_s^*(\boldsymbol{k}) v_s(\boldsymbol{k}) e^{-ik \cdot x} \right] \tag{3.212}$$

となると都合がよい．そのためには

$$v_s(\boldsymbol{k}) = u_s^c(\boldsymbol{k}) = -i\gamma_2 u_s^*(\boldsymbol{k}) = C\overline{u_s}^{\mathrm{T}}(\boldsymbol{k}) \tag{3.213}$$

であればよい．この選択は方程式 (3.202), (3.203), (3.205) や直交規格化の式 (3.206), (3.207) など v_s の満たすべき条件式をすべて満たすことがわかる．

3.3.4 電磁場

ベクトル場の典型的な例として電磁場を考える．電磁場の共変形式は 1.1.5 項に

3.3 平坦時空の自由場 | 145

説明した．4元電磁ポテンシャル A^μ の満たす運動方程式は，式 (1.58) に与えられる

$$\Box A^\mu - \partial^\mu \partial_\nu A^\nu = -J^\mu \tag{3.214}$$

である．この運動方程式はローレンツ不変な次のラグランジアン密度

$$\mathscr{L} = -\frac{1}{4} F_{\mu\nu} F^{\mu\nu} + J^\mu A_\mu \tag{3.215}$$

のオイラー–ラグランジュ方程式として導くことができる．ここで4元電流密度 J^μ は電磁場 A^μ にとっての外場であり，ラグランジアン密度の最後の項は，物質との相互作用を表している．真空中における電磁場のラグランジアン密度は，式 (3.215) で $J^\mu = 0$ としたもので与えられる．

電磁場の場合，式 (1.61) のゲージ変換に関する不変性を持つ．ゲージ変換の自由度であるゲージ自由度は，物理的な自由度ではない．電磁4元ポテンシャル A_μ における4成分の自由度のうち，1つは非物理的な自由度であり，物理的な自由度は3である．4元電流密度が式 (1.60) の電荷保存則 $\partial_\mu J^\mu = 0$ を満たす限り，ラグランジアン密度 (3.215) をゲージ変換しても全微分項しか出てこない．したがって作用積分はゲージ変換で不変に保たれる．

真空中の電磁場を考えて $J^\mu = 0$ とする．このとき，式 (1.62) に与えられたローレンツ・ゲージ条件 $\partial_\mu A^\mu = 0$ を適用すると，式 (3.214) の運動方程式は

$$\Box A^\mu = 0 \tag{3.216}$$

という簡潔な形になる．すなわち，電磁4元ポテンシャル A^μ の各成分が，質量ゼロのクライン–ゴルドン方程式を満たす．この場合には，各成分についてスカラー場やスピノル場の場合と同様の平面波展開が可能であり，その形は

$$A^\mu = \int \frac{d^3 k}{(2\pi)^3 2k^0} \sum_{\lambda=0}^{3} \left[a_\lambda(\boldsymbol{k}) \varepsilon^\mu_{(\lambda)}(\boldsymbol{k}) e^{ik \cdot x} + a_\lambda^*(\boldsymbol{k}) \varepsilon^{\mu*}_{(\lambda)}(\boldsymbol{k}) e^{-ik \cdot x} \right] \tag{3.217}$$

となる．ただし，波数ベクトルは $k^\mu k_\mu = 0$ を満たすために $k^0 = |\boldsymbol{k}|$ となる．上式の係数には電磁ポテンシャルが実ベクトル場であることを考慮してある．さらに $\varepsilon^\mu_{(\lambda)}(\boldsymbol{k})$ $(\lambda = 0, \ldots, 3)$ は4つの線形独立な偏極状態を指定する**偏極ベクトル** (polarization vector) と呼ばれるものである．

4つの独立な偏極ベクトルには，お互いに直交する実の単位ベクトルをとることが自然である．各波数ベクトル $\boldsymbol{k}$ に対応するモードごとに，次の直交規格化およ

び完全性の関係

$$\eta_{\mu\nu}\varepsilon_{(\lambda)}^{\mu}(\boldsymbol{k})\varepsilon_{(\lambda')}^{\nu}(\boldsymbol{k}) = \eta_{\lambda\lambda'} \tag{3.218}$$

$$\sum_{\lambda=0}^{3} \eta_{\lambda\lambda}\varepsilon_{(\lambda)}^{\mu}(\boldsymbol{k})\varepsilon_{(\lambda)}^{\nu}(\boldsymbol{k}) = \eta^{\mu\nu} \tag{3.219}$$

を満たすように選ぶとよい．ここで，添字 λ, λ' は 4 つの偏極のモードを区別する添字であって座標の添字ではないが，ミンコフスキー計量の記号 $\eta_{\lambda\lambda'}$ を値として適用する．

　偏極ベクトルを用いる多くの計算では，上の直交規格化と完全性の関係だけでこと足りる．しかし，偏極ベクトルの意味を理解するためにも，1 つの具体的な構成の例を示しておく．まず座標系を選んで固定した後，最初の偏極ベクトル $\varepsilon_{(0)}^{\mu}$ としては空間に垂直な単位ベクトル $(n^{\mu}) = (1, 0, 0, 0)$ を選び，

$$\varepsilon_{(0)}^{\mu}(\boldsymbol{k}) = n^{\mu} \tag{3.220}$$

とする．式 (3.218) により，残り 3 つの偏極ベクトルは上のベクトル n^{μ} に垂直であるから時間成分を持たない．したがって

$$\left[\varepsilon_{(i)}^{\mu}(\boldsymbol{k})\right] = (0, \boldsymbol{\varepsilon}_{(i)}(\boldsymbol{k})) \quad (i = 1, 2, 3) \tag{3.221}$$

という形で表される．上式で導入された 3 次元偏極ベクトル $\boldsymbol{\varepsilon}_{(i)}(\boldsymbol{k})$ は，式 (3.218) により直交規格化関係

$$\boldsymbol{\varepsilon}_{(i)}(\boldsymbol{k}) \cdot \boldsymbol{\varepsilon}_{(j)}(\boldsymbol{k}) = \delta_{ij} \quad (i, j = 1, 2, 3) \tag{3.222}$$

を満たす．さらに $\boldsymbol{\varepsilon}_{(1)}(\boldsymbol{k})$ と $\boldsymbol{\varepsilon}_{(2)}(\boldsymbol{k})$ を波数ベクトル $\boldsymbol{k}$ に垂直な面内にとって

$$\boldsymbol{k} \cdot \boldsymbol{\varepsilon}_{(1)}(\boldsymbol{k}) = \boldsymbol{k} \cdot \boldsymbol{\varepsilon}_{(2)}(\boldsymbol{k}) = 0 \tag{3.223}$$

が満たされるようにすると，$\boldsymbol{\varepsilon}_{(3)}$ は波数ベクトルに平行になるから，

$$\boldsymbol{\varepsilon}_{(3)}(\boldsymbol{k}) = \frac{\boldsymbol{k}}{|\boldsymbol{k}|} \tag{3.224}$$

と選ぶことができる．

　以上のように構成した偏極ベクトルは

$$k_{\mu}\varepsilon_{(1)}^{\mu} = k_{\mu}\varepsilon_{(2)}^{\mu} = 0, \quad k_{\mu}\varepsilon_{(0)}^{\mu} = -k_{\mu}\varepsilon_{(3)}^{\mu} \tag{3.225}$$

を満たす．とくに波数ベクトル $\boldsymbol{k}$ の方向に z 軸をとり，さらに $\boldsymbol{\varepsilon}_{(1)}, \boldsymbol{\varepsilon}_{(2)}$ をそれぞ

れ x 軸, y 軸にとる特別な座標系では, 偏極ベクトルがとくに単純な形 $\varepsilon_{(\lambda)}^{\mu}(\boldsymbol{k}) = \delta_{\lambda}^{\mu}$ で表される. このように選んだ偏極ベクトルが完全性 (3.219) を満たしていることは自明である. こうして構成した偏極ベクトルにおいて $\varepsilon_{(1)}^{\mu}$, $\varepsilon_{(2)}^{\mu}$ は**横偏極** (transverse polarization) と呼ばれ, $\varepsilon_{(3)}^{\mu}$ は**縦偏極** (longitudinal polarization) と呼ばれる. さらに $\varepsilon_{(0)}^{\mu}$ は**スカラー偏極** (scalar polarization) あるいは**時間的偏極** (time-like polarization) と呼ばれる.

ローレンツ・ゲージ条件 $\partial_\mu A^\mu = 0$ により, 各モードは $a_\lambda(\boldsymbol{k}) k_\mu \varepsilon_{(\lambda)}^{\mu}(\boldsymbol{k}) = 0$ を満たす必要がある. ここで $k_\mu \varepsilon_{(\lambda)}^{\mu}(\boldsymbol{k}) = 0$ となるのは横偏極 $\lambda = 1, 2$ だけであるから, 横偏極以外のモード $\lambda = 0, 3$ は恒等的にゼロになる. つまり, 2つの横偏極モード $\lambda = 1, 2$ だけが, ローレンツ・ゲージ条件を満たす4元電磁ポテンシャルの物理的成分である. このことは, 電磁波の物理的自由度が, 3次元空間で進行方向に垂直な面上における2つの偏極自由度であることに対応する. 運動方程式 (3.216) に対する解の完全系で展開した式 (3.217) には非物理的成分も残っているが, ローレンツ・ゲージ条件を満たす古典的な4元電磁ポテンシャルについては, $\lambda = 1, 2$ の横偏極モードだけを考えておけばよい. 線形偏極に対する偏極ベクトルは実数で与えられるが, 円偏極や楕円偏極を表すには複素偏極ベクトル

$$\boldsymbol{\varepsilon}_{(\pm)} \equiv \frac{\boldsymbol{\varepsilon}_{(1)} \pm i\boldsymbol{\varepsilon}_{(2)}}{\sqrt{2}} \tag{3.226}$$

を用いると便利である. また, 一般的な複素ベクトル場を扱うときは, 展開式 (3.217) の第2項における係数 a_λ^* を, 第1項とは別の係数 b_λ^* に置き換える.

電磁場のラグランジアンには質量項がない. すなわち, 微分を含まない2次の項である $A_\mu A^\mu$ に比例する項がない. このことは, 電磁波を量子化した光子が質量を持たないことに対応する. 電磁場とは異なり, 質量項を持つようなベクトル場を考えると, そのラグランジアン密度は, 式 (3.215) に質量項を加えることにより,

$$\mathscr{L} = -\frac{1}{4} F_{\mu\nu} F^{\mu\nu} - \frac{1}{2} m^2 A_\mu A^\mu + J^\mu A_\mu \tag{3.227}$$

で与えられる. ここから運動方程式を求めれば, 式 (3.214) の代わりに

$$\Box A^\mu - m^2 A^\mu - \partial^\mu \partial_\nu A^\nu = -J^\mu \tag{3.228}$$

が得られる. ところが, 質量を持つベクトル場では, ゲージ対称性が満たされない. 実際, ゲージ変換 (1.61) に対して電磁場テンソル $F_{\mu\nu}$ は不変であるが, スカラー量 $A_\mu A^\mu$ は不変でない. ゲージ対称性によって満たすことのできたローレンツ・ゲージ条件は, もはや質量を持つと満たすことができない. このため, 質量の

ないときには非物理的なモードであった縦偏極も，質量があると物理的なモードとして残される．後の第5章で見るように，弱い相互作用に関するゲージ対称性には自発的な破れという面白い性質があり，その結果，弱い相互作用を媒介するベクトル場には質量項が現れる．

3.4 平坦時空のゲージ場

3.4.1 ゲージ場としての電磁場

4元電流密度 J^μ は保存カレントであるから，何かの対称性からネーターの定理により導かれると期待できる．先に見たように，複素スカラー場 φ とディラック場 ψ に対する自由場の作用積分は，全位相変換について不変である．一般性の高いこの不変性は，電磁場のゲージ変換となんらかの関係にあると考えられる．だが，電磁場のゲージ変換は時空間の関数である $\theta(x)$ をパラメータとするのに対して，全位相変換は時空中で一定の位相 θ をパラメータとするので，両者は同一ではない．

そこで，全位相変換のパラメータを時空の関数 $\theta(x)$ に拡張してみることにする．一般に多成分の物質場 φ_A を考え，それらに対して

$$\varphi_A(x) \to \tilde{\varphi}_A(x) = e^{iq\theta(x)}\varphi_A(x) \tag{3.229}$$

$$\varphi_A{}^*(x) \to \tilde{\varphi}_A{}^*(x) = e^{-iq\theta(x)}\varphi_A{}^*(x) \tag{3.230}$$

という局所的な全位相変換を適用する．ただし q は任意の実数である．位相変換が時空に依存する関数になったため，この変換は場の微分とは可換でなくなり，式 (3.135) や式 (3.198) のような形で与えられる自由場の作用はこの変換について不変でない．場の微分がどのように変換されるかを見てみると，

$$\partial_\mu \varphi_A(x) \to \partial_\mu \tilde{\varphi}_A(x) = e^{iq\theta(x)}\partial_\mu \varphi_A(x) + iq[\partial_\mu \theta(x)]e^{iq\theta(x)}\varphi_A(x) \tag{3.231}$$

となる．自由場の作用を不変に保つには，右辺の最後の項が邪魔である．

この邪魔な項を打ち消すため，物質場の微分を次の量

$$D_\mu \varphi_A(x) \equiv [\partial_\mu - iqA_\mu(x)]\varphi_A(x) \tag{3.232}$$

で置き換えてみる．ただし，A_μ は電磁場を表す4元電磁ポテンシャルである．上のようにベクトル場を加えた微分を共変微分という．微分を含む運動項は物質場の

2 次の項となっているから，上のように微分を共変微分で置き換えると，物質場とベクトル場を結合する項が現れる．ここで電磁場のゲージ変換は式 (1.61) で与えられたように，

$$A_\mu(x) \to \tilde{A}_\mu(x) = A_\mu(x) + \partial_\mu \theta(x) \tag{3.233}$$

である．局所位相変換 (3.229), (3.230) を，電磁場のゲージ変換と同じ局所的なパラメータ $\theta(x)$ で同時に行うと，式 (3.231) の邪魔な項がうまく打ち消し合う．この結果，式 (3.232) の共変微分は

$$D_\mu \varphi_A(x) \to \tilde{D}_\mu \tilde{\varphi}_A(x) = e^{iq\theta(x)} D_\mu \varphi_A(x) \tag{3.234}$$

と変換する．式 (3.135) や式 (3.198) のような形で与えられるラグランジアン密度は，時空に関する微分 ∂_μ を共変微分 D_μ で置き換えることにより，局所位相変換について不変になることがわかる．以下では複素物質場の局所位相変換 (3.229), (3.230) と電磁場のゲージ変換 (3.233) を合わせて，一般的にゲージ変換と呼ぶことにする．

質点系の量子力学において，波動方程式に現れる微分 ∂_μ を $\partial_\mu - iqA_\mu$ で置き換えると，電磁場中で電荷 q を持つ質点の波動方程式になることが知られている．たとえば，電磁場中での非相対論的なシュレーディンガー方程式は，波動関数を Ψ として，

$$i\frac{\partial \Psi}{\partial t} = -\frac{1}{2m}(\boldsymbol{\nabla} - iq\boldsymbol{A})^2 \Psi + q\phi\Psi \tag{3.235}$$

で与えられる．また電磁場中での相対論的なディラック方程式は

$$(i\slashed{\partial} + q\slashed{A} + m)\psi = 0 \tag{3.236}$$

である．つまり，電荷を持つ粒子と電磁場との相互作用の形は，粒子の波動方程式における微分を共変微分に置き換えることで正しく決まる．

これは見方を変えると，ゲージ不変性を成り立たせるように相互作用の形が決まっているとも考えられる．そして，電磁場は物質場に対するゲージ不変性を実現させるために必要な場だということにもなる．歴史的には，最初に物質と電磁場の相互作用が調べられてから，その後ゲージ不変性が見つけられた．この論理を逆転することにより，ゲージ不変性が相互作用を決定する原理であると考えられるのである．この考え方を**ゲージ原理** (gauge principle) という．また，ゲージ原理によって必然的に導入されるベクトル場を**ゲージ場** (gauge field) という．電磁相互作用

の場合は電磁ポテンシャル A_μ がゲージ場である.

驚くべきことに,我々に知られている自然界のすべての相互作用について,ゲージ原理が成り立っている.ゲージ原理がそれほど普遍的である理由は自明でないが,自然界の根底に存在する深く美しい一面が垣間見えているように思われる.また,場の量子論によると,理論を無矛盾にするのに不可欠な条件である「くりこみ可能性」を満たすには,ベクトル場はゲージ場としてしか導入できないことが知られている.

1種類の複素スカラー場と電磁場の共存する系では,上で説明したように共変微分を用いてゲージ不変なラグランジアン密度を構成すると,

$$\mathscr{L} = -[(\partial_\mu + iqA_\mu)\varphi^*][(\partial^\mu - iqA^\mu)\varphi] - m^2\varphi^*\varphi - \frac{1}{4}F_{\mu\nu}F^{\mu\nu} \tag{3.237}$$

が得られる.この系に対する無限小ゲージ変換は,式 (3.229), (3.230), (3.233) で $\theta(x)$ を無限小関数 $\epsilon(x)$ とみなすことにより,

$$\varphi(x) \to \tilde{\varphi}(x) = \varphi(x) + iq\epsilon(x)\varphi(x) \tag{3.238}$$

$$\varphi^*(x) \to \tilde{\varphi}^*(x) = \varphi^*(x) - iq\epsilon(x)\varphi^*(x) \tag{3.239}$$

$$A_\mu(x) \to \tilde{A}_\mu(x) = A_\mu(x) + \epsilon_\mu(x) \tag{3.240}$$

となる.

ここで式 (3.35)-(3.37) に対応する係数は Y_{Ap} と Y_{Ap}^μ のみがゼロでなく,またパラメータ関数は1つしかないので添字 p は必要ない.そして $(Y_A) \to (iq\varphi, -iq\varphi^*, 0)$, $(Y_A^\nu) \to (0, 0, \delta_\mu^\nu)$ と対応する.このゲージ対称性について,ネーター・カレントの式 (3.32) および式 (3.39) は

$$J^\mu = iq(\varphi\partial^\mu\varphi^* - \varphi^*\partial^\mu\varphi) + 2q^2 A^\mu\varphi^*\varphi \tag{3.241}$$

$$K^{\mu\nu} = -F^{\mu\nu} \tag{3.242}$$

と求められる.ここで式 (3.41) に対応する関係式は

$$J^\mu = \partial_\nu F^{\mu\nu} \tag{3.243}$$

となり,これは共変形式のマクスウェル方程式 (1.69) に等しい.したがって,式 (3.241) のネーター・カレント J^μ は4元電流密度であることがわかる.すなわち,ゲージ不変性から得られるネーター・カレントを通じて,保存する電荷の存在が導かれた.ラグランジアン密度の式 (3.237) をネーター・カレントの式 (3.241) を使って書き直すと,

$$\mathscr{L} = -\partial_\mu \varphi^* \partial^\mu \varphi - m^2 \varphi^* \varphi - \frac{1}{4} F_{\mu\nu} F^{\mu\nu} + J^\mu A_\mu \tag{3.244}$$

となる．この式において，複素スカラー場の寄与は式 (3.135) に一致し，電磁場に関係する部分は式 (3.215) に一致する．このようにして，ゲージ原理から正しく相互作用項が導きだされるのである．

次に，ディラック場とゲージ場の共存する系を考える．ゲージ原理によって構成されるラグランジアン密度は

$$\mathscr{L} = -\bar{\psi}(i\partial\!\!\!/ + q A\!\!\!/ + m)\psi - \frac{1}{4} F_{\mu\nu} F^{\mu\nu} \tag{3.245}$$

となる．ここからネーター・カレントの式 (3.32) および式 (3.39) を求めれば，

$$J^\mu = -q\bar{\psi}\gamma^\mu \psi \tag{3.246}$$

$$K^{\mu\nu} = -F^{\mu\nu} \tag{3.247}$$

となる．ここで式 (3.41) に対応する関係式はやはり式 (3.243) となるから，式 (3.246) のネーター・カレント J^μ は 4 元電流密度である．したがって，この場合にもゲージ不変性から保存する電荷の存在が導かれる．ネーター・カレントの式 (3.246) を用いてラグランジアン密度の式 (3.245) を書き直すと

$$\mathscr{L} = -\bar{\psi}(i\partial\!\!\!/ + m)\psi - \frac{1}{4} F_{\mu\nu} F^{\mu\nu} + J^\mu A_\mu \tag{3.248}$$

となる．電磁場に関係する部分はやはり式 (3.215) に一致する．

3.3.4 項で述べたように，ラグランジアン密度に電磁場の質量項を加えるとゲージ不変性が破れてしまう．ここで考えている具体例においては，式 (3.237) や式 (3.245) に質量項 $-(m^2/2) A^\mu A_\mu$ を加えると，ゲージ不変性が破れる．つまり，ゲージ不変性を満たすためには，必然的にゲージ場の質量をゼロにする必要がある．このため，電磁場には質量項がない．ゲージ原理は，光子の質量が厳密にゼロとなる理由にもなっているのである．

このように，ゲージ対称性は物質と電磁場の相互作用を定めるだけでなく，電荷が保存する理由や，光子の質量がゼロである理由までも自然に説明する．電磁場の場合，物質場のゲージ変換 (3.229), (3.230) は，場の各成分に対する局所的な 1 次元ユニタリ変換とみなすことができる．すなわち，ゲージ変換は群 U(1) の要素と一対一に対応する．この群は可換群であるため，そこから導かれるゲージ場を**可換ゲージ場** (Abelian gauge field) という．すなわち，電磁場は可換ゲージ場である．一方，可換でない群，すなわち非可換群に対応するゲージ変換も考えることが

でき，そこから導かれるゲージ場を**非可換ゲージ場** (non-Abelian gauge field) という．弱い相互作用や強い相互作用は非可換ゲージ場によって説明される．ゲージ変換に対応する群のことを，そのゲージ変換の**ゲージ群** (gauge group) という．

3.4.2　ヤン-ミルズ場

非可換ゲージ場には，対応する非可換群に応じていろいろな種類が考えられる．中でも，特殊ユニタリ群 SU(N) をゲージ群とする非可換ゲージ場は重要なものである．特殊ユニタリ群 SU(N) とは，行列式が 1 の $N \times N$ ユニタリ行列の集合と行列の積によって作られる群のことである．この非可換ゲージ場をとくに**ヤン-ミルズ場** (Yang-Mills field) という．標準素粒子模型ではこのゲージ場が本質的な役割を果たしている．

いま N 成分を持つ場 $\varphi_A(x)$ ($A = 1,\ldots,N$) を考える．電磁相互作用における局所ゲージ変換を拡張し，次の形の局所ゲージ変換

$$\varphi_A(x) \to \tilde{\varphi}_A(x) = U_A{}^B(x)\varphi_B(x) \tag{3.249}$$

を考える．ただし $U_A{}^B$ は行列式の値が 1 となる $N \times N$ ユニタリ行列 U の成分を表し，時空点に依存するものとする．この行列は複素数の成分を持ち，$U^\dagger U = \mathbb{1}$, $\det U = 1$ という条件を満たすため，その自由度は $2N^2 - N^2 - 1 = N^2 - 1$ である．ここで N 個の場 φ_A を要素として，

$$\varphi = \begin{pmatrix} \varphi_1 \\ \varphi_2 \\ \vdots \\ \varphi_N \end{pmatrix} \tag{3.250}$$

という記法を用いれば，式 (3.249) は

$$\varphi(x) \to \tilde{\varphi}(x) = U(x)\varphi(x) \tag{3.251}$$

と表すことができる．

ここで $\epsilon^a(x)$ ($a = 1,\ldots,N^2 - 1$) を独立な実の無限小パラメータ関数とし，また g を有限のパラメータとして，無限小変換

$$U = \mathbb{1} + ig\epsilon^a T_a \tag{3.252}$$

を考える．ただし，添字 a については上下の位置に意味はなく，重複して現れる

添字については通常通り和をとるものとする．上式に現れる $N \times N$ 行列 T_a はこの無限小変換の生成子と呼ばれる．ここで条件 $U^\dagger U = \mathbb{1}, \det U = 1$ により

$$T_a^\dagger = T_a, \quad \mathrm{Tr}\, T_a = 0 \tag{3.253}$$

が満たされる．すなわち T_a はトレースゼロのエルミート行列である．ローレンツ群の表現のところで導かれた式 (3.89) と同様にして，有限のパラメータ θ^a に対しては

$$U = \exp(ig\theta^a T_a) \tag{3.254}$$

と表すことができる．

無限小変換の式 (3.252) において，2 つの無限小変換 U_1, U_2 に対応する無限小パラメータをそれぞれ $\epsilon_1^a, \epsilon_2^a$ とする．合成変換 $U_2 U_1 U_2^{-1}$ を考えて，各無限小パラメータについて 1 次の項まで残すと，

$$U_2 U_1 U_2^{-1} = \mathbb{1} + ig\epsilon_1^a T_a + g^2 \epsilon_1^a \epsilon_2^b [T_a, T_b] \tag{3.255}$$

が得られる．ただし $[A, B] = AB - BA$ は交換子である．一方，この合成変換自体に対応する無限小パラメータを ϵ^a とすると，

$$U_2 U_1 U_2^{-1} = \mathbb{1} + ig\epsilon^a T_a \tag{3.256}$$

と表すことができる．この無限小パラメータ ϵ^a は $\epsilon_1^a, \epsilon_2^a$ の関数である．ここで $\epsilon_1^a = 0$ のとき $\epsilon^a = 0$ となり，また $\epsilon_2^a = 0$ のとき $\epsilon^a = \epsilon_1^a$ となるから，各パラメータの 1 次までの展開は一般に

$$\epsilon^a = \epsilon_1^a + g f_{bca} \epsilon_1^b \epsilon_2^c \tag{3.257}$$

という形になる．ここで係数 f_{abc} は群の構造から定まる量であり，これを群の**構造定数** (structure constant) という．式 (3.257) を式 (3.256) へ代入して，式 (3.255) と比較すると，関係式

$$[T_a, T_b] = i f_{abc} T_c \tag{3.258}$$

が得られる．

交換子については，どんな 3 つの行列や演算子についても次の恒等式

$$[T_a, [T_b, T_c]] + [T_b, [T_c, T_a]] + [T_c, [T_a, T_b]] = 0 \tag{3.259}$$

が成り立つ．式 (3.258) を式 (3.259) に代入することにより，構造定数は必ず

$$f_{ade}f_{bcd} + f_{bde}f_{cad} + f_{cde}f_{abd} = 0 \tag{3.260}$$

を満たすことがわかる．この関係式を**ヤコビ恒等式** (Jacobi identity) という．生成子 T_a は無限小ゲージ変換の基底であったから，適当に直交規格化することができる．通常は

$$\mathrm{Tr}\,(T_a T_b) = \frac{1}{2}\delta_{ab} \tag{3.261}$$

によって直交規格化する．たとえば群 SU(2) の場合，パウリ行列の 1/2 倍を生成子 $T_a = \sigma_a/2$ に選べば上の直交規格化関係を満たし，このとき式 (3.99) により 3 階完全反対称テンソル ϵ_{ijk} が構造定数となる．式 (3.261) の直交規格化のもとでは，式 (3.258) により

$$f_{abc} = -2i\,\mathrm{Tr}\,([T_a, T_b]\,T_c) = -2i\,\mathrm{Tr}\,(T_a T_b T_c - T_b T_a T_c) \tag{3.262}$$

となるので，トレースの性質 $\mathrm{Tr}(ABC) = \mathrm{Tr}(CAB)$ を用いれば f_{abc} はその添字について完全反対称であることがわかる．以下では直交規格化の式 (3.261) を採用して，断りなく構造定数の完全反対称性を用いる．

可換ゲージ場である電磁場に対して導入された共変微分の式 (3.232) は，非可換ゲージ場に拡張することができる．これを導くため，まず式 (3.251) のゲージ変換を行ったときに場の微分がどう変換されるかを見てみると，

$$\partial_\mu \varphi \to \partial_\mu \tilde{\varphi} = U\partial_\mu \varphi + (\partial_\mu U)\varphi \tag{3.263}$$

となる．そこで，場の共変微分を

$$D_\mu \varphi = (\partial_\mu - igA_\mu)\varphi \tag{3.264}$$

によって導入する．ここで A_μ は $N \times N$ 行列であり，これが非可換ゲージ場に対応する．非可換ゲージ場のゲージ変換は，場に対する共変微分の変換が

$$D_\mu \varphi \to \tilde{D}_\mu \tilde{\varphi} = UD_\mu \varphi \tag{3.265}$$

となるように定める．すなわち，演算子としての変換が $D_\mu \to \tilde{D}_\mu = UD_\mu U^{-1}$ となるように決めれば，

$$A_\mu \to \tilde{A}_\mu = UA_\mu U^{-1} + \frac{i}{g}U\partial_\mu U^{-1} \tag{3.266}$$

が得られる．

式 (3.266) の変換は，無限小変換のとき

$$A_\mu \to \tilde{A}_\mu = A_\mu + \partial_\mu \epsilon^a T_a + ig\epsilon^a [T_a, A_\mu] \tag{3.267}$$

で与えられる．ここでゲージ場 A_μ を生成子で展開することにより，

$$A_\mu = A_\mu^a T_a \tag{3.268}$$

と表す．各生成子 T_a は独立であるため，式 (3.267) の変換は係数の関係として，

$$A_\mu^a \to \tilde{A}_\mu^a = A_\mu^a + \partial_\mu \epsilon^a + gf_{abc} A_\mu^b \epsilon^c \tag{3.269}$$

と等価である．

共変微分を用いてゲージ不変なラグランジアン密度を書き表すことにより，場 φ とゲージ場 A_μ の結合が一意的に定まる．このことは電磁相互作用の場合と同様である．これに加えて，非可換ゲージ場自体のラグランジアン密度も与える必要がある．そこで**場の強度テンソル** (field strength tensor) と呼ばれる次の反対称テンソル場

$$F_{\mu\nu} = \frac{i}{g}[D_\mu, D_\nu] = \partial_\mu A_\nu - \partial_\nu A_\mu - ig[A_\mu, A_\nu] \tag{3.270}$$

を導入する．これを $F_{\mu\nu} = F_{\mu\nu}^a T_a$ と表せば，その係数は

$$F_{\mu\nu}^a = \partial_\mu A_\nu^a - \partial_\nu A_\mu^a + gf_{abc} A_\mu^b A_\nu^c \tag{3.271}$$

で与えられる．場の強度テンソルに対するゲージ変換は，共変微分の変換性により導かれ，

$$F_{\mu\nu} \to \tilde{F}_{\mu\nu} = U F_{\mu\nu} U^{-1} \tag{3.272}$$

となる．すると $\mathrm{Tr}(F_{\mu\nu} F^{\mu\nu})$ がゲージ不変な量を与える．生成子 T_a に対する直交規格化の式 (3.261) を用いると，電磁場のラグランジアン密度を非可換ゲージ場に一般化したものとして，

$$\mathscr{L} = -\frac{1}{2} \mathrm{Tr}(F_{\mu\nu} F^{\mu\nu}) = -\frac{1}{4} F_{\mu\nu}^a F_a^{\mu\nu} \tag{3.273}$$

が得られる．ただし添字 a の上下の位置には意味がなく，$F_a^{\mu\nu} = F^{a\mu\nu}$ である．この式 (3.273) が，ヤン-ミルズ場に対するラグランジアン密度である．

可換ゲージ場である電磁場の場合には，式 (3.270) の最後の項が消えるので，ラ

グランジアン密度には A_μ の 2 次の項までしか現れない．ところが非可換ゲージ場では 3 次や 4 次の項が現れる．非可換ゲージ場は，これらの高次項を通じて自己相互作用をする，という特徴を持つ．

例として，N 個のディラック場 ψ_A が，ゲージ群 SU(N) の非可換ゲージ場と結合する系を考えると，そのラグランジアン密度は

$$\mathscr{L} = -\bar{\psi}^A \left(i\gamma^\mu D_\mu - m\right)_A{}^B \psi_B - \frac{1}{4} F^a_{\mu\nu} F_a^{\mu\nu} \tag{3.274}$$

となる．ただし $\bar{\psi}^A$ は ψ_A のディラック共役である．ここで無限小ゲージ変換は式 (3.252), (3.269) により，$\bar{\delta}\psi_A = ig\epsilon^a (T_a)_A{}^B \psi_B$ および $\bar{\delta}A^a_\mu = \partial_\mu \epsilon^a + g f_{abc} A^b_\mu \epsilon^c$ である．ここから式 (3.36) の係数を読み取り，ネーター・カレントの式 (3.32) および式 (3.39) を求めれば，

$$J^\mu_a = -g\bar{\psi}^A \gamma^\mu (T_a)_A{}^B \psi_B - f_{abc} F^b_{\mu\nu} A^\nu_c \tag{3.275}$$

$$K^{\mu\nu}_a = -F^{\mu\nu}_a \tag{3.276}$$

が得られる．この式からわかるように，もし物質場がなかったとしても，保存カレント J^μ_a はゼロでない．したがって，非可換ゲージ場では，ゲージ場自身が保存荷を持つ，という特徴がある．可換ゲージ場には構造定数 f_{abc} がないので，そのような特徴はない．ここで関係式 (3.43) は，

$$J^\mu_a = \partial_\nu F^{\mu\nu}_a \tag{3.277}$$

となる．この式は電磁場のマクスウェル方程式を一般化したものになっている．

3.5 時空間の変分原理

3.5.1 幾何学量の変分

重力場に関する変分原理の準備として，ここでは幾何学量についての有用な変分公式をいくつか求めておく．はじめに，恒等式 $g_{\lambda\rho} g^{\rho\nu} = \delta^\nu_\lambda$ の両辺を変分することにより，$g_{\lambda\rho} \delta g^{\rho\nu} = -g^{\rho\nu} \delta g_{\lambda\rho}$ が得られる．ここに $g^{\mu\lambda}$ をかけて縮約をとり，ダミーの添字を適当に書き換えると，

$$\delta g^{\mu\nu} = -g^{\mu\alpha} g^{\nu\beta} \delta g_{\alpha\beta} \tag{3.278}$$

が得られる．この式から明らかなように，$\delta g_{\mu\nu}$ の添字を計量テンソルで上げ下げしてはならない．さらに式 (1.102) を用いると

$$\delta \sqrt{-g} = \frac{1}{2}\sqrt{-g}\, g^{\mu\nu}\delta g_{\mu\nu} \tag{3.279}$$

が成り立つ．また式 (3.278) により $g_{\mu\nu}\delta g^{\mu\nu} = -g^{\mu\nu}\delta g_{\mu\nu}$ となるから，上式は

$$\delta \sqrt{-g} = -\frac{1}{2}\sqrt{-g}\, g_{\mu\nu}\delta g^{\mu\nu} \tag{3.280}$$

とも表される．

計量テンソルの変分に対する共変微分を

$$\delta g_{\mu\nu;\lambda} \equiv \nabla_\lambda\left(\delta g_{\mu\nu}\right) = \delta g_{\mu\nu,\lambda} - \Gamma^\rho_{\mu\lambda}\delta g_{\rho\nu} - \Gamma^\rho_{\nu\lambda}\delta g_{\mu\rho} \tag{3.281}$$

と書く．ここで，変分と微分の順序は交換するが，変分と共変微分の順序は交換しないことに注意する．計量テンソルの共変微分はゼロだが，式 (3.281) は変分に対する共変微分を意味するので，一般にゼロではない．クリストッフェル記号を計量テンソルで表した式 (1.124) の変分をとって，式 (3.281) を用いれば，

$$\delta \Gamma^\mu_{\nu\lambda} = \frac{1}{2}g^{\mu\alpha}\left(\delta g_{\alpha\nu;\lambda} + \delta g_{\alpha\lambda;\nu} - \delta g_{\nu\lambda;\alpha}\right) \tag{3.282}$$

が示される．計量テンソルの変分はテンソルである．クリストッフェル記号はテンソルでなかったが，上式よりクリストッフェル記号の変分はテンソルであることがわかる．

式 (3.282) をさらに共変微分したものは

$$\begin{aligned}\delta \Gamma^\mu_{\nu\beta;\alpha} &\equiv \nabla_\alpha\left(\delta \Gamma^\mu_{\nu\beta}\right) = \delta \Gamma^\mu_{\nu\beta,\alpha} + \Gamma^\mu_{\lambda\alpha}\delta \Gamma^\lambda_{\nu\beta} - \Gamma^\lambda_{\nu\alpha}\delta \Gamma^\mu_{\lambda\beta} - \Gamma^\lambda_{\beta\alpha}\delta \Gamma^\mu_{\nu\lambda} \\ &= \frac{1}{2}g^{\mu\lambda}\left(\delta g_{\lambda\nu;\beta\alpha} + \delta g_{\lambda\beta;\nu\alpha} - \delta g_{\nu\beta;\lambda\alpha}\right)\end{aligned} \tag{3.283}$$

となる．これを曲率テンソルの定義式 (1.208) の変分に用いれば，

$$\delta R^\mu_{\nu\alpha\beta} = \delta \Gamma^\mu_{\nu\beta;\alpha} - \delta \Gamma^\mu_{\nu\alpha;\beta} \tag{3.284}$$

$$= \frac{1}{2}g^{\mu\lambda}\left(\delta g_{\lambda\nu;\beta\alpha} - \delta g_{\lambda\nu;\alpha\beta} + \delta g_{\lambda\beta;\nu\alpha} - \delta g_{\lambda\alpha;\nu\beta} + \delta g_{\nu\alpha;\lambda\beta} - \delta g_{\nu\beta;\lambda\alpha}\right) \tag{3.285}$$

が確かめられる．この式はそのまま縮約できるので，リッチ曲率テンソルの変分は

$$\delta R_{\mu\nu} = \delta R^\lambda{}_{\mu\lambda\nu} = \delta \Gamma^\lambda_{\mu\nu;\lambda} - \delta \Gamma^\lambda_{\mu\lambda;\nu} \tag{3.286}$$

$$= \frac{1}{2}\left(\delta g_{\lambda\mu;\nu}{}^\lambda + \delta g_{\lambda\nu;\mu}{}^\lambda - g^{\lambda\rho}\delta g_{\lambda\rho;\mu\nu} - \delta g_{\mu\nu;\lambda}{}^{;\lambda}\right) \tag{3.287}$$

と求まる.式 (3.286) はパラティニ恒等式 (Palatini identity) として知られる.最後に,スカラー曲率の変分は,式 (3.287), (3.278) を用いて

$$\delta R = g^{\mu\nu}\delta R_{\mu\nu} + R_{\mu\nu}\delta g^{\mu\nu} \tag{3.288}$$

$$= \delta g_{\mu\nu}{}^{;\mu\nu} - g^{\mu\nu}\delta g_{\mu\nu;\lambda}{}^{;\lambda} + R_{\mu\nu}\delta g^{\mu\nu} = \delta g_{\mu\nu}{}^{;\mu\nu} - g^{\mu\nu}\delta g_{\mu\nu;\lambda}{}^{;\lambda} - R^{\mu\nu}\delta g_{\mu\nu} \tag{3.289}$$

と計算できる.また,式 (3.280), (3.286), (3.288) により

$$\delta\left(\sqrt{-g}R\right) = \sqrt{-g}\left(R_{\mu\nu} - \frac{1}{2}g_{\mu\nu}R\right)\delta g^{\mu\nu} + \sqrt{-g}\left(g^{\mu\nu}\delta\Gamma^\lambda_{\mu\nu;\lambda} - \delta\Gamma^\lambda_{\mu\lambda}{}^{;\mu}\right) \tag{3.290}$$

が得られる.

3.5.2 重力場に対する最小作用の原理

　上に導いた幾何学量の変分公式を用いて,アインシュタイン方程式が変分原理から求められることを確かめる.アインシュタイン方程式には,計量テンソルの微分が 2 階までしか含まれない.これが重力場の作用積分の変分から求められるためには,重力場のラグランジアン密度が微分を 3 階以上含む項があってはならない.そのようなスカラー量として簡単に考えられるのは,単なる定数およびスカラー曲率 R の 2 つである.そこで,重力場のラグランジアン密度の候補として $\alpha R + \beta$ (α, β は定数) という形が考えられる.物質場のラグランジアン密度 $\mathscr{L}_\mathrm{m}$ に対する作用積分を

$$S_\mathrm{m} = \int d^4x \sqrt{-g}\,\mathscr{L}_\mathrm{m} \tag{3.291}$$

とすれば,重力場と物質場を含む全体の作用積分として,

$$S = \int d^4x \sqrt{-g}\,(\alpha R + \beta) + S_\mathrm{m} \tag{3.292}$$

という形が候補となる.この作用積分の $g^{\mu\nu}$ による変分は式 (3.280), (3.290) を用いて計算できる.変分原理では境界を固定して変分をとるから,式 (1.187) のガウスの定理を適用して表面項となる項が変分に寄与しないことに注意すると,

$$\frac{\delta S}{\delta g^{\mu\nu}} = \sqrt{-g}\left[\alpha\left(R_{\mu\nu} - \frac{1}{2}g_{\mu\nu}R\right) - \frac{\beta}{2}g_{\mu\nu}\right] + \frac{\delta S_\mathrm{m}}{\delta g^{\mu\nu}} \tag{3.293}$$

が得られる.

作用積分が停留値となる条件により，式 (3.293) の右辺をゼロとして運動方程式が得られる．その方程式は宇宙項を含むアインシュタイン方程式 (1.240) に帰着するはずである．実際，未定の定数の間に $\beta/\alpha = -2\Lambda$ の関係があり，また対称エネルギー運動量テンソルが

$$T_{\mu\nu} = -\frac{1}{8\pi G \alpha} \frac{1}{\sqrt{-g}} \frac{\delta S_\mathrm{m}}{\delta g^{\mu\nu}} \tag{3.294}$$

であれば，完全にアインシュタイン方程式に一致する．

ここで未定の係数 α を決めるには，具体的な物質場のエネルギー運動量テンソルの形を調べてみればよい．そこで簡単な実スカラー自由場を考える．平坦時空上の式 (3.125) を一般の曲がった時空上に拡張した，

$$\mathscr{L}_\mathrm{m} = -\frac{1}{2}\left(g^{\mu\nu}\nabla_\mu\phi\,\nabla_\nu\phi + m^2\phi^2\right) \tag{3.295}$$

がこの場合のラグランジアン密度である．ここから式 (3.294) を計算すると，

$$T_{\mu\nu} = \frac{1}{16\pi G\alpha}\left[\nabla_\mu\phi\,\nabla_\nu\phi + g_{\mu\nu}\mathscr{L}_\mathrm{m}\right] \tag{3.296}$$

となる．一方，ラグランジアン密度の式 (3.295) を，正準エネルギー運動量テンソルの式 (3.27) へ入れて，さらに最初の添字を下に降ろせば，

$$\Theta_{\mu\nu} = \nabla_\mu\phi\nabla_\nu\phi + g_{\mu\nu}\mathscr{L}_\mathrm{m} \tag{3.297}$$

が得られる．このエネルギー運動量テンソルは添字の交換について対称であるから，式 (3.296) に一致するはずである．このことから定数が $\alpha = 1/16\pi G$ と決まる．この係数 α は物質場によらない普遍的なものであるから，自由スカラー場でない一般の物質場がある場合でも，同じ値をとるべきである．

したがって，対称エネルギー運動量テンソルの式 (3.294) は

$$T_{\mu\nu} = \frac{-2}{\sqrt{-g}}\frac{\delta S_\mathrm{m}}{\delta g^{\mu\nu}} \tag{3.298}$$

となる．式 (3.278) を用いると，$\delta/\delta g^{\mu\nu} = -g_{\mu\alpha}g_{\nu\beta}\delta/\delta g_{\alpha\beta}$ が導かれるので，式 (3.298) の添字を上げたものは

$$T^{\mu\nu} \equiv \frac{2}{\sqrt{-g}}\frac{\delta S_\mathrm{m}}{\delta g_{\mu\nu}} \tag{3.299}$$

となる．ここで物質場のラグランジアン密度 $\mathscr{L}_\mathrm{m}$ が計量テンソルの微分を含んでいなければ，式 (3.291) を汎関数微分することにより，

$$T_{\mu\nu} = -2\frac{\partial \mathscr{L}_\mathrm{m}}{\partial g^{\mu\nu}} + g_{\mu\nu}\mathscr{L}_\mathrm{m} \tag{3.300}$$

が得られる.

さらに $\beta = -2\Lambda\alpha = -\Lambda/8\pi G$ となるから,作用積分 (3.292) は結局,

$$S = \frac{1}{16\pi G}\int d^4x\,\sqrt{-g}\,(R - 2\Lambda) + \int d^4x\,\sqrt{-g}\,\mathscr{L}_\mathrm{m} \tag{3.301}$$

で与えられることがわかる.重力場の作用積分である右辺第 1 項を,アインシュタイン-ヒルベルト作用 (Einstein-Hilbert action) という.

3.5.3 一般座標変換とエネルギー運動量テンソル

一般の曲がった時空上における物質場の作用積分

$$S_\mathrm{m} = \int d^4x\,\sqrt{-g}\,\mathscr{L}_\mathrm{m} \tag{3.302}$$

を考え,これが一般座標変換に対して不変であるとする.一般座標変換は時空座標の値を場所ごとに付け替える変換であるから,その無限小変換は

$$x^\mu \to \tilde{x}^\mu = x^\mu - \epsilon\xi^\mu(x) \tag{3.303}$$

と表される.ここで関数 $\xi^\mu(x)$ は座標 x に依存する任意の 4 元ベクトル場であり,変数 ϵ は場所に依存しない無限小パラメータとする.この変換は式 (1.148) に等しいから,式 (1.157) のリー微分を用いることにより,計量テンソル $g_{\mu\nu}$ の同一座標点での変分は,

$$\delta g_{\mu\nu} = \epsilon\mathscr{L}_\xi g_{\mu\nu} = \epsilon\left[\xi_{\mu;\nu} + \xi_{\nu;\mu}\right] \tag{3.304}$$

で与えられる.

物質場の作用積分 S_m の変分は,

$$\delta S_\mathrm{m} = \int d^4x\left[\frac{\delta S_\mathrm{m}}{\delta g_{\mu\nu}}\delta g_{\mu\nu} + \frac{\delta S_\mathrm{m}}{\delta\varphi_A}\delta\varphi_A\right] \tag{3.305}$$

と表される.被積分関数の第 2 項は,場のオイラー-ラグランジュ方程式 $\delta S_\mathrm{m}/\delta\varphi_A = 0$ により恒等的にゼロである.そこで第 1 項に式 (3.304) を代入し,計量テンソルの添字が対称であることを用いれば,

$$\delta S_\mathrm{m} = 2\epsilon\int d^4x\,\frac{\delta S_\mathrm{m}}{\delta g_{\mu\nu}}\xi_{\mu;\nu} \tag{3.306}$$

を得る.

ここで対称エネルギー運動量テンソルの式 (3.299) を用いれば，式 (3.306) は

$$\delta S_{\mathrm{m}} = \epsilon \int d^4 x \sqrt{-g}\, T^{\mu\nu} \xi_{\mu;\nu} \tag{3.307}$$

と書き直せる．ここで恒等式

$$T^{\mu\nu} \xi_{\mu;\nu} = \nabla_\nu \left(T^{\mu\nu} \xi_\mu \right) - T^{\mu\nu}{}_{;\nu} \xi_\mu \tag{3.308}$$

および式 (1.187) のガウスの定理を用いると，

$$\delta S_{\mathrm{m}} = \epsilon \int_{\partial V} T^{\mu\nu} \xi_\mu d\Sigma_\nu - \epsilon \int d^4 x \sqrt{-g}\, T^{\mu\nu}{}_{;\nu} \xi_\mu \tag{3.309}$$

が得られる．ただし ∂V は作用積分の 3 次元境界である．物質の作用積分が一般座標変換に関して不変に保たれるならば，$\delta S_{\mathrm{m}} = 0$ が任意の関数 $\xi^\mu(x)$ について成り立つ．境界上の座標を固定すれば，上式の第 1 項は寄与しない．このとき第 2 項が ξ^μ の関数形によらずゼロになる条件から，

$$T^{\mu\nu}{}_{;\nu} = 0 \tag{3.310}$$

が成り立つ．これは式 (1.227) のエネルギー運動量保存則に等しい．つまり，物質場の一般座標変換不変性が，エネルギー運動量保存則を成り立たせているのである．

第4章

場の量子化

前章では,相対性理論と両立する古典場について述べた.現代物理学において,素粒子はもはや古典物理学において考えられたような単なる点粒子ではない.粒子性と波動性という,一見相反する性質を同時に併せ持つ存在である.このような二重性は,量子化された場の理論によって物理的に記述される.さまざまな種類の素粒子には対応する古典的な場が考えられる.古典場は空間的に広がった存在であるが,量子化することによって粒子的な性質が記述できるようになる.本章では平坦時空上の場を考える.

4.1 自由場の量子化 I:実スカラー場の例

4.1.1 正準量子化

最初に,もっとも簡単な場である自由実スカラー場の量子化を例にとり,場の量子化の手続きを具体的に説明する.一般に量子化とは,古典的な正準変数を演算子とみなして,それらに対する同時刻ポアソン括弧を同時刻交換関係の $i\hbar$ 倍(本書では自然単位を用いているので $i\hbar = i$)で置き換える手続きである.

自由な実スカラー場 $\phi(x)$ のラグランジアン密度は,式 (3.125) に与えられたように

$$\mathscr{L} = -\frac{1}{2}\left(\partial^\mu \phi \partial_\mu \phi + m^2 \phi^2\right) \tag{4.1}$$

である.展開式 (3.131) を用いると,場の共役運動量変数 $\pi(x)$ は,

$$\pi(x) = \frac{\delta L}{\delta \dot\phi(x)} = \frac{\partial \mathscr{L}}{\partial \dot\phi}(x) = \dot\phi(x) = -\frac{i}{2}\int \frac{d^3k}{(2\pi)^3}\left[a(\boldsymbol{k})e^{ik\cdot x} - a^*(\boldsymbol{k})e^{-ik\cdot x}\right] \tag{4.2}$$

である.ただし,変数の上につけたドットは時間微分を表す.上の例では,$\dot\phi =$

$\partial_0\phi = \partial\phi/\partial t$ である．同時刻ポアソン括弧は一般に式 (3.72), (3.73) で与えられる．したがって，その量子化規則は

$$[\phi(\boldsymbol{x},t),\phi(\boldsymbol{y},t)] = [\pi(\boldsymbol{x},t),\pi(\boldsymbol{y},t)] = 0 \tag{4.3}$$

$$[\phi(\boldsymbol{x},t),\pi(\boldsymbol{y},t)] = i\delta_{\mathrm{D}}^3(\boldsymbol{x}-\boldsymbol{y}) \tag{4.4}$$

となる．これらの場は演算子とみなされて，状態空間に作用する．

平坦時空上において，実スカラー場のラグランジアン密度 (4.1) からハミルトニアン (3.66) を求めると，

$$H = \frac{1}{2}\int d^3x\left[\pi^2 + (\boldsymbol{\nabla}\phi)^2 + m^2\phi^2\right] \tag{4.5}$$

となる．ハイゼンベルク描像を採用すると，演算子の時間変化はハイゼンベルク方程式

$$\dot{\phi} = -i[\phi,H] = \pi \tag{4.6}$$

$$\dot{\pi} = -i[\pi,H] = \triangle\phi - m^2\phi \tag{4.7}$$

で与えられる．これらの式からただちに，演算子としての場 ϕ も古典的な運動方程式であるクライン-ゴルドン方程式

$$\left(\Box - m^2\right)\phi = 0 \tag{4.8}$$

を満たすことがわかる．

したがって，運動方程式の解の完全系によるモード展開 (3.131) は量子化された場にも同様に適用できる．その展開は

$$\phi(x) = \int\frac{d^3k}{(2\pi)^3 2k^0}\left[a(\boldsymbol{k})e^{ik\cdot x} + a^\dagger(\boldsymbol{k})e^{-ik\cdot x}\right] \tag{4.9}$$

となる．ただし，この場合の展開係数 $a(\boldsymbol{k})$ は演算子であり，古典場の展開式 (3.131) における複素共役 $a^*(\boldsymbol{k})$ はエルミート共役演算子 $a^\dagger(\boldsymbol{k})$ に置き換わっている．また，$k^0 = (|\boldsymbol{k}|^2 + m^2)^{1/2}$ である．古典的な実スカラー場が実数であることに対応して，量子化された実スカラー場は実数固有値を持つエルミート演算子となり，$\phi^\dagger = \phi$ を満たす．式 (3.141) のスカラー積と基本モードの直交関係 (3.142)-(3.144) により，

$$a(\bm{k}) = \left(\phi(x), e^{ik\cdot x}\right) = \int d^3x \left[k^0 \phi(x) + i\pi(x)\right] e^{-ik\cdot x} \tag{4.10}$$

$$a^\dagger(\bm{k}) = \left(\phi(x), e^{-ik\cdot x}\right) = \int d^3x \left[k^0 \phi(x) - i\pi(x)\right] e^{ik\cdot x} \tag{4.11}$$

が時刻によらず成り立つ．交換関係の式 (4.3), (4.4) により，どの時刻で場を量子化しようとも，上の演算子の交換関係は

$$\begin{aligned}\left[a(\bm{k}), a^\dagger(\bm{k}')\right] &= (2\pi)^3 2k^0 \delta_{\mathrm{D}}^3(\bm{k} - \bm{k}') \\ \left[a(\bm{k}), a(\bm{k}')\right] &= \left[a^\dagger(\bm{k}), a^\dagger(\bm{k}')\right] = 0\end{aligned} \tag{4.12}$$

となる．この交換関係は，最初に設定した場の交換関係 (4.3), (4.4) と等価である．

4.1.2 フォック空間

次に，場の演算子が作用する状態空間を調べる．そのためには，連続変数である波数ベクトル $\bm{k}$ を離散化して考えるとわかりやすい．そこで，一辺の長さが L で体積が $V = L^3$ の立方体を考え，周期境界条件を満たすものとする．現実の空間は $L \to \infty$ の極限に対応する．周期境界条件により，波数ベクトルの各座標成分は $2\pi n/L$ ($n = 0, 1, 2, \ldots$) という離散化した値だけをとる．すると，波数の各成分が隣り合う間隔は $\Delta k = 2\pi/L$ であるから，波数空間の体積素片は $d^3k \leftrightarrow (2\pi)^3/V$ と対応する．したがって，連続的な波数空間における 3 次元積分およびデルタ関数を，離散化した波数空間の言葉で表すと，

$$\int \frac{d^3k}{(2\pi)^3} \leftrightarrow \frac{1}{V} \sum_{\bm{k}} \tag{4.13}$$

$$(2\pi)^3 \delta_{\mathrm{D}}^3(\bm{k} - \bm{k}') \leftrightarrow V \delta_{\bm{k},\bm{k}'} \tag{4.14}$$

という対応関係になる．ここで $\delta_{\bm{k},\bm{k}'}$ はクロネッカー記号であり，離散化した波数ベクトルについて

$$\delta_{\bm{k},\bm{k}'} = \begin{cases} 1 & (\bm{k} = \bm{k}') \\ 0 & (\bm{k} \neq \bm{k}') \end{cases} \tag{4.15}$$

と定義される量である．

さらに，連続的な演算子 $a(\bm{k}), a^\dagger(\bm{k})$ を便宜的に

$$a(\bm{k}) \leftrightarrow \sqrt{2k^0 V}\, a_{\bm{k}}, \quad a^\dagger(\bm{k}) \leftrightarrow \sqrt{2k^0 V}\, a_{\bm{k}}^\dagger \tag{4.16}$$

という対応により離散的な演算子 $a_k, a_k^\dagger$ で書き表すことにすると，展開 (4.9) は

$$\phi(x) = \frac{1}{\sqrt{V}} \sum_k \frac{1}{\sqrt{2k^0}} \left(a_k e^{ik\cdot x} + a_k^\dagger e^{-ik\cdot x} \right) \tag{4.17}$$

となる．また，交換関係 (4.12) は

$$\left[a_k, a_{k'}^\dagger \right] = \delta_{k,k'} \tag{4.18}$$

$$[a_k, a_{k'}] = \left[a_k^\dagger, a_{k'}^\dagger \right] = 0 \tag{4.19}$$

となる．これを見ると，異なる波数モードの演算子はすべて交換し，さらに各モードの演算子は調和振動子に対する昇降演算子と同等の交換関係を満たしている．したがって，各波数モードごとの量子的な状態空間は，調和振動子のヒルベルト空間と等価である．各波数モードに対応するヒルベルト空間の直積空間をとったものが，全体の状態空間を与える．以下では，昇降演算子を用いた調和振動子の量子化を振り返り，ヒルベルト空間の構成法を与える．

まず，ある1つのモード k に着目し，

$$\hat{n}_k = a_k^\dagger a_k \tag{4.20}$$

という演算子を定義する．ここからしばらく1つの波数モードのみを考え，添字 k を省略する．この演算子 $\hat{n} = a^\dagger a$ は明らかにエルミートであるから，その固有値は実数である．さらにその固有値は負でない整数 $0, 1, 2, \ldots$ であることが以下のように示される．

はじめに，演算子 $\hat{n}$ の固有値 ξ に対応する固有状態ベクトルを $|\xi\rangle$ とすると，

$$\hat{n} |\xi\rangle = \xi |\xi\rangle \tag{4.21}$$

である．状態ベクトル $|\xi\rangle, a|\xi\rangle$ のノルムは正またはゼロであることと

$$\langle \xi | a^\dagger a | \xi \rangle = \xi \langle \xi | \xi \rangle \tag{4.22}$$

により，$\xi \geq 0$ であることがわかる．ここで交換関係 $[a, a^\dagger] = 1$ により $\hat{n} a = a^\dagger a a = (a a^\dagger - 1) a = a(\hat{n} - 1)$ となるから，

$$\hat{n} a |\xi\rangle = (\xi - 1) a |\xi\rangle \tag{4.23}$$

が得られる．すなわち，$a|\xi\rangle$ も $\hat{n}$ の固有状態ベクトルであり，その固有値は $\xi - 1$ である．すなわち，演算子 a が作用することにより，演算子 $\hat{n}$ に関する固有状態

ベクトルの固有値を 1 だけ減らす．ここでもし ξ が整数でなければ，演算子 a を何度も $|\xi\rangle$ に作用させることによって，負の固有値を持つ固有状態ベクトルを作り出すことができてしまう．これは上で導いた固有値の正値性に矛盾する．したがって背理法により $\hat{n}$ の固有値は負でない整数 $\xi = 0, 1, 2, \ldots$ である．また，式 (4.23) を導いたのと同様にして

$$\hat{n} a^\dagger |\xi\rangle = (\xi + 1) a^\dagger |\xi\rangle \tag{4.24}$$

を示すことができる．したがって状態ベクトル $a^\dagger |\xi\rangle$ も $\hat{n}$ の固有状態ベクトルであり，演算子 $a^\dagger$ は固有値を 1 だけ増やす働きをする．

固有値の最低値 $\xi = 0$ に対応する固有状態ベクトルを $|0\rangle$ と書くこととし，$\langle 0|0\rangle = 1$ と規格化されているものとする．この状態ベクトルは

$$a|0\rangle = 0 \tag{4.25}$$

を満たす．なぜなら，式 (4.22) により左辺のノルムはゼロだからである．この最低固有値に属する固有状態ベクトルに演算子 $a^\dagger$ を n 回作用させれば固有値 n に対応する固有状態ベクトル $|n\rangle$ が作られる．その規格化を $\langle n|n\rangle = 1$ と選べば，

$$|n\rangle = \frac{1}{\sqrt{n!}} \left(a^\dagger\right)^n |0\rangle \tag{4.26}$$

となる．右辺の規格化因子は交換関係 $[a, a^\dagger] = 1$ を繰り返し使うことにより導かれる．エルミート演算子 $\hat{n}$ の固有状態ベクトル $|n\rangle$ $(n = 0, 1, 2, \ldots)$ を基底として張られるヒルベルト空間が，各波数モードの状態空間となる．

以上のように得られた状態空間に対して，すべての波数モードについての直積をとれば，実スカラー場の量子的状態空間の全体が構成される．すると，この状態空間の基底は

$$|n_1, n_2, \ldots\rangle = \frac{1}{\sqrt{n_1! n_2! \cdots}} \left(a_{k_1}^\dagger\right)^{n_1} \left(a_{k_2}^\dagger\right)^{n_2} \cdots |0\rangle \tag{4.27}$$

で与えられる．ここで基底状態 $|0\rangle$ はすべての波数モード k について $a_k |0\rangle = 0$ を満たす状態と定義する．式 (4.27) の基底を**フォック基底** (Fock base) という．そして，フォック基底全体が張る線形空間を**フォック空間** (Fock space) という．フォック空間は量子化された自由場に対する状態空間を与えている．

4.1.3 エネルギーの真空期待値と正規順序

場の全 4 元運動量 P_μ は，一般的に式 (3.55) で与えられた．量子化された場につ

いては，この量も演算子となる．いま考えている平坦時空上の実スカラー場に対してこれを求めると，

$$P^\mu = \int d^3x \left[\partial^0 \phi(x) \partial^\mu \phi(x) + \eta^{\mu 0} \mathscr{L} \right]$$
$$= \frac{1}{2} \int \frac{d^3k}{(2\pi)^3 2k^0} k^\mu \left[a^\dagger(\boldsymbol{k}) a(\boldsymbol{k}) + a(\boldsymbol{k}) a^\dagger(\boldsymbol{k}) \right] \tag{4.28}$$

となる．最後の表式を離散化した波数ベクトルの和で書き直して，さらに交換関係 (4.18) を使うと，

$$P^\mu = \frac{1}{2} \sum_{\boldsymbol{k}} k^\mu \left(a_{\boldsymbol{k}}^\dagger a_{\boldsymbol{k}} + a_{\boldsymbol{k}} a_{\boldsymbol{k}}^\dagger \right) = \sum_{\boldsymbol{k}} k^\mu \left(\hat{n}_{\boldsymbol{k}} + \frac{1}{2} \right) \tag{4.29}$$

が得られる．

空間成分 $\mu = 1, 2, 3$ に対しては，対称性から $\sum_{\boldsymbol{k}} \boldsymbol{k} = 0$ である．したがって式 (4.29) の最右辺における $1/2$ の項は運動量に寄与しない．このことに注意して，フォック基底である固有状態 (4.27) に式 (4.29) の空間成分を作用させてみると，

$$\boldsymbol{P} |n_1, n_2, \ldots\rangle = (n_1 \boldsymbol{k}_1 + n_2 \boldsymbol{k}_2 + \cdots) |n_1, n_2, \ldots\rangle \tag{4.30}$$

となる．したがって，3次元運動量 $\boldsymbol{k}_1, \boldsymbol{k}_2, \ldots$ を持つ粒子がそれぞれ $n_1, n_2, \ldots$ 個ずつある状態が固有状態 $|n_1, n_2, \ldots\rangle$ に対応している，という解釈が成り立つ．ここで，演算子 $\hat{n}_{\boldsymbol{k}}$ は，運動量 $\boldsymbol{k}$ を持つ粒子の個数に対応する演算子だと解釈されて，**個数演算子** (number operator) と呼ばれる．基底状態 $|0\rangle$ は粒子が 1 つもない真空状態に対応する．また，演算子 $a_{\boldsymbol{k}}$ は運動量 $\boldsymbol{k}$ を持つ粒子の個数を 1 つ減らす演算子と解釈されて，**消滅演算子** (annihilation operator) と呼ばれる．さらに，演算子 $a_{\boldsymbol{k}}^\dagger$ は粒子の個数を 1 つ増やす演算子と解釈されて，**生成演算子** (creation operator) と呼ばれる．このように，場を量子化することによって粒子的な描像が現れてくるのである．

一方，式 (4.29) の時間成分は場の全エネルギーを表すが，k^0 が正の量なので最後の $1/2$ の項も消えずに残ってしまう．このことは，真空状態 $|0\rangle$ に対してもエネルギーが残ってしまうことを意味する．これは調和振動子のゼロ点振動エネルギーに対応し，それが波数モードごとに寄与することで真空エネルギーとなる．ここで $\langle 0 | \hat{n}_{\boldsymbol{k}} | 0 \rangle = 0$ であるから，単位体積あたりの真空エネルギー密度の期待値は

$$\frac{1}{V}\langle 0|P^0|0\rangle = \frac{1}{2V}\sum_{\bm{k}} k^0 = \frac{1}{2}\int\frac{d^3k}{(2\pi)^3}\sqrt{|\bm{k}|^2+m^2} \tag{4.31}$$

となる．ただし最後の式では，離散的な波数ベクトルの和を連続積分で表し直した．この積分は明らかに発散している．これが 2.3.7 項で述べた，宇宙定数問題を引き起こしている式である．真空のエネルギーの期待値が発散量になるのは奇妙であるが，特殊相対性理論の枠内で考える限り，このこと自体は観測可能な効果を及ぼさない．

そこで，エネルギーの原点をずらすことによって，真空エネルギーの期待値がゼロになるようにすることを考える．真空期待値を引き去った 4 元運動量 $P^\mu - \langle 0|P^\mu|0\rangle$ を改めて P^μ と定義すれば，

$$P^\mu = \sum_{\bm{k}} k^\mu a_{\bm{k}}^\dagger a_{\bm{k}} = \int\frac{d^3k}{(2\pi)^3 2k^0} k^\mu a^\dagger(\bm{k})a(\bm{k}) \tag{4.32}$$

となる．この処方箋のもとでは $\langle 0|P^0|0\rangle = 0$ となって真空エネルギーは現れない．式 (3.65) により，このときのハミルトニアンは

$$H = -P_0 = P^0 = \sum_{\bm{k}} k^0 a_{\bm{k}}^\dagger a_{\bm{k}} = \frac{1}{2}\int\frac{d^3k}{(2\pi)^3} a^\dagger(\bm{k})a(\bm{k}) \tag{4.33}$$

で与えられる．

上の処方箋では，発散する真空エネルギーを消し去るため，後から都合のよいように手でエネルギーの基準値を変えてしまった．この手続きは正統化できるのだろうか．上に現れてきたエネルギーの発散項は，もともと生成消滅演算子の交換関係から生じている．一方，古典論の段階ではすべての物理量が交換するので，モード係数 $a(\bm{k})$, $a^*(\bm{k})$ の順序は問われない．式 (4.28) において生成演算子と消滅演算子の順序を自由に交換しても，対応する古典量は同じである．つまり，演算子の順序を古典論の段階でどうとっておくかに応じて，量子論で生じる真空エネルギーの値には不定性がある．古典論の段階で最初に $a^*(\bm{k})a(\bm{k})$ という順序で表しておき，その表式を量子化するのであれば，真空エネルギーは現れない．

そこで，場の積については必ず生成演算子を消滅演算子の左に配置して量子化するものと約束しておけば，真空エネルギーの問題は現れない．この約束における生成消滅演算子の積の順序を**正規順序** (normal ordering) という．正規順序はコロンで囲まれた記号 : ⋯ : で表される．上に考えた例において，真空エネルギーを差し

引いた4元運動量は

$$P^\mu = \frac{1}{2}\sum_k k^\mu : \left(a_k^\dagger a_k + a_k a_k^\dagger\right): \tag{4.34}$$

と表される．このように，正規順序の規約をとれば場の演算子に対する真空期待値は必ずゼロになる．

正規順序の規約が人為的なものであることに変わりはないが，理論に矛盾がない限りこの規約を適用して進めてもよいだろう．特殊相対性理論の枠内では，真空のエネルギーの絶対値自体は観測量でなく，素粒子反応実験の予言などにおいて問題になることはない．もちろん，一般相対性理論を考えに入れると概念的な問題になり得ることは，2.3.7項で述べた通りである．

正規順序の規約のもとで，4元運動量演算子をフォック基底に作用させると

$$P^\mu |n_1, n_2, \ldots\rangle = (n_1 k_1^\mu + n_1 k_2^\mu + \cdots)|n_1, n_2, \ldots\rangle \tag{4.35}$$

となる．つまりフォック基底は，4元運動量 $k_1^\mu, k_2^\mu, \ldots$ を持つ粒子がそれぞれ $n_1, n_2, \ldots$ 個ずつ存在している状態，という意味を持つ．このように簡明な解釈が可能なのは，ラグランジアンが場の2次の量だけで書かれる自由場を考えているためで，運動方程式が場に関する線形方程式であることが本質的である．一般に相互作用のある系では，運動方程式に非線形項が現れて，こうした簡明な描像を得ることは難しくなる．

4.1.4 一般の時空点における交換関係

最後に，一般の時空点の間に成り立つ場の交換関係を導いておく．自由場の平面波展開の式 (4.9) を使えば，直線的な計算により

$$[\phi(x), \phi(y)] = \int \frac{d^3k}{(2\pi)^3 2k^0}\left(e^{ik\cdot(x-y)} - e^{-ik\cdot(x-y)}\right) \equiv i\Delta_\mathrm{D}(x-y) \tag{4.36}$$

が得られる．この関数 $\Delta_\mathrm{D}(x)$ を**ローレンツ不変デルタ関数** (Lorentz invariant delta function) と呼ぶ．ここで次の符号関数

$$\epsilon(k^0) = \Theta(k^0) - \Theta(-k^0) = \begin{cases} 1 & (k^0 > 0) \\ 0 & (k^0 = 0) \\ -1 & (k^0 < 0) \end{cases} \tag{4.37}$$

を定義する．ただし Θ は式 (3.133) の階段関数である．式 (3.132) を用いると，式 (4.36) は

$$\varDelta_{\mathrm{D}}(x) = -i\int \frac{d^3k}{(2\pi)^3 2k^0}\left(e^{ik\cdot x} - e^{-ik\cdot x}\right) = -i\int \frac{d^4k}{(2\pi)^3}\epsilon(k^0)\delta_{\mathrm{D}}(k^2+m^2)e^{ik\cdot x} \quad (4.38)$$

と表されるので，この関数はローレンツ不変な奇関数である．

また x^μ が空間的ベクトルのときは $\varDelta_{\mathrm{D}}(x) = 0$ となる．このことは以下のように示される．まず，空間的ベクトル x^μ はローレンツ変換 $x^\mu \to \tilde{x}^\mu$ によって必ず時間成分をゼロ $\tilde{x}^0 = 0$ とすることができる．さらにローレンツ変換の一種である座標回転により，座標値 $(0, \tilde{x})$ を座標値 $(0, -\tilde{x}')$ に移すことができる．ローレンツ不変性と奇関数であることにより

$$\varDelta_{\mathrm{D}}(x) = \varDelta_{\mathrm{D}}(0, \tilde{x}) = \varDelta_{\mathrm{D}}(0, -\tilde{x}') = -\varDelta_{\mathrm{D}}(0, \tilde{x}') = -\varDelta_{\mathrm{D}}(x) \quad (4.39)$$

となるから，結局ゼロであることがわかる．これは微視的な因果律を表す．ある 2 点間の相対座標が空間的なとき，それらの点は因果関係を持たない．この場合，量子論的な物理量はお互いに干渉しあうことがなく，場の量が可換になる．

また定義からわかるように，ローレンツ不変デルタ関数はクライン–ゴルドン方程式を満たす．さらに $x^0 = 0$ において

$$\varDelta_{\mathrm{D}}(x)|_{x^0=0} = 0, \qquad \left.\frac{\partial \varDelta_{\mathrm{D}}(x)}{\partial x^0}\right|_{x^0=0} = -\delta_{\mathrm{D}}^3(x) \quad (4.40)$$

を満たす．

4.2 自由場の量子化 II：その他の場

4.2.1 複素スカラー場

実スカラー場における量子化の手続きは，他の場についてもほぼ同様に適用できる．複素スカラー場の場合，実スカラー場にない特徴として，保存荷を持つという性質がある．複素場は 2 自由度を持つので φ とその複素共役 φ^* を独立変数として扱うことにする．自由場のラグランジアン密度は式 (3.135) に与えられるように，

$$\mathscr{L} = -\partial^\mu \varphi^* \partial_\mu \varphi - m^2 \varphi^* \varphi \quad (4.41)$$

である．場 φ, φ^* に対応する共役運動量変数はそれぞれ，

4.2 自由場の量子化 II：その他の場 | 171

である．

$$\pi(x) = \frac{\partial \mathscr{L}}{\partial \dot{\varphi}} = \dot{\varphi}^*, \quad \pi^*(x) = \frac{\partial \mathscr{L}}{\partial \dot{\varphi}^*} = \dot{\varphi} \tag{4.42}$$

である．その量子化規則は

$$[\varphi(\boldsymbol{x},t),\pi(\boldsymbol{y},t)] = \left[\varphi^\dagger(\boldsymbol{x},t),\pi^\dagger(\boldsymbol{y},t)\right] = i\delta_\mathrm{D}^3(\boldsymbol{x}-\boldsymbol{y}) \tag{4.43}$$

であり，他の組み合わせはすべて交換する．場の平面波展開

$$\varphi(x) = \int \frac{d^3k}{(2\pi)^3 2k^0} \left[a(\boldsymbol{k})e^{ik\cdot x} + b^\dagger(\boldsymbol{k})e^{-ik\cdot x}\right] \tag{4.44}$$

$$\varphi^\dagger(x) = \int \frac{d^3k}{(2\pi)^3 2k^0} \left[b(\boldsymbol{k})e^{ik\cdot x} + a^\dagger(\boldsymbol{k})e^{-ik\cdot x}\right] \tag{4.45}$$

により，生成消滅演算子の交換関係は

$$\left[a(\boldsymbol{k}),a^\dagger(\boldsymbol{k}')\right] = \left[b(\boldsymbol{k}),b^\dagger(\boldsymbol{k}')\right] = (2\pi)^3 2k^0 \delta_\mathrm{D}^3(\boldsymbol{k}-\boldsymbol{k}') \tag{4.46}$$

となる．他の組み合わせはすべて交換する．場の自由度が2であることに対応して2種類の生成消滅演算子が現れる．この場合の基底状態 $|0\rangle$ は，すべての $\boldsymbol{k}$ について

$$a(\boldsymbol{k})|0\rangle = b(\boldsymbol{k})|0\rangle = 0 \tag{4.47}$$

を満たすものと定義される．正規順序を考慮した全4元運動量は

$$\begin{aligned}P^\mu &= \int d^3x : \left(\partial^0\varphi^\dagger \partial^\mu\varphi + \partial^0\varphi \partial^\mu\varphi^\dagger + \eta^{0\mu}\mathscr{L}\right): \\ &= \int \frac{d^3k}{(2\pi)^3 2k^0} k^\mu \left[a^\dagger(\boldsymbol{k})a(\boldsymbol{k}) + b^\dagger(\boldsymbol{k})b(\boldsymbol{k})\right]\end{aligned} \tag{4.48}$$

となる．

次に式 (3.137) のネーター・カレントを考える．これについても場を演算子で置き換えてから正規順序をとると，

$$J^\mu = i : \left(\varphi \partial^\mu \varphi^\dagger - \varphi^\dagger \partial^\mu \varphi\right): \tag{4.49}$$

となる．この場合の保存荷 (3.138) を生成消滅演算子で表せば

$$Q = i\int d^3x : \left(\varphi^\dagger \dot{\varphi} - \dot{\varphi}^\dagger \varphi\right): = \int \frac{d^3k}{(2\pi)^3 2k^0} \left[a^\dagger(\boldsymbol{k})a(\boldsymbol{k}) - b^\dagger(\boldsymbol{k})b(\boldsymbol{k})\right] \tag{4.50}$$

となる．2種類の生成消滅演算子で表される2つの場は，保存荷 Q に反対符号で寄与する．この符号の違いを別にすれば，これら2つの場に対応する粒子は質量

などの性質がまったく同じである．つまり，これらの粒子はお互いに反粒子の関係にあるものと解釈できる．

4.2.2 スピノル場

次に，スピノル場の量子化の例として，自由ディラック場を考える．スカラー場との大きな違いは，古典場がグラスマン数となっていることである．自由ディラック場のラグランジアン密度は，式 (3.198) に与えられるように，

$$\mathscr{L}_{\text{Dirac}} = -\bar{\psi}(i\slashed{\partial} + m)\psi \tag{4.51}$$

である．共役運動量変数を求めるとき，符号を変えないように右微分を適用すれば，

$$\pi = \partial\mathscr{L}/\partial\dot{\psi} = i\psi^{\dagger} \tag{4.52}$$

となる．つまり $\psi^{\dagger}$ は実質的に ψ の共役運動量変数である．グラスマン数の場合，量子化規則には交換子の代わりに反交換子 $\{A, B\} \equiv AB + BA$ を用いる．すなわち，次の同時刻反交換関係

$$\{\psi_{\alpha}(\boldsymbol{x}, t), \psi_{\beta}^{\dagger}(\boldsymbol{y}, t)\} = \delta_{\alpha\beta}\delta_{\text{D}}^{3}(\boldsymbol{x} - \boldsymbol{y}) \tag{4.53}$$

$$\{\psi_{\alpha}(\boldsymbol{x}, t), \psi_{\beta}(\boldsymbol{y}, t)\} = \{\psi_{\alpha}^{\dagger}(\boldsymbol{x}, t), \psi_{\beta}^{\dagger}(\boldsymbol{y}, t)\} = 0 \tag{4.54}$$

を設定する．ただし α, β はスピノル成分の添字である．式 (3.211) に対応して，ディラック場の平面波展開は

$$\psi(x) = \int \frac{d^3k}{(2\pi)^3 2k^0} \sum_{s=\pm 1} \left[c_s(\boldsymbol{k})u_s(\boldsymbol{k})e^{ik\cdot x} + d_s^{\dagger}(\boldsymbol{k})v_s(\boldsymbol{k})e^{-ik\cdot x} \right] \tag{4.55}$$

$$\bar{\psi}(x) = \int \frac{d^3k}{(2\pi)^3 2k^0} \sum_{s=\pm 1} \left[d_s(\boldsymbol{k})\bar{v}_s(\boldsymbol{k})e^{ik\cdot x} + c_s^{\dagger}(\boldsymbol{k})\bar{u}_s(\boldsymbol{k})e^{-ik\cdot x} \right] \tag{4.56}$$

で与えられる．これにより生成消滅演算子についての反交換関係が導かれて，

$$\{c_s(\boldsymbol{k}), c_{s'}^{\dagger}(\boldsymbol{k}')\} = \{d_s(\boldsymbol{k}), d_{s'}^{\dagger}(\boldsymbol{k}')\} = \delta_{ss'}(2\pi)^3 2k^0 \delta_{\text{D}}^3(\boldsymbol{k} - \boldsymbol{k}') \tag{4.57}$$

となる．ただし他の組み合わせはすべて反交換する．基底状態 $|0\rangle$ は，すべての s, $\boldsymbol{k}$ について

$$c_s(\boldsymbol{k})|0\rangle = d_s(\boldsymbol{k})|0\rangle = 0 \tag{4.58}$$

を満たす状態として定義される．

さて，保存量について有限の真空期待値を得るために，生成消滅演算子の正規順序をとることが必要であった．フェルミ粒子の場合は反交換関係で量子化されているため，正規順序において演算子の順序を交換するときにも符号を逆転させる必要がある．たとえば，

$$:c_s c_s^\dagger: = -c_s^\dagger c_s, \quad :d_s c_s^\dagger: = -c_s^\dagger d_s, \quad :d_s^\dagger c_s: = d_s^\dagger c_s \tag{4.59}$$

などのようになる．つまり，生成演算子を消滅演算子の前に持っていくとき，演算子を1回交換するたびにマイナス符号をつける．

ラグランジアン密度の式 (4.51) に対する全4元運動量の式 (3.55) を正規順序によって求めると，

$$\begin{aligned}P^\mu &= \int d^3x : \left[i\bar\psi \gamma^0 \partial^\mu \psi - \eta^{0\mu} \bar\psi (i\slashed\partial + m)\psi \right] : \\ &= \int \frac{d^3k}{(2\pi)^3 2k^0} k^\mu \sum_{s=\pm 1} \left[c_s^\dagger(\boldsymbol{k}) c_s(\boldsymbol{k}) + d_s^\dagger(\boldsymbol{k}) d_s(\boldsymbol{k}) \right]\end{aligned} \tag{4.60}$$

が得られる．ただし最後の式を導くとき，式 (4.55), (4.56) の展開を代入してから，式 (3.202), (3.203) および式 (3.208), (3.209) を用いて計算した．また，質量のあるなしにかかわらずディラック場の保存量となる式 (3.188) の保存荷 Q を，上と同様にして正規順序により求めると，

$$Q = \int d^3x : \bar\psi \gamma^0 \psi : = -\int \frac{d^3k}{(2\pi)^3 2k^0} \sum_{s=\pm 1} \left[c_s^\dagger(\boldsymbol{k}) c_s(\boldsymbol{k}) - d_s^\dagger(\boldsymbol{k}) d_s(\boldsymbol{k}) \right] \tag{4.61}$$

となる．複素スカラー場のときと同様に，ここでも粒子と反粒子の対応が見てとれる．このディラック場が電子の場を表すならば，演算子 $c_s^\dagger, c_s$ で生成消滅される粒子が電子に，演算子 $d_s^\dagger, d_s$ で生成消滅される粒子が陽電子に，それぞれ対応する．

4.2.3 電磁場

次に，ベクトル場の量子化の例として，自由電磁場の量子化を考える．電磁場はゲージ変換について不変であるから，そこには非物理的な自由度が含まれている．その正準形式には拘束条件が現れ，量子化には特別の注意が必要である．

自由電磁場のラグランジアン密度

$$\mathscr{L} = -\frac{1}{4}F_{\mu\nu}F^{\mu\nu} \tag{4.62}$$

から 4 元電磁ポテンシャル A_μ の共役運動量に対応する変数を求めると,

$$\pi^\mu = \frac{\partial \mathscr{L}}{\partial \dot{A}_\mu} = F^{\mu 0} \tag{4.63}$$

となる．この変数の時間成分は恒等的に $\pi^0 = 0$ である．したがって，時間成分については正準交換関係が設定できない．この事情はゲージ不変性に由来し，非物理的自由度により正準変数すべてが独立な変数にはならないためである．このため，一般にゲージ場の量子化は直線的に行うことができず，非物理的自由度を除去する手続きが必要である．

電磁場の場合には，比較的簡単な処方でこの問題を避けることができる．その 1 つの方法を以下に説明する．まず，電磁場のラグランジアン密度の式 (4.62) に項を加えて，

$$\mathscr{L} = -\frac{1}{4}F_{\mu\nu}F^{\mu\nu} - \frac{1}{2\alpha}(\partial_\mu A^\mu)^2 \tag{4.64}$$

とする．ここで α は任意のパラメータである．ローレンツ・ゲージ条件 $\partial_\mu A^\mu = 0$ を満たすときには，もとのラグランジアン密度に等しい．変更されたラグランジアン密度 (4.64) は，ローレンツ・ゲージ条件を拘束条件として，ラグランジュ未定乗数を含む項を付け加えた形になっている．

この付け加えられた項にはゲージ不変性がない．このようにゲージ不変性を破る項を**ゲージ固定項** (gauge fixing term) という．ただし，この後くわしく見るように，古典的な系の拘束条件を，量子論の演算子に対する恒等的な条件として課すことはできない．そこで，パラメータ α は自由に選べるものとし，このゲージ不変でないラグランジアン密度から出発して量子化を行う．その後，量子化された場についてゲージ不変性を回復することを考える．

ラグランジアン密度 (4.64) から変数 A^μ の運動方程式を求めると，

$$\Box A_\mu - \left(1 - \frac{1}{\alpha}\right)\partial_\mu(\partial_\nu A^\nu) = 0 \tag{4.65}$$

となる．一方，ラグランジュ未定定数の変分からはローレンツ・ゲージ条件 $\partial_\mu A^\mu = 0$ が出るので，式 (4.65) で α に依存する項は消えてしまう．すなわち α の値によらず同じ運動方程式に到達するので，その値は任意に選べる．ここで $\alpha = 1$ と選べば，式 (4.65) だけでローレンツ・ゲージ条件を満たす場合の運動方程式

$$\Box A_\mu = 0 \tag{4.66}$$

に一致するため便利である．この $\alpha = 1$ という選択はファインマン・ゲージ (Feynman gauge) と呼ばれるもので，以下に用いる．別の選択として $\alpha \to 0$ の極限もよく考えられる．こちらはランダウ・ゲージ (Landau gauge) と呼ばれる．ここで同じゲージという名前が出てきて紛らわしいが，ファインマン・ゲージやランダウ・ゲージは量子化に伴って現れる任意自由度の固定を意味していて，電磁相互作用におけるゲージ自由度の固定を意味するローレンツ・ゲージなどとは別の概念である．

ファインマン・ゲージの場合，ラグランジアン密度 (4.64) を書き直して，さらに全微分項を落とすと，

$$\mathscr{L} = -\frac{1}{2}(\partial_\nu A_\mu)(\partial^\nu A^\mu) \tag{4.67}$$

という形になって簡単化する．ここから共役運動量変数を求めると，

$$\pi^\mu = \frac{\partial \mathscr{L}}{\partial \dot{A}_\mu} = \dot{A}^\mu \tag{4.68}$$

となる．ゲージ不変でないラグランジアン密度から出発しているため，もはや拘束条件が現れない．量子化規則により，同時刻交換関係は

$$\left[A^\mu(\boldsymbol{x},t), \dot{A}^\nu(\boldsymbol{y},t)\right] = i\eta^{\mu\nu}\delta_D^3(\boldsymbol{x}-\boldsymbol{y}) \tag{4.69}$$

$$[A^\mu(\boldsymbol{x},t), A^\nu(\boldsymbol{y},t)] = \left[\dot{A}^\mu(\boldsymbol{x},t), \dot{A}^\nu(\boldsymbol{y},t)\right] = 0 \tag{4.70}$$

となる．4元電磁ポテンシャル A^μ は，4つの成分すべてが質量ゼロのクライン–ゴルドン方程式 (4.66) を満たし，交換関係もスカラー場のものと類似している．しかし，スカラー場の場合と比べて重大な相違点がある．空間成分 A^i の交換関係はスカラー場の交換関係と同一であるが，時間成分 A^0，つまりスカラー・ポテンシャルの交換関係は右辺の符号が通常と逆である．この点に注意しておく必要がある．

4元電磁ポテンシャルの平面波展開は，式 (3.217) を演算子化した

$$A^\mu = \int \frac{d^3k}{(2\pi)^3 2k^0} \sum_{\lambda=0}^{3} \left[a_\lambda(\boldsymbol{k})\varepsilon_{(\lambda)}^\mu(\boldsymbol{k})e^{ik\cdot x} + a_\lambda^\dagger(\boldsymbol{k})\varepsilon_{(\lambda)}^{\mu*}(\boldsymbol{k})e^{-ik\cdot x}\right] \tag{4.71}$$

で与えられる．ここから生成消滅演算子の交換関係を求めると，

$$[a_\lambda(\boldsymbol{k}), a_{\lambda'}{}^\dagger(\boldsymbol{k'})] = \eta_{\lambda\lambda'}(2\pi)^3 2k^0 \delta_D^3(\boldsymbol{k}-\boldsymbol{k'}) \tag{4.72}$$

$$[a_\lambda(\boldsymbol{k}), a_{\lambda'}(\boldsymbol{k'})] = [a_\lambda{}^\dagger(\boldsymbol{k}), a_{\lambda'}{}^\dagger(\boldsymbol{k'})] = 0 \tag{4.73}$$

が得られる．スカラー・ポテンシャル A^0 の交換関係の符号が逆転していたことに対応し，スカラー偏極成分の生成消滅演算子 $a_0{}^\dagger(\boldsymbol{k})$, $a_0(\boldsymbol{k})$ に対する交換関係の符号が通常とは逆になっている．

式 (3.55) の全 4 元運動量を正規順序によって求めると，

$$\begin{aligned}P^\mu &= \int d^3x : \left(\partial^0 A^\nu \partial^\mu A_\nu + \eta^{0\mu}\mathscr{L}\right): \\ &= \int \frac{d^3k}{(2\pi)^3 2k^0} k^\mu \sum_{\lambda=0}^{3} \eta_{\lambda\lambda} a_\lambda{}^\dagger(\boldsymbol{k}) a_\lambda(\boldsymbol{k})\end{aligned} \tag{4.74}$$

となる．スカラー偏極成分 $\lambda=0$ が，エネルギーや運動量にマイナスの符号で寄与していて奇妙だが，ともかくも，ここに得られた生成消滅演算子を用いてフォック空間を構成してみる．スカラー場の場合にならって，周期境界条件により波数空間を離散化し，基底状態 $|0\rangle$ をすべての $\lambda, \boldsymbol{k}$ に対して $a_{\lambda,\boldsymbol{k}}|0\rangle = 0$ および $\langle 0|0\rangle = 1$ を満たすものと定義する．このとき，一粒子状態 $|1_{\lambda,\boldsymbol{k}}\rangle = a_{\lambda,\boldsymbol{k}}{}^\dagger|0\rangle$ のノルムは

$$\langle 1_{\lambda,\boldsymbol{k}}|1_{\lambda,\boldsymbol{k}}\rangle = \langle 0|a_{\lambda,\boldsymbol{k}} a_{\lambda,\boldsymbol{k}}{}^\dagger|0\rangle = \eta_{\lambda\lambda} \tag{4.75}$$

となる．すると，スカラー偏極成分 $\lambda=0$ に対するヒルベルト空間のノルムが負になってしまっている．これは，量子論の確率解釈において負の確率を導くことになるので，スカラー偏極成分を物理的な存在とみなすことはできない．

実際の光子にスカラー偏極成分はなく，横偏極成分しか観測されない．そもそも，古典的な電磁波の物理的自由度は 2 であり，横偏極成分以外は非物理的な自由度である．それにもかかわらず，ここに物理的な自由度であるかに見える他の成分が現れてきたのは，量子化に際してまだゲージ固定がなされていないからである．最初に出発したラグランジアン密度 (4.64) において，最後の項をゼロにするローレンツ・ゲージ条件がここまでに課されていない．ところが，演算子の段階でローレンツ・ゲージ条件を課すと矛盾に導かれる．実際，場の同時刻交換関係 (4.69), (4.70) を用いると，

$$[A_0(\boldsymbol{x},t), \partial_\mu A^\mu(\boldsymbol{y},t)] = i\delta_D^3(\boldsymbol{x}-\boldsymbol{y}) \tag{4.76}$$

という式が導かれる．これは，演算子として恒等的なローレンツ・ゲージ条件

$\partial_\mu A^\mu = 0$ を課すことと両立しない.

だが,演算子そのものとしてゲージ条件が成り立つことは必ずしも必要ではない.より弱い関係として,ヒルベルト空間に対する付加条件として成立するものと考えれば,負ノルムが物理的な観測量に現れることはない.そこで,物理的なヒルベルト空間の状態ベクトル $|\Psi\rangle$ に対して,付加条件

$$\partial^\mu A_\mu^{(+)}(x)|\Psi\rangle = 0 \tag{4.77}$$

を課す.ここで $A_\mu^{(+)}(x)$ は展開式 (4.71) における第1項を表す.すなわち,消滅演算子を含む正振動部分を取り出したものである.負振動部分は $A_\mu^{(-)}(x) = A_\mu^{(+)\dagger}(x)$ で与えられ,$A_\mu(x) = A_\mu^{(+)}(x) + A_\mu^{(-)}(x)$ である.この分解の仕方はローレンツ不変である.ちなみに $\partial^\mu A_\mu |\Psi\rangle = 0$ という付加条件を課すことはできない.なぜなら,負振動部分 $A_\mu^{(-)}$ は生成演算子を含んでいるため,真空状態 $|0\rangle$ に作用させてもゼロにならず,真空状態が非物理的状態になってしまうからである.だが,条件式 (4.77) の共役をとった関係

$$\langle\Psi|\partial^\mu A_\mu^{(-)}(x) = 0 \tag{4.78}$$

が成り立つ.このため,付加条件の式 (4.77) を満たす状態ベクトル $|\Psi_1\rangle, |\Psi_2\rangle$ に対して,つねに

$$\langle\Psi_1|\partial^\mu A_\mu|\Psi_2\rangle = 0 \tag{4.79}$$

となる.このように,ローレンツ・ゲージ条件は物理的状態ベクトルによる期待値として成り立つ関係となる.電磁場の量子化においてゲージ自由度を固定するこの取り扱いは,**グプタ-ブロイラーの方法** (Gupta-Bleuler method) と呼ばれる.

付加条件の式 (4.77) を展開式 (4.71) を使って書き直してみる.式 (3.225) を満たすように構成された偏極ベクトルを用いると,この付加条件に同値な条件は,すべての $\boldsymbol{k}$ について

$$[a_0(\boldsymbol{k}) - a_3(\boldsymbol{k})]|\Psi\rangle = 0 \tag{4.80}$$

が満たされることである.この結果,縦偏極光子とスカラー偏極光子の数に対する物理的状態空間の行列要素は,

$$\langle\Psi_1|a_0^\dagger(\boldsymbol{k})a_0(\boldsymbol{k})|\Psi_2\rangle = \langle\Psi_1|a_3^\dagger(\boldsymbol{k})a_3(\boldsymbol{k})|\Psi_2\rangle \tag{4.81}$$

となって等しくなる.このため,行列要素をとった全4元運動量の式 (4.74) では,

スカラー偏極光子と縦偏極光子が必ず打ち消し合う．すなわち，$\hat{n}_\lambda(\boldsymbol{k}) \equiv a_\lambda^\dagger(\boldsymbol{k})a_\lambda(\boldsymbol{k})$ を連続極限での個数演算子とすると，

$$\langle \Psi_1 | P^\mu | \Psi_2 \rangle = \int \frac{d^3k}{(2\pi)^3 2k^0} k^\mu \sum_{\lambda=1}^{2} \langle \Psi_1 |\hat{n}_\lambda(\boldsymbol{k})| \Psi_2 \rangle \tag{4.82}$$

が成り立ち，物理的状態空間の行列要素に負エネルギー粒子が現れることはない．横偏極光子のみが物理的なエネルギーや運動量に寄与する．

このように電磁場のフォック空間を構成すれば，スカラー偏極光子と縦偏極光子がいくら含まれていても，物理的には等価な状態を表すことになる．このことは，非物理的な自由度がまだ理論の中に残っていることも意味する．観測される光子には物理的な横偏極成分しか存在しない．だが，後に摂動論のところで具体的に見るように，粒子反応の中間段階に出現する観測されない仮想光子においては，縦偏極やスカラー偏極の自由度も無視できない．

ゲージ場の量子化においては，このように非物理的自由度の取り扱いが自明ではない．ここで説明した方法が唯一の方法というわけではなく，別の方法もいくつか考えられている．また，上の方法は可換ゲージ場にしか適用できない．本書ではくわしく触れないが，非可換ゲージ場の量子化にはもう少し複雑な手法が必要となる[*1]．

4.3 場の相互作用

4.3.1 量子系の時間発展

量子場は無限自由度の量子力学系である．量子力学的な系の時間発展の記述方法には，状態ベクトルを時間発展させる**シュレーディンガー描像** (Schrödinger picture) と，演算子を時間発展させる**ハイゼンベルク描像** (Heisenberg picture) という異なる見方があった．このことは場の量子論においても同様である．ここでは，量子系におけるこれら 2 つの描像について簡単に振り返っておく．

まず，シュレーディンガー描像において時間発展する状態ベクトルを $\left|\Psi^S(t)\right\rangle$ とする．ここで状態ベクトル中の記号 S はシュレーディンガー描像であることを表すためにつけた．量子場を記述する系のハミルトニアン H が与えられたとき，こ

[*1] これについては，日本語で書かれた教科書である参考文献 [19] に詳細な記述がある．

の状態ベクトルはシュレーディンガー方程式

$$i\frac{\partial}{\partial t}\left|\Psi^S(t)\right\rangle = H\left|\Psi^S(t)\right\rangle \tag{4.83}$$

にしたがう．シュレーディンガー描像では，任意の物理量に対応する演算子 $\mathcal{O}^S$ は時間発展しない．シュレーディンガー描像に基づく量子論的な時間発展の表示方法を，**シュレーディンガー表示** (Schrödinger representation) という．

一方，ハイゼンベルク描像においては，状態ベクトルが時間発展せずに，物理量に対応する演算子 $\mathcal{O}^H(t)$ が時間発展する．ここで記号 H はハイゼンベルク描像であることを表すためにつけた．物理量に対応する任意の演算子は，ハイゼンベルク方程式

$$\frac{\partial \mathcal{O}^H}{\partial t} = i\left[H, \mathcal{O}^H\right] \tag{4.84}$$

にしたがう．ハイゼンベルク描像では，状態ベクトル $\left|\Psi^H\right\rangle$ は時間発展しない．ハイゼンベルク描像に基づく量子論的な時間発展の表示方法を，**ハイゼンベルク表示** (Heisenberg representation) という．

ある基準となる時刻において，シュレーディンガー表示とハイゼンベルク表示を一致させておく．この基準時刻においては，状態ベクトルも物理的演算子のどちらも両表示で一致する．基準時刻を $t = 0$ にとることにすると，そのときの状態ベクトル $|\Psi(0)\rangle$ は表示によらずに共通である．ハミルトニアンが正準変数だけで表されていて，陽には時間依存しない場合，シュレーディンガー表示における時間発展の式 (4.83) の形式的な解は，

$$\left|\Psi^S(t)\right\rangle = e^{-iHt}|\Psi(0)\rangle \tag{4.85}$$

で与えられる．また，基準時刻 $t = 0$ での任意の演算子 $\mathcal{O}(0)$ も，表示によらず共通である．演算子 $\mathcal{O}^H(t)$ が正準変数だけで表されていて，陽には時間依存しない場合，ハイゼンベルク方程式 (4.84) の形式的な解は，

$$\mathcal{O}^H(t) = e^{iHt}\mathcal{O}(0)e^{-iHt} \tag{4.86}$$

で与えられる．これらの式により，演算子の期待値はどちらの表示でも同じ値

$$\langle\mathcal{O}\rangle(t) = \left\langle\Psi^S(t)\middle|\mathcal{O}(0)\middle|\Psi^S(t)\right\rangle = \left\langle\Psi(0)\middle|\mathcal{O}^H(t)\middle|\Psi(0)\right\rangle = \left\langle\Psi(0)\middle|e^{iHt}\mathcal{O}(0)e^{-iHt}\middle|\Psi(0)\right\rangle \tag{4.87}$$

となることがわかる．

4.3.2 場の相互作用表示

場の量子論では,相互作用する系においてシュレーディンガー表示とハイゼンベルク表示の中間的な表示を用いると便利である.ここでは実スカラー場の場合を例にとって説明するが,以下の議論は他の場合へもそのまま自明に拡張することができる.

自由場についてハイゼンベルク表示を採用すると,場の演算子は

$$\phi(\boldsymbol{x},t) = e^{iHt}\phi(\boldsymbol{x},0)e^{-iHt} = e^{iHt}\int \frac{d^3k}{(2\pi)^3 2k^0}\left[a(\boldsymbol{k})e^{i\boldsymbol{k}\cdot\boldsymbol{x}} + a^\dagger(\boldsymbol{k})e^{-i\boldsymbol{k}\cdot\boldsymbol{x}}\right]e^{-iHt} \quad (4.88)$$

によって時間発展する.ここで任意の演算子 X, Y に関して $e^{sX}Ye^{-sX}$ を s でテイラー展開することにより証明できる恒等式

$$e^X Y e^{-X} = Y + [X,Y] + \frac{1}{2}[X,[X,Y]] + \frac{1}{3!}[X,[X,[X,Y]]] + \cdots \quad (4.89)$$

と,式 (4.12), (4.33) から導かれる交換関係

$$[H, a(\boldsymbol{k})] = -k^0 a(\boldsymbol{k}), \quad \left[H, a^\dagger(\boldsymbol{k})\right] = k^0 a^\dagger(\boldsymbol{k}) \quad (4.90)$$

を使うと,生成消滅演算子の時間発展は

$$\begin{aligned} a(\boldsymbol{k},t) &= e^{iHt}a(\boldsymbol{k})e^{-iHt} = e^{-ik^0 t}a(\boldsymbol{k}) \\ a^\dagger(\boldsymbol{k},t) &= e^{iHt}a^\dagger(\boldsymbol{k})e^{-iHt} = e^{ik^0 t}a^\dagger(\boldsymbol{k}) \end{aligned} \quad (4.91)$$

となることがわかる.したがって場の演算子の時間発展は

$$\phi(x) = \int \frac{d^3k}{(2\pi)^3 2k^0}\left[a(\boldsymbol{k})e^{i\boldsymbol{k}\cdot\boldsymbol{x}} + a^\dagger(\boldsymbol{k})e^{-i\boldsymbol{k}\cdot\boldsymbol{x}}\right] \quad (4.92)$$

となり,式 (4.9) に一致する.

次に相互作用のある場合の時間発展を考える.全ハミルトニアン H が自由ハミルトニアン H_0 と相互作用ハミルトニアン H_I に分けられて

$$H = H_0 + H_I \quad (4.93)$$

と書けるものとする.自由ハミルトニアンは場の2次の項だけを取り出したもので,相互作用ハミルトニアンはそれ以外の項をすべて含む.ここで,場の演算子の時間発展については,自由ハミルトニアン H_0 だけを持つ系のハイゼンベルク表示として時間発展させ,相互作用ハミルトニアンの寄与は,シュレーディンガー表示のように状態ベクトルの時間発展として記述すると便利である.このハイゼン

ベルク表示とシュレーディンガー表示の中間的な表示を**相互作用表示** (interaction representation) という.

基準時刻 $t = 0$ においてすべての表示における演算子と状態ベクトルを一致させる．基準時刻における場の演算子はシュレーディンガー表示に等しいから，相互作用表示における演算子 $\mathscr{O}$ の時間発展は，

$$\mathscr{O}(t) = e^{iH_0 t}\mathscr{O}^S e^{-iH_0 t} \tag{4.94}$$

となる．ここで添字の S は時間発展しないシュレーディンガー表示の演算子であることを表している．この演算子の時間発展は，自由場のハイゼンベルク方程式

$$\frac{\partial \mathscr{O}(t)}{\partial t} = i[H_0, \mathscr{O}(t)] \tag{4.95}$$

を満たす．

相互作用表示における状態ベクトル $|\Psi(t)\rangle$ の時間発展は，表示に依存しない場の演算子の期待値が，式 (4.87) に等しくなるという条件から決めることができる．すなわち，

$$\langle \Psi(t)|\mathscr{O}(t)|\Psi(t)\rangle = \left\langle \Psi(0)\left|e^{iHt}\mathscr{O}(0)e^{-iHt}\right|\Psi(0)\right\rangle \tag{4.96}$$

が満たされるべきである．この式と式 (4.94) により，

$$|\Psi(t)\rangle = e^{iH_0 t}e^{-iHt}|\Psi(0)\rangle \tag{4.97}$$

が得られる．ここで H_0 と H は一般に非可換であるため，指数関数の部分は一般に $e^{-iH_1 t}$ と変形することはできない．この式を時間微分し，状態ベクトルのしたがう微分方程式を求めると，

$$i\frac{\partial}{\partial t}|\Psi(t)\rangle = H_1(t)|\Psi(t)\rangle \tag{4.98}$$

となる．ただし，相互作用ハミルトニアンは場の演算子であるから，式 (4.94) により，その時間発展が

$$H_1(t) = e^{iH_0 t}H_1(0)e^{-iH_0 t} \tag{4.99}$$

となることを用いた．式 (4.98) により，相互作用表示における状態ベクトルは，相互作用ハミルトニアンだけを用いたシュレーディンガー方程式にしたがって時間発展する．自由場の場合に限り，相互作用表示がハイゼンベルク表示に一致する．

4.3.3 漸近場と散乱行列

　場の相互作用が短い時間間隔の中で起こる場合を考える．これは，場に対応する量子化された粒子が，衝突によって反応する散乱過程で実現される．粒子衝突が起こる十分に前の時刻 $t \to -\infty$ と，十分に後の時刻 $t \to +\infty$ では，これらの粒子が相互作用をしない自由な状態にあると考えられる．そこで，これら2つの漸近的な領域では自由場のハイゼンベルク演算子で表されるものと仮定できるだろう．ただし，漸近的な領域であっても場が自分自身と相互作用する効果は無視できないので，一般的なハイゼンベルク場 $\phi^{\mathrm{H}}(x)$ の行列要素が漸近的に自由場の行列要素に比例するという条件

$$\left\langle \Psi_1^{\mathrm{H}} \middle| \phi^{\mathrm{H}}(x) \middle| \Psi_2^{\mathrm{H}} \right\rangle \to \begin{cases} \sqrt{Z} \left\langle \Psi_1^{\mathrm{H}} \middle| \phi_{\mathrm{in}}(x) \middle| \Psi_2^{\mathrm{H}} \right\rangle & (t \to -\infty) \\ \sqrt{Z} \left\langle \Psi_1^{\mathrm{H}} \middle| \phi_{\mathrm{out}}(x) \middle| \Psi_2^{\mathrm{H}} \right\rangle & (t \to +\infty) \end{cases} \tag{4.100}$$

を仮定する．ここで $\phi_{\mathrm{in}}, \phi_{\mathrm{out}}$ はそれぞれ漸近的な自由場を表すハイゼンベルク演算子であり，$\left|\Psi_1^{\mathrm{H}}\right\rangle, \left|\Psi_2^{\mathrm{H}}\right\rangle$ はハイゼンベルク描像における任意の状態ベクトルを表す．また比例定数 $\sqrt{Z}$ は，自己相互作用によって場の規格化が変わる効果を表す．式 (4.100) の仮定を**漸近条件** (asymptotic condition) という．

　ちなみに，上の漸近条件を行列要素に対する関係としてではなく，演算子そのものに対する関係として設定することはできない．実際，もしたとえば $t \to -\infty$ の極限において演算子の段階で $\phi^{\mathrm{H}} \to \sqrt{Z}\phi_{\mathrm{in}}$ が成り立つとすると，同じ極限におけるハイゼンベルク場 ϕ^{H} とその共役運動量 $\pi^{\mathrm{H}} = \dot{\phi}^{\mathrm{H}}$ の同時刻交換関係により $i\delta^3(\boldsymbol{x}-\boldsymbol{y}) = [\phi^{\mathrm{H}}(\boldsymbol{x},t), \dot{\phi}^{\mathrm{H}}(\boldsymbol{y},t)] = Z[\phi_{\mathrm{in}}(\boldsymbol{x},t), \dot{\phi}_{\mathrm{in}}(\boldsymbol{y},t)] = iZ\delta_{\mathrm{D}}^3(\boldsymbol{x}-\boldsymbol{y})$ が成り立つ．したがって $Z = 1$ となるが，これは考えている場 $\phi(x)$ が自由場であることを意味し，相互作用によって散乱が起きるという最初の設定に矛盾する．式 (4.100) のように行列要素に対して漸近条件を設定するのであれば，このような矛盾は起こらない．

　自由ハイゼンベルク演算子 $\phi_{\mathrm{in}}(x)$ の生成消滅演算子を $a_{\mathrm{in}}^\dagger(\boldsymbol{k}), a_{\mathrm{in}}(\boldsymbol{k})$ とし，また自由ハイゼンベルク演算子 $\phi_{\mathrm{out}}(x)$ の生成消滅演算子を $a_{\mathrm{out}}^\dagger(\boldsymbol{k}), a_{\mathrm{out}}(\boldsymbol{k})$ とすれば，それぞれのフォック基底は

$$|n_1, n_2, \ldots\rangle_{\mathrm{in}} = \frac{1}{\sqrt{n_1! n_2! \cdots}} \left(a_{\mathrm{in},\boldsymbol{k}_1}^\dagger\right)^{n_1} \left(a_{\mathrm{in},\boldsymbol{k}_2}^\dagger\right)^{n_2} \cdots |0\rangle \tag{4.101}$$

$$|n_1, n_2, \ldots\rangle_{\mathrm{out}} = \frac{1}{\sqrt{n_1! n_2! \cdots}} \left(a_{\mathrm{out},\boldsymbol{k}_1}^\dagger\right)^{n_1} \left(a_{\mathrm{out},\boldsymbol{k}_2}^\dagger\right)^{n_2} \cdots |0\rangle \tag{4.102}$$

で与えられる．以下では，これら「in 状態」および「out 状態」のフォック基底に

よって張られるそれぞれのフォック空間全体が，もとのハイゼンベルク場 $\phi(x)$ のフォック空間全体と一致するものとする．これを**漸近的完全性** (asymptotic completeness) の仮定という．

ここで in 状態の生成演算子を用いて構成された 1 つの状態を $|\alpha; \text{in}\rangle$ とし，また out 状態の生成演算子を用いて構成された 1 つの状態を $|\beta; \text{out}\rangle$ とする．粒子の散乱に対応する場の相互作用により，状態 $|\alpha; \text{in}\rangle$ から状態 $|\beta; \text{out}\rangle$ へ変化する過程を考える．このとき，次で定義される**散乱振幅** (scattering amplitude)

$$S_{\beta\alpha} = \langle \beta; \text{out} | \alpha; \text{in} \rangle \tag{4.103}$$

を $\beta\alpha$ 成分として持つ行列は**散乱行列** (scattering matrix) または **S 行列** (S matrix) と呼ばれる．さらに，

$$S_{\beta\alpha} = \langle \beta; \text{in} | S | \alpha; \text{in} \rangle \tag{4.104}$$

が満たされるように定義した演算子 S のことを**散乱演算子** (scattering operator) または **S 行列演算子** (S-matrix operator) という．

ここでフォック基底に対する正規直交性と漸近的完全性により，

$$\langle \alpha; \text{in} | \beta; \text{in} \rangle = \langle \alpha; \text{out} | \beta; \text{out} \rangle = \delta_{\alpha\beta} \tag{4.105}$$

$$\sum_{\alpha} |\alpha; \text{in}\rangle \langle \alpha; \text{in}| = \sum_{\beta} |\beta; \text{out}\rangle \langle \beta; \text{out}| = 1 \tag{4.106}$$

が成り立つ．これらの関係式を用いると，

$$\sum_{\beta} (S^\dagger)_{\gamma\beta} S_{\beta\alpha} = \sum_{\beta} S_{\gamma\beta} (S^\dagger)_{\beta\alpha} = \delta_{\gamma\alpha} \tag{4.107}$$

が示され，したがって散乱行列はユニタリ行列である．また散乱演算子は

$$S^\dagger S = S S^\dagger = 1 \tag{4.108}$$

を満たすユニタリ演算子である．

式 (4.103) と式 (4.104) が等しいことと，漸近的完全性 (4.106) により，

$$\langle \beta; \text{out}| = \langle \beta; \text{in}| S \tag{4.109}$$

が導かれる．上式は任意の状態 β について成り立つから，1 つ粒子を増やした状態を考えて $|\beta; \text{in}\rangle \to a_{\text{in}}^\dagger(\boldsymbol{k}) |\beta; \text{in}\rangle$ および $|\beta; \text{out}\rangle \to a_{\text{out}}^\dagger(\boldsymbol{k}) |\beta; \text{out}\rangle$ と置き換えると，

$$\langle \beta; \text{out}| a_{\text{out}}(\boldsymbol{k}) = \langle \beta; \text{in}| a_{\text{in}}(\boldsymbol{k}) S \tag{4.110}$$

が得られる．式 (4.109), (4.110) および漸近的完全性の式 (4.106) とユニタリ性の式 (4.108) を用いると，演算子の関係として

$$a_{\text{out}}(\boldsymbol{k}) = S^\dagger a_{\text{in}}(\boldsymbol{k}) S, \qquad a_{\text{out}}^\dagger(\boldsymbol{k}) = S^\dagger a_{\text{in}}^\dagger(\boldsymbol{k}) S \tag{4.111}$$

が得られる．場の演算子は生成消滅演算子の線形結合で与えられるので，in 状態と out 状態で展開したハイゼンベルク場の演算子 $\phi_{\text{in}}, \phi_{\text{out}}$ について，

$$\phi_{\text{out}}(x) = S^\dagger \phi_{\text{in}}(x) S \tag{4.112}$$

という関係が成り立つ．

次に散乱行列の具体的な形を求めることを考える．式 (4.97) により，任意の 2 つの時刻 t_1, t_2 における相互作用表示の状態ベクトルは，

$$|\Psi(t_2)\rangle = e^{iH_0 t_2} e^{-iH(t_2 - t_1)} e^{-iH_0 t_1} |\Psi(t_1)\rangle \tag{4.113}$$

で結びついている．ここに現れる演算子

$$U(t_2, t_1) = e^{iH_0 t_2} e^{-iH(t_2 - t_1)} e^{-iH_0 t_1} \tag{4.114}$$

はユニタリ演算子であり，

$$U(t, t) = 1 \tag{4.115}$$

$$U^{-1}(t, t') = U^\dagger(t, t') = U(t', t) \tag{4.116}$$

$$U(t, t') U(t', t'') = U(t, t'') \tag{4.117}$$

を満たす．この演算子を用いると，任意の時刻 t_0 を基準とする状態ベクトルの時間発展は

$$|\Psi(t)\rangle = U(t, t_0) |\Psi(t_0)\rangle \tag{4.118}$$

と表される．

上で定義された演算子 U を用いると，相互作用表示における場の期待値は，

$$\langle \Psi(t) |\phi(x)| \Psi(t) \rangle = \left\langle \Psi(t_0) \left| U^\dagger(t, t_0) \phi(x) U(t, t_0) \right| \Psi(t_0) \right\rangle \tag{4.119}$$

と表される．状態ベクトル $|\Psi(t_0)\rangle$ を固定して考えると，

$$\phi^{\mathrm{H}}(x) = U^\dagger(t, t_0)\phi(x)U(t, t_0) \tag{4.120}$$

は基準時刻 t_0 で相互作用表示の演算子 $\phi(x)$ に一致するように選んだハイゼンベルク場である．この関係を逆に用いると，ハイゼンベルク場 ϕ^{H} が与えられたときに，t_0 の選び方に応じていろいろな相互作用表示を定義することができる．このとき $t_0 \to -\infty$ および $t_0 \to +\infty$ に対応する相互作用表示の演算子は，行列要素の意味でそれぞれ漸近場 $\sqrt{Z}\phi_{\mathrm{in}}$, $\sqrt{Z}\phi_{\mathrm{out}}$ に等しい．式 (4.120) に $t_0 = \pm\infty$ を代入したものが同じハイゼンベルク場 ϕ^{H} になることから，

$$U^\dagger(t, -\infty)\phi_{\mathrm{in}}(x)U(t, -\infty) = U^\dagger(t, +\infty)\phi_{\mathrm{out}}(x)U(t, +\infty) \tag{4.121}$$

が成り立つ．上式の極限 $t \to +\infty$ をとって $U(+\infty, +\infty) = 1$ とし，それを式 (4.112) と比較すると，散乱行列は

$$S = U(+\infty, -\infty) \tag{4.122}$$

と対応することがわかる．これと式 (4.118) により，

$$|\Psi(+\infty)\rangle = S\,|\Psi(-\infty)\rangle \tag{4.123}$$

が得られる．

4.4 相互作用の摂動論

4.4.1 散乱行列の摂動展開

散乱行列の一般解を求めることはきわめて難しい．相互作用が強くない場合，相互作用項に含まれる結合定数パラメータで摂動展開することにより，散乱行列を近似的に求めることができる．相互作用表示における状態ベクトルの発展方程式 (4.98) の両辺を時刻 t_0 から t まで積分すると，

$$|\Psi(t)\rangle = |\Psi(t_0)\rangle - i\int_{t_0}^{t} dt'\, H_{\mathrm{I}}(t')\,|\Psi(t')\rangle \tag{4.124}$$

が得られる．この式の右辺には一般の時刻における状態ベクトルが残っているため，このままでは形式解にすぎない．ここで相互作用ハミルトニアン H_{I} が小さい場合，左辺を右辺に繰り返し代入する逐次近似によって，状態ベクトル $|\Psi(t)\rangle$ に

ついて解くことができ，

$$|\Psi(t)\rangle = \left[1 - i\int_{t_0}^{t} dt_1 H_1(t_1) + (-i)^2 \int_{t_0}^{t} dt_1 \int_{t_0}^{t_1} dt_2 H_1(t_1)H_1(t_2) + \cdots \right]|\Psi(t_0)\rangle \tag{4.125}$$

が得られる．相互作用項が小さい場合，右辺を任意の次数で打ち切ることによって近似的な解が得られる．

式 (4.118) により，式 (4.125) 右辺の演算子は $U(t, t_0)$ に等しい．つまり，

$$U(t, t_0) = 1 + \sum_{n=1}^{\infty} (-i)^n \int_{t_0}^{t} dt_1 \int_{t_0}^{t_1} dt_2 \cdots \int_{t_0}^{t_{n-1}} dt_n H_1(t_1)H_1(t_2)\cdots H_1(t_n) \tag{4.126}$$

となる．この形をさらに便利な形で表すため，フリーマン・ダイソンにより導入された**時間順序積** (time-ordered product) もしくは **T 積** (T-product) と呼ばれるものを導入する．複数の時刻 $t_1, t_2, \ldots$ が与えられたとき，これらを値の大きい順に並び替えることにより $t_1', t_2', \ldots$ ($t_1' > t_2' > \cdots$) となるものとする．このとき時刻 $t_1, t_2, \ldots$ に対応する演算子の時間順序積は

$$\mathrm{T}[H_1(t_1)H_1(t_2)\cdots] = H_1(t_1')H_1(t_2')\cdots \tag{4.127}$$

で定義される．つまり，時間依存する複数の演算子について，時間が大きい順に並び替えた積のことである．この時間順序積を用いると，展開式 (4.126) に現れる多重積分は，

$$\begin{aligned}
&\int_{t_0}^{t} dt_1 \int_{t_0}^{t_1} dt_2 \cdots \int_{t_0}^{t_{n-1}} dt_n H_1(t_1)H_1(t_2)\cdots H_1(t_n) \\
&= \int_{t_0}^{t} dt_1 \int_{t_0}^{t_1} dt_2 \cdots \int_{t_0}^{t_{n-1}} dt_n \mathrm{T}[H_1(t_1)H_1(t_2)\cdots H_1(t_n)] \\
&= \frac{1}{n!}\int_{t_0}^{t} dt_1 \int_{t_0}^{t} dt_2 \cdots \int_{t_0}^{t} dt_n \mathrm{T}[H_1(t_1)H_1(t_2)\cdots H_1(t_n)]
\end{aligned} \tag{4.128}$$

と表される．第 1 の等式は積分範囲と時間順序積の定義から明らかである．第 2 の等式では，時間順序積が $t_1, t_2, \ldots$ の置換について値を変えず，積分変数を置換しても積分が不変であることを用いた．ここで重要なことは，時間に関する積分範囲が共通になっていることである．こうして式 (4.126) は

$$U(t, t_0) = 1 + \sum_{n=1}^{\infty} \frac{(-i)^n}{n!} \int_{t_0}^{t} dt_1 \int_{t_0}^{t} dt_2 \cdots \int_{t_0}^{t} dt_n \mathrm{T}[H_\mathrm{I}(t_1) H_\mathrm{I}(t_2) \cdots H_\mathrm{I}(t_n)]$$
$$= \mathrm{T}\left[\exp\left(-i \int_{t_0}^{t} dt\, H_\mathrm{I}(t)\right)\right] \tag{4.129}$$

と表すことができる．

ここで $t \to +\infty$, $t_0 \to -\infty$ の極限をとれば，式 (4.122) により上の演算子は散乱演算子 S となる．その表式は $\mathscr{H}_\mathrm{I}$ を相互作用ハミルトニアン密度として，

$$S = \mathrm{T}\left[\exp\left(-i \int d^4 x\, \mathscr{H}_\mathrm{I}(t)\right)\right] \tag{4.130}$$

で与えられる．ただし積分範囲は全時空である．この式を**ダイソンの公式** (Dyson's formula) という．指数関数を展開して行列要素をとれば，相互作用ハミルトニアンに含まれる結合定数パラメータについて摂動展開した散乱行列要素を求めることができる．

ラグランジアン密度の相互作用項 $\mathscr{L}_\mathrm{I}$ に場の微分が含まれない系では，共役変数 $\pi = \partial \mathscr{L}/\partial \dot{\phi}$ が相互作用項と無関係に決まるから，全ハミルトニアン密度 $\mathscr{H} = \pi \dot{\phi} - \mathscr{L}$ に含まれる相互作用ハミルトニアン密度は $\mathscr{H}_\mathrm{I} = -\mathscr{L}_\mathrm{I}$ で与えられる．この場合，ダイソンの公式は

$$S = \mathrm{T}\left[\exp\left(i \int d^4 x\, \mathscr{L}_\mathrm{I}(x)\right)\right] \tag{4.131}$$

と変形することができる[*2]．

4.4.2 ウィックの定理と伝播関数

前項で見たように，散乱行列を摂動展開によって求めるには，場の量の時間順序積を具体的に計算する必要がある．このためにきわめて有用なのが**ウィックの定理** (Wick theorem) である．この定理の内容は例によって示すのがわかりやすい．任意の場の値 $\varphi_1(x_1), \varphi_2(x_2), \ldots$ を φ_1, φ_2 のように略記すると，ウィックの定理の例

[*2] 実は相互作用がくりこみ可能な場合，相互作用項が場の微分を含んでいたとしても，式 (4.131) において T 積を T* 積に置き換えたものが依然として成立することが知られている．ここで T* 積とは時間微分を T 積の左側に出してしまったもので，

$$\mathrm{T}^*\left[\frac{\partial A(x)}{\partial x^0} B(y)\right] \equiv \frac{\partial}{\partial x^0} \mathrm{T}[A(x) B(y)] \tag{4.132}$$

のように定義される．

は

$$T[\varphi_1\varphi_2] = :\varphi_1\varphi_2: + \langle 0|T[\varphi_1\varphi_2]|0\rangle \tag{4.133}$$

$$T[\varphi_1\varphi_2\varphi_3] = :\varphi_1\varphi_2\varphi_3: + :\varphi_1:\langle 0|T[\varphi_2\varphi_3]|0\rangle \pm :\varphi_2:\langle 0|T[\varphi_1\varphi_3]|0\rangle$$
$$\pm :\varphi_3:\langle 0|T[\varphi_1\varphi_2]|0\rangle \tag{4.134}$$

$$T[\varphi_1\varphi_2\varphi_3\varphi_4] = :\varphi_1\varphi_2\varphi_3\varphi_4: + \{:\varphi_1\varphi_2:\langle 0|T[\varphi_3\varphi_4]|0\rangle \pm \text{sym.}(5)\}$$
$$+ \{\langle 0|T[\varphi_1\varphi_2]|0\rangle\langle 0|T[\varphi_3\varphi_4]|0\rangle \pm \text{sym.}(2)\} \tag{4.135}$$

などとなる．ここで :⋯: は以前に導入した正規順序積を表し，場の演算子を生成消滅演算子によって展開した後，生成演算子を消滅演算子の左に配置する操作を意味する．また ± 記号は，左辺の演算子順序と直後の項の演算子順序がフェルミ粒子に対応する場の交換を奇数回含むときに − をとり，そうでないときには + をとることを表している．さらに，±sym.(n) は，直前の項を場 $\varphi_1, \varphi_2, \ldots$ によって対称化（フェルミ粒子同士は反対称化）するのに必要な n 個の項を表す．

同様の公式が一般に n 個の場の時間順序積について成り立つ．これを言葉で説明すれば次のようになる．まず時間順序積をとる n 個の演算子から，あらゆる可能なやり方で 2 つずつの演算子対を取り出す．取り出される対の数は問わない．取り出された演算子対に対しては時間順序積の真空期待値を作り，取り出されずに残った演算子のすべてには正規順序積を適用する．この操作をあらゆる可能な対の取り出し方について行って，それらすべての和をとったものが，全体の時間順序積を与える．

ここで，2 つの場を取り出して時間順序積の真空期待値にするという操作を，

$$\underline{\varphi_1(x_1)\varphi_2(x_2)} = \langle 0|T[\varphi_1(x_1)\varphi_2(x_2)]|0\rangle \tag{4.136}$$

という記法で表す．上の式で表される操作のことを**ウィックの縮約** (Wick contraction) という．この記法によると，たとえば式 (4.135) は

$$T[\varphi_1\varphi_2\varphi_3\varphi_4] = :\varphi_1\varphi_2\varphi_3\varphi_4: + :\varphi_1\varphi_2\varphi_3\varphi_4: + :\varphi_1\varphi_2\varphi_3\varphi_4: + :\varphi_1\varphi_2\varphi_3\varphi_4:$$
$$+ :\varphi_1\varphi_2\varphi_3\varphi_4: + :\varphi_1\varphi_2\varphi_3\varphi_4: + :\varphi_1\varphi_2\varphi_3\varphi_4:$$
$$+ :\varphi_1\varphi_2\varphi_3\varphi_4: + :\varphi_1\varphi_2\varphi_3\varphi_4: + :\varphi_1\varphi_2\varphi_3\varphi_4: \tag{4.137}$$

のように表される．ただし，フェルミ粒子同士の交換を行ったときの符号の逆転も縮約記号の中に含まれているものとする．たとえば，右辺第 3 項において φ_2 と φ_3

が両方ともフェルミ粒子を表すときには，

$$:\varphi_1\varphi_2\varphi_3\varphi_4: = -\varphi_1\varphi_3:\varphi_2\varphi_4: \qquad (4.138)$$

の意味であると解釈する．

ここでは，ウィックの定理におけるもっとも簡単な式 (4.133) を示しておく．場の演算子 φ_A を消滅演算子を含む正振動部分 $\varphi_A^{(+)}$ と生成演算子を含む負振動部分 $\varphi_A^{(-)}$ に分解して，$\varphi_A = \varphi_A^{(+)} + \varphi_A^{(-)}$ とする．正規順序積をとることは生成演算子を含む負振動部分を左にもっていくことであるから，

$$\varphi_1\varphi_2 - :\varphi_1\varphi_2: = \left[\varphi_1^{(+)}, \varphi_2^{(-)}\right]_\pm \qquad (4.139)$$

が成り立つ．ただし $[A, B]_\pm$ は演算子 A と B がどちらもフェルミ粒子に対応する場のとき反交換子，それ以外のとき交換子を表す．上の式が成り立つ理由は，消滅演算子と生成演算子がそれぞれ左と右に配置されているときだけ，正規順序にするとき演算子が交換されるからである．量子場の（反）交換子は演算子でない単なる数を与えるから，真空期待値をとっても値が変化せず，

$$\left[\varphi_1^{(+)}, \varphi_2^{(-)}\right]_\pm = \left\langle 0 \left| \left[\varphi_1^{(+)}, \varphi_2^{(-)}\right]_\pm \right| 0 \right\rangle = \left\langle 0 \left| \varphi_1^{(+)} \varphi_2^{(-)} \right| 0 \right\rangle = \langle 0 | \varphi_1\varphi_2 | 0 \rangle \qquad (4.140)$$

となる．式 (4.139), (4.140) により，

$$\varphi_1\varphi_2 = :\varphi_1\varphi_2: + \langle 0 | \varphi_1\varphi_2 | 0 \rangle \qquad (4.141)$$

が成り立つ．ここで φ_1 の時刻 t_1 と φ_2 の時刻 t_2 が $t_1 > t_2$ を満たすとき，式 (4.141) はウィックの定理の式 (4.133) に等しい．逆に $t_1 < t_2$ の場合は，正規順序積の中では演算子順序を自由に交換できることに注意すると，式 (4.141) で φ_1 と φ_2 を交換した式が式 (4.133) に等しい．こうして式 (4.133) が示される．

より高次の式は数学的帰納法を用いて示すことができるが，直線的な作業であるためここでは詳細を省略する[*3]．証明の方針としては，上で行ったように演算子の積を正規順序になるように変形していけばよい．その変形において，生成消滅演算子の順序を交換するたびに交換子が現れ，そこで縮約が生じる．

ウィックの定理において，右辺の時間順序積の内部にすでに正規順序積が含まれている場合には，その部分についての縮約は起こらない．上に述べた通り，演算子

[*3] 証明の詳細については，たとえば次の文献を参照するとよい：G. C. Wick, *Phys. Rev.*, **80**, 268 (1950); 高野文彦『多体問題』〔新物理学シリーズ 18〕(培風館, 1975).

を正規順序にするために交換するときにだけ縮約が生じるからである．たとえば，

$$\mathrm{T}\,[:\varphi_1\varphi_2::\varphi_3\varphi_4:] = :\varphi_1\varphi_2\varphi_3\varphi_4: + :\underline{\varphi_1\varphi_2}\varphi_3\varphi_4: + :\varphi_1\underline{\varphi_2\varphi_3}\varphi_4: + :\varphi_1\varphi_2\underline{\varphi_3}\varphi_4:$$
$$+ :\varphi_1\underline{\varphi_2\varphi_3}\varphi_4: + :\varphi_1\varphi_2\underline{\varphi_3\varphi_4}: + :\underline{\varphi_1\varphi_2\varphi_3\varphi_4}: + :\underline{\varphi_1\varphi_2\varphi_3\varphi_4}: \qquad (4.142)$$

などのようになる．

ダイソンの公式 (4.130) を展開したときに現れる場の時間順序積は，ウィックの定理を使うことにより計算できる．このときに，ウィックの縮約の式 (4.136) を求めておく必要がある．時空の一様性により，この量は原点の位置に無関係に決まるから，座標差 $x_1 - x_2$ にしか依存しない．また，真空期待値で挟まれていることから，1 つのモードに属する生成演算子と消滅演算子が対になって含まれていなければゼロになる．このため，異なる種類の場についてウィックの縮約をとるとゼロになる．

まず，実スカラー場に対するウィックの縮約を，

$$\underline{\phi(x)\phi(y)} = \langle 0 | \mathrm{T}\,[\phi(x)\phi(y)] | 0 \rangle \equiv i\varDelta_\mathrm{F}(x-y) \qquad (4.143)$$

と表す．この関数 $\varDelta_\mathrm{F}$ を**ファインマン伝播関数** (Feynman propagator) という．その具体形を求めてみる．まず，式 (3.133) で定義される階段関数 $\varTheta$ を用いると，2 つの場の時間順序積は

$$\mathrm{T}\,[\phi(x)\phi(y)] = \varTheta(x^0 - y^0)\phi(x)\phi(y) + \varTheta(y^0 - x^0)\phi(y)\phi(x) \qquad (4.144)$$

と表せる．ここに展開式 (4.9) を代入して真空期待値をとり，さらに式 (4.12) を用いると，

$$\langle 0 | \mathrm{T}\,[\phi(x)\phi(y)] | 0 \rangle = \varTheta(x^0 - y^0) \int \frac{d^3k}{(2\pi)^3 2k^0} e^{ik\cdot(x-y)} + \varTheta(y^0 - x^0) \int \frac{d^3k}{(2\pi)^3 2k^0} e^{-ik\cdot(x-y)} \qquad (4.145)$$

が得られる．ただし $k^0 = (|\boldsymbol{k}|^2 + m^2)^{1/2}$ である．

上に現れる積分をさらに変形するため，次の 1 次元積分

$$\int \frac{ds}{2\pi} \frac{e^{-isx^0}}{(k^0)^2 - s^2 - i\epsilon} \qquad (4.146)$$

を考える．ここで ϵ は正の無限小量とする．この積分の被積分関数は複素平面上に 2 つの極を持ち，その位置は

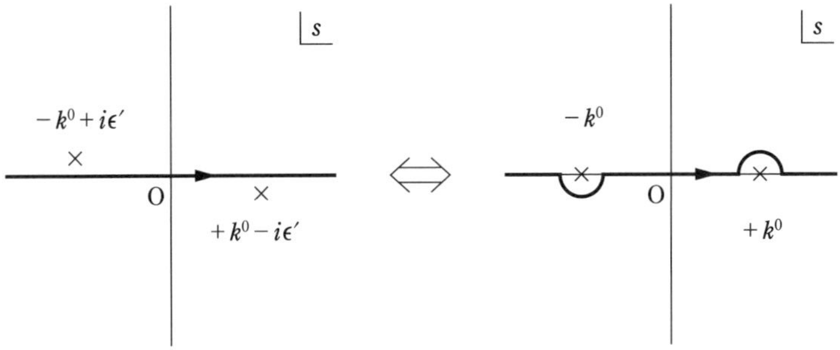

図 **4.1** 伝播関数に対する複素積分の積分経路.

$$s = \pm\sqrt{(k^0)^2 - i\epsilon} = \pm k^0 \mp i\epsilon' \tag{4.147}$$

である．ただし $\epsilon' = \epsilon/(2k^0)$ とおき，高次の無限小量は落とした．これら 2 つの極は図 4.1 の左の複素平面上に示してある．同じ図上で，s 積分の経路は実軸上を $-\infty$ から $+\infty$ へ向かう．ここで極限 $\epsilon' \to +0$ では，右図の複素平面上に示すように経路を変形することができる．すなわち，負の実軸上に近づけた極を下回りに避け，正の実軸上に近づけた極を上回りに避ける経路に変形しても，積分の値は変わらない．

ここで $x^0 > 0$ の場合，図 4.1 の下半面に半径無限大の半円を考えて経路を閉じると，式 (4.146) においてその半円上の積分はゼロになり，閉経路の積分は $+k^0$ の極のまわりでの寄与だけを拾う．この極の留数を求めることにより，式 (4.146) の積分の値は $ie^{-ik^0 x^0}/(2k^0)$ となる．逆に $x^0 < 0$ の場合は，上半面に半円を考えて閉じることにより $-k^0$ の極だけが寄与して，積分の値は $ie^{ik^0 x^0}/(2k^0)$ となる．したがって，

$$\int \frac{ds}{2\pi} \frac{e^{-isx^0}}{|\mathbf{k}|^2 - s^2 + m^2 - i\epsilon} = \frac{i}{2k^0}\left[\Theta(x^0)e^{-ik^0 x^0} + \Theta(-x^0)e^{ik^0 x^0}\right] \tag{4.148}$$

である．この式を式 (4.145) と比較し，さらに変数 s を改めて 4 元ベクトル k^μ の時間成分 k^0 に対応する積分変数とみなせば，

$$\langle 0|\mathrm{T}[\phi(x)\phi(y)]|0\rangle = -i \int \frac{d^4k}{(2\pi)^4} \frac{e^{ik\cdot(x-y)}}{k^2 + m^2 - i\epsilon} \tag{4.149}$$

が得られる．

したがって，式 (4.143) で定義されるファインマン伝播関数は，具体的な積分として

$$\Delta_{\mathrm{F}}(x) = \int \frac{d^4k}{(2\pi)^4} \frac{e^{ik\cdot x}}{-k^2 - m^2 + i\epsilon} \tag{4.150}$$

と求まる．この形から明らかなように，ファインマン伝播関数はクライン–ゴルドン方程式のグリーン関数の1つとなっている．すなわち，

$$\left(\Box - m^2\right)\Delta_{\mathrm{F}}(x) = \delta_{\mathrm{D}}^4(x) \tag{4.151}$$

が成り立つ．ここで $\delta_{\mathrm{D}}^4(x)$ は4次元デルタ関数である．

次に，複素スカラー場についてウィックの縮約を考える．ここで $\underline{\varphi(x)\varphi(y)}$，$\underline{\varphi^\dagger(x)\varphi^\dagger(y)}$ という組み合わせは，同じ種類の生成演算子と消滅演算子が対になって現れることがないためにゼロになる．ゼロにならない組み合わせは

$$\underline{\varphi(x)\varphi^\dagger(y)} = \underline{\varphi^\dagger(y)\varphi(x)} = \left\langle 0 \left| \mathrm{T}\left[\varphi(x)\varphi^\dagger(y)\right] \right| 0 \right\rangle \equiv i\Delta_{\mathrm{F}}(x-y) \tag{4.152}$$

である．ここで展開式 (4.44), (4.45) を用いると，

$$\begin{aligned}
\left\langle 0 \left| \mathrm{T}\left[\varphi(x)\varphi^\dagger(y)\right] \right| 0 \right\rangle = \int &\frac{d^3k}{(2\pi)^3 2k^0} \frac{d^3k'}{(2\pi)^3 2k'^0} \\
\times \Big[&\Theta(x^0 - y^0) e^{ik\cdot x - ik'\cdot y} \left\langle 0 \left| a(\boldsymbol{k}) a^\dagger(\boldsymbol{k}') \right| 0 \right\rangle \\
+ &\Theta(y^0 - x^0) e^{-ik\cdot x + ik'\cdot y} \left\langle 0 \left| b(\boldsymbol{k}') b^\dagger(\boldsymbol{k}) \right| 0 \right\rangle \Big]
\end{aligned} \tag{4.153}$$

となるが，交換関係の式 (4.46) を用いれば，上式は式 (4.145) の右辺とまったく同じになる．したがって，複素スカラー場のファインマン伝播関数は実スカラー場のものと同じになり，式 (4.150) で与えられる．

さらにディラック場について考えると，$\underline{\psi(x)\psi(y)}$, $\underline{\bar{\psi}(x)\bar{\psi}(y)}$ という縮約の組み合わせは，同じ種類の生成消滅演算子が対になって現れずゼロになる．ゼロにならない組み合わせは

$$\underline{\psi_\alpha(x)\bar{\psi}_\beta(y)} = -\underline{\bar{\psi}_\beta(y)\psi_\alpha(x)} = \left\langle 0 \left| \mathrm{T}\left[\psi_\alpha(x)\bar{\psi}_\beta(y)\right] \right| 0 \right\rangle \equiv iS_{\mathrm{F}\alpha\beta}(x-y) \tag{4.154}$$

である．ただし α, β はディラック・スピノルの4成分を表す添字である．ここで展開式 (4.55), (4.56) を代入して真空期待値をとり，さらに反交換関係式 (4.57) を用いると，

$$\left\langle 0 \left| \mathrm{T}\left[\psi(x)\bar\psi(y)\right]\right|0\right\rangle = \int \frac{d^3k}{(2\pi)^3 2k^0}\left[\Theta(x^0-y^0)e^{ik\cdot(x-y)}\sum_s u_s(\boldsymbol{k})\bar u_s(\boldsymbol{k})\right.$$
$$\left.-\Theta(y^0-x^0)e^{-ik\cdot(x-y)}\sum_s v_s(\boldsymbol{k})\bar v_s(\boldsymbol{k})\right] \quad (4.155)$$

が得られる．ここでスピン和の公式 (3.210) を用いることにより，ファインマン伝播関数は

$$\begin{aligned}S_{\mathrm F}(x) &= -i\int\frac{d^3k}{(2\pi)^3 2k^0}\left[\Theta(x^0)(\slashed{k}+m)e^{ik\cdot x}+\Theta(-x^0)(-\slashed{k}+m)e^{-ik\cdot x}\right]\\ &= (-\slashed\partial -im)\int\frac{d^3k}{(2\pi)^3 2k^0}\left[\Theta(x^0)e^{ik\cdot x}+\Theta(-x^0)e^{-ik\cdot x}\right]\\ &= (-i\slashed\partial +m)\Delta_{\mathrm F}(x)\\ &= \int\frac{d^4k}{(2\pi)^4}e^{ik\cdot x}\frac{\slashed k+m}{-k^2-m^2+i\epsilon}\end{aligned} \quad (4.156)$$

と表される．また $(\slashed k+m)(\slashed k-m)=-k^2-m^2$ であることから，この最後の形を記号的に

$$S_{\mathrm F}(x) = \int\frac{d^4k}{(2\pi)^4}\frac{e^{ik\cdot x}}{\slashed k-m+i\epsilon} \quad (4.157)$$

と表すことが多い．

電磁場の場合は，

$$\underline{A^\mu(x)A^\nu(y)} = \left\langle 0\left|\mathrm{T}\left[A^\mu(x)A^\nu(y)\right]\right|0\right\rangle \equiv iD_{\mathrm F}^{\mu\nu}(x-y) \quad (4.158)$$

となる．偏極ベクトルの完全性 (3.219) を使い，上で行ったディラック場のときとほぼ同様の計算を繰り返すことにより，電磁場のファインマン伝播関数の形は

$$D_{\mathrm F}^{\mu\nu}(x) = \int\frac{d^4k}{(2\pi)^4}e^{ik\cdot x}\frac{\eta^{\mu\nu}}{-k^2+i\epsilon} \quad (4.159)$$

と求められる．

4.5 散乱振幅と散乱断面積

4.5.1 散乱断面積の定義

散乱行列は，1 回の粒子衝突で散乱や反応をする素過程に対しての散乱振幅を与

える．実際の問題としては，多数の粒子同士が衝突して反応する状況が起きる．こうした状況を念頭において，多数の粒子同士が衝突して散乱や反応をする確率を考える．

いま2つの粒子が衝突して散乱する素過程を考え，衝突前の粒子を1, 2というラベルで表し，衝突後の粒子を3, 4, ... というラベルで表す．この散乱過程は

$$1 + 2 \to 3 + 4 + \cdots \tag{4.160}$$

と表される．ある共通速度 $\boldsymbol{v}_1$ でビーム状に入射する多数の粒子1と，別の共通速度 $\boldsymbol{v}_2$ でビーム状に入射する多数の粒子2が衝突する状況を考える．これらのビームにおける粒子1, 2の数密度をそれぞれ ρ_1, ρ_2 とし，衝突の相対速度を $v_{\rm rel}$ とする．いま，ある体積 V と時間間隔 T を持つ時空内において，上の粒子衝突が N 回起こったとする．このとき，衝突回数は $\rho_1, \rho_2, v_{\rm rel}, V, T$ に比例し，その比例係数は衝突反応過程に固有の量である．この比例定数のことを**散乱断面積** (scattering cross-section) という．散乱断面積を σ で表せば，その定義は

$$N = VT\rho_1\rho_2 v_{\rm rel}\sigma \tag{4.161}$$

により与えられる．

さらに，散乱された粒子3, 4, ... の状態を表す変数を X とする．この変数 X は，たとえば運動量や散乱方向，スピン状態などをまとめて表したものである．散乱後，変数 X の値がある微小な範囲 dX に入ってくる数を dN とする．このとき，

$$dN = VT\rho_1\rho_2 v_{\rm rel}\frac{d\sigma}{dX}dX \tag{4.162}$$

で定義される $d\sigma/dX$ を，この状態 X への**微分散乱断面積** (differential scattering cross-section) という．実際の実験においては，散乱されるどれか1つの粒子に着目し，その粒子に対する散乱立体角の微小範囲 $d\Omega$ を dX と考えることが多い．このときには $d\sigma/d\Omega$ が対応する微分散乱断面積である．微分散乱断面積に対して，式 (4.161) で定義される散乱断面積 σ は**全散乱断面積** (total scattering cross-section) とも呼ばれる．微分散乱断面積 $d\sigma/dX$ を積分すると全散乱断面積が得られ，

$$\int \frac{d\sigma}{dX}dX = \sigma \tag{4.163}$$

となる．散乱された粒子の状態を表す変数 X は一般に多変数であるから，上の積分も一般には多重積分である．

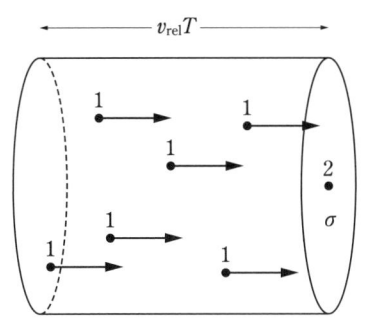

図 4.2 散乱断面積の概念図.

散乱断面積の意味をよりわかりやすく理解するため，ある1つの粒子2に対する静止系で考えてみる．この系では，図4.2に表されるように，粒子2に向かって多数の粒子1が相対速度 $v_{\rm rel}$ で向かってくることになる．このとき，粒子2のまわりの面積 σ の中に入射した粒子がすべて衝突して散乱されるような状況を考えてみる．これは剛体球同士が衝突する場合に実現され，粒子間の距離が一定以下になると必ず衝突が起きる状況である．このとき，1つの粒子2が時間間隔 T の間に粒子1と衝突する回数は，図の円筒形の部分にある粒子1の数に等しいので，$\rho_1 v_{\rm rel} T \sigma$ で与えられる．また粒子2は体積 V 中に $\rho_2 V$ 個存在するので，都合 $V T \rho_1 \rho_2 v_{\rm rel} \sigma$ 回の衝突がこの時空中で起きる．この数は式 (4.161) に一致しているから，この特別の場合には散乱断面積が幾何学的な面積と結びついている．実際の衝突では必ずしも粒子2の近くに来た粒子1がすべて散乱されるわけではない．散乱断面積は衝突の確率を表し，面積の次元を持つ量である．

上に与えた（微分）散乱断面積の定義式 (4.161), (4.162) において，相対速度 $v_{\rm rel}$ の値は慣性座標系に依存するため，このままでは散乱断面積のローレンツ不変性が明らかではない．散乱断面積をローレンツ不変な量とするため，相対速度 $v_{\rm rel}$ を任意の慣性座標系で定義しておく必要がある．

ローレンツ変換は4次元時空体積を不変に保つから，VT はローレンツ不変量である．また，粒子の静止系における時間を一般の座標系から見ると，式 (1.30) により時間は $(1-v^2)^{-1/2}$ 倍になって見える．4次元時空体積の不変性により，3次元体積は $(1-v^2)^{1/2}$ 倍になる．これはローレンツ収縮と呼ばれる効果である．このため，粒子の静止系で数密度 ρ_0 を持つ粒子群が速度 v で動くと，ローレンツ収縮によって体積が小さくなるぶん，数密度は増えて $\rho = \rho_0 (1-v^2)^{-1/2}$ となる．さらに，粒子の質量を m とすると，エネルギーのローレンツ変換に対応する式 (1.41) により，$E = m(1-v^2)^{-1/2}$ となる．したがって ρ/E はローレンツ不変量である．

粒子数 N, dN も当然ながらローレンツ不変量である．そこで，粒子 1 と粒子 2 のエネルギー E_1, E_2 に対し，積 $E_1 E_2 v_{\text{rel}}$ が不変量になるように相対速度を定義すれば，上に述べた性質と式 (4.161), (4.162) により，（微分）散乱断面積が不変量になる．この条件を満たす相対速度の定義として，粒子の 4 元運動量 P_1^μ, P_2^μ を使い，

$$v_{\text{rel}} \equiv \frac{\sqrt{(P_1 \cdot P_2)^2 - m_1^2 m_2^2}}{P_1^0 P_2^0} \tag{4.164}$$

とすることができる．ただし $P_1 \cdot P_2 = P_1^\mu P_{2\mu}$, $P_1^0 = E_1$, $P_2^0 = E_2$ である．式 (1.44), (1.39) より $\boldsymbol{v} = \boldsymbol{P}/P^0$, $m^2 = (P^0)^2 - |\boldsymbol{P}|^2$ が各粒子について成り立つので，式 (4.164) は

$$v_{\text{rel}} = \sqrt{|\boldsymbol{v}_1 - \boldsymbol{v}_2|^2 + (\boldsymbol{v}_1 \cdot \boldsymbol{v}_2)^2 - |\boldsymbol{v}_1|^2 |\boldsymbol{v}_2|^2} \tag{4.165}$$

と変形できる．ここで粒子 1, 2 のどちらかの速度がゼロになる慣性系や，2 つの速度が平行になる慣性系では $(\boldsymbol{v}_1 \cdot \boldsymbol{v}_2)^2 = |\boldsymbol{v}_1|^2 |\boldsymbol{v}_2|^2$ となるから，このとき $v_{\text{rel}} = |\boldsymbol{v}_1 - \boldsymbol{v}_2|$ となり，確かに v_{rel} が直観的な相対速度を表していることがわかる．したがって式 (4.164) は相対速度を一般の慣性座標系における 4 元運動量で表現したものになっている．このとき $E_1 E_2 v_{\text{rel}}$ がローレンツ不変量になる．

4.5.2 不変散乱振幅と散乱断面積

ここで粒子 i の状態を表す自由度，たとえばスピンや偏極などの自由度をまとめて簡略化した記号 r_i で表し，その生成消滅演算子を $a_{r_i}^\dagger(\boldsymbol{k}_i)$, $a_{r_i}(\boldsymbol{k}_i)$ とする．式 (4.16) のようにして波数空間を離散化してもよいが，ここでは離散化せずに考えることにする．連続的な生成演算子により n 粒子状態

$$|\boldsymbol{k}_1, r_1; \boldsymbol{k}_2, r_2; \ldots; \boldsymbol{k}_n, r_n\rangle = a_{r_1}^\dagger(\boldsymbol{k}_1) a_{r_2}^\dagger(\boldsymbol{k}_2) \cdots a_{r_n}^\dagger(\boldsymbol{k}_n) |0\rangle \tag{4.166}$$

を作ると，この状態ベクトルのノルムは 1 ではない．式 (4.46), (4.57) などの（反）交換関係により，

$$\langle \boldsymbol{k}_1, r_1; \ldots; \boldsymbol{k}_n, r_n | \boldsymbol{k}'_1, r'_1; \ldots; \boldsymbol{k}'_n, r'_n \rangle = \prod_{i=1}^n (2\pi)^3 2 E_i \, \delta_{\text{D}}^3(\boldsymbol{k}_i - \boldsymbol{k}'_i) \delta_{r_i r'_i} \tag{4.167}$$

となる．ここで $\delta_{r_i r'_i}$ はクロネッカー・デルタ記号の一種で，r_i と r'_i が一致するときだけ値が 1 でその他の場合は 0 と定義する．また

$$E_i \equiv k_i^0 = \sqrt{|\bm{k}_i|^2 + m_i^2} \qquad (4.168)$$

は粒子 i のエネルギーを表す．式 (4.167) の右辺はローレンツ不変量であり，この規格化を**ローレンツ不変規格化** (Lorentz invariant normalization) という．式 (4.167) において $\bm{k}_i = \bm{k}'_i$ とおけば，発散量 $(2\pi)^3 \delta_D^3(\bm{0})$ が現れるが，これは

$$(2\pi)^3 \delta_D^3(\bm{k} - \bm{k}')\big|_{\bm{k}=\bm{k}'} = \int d^3 x \, e^{i\bm{0}\cdot\bm{x}} = \int d^3 x = V \qquad (4.169)$$

と評価できる．ただし V は散乱の起きる体積の全体である．したがって，式 (4.166) のノルムの 2 乗は

$$\langle \bm{k}_1, r_1; \ldots; \bm{k}_n, r_n | \bm{k}_1, r_1; \ldots; \bm{k}_n, r_n \rangle = (2V)^n E_1 E_2 \cdots E_n \qquad (4.170)$$

で与えられる．

ここで，2 粒子状態の始状態を $|\alpha\rangle = |\bm{k}_1, r_1; \bm{k}_2, r_2\rangle$ と略記する．この始状態のノルムの 2 乗は式 (4.170) より

$$\langle \alpha | \alpha \rangle = 4V^2 E_1 E_2 \qquad (4.171)$$

となる．また，終状態は n 粒子状態であるとして，$|\beta\rangle = |\bm{k}_3, r_3; \ldots; \bm{k}_{n+2}, r_{n+2}\rangle$ と略記する．この終状態の波数が微小運動量素片 $\prod_i d^3 k_i$ の中に入るような部分状態空間を考えると，そこへの射影演算子は

$$\left(\prod_{i=3}^{n+2} \frac{d^3 k_i}{(2\pi)^3 2E_i} \right) |\beta\rangle \langle\beta| \qquad (4.172)$$

で与えられる．実際，規格化の式 (4.167) により，この演算子を 2 回作用させても 1 回作用させるのと同じになり，射影演算子の性質を満たしている．一方，散乱演算子の性質 (4.123) により，始状態 $|\alpha\rangle$ は反応後には $S|\alpha\rangle$ という状態になっている．以上のことにより，終状態 $|\beta\rangle$ の波数が微小素片 $\prod_i d^3 k_i$ の中に入るような状態ベクトルへ始状態を射影すると，

$$\left(\prod_{i=3}^{n+2} \frac{d^3 k_i}{(2\pi)^3 2E_i} \right) |\beta\rangle \langle\beta|S|\alpha\rangle \qquad (4.173)$$

となる．

ここで量子論の確率解釈に従えば，1 回の衝突で運動量空間の微小素片 $d^3 P_i = d^3 k_i$ $(i = 3, \ldots, n+2)$ の中に終状態 $|\beta\rangle$ を見いだす確率は，式 (4.173) のノルムの 2

乗を始状態のノルムの 2 乗 $\langle\alpha|\alpha\rangle$ で割ったもので与えられ，

$$d\mathscr{P} = \frac{|\langle\beta|S|\alpha\rangle|^2}{\langle\alpha|\alpha\rangle} \prod_{i=3}^{n+2} \frac{d^3 P_i}{(2\pi)^3 2E_i} \tag{4.174}$$

となる．ここで全体積 V の中に粒子 1 と粒子 2 はそれぞれ $\rho_1 V, \rho_2 V$ 個ずつ含まれていること，および式 (4.171) を用いると，上の終状態へ散乱される数は

$$dN = V^2 \rho_1 \rho_2 d\mathscr{P} = \frac{\rho_1 \rho_2}{4E_1 E_2} |\langle\beta|S|\alpha\rangle|^2 \prod_{i=3}^{n+2} \frac{d^3 P_i}{(2\pi)^3 2E_i} \tag{4.175}$$

で与えられる．

散乱の前後では 4 元運動量が保存するため，2 つの 4 元運動量 $P_{(\alpha)} \equiv k_1 + k_2$ と $P_{(\beta)} \equiv k_3 + \cdots + k_{n+2}$ は等しい．このため，散乱行列要素 $\langle\beta|S|\alpha\rangle$ を計算すれば，そこには必ず $\delta_D^4(P_{(\beta)} - P_{(\alpha)})$ という因子が含まれ，

$$\langle\beta|S|\alpha\rangle = i(2\pi)^4 \delta_D^4(P_{(\beta)} - P_{(\alpha)}) \mathscr{M}_{\beta\alpha} \tag{4.176}$$

と表すことができる．ここで $\delta_D^4(P_{(\beta)} - P_{(\alpha)})$ はローレンツ不変量であり，始状態 $|\alpha\rangle$ と終状態 $|\beta\rangle$ が不変規格化されていれば $\mathscr{M}_{\beta\alpha}$ もローレンツ不変量になる．この因子 $\mathscr{M}_{\beta\alpha}$ を**不変散乱振幅** (invariant scattering amplitude) という．

式 (4.175) に式 (4.176) を代入すると，運動量空間の 4 次元デルタ関数が 2 回現れ，$[(2\pi)^4 \delta_D^4(P_{(\beta)} - P_{(\alpha)})]^2 = [(2\pi)^4 \delta_D^4(P_{(\beta)} - P_{(\alpha)})][(2\pi)^4 \delta_D^4(0)]$ となって発散量が出てくる．だが，これは有限体積化した時空において

$$(2\pi)^4 \delta_D^4(0) = \int_{VT} d^4 x \, e^{-ik\cdot x} \bigg|_{k=0} = VT \tag{4.177}$$

となるから，散乱の起きる領域の 4 次元体積を表す．したがって式 (4.176) の絶対値を 2 乗したものは

$$|\langle\beta|S|\alpha\rangle|^2 = VT(2\pi)^4 \delta_D^4(P_\beta - P_\alpha) |\mathscr{M}_{\beta\alpha}|^2 \tag{4.178}$$

と置き換えることができる．すると式 (4.175) は，

$$dN = VT \frac{\rho_1 \rho_2}{4E_1 E_2} (2\pi)^4 \delta_D^4(P_\beta - P_\alpha) |\mathscr{M}_{\beta\alpha}|^2 \prod_{i=3}^{n+2} \frac{d^3 P_i}{(2\pi)^3 2E_i} \tag{4.179}$$

となる．これを微分散乱断面積の定義式 (4.162) と比較し，式 (4.164) を用いると，

$$d\sigma = \frac{(2\pi)^4 \delta_D^4(P_\beta - P_\alpha)\left|\mathcal{M}_{\beta\alpha}\right|^2}{4\sqrt{(P_1 \cdot P_2)^2 - m_1^2 m_2^2}} \prod_{i=3}^{n+2} \frac{d^3 P_i}{(2\pi)^3 2E_i} \tag{4.180}$$

が得られる．

上の式 (4.180) は，実験的に測定できる微分散乱断面積と，理論的に計算される散乱行列要素を結びつける重要な式である．また，この式を終状態の運動量で積分し，さらに粒子の属性 r_i の和をとることで，全散乱断面積が求められる．ただし注意事項として，終状態に同種粒子が含まれる場合にはそのまま運動量積分すると同じ状態を多重に積分してしまうことになる．そこで，粒子 3, 4, ... の中に同種粒子が $n_A, n_B, \ldots$ 個ずつ含まれるときには，対称性の因子 $n_A! n_B! \cdots$ で割る必要がある．

終状態も 2 粒子状態となる 2 体反応の場合は，重心座標系で記述するとさらに簡略化した式が得られる．まず $n = 2$ とした式 (4.180) において，デルタ関数の存在により $d^3 P_4$ を積分してしまうことができる．このとき，不変散乱振幅 $\mathcal{M}_{\beta\alpha}$ の中では $P_4 = P_1 + P_2 - P_3$ が代入される．さらに重心座標系においては $\boldsymbol{P} \equiv \boldsymbol{P}_1 = -\boldsymbol{P}_2$, $\boldsymbol{P}' \equiv \boldsymbol{P}_3 = -\boldsymbol{P}_4$ とおくことができる．この場合には式 (1.39) により $\sqrt{(P_1 \cdot P_2)^2 - m_1^2 m_2^2} = (E_1 + E_2)|\boldsymbol{P}|$ が示されるので，微分散乱断面積は

$$d\sigma|_{\text{CM}} = \frac{\delta_D(E_3 + E_4 - E_1 - E_2)\left|\mathcal{M}_{\beta\alpha}\right|^2}{64\pi^2 |\boldsymbol{P}|(E_1 + E_2)} \frac{d^3 P'}{E_3 E_4} \tag{4.181}$$

となる．ただし CM は Center of Mass の頭文字で，重心座標系を意味する．

ここで粒子 3 の散乱微小立体角を $d\Omega$ とし，その運動量素片を極座標で $d^3 P' = |\boldsymbol{P}'|^2 d|\boldsymbol{P}'| d\Omega$ と表すことにする．デルタ関数の中に現れる E_3, E_4 も $|\boldsymbol{P}'|$ の関数であるため，式 (4.181) のままでは積分が自明でない．いま

$$E_3 + E_4 = \sqrt{|\boldsymbol{P}'|^2 + m_3^2} + \sqrt{|\boldsymbol{P}'|^2 + m_4^2} \tag{4.182}$$

であることを用いて，独立変数を $|\boldsymbol{P}'|$ から $E_3 + E_4$ に変数変換すると，

$$\frac{|\boldsymbol{P}'| d|\boldsymbol{P}'|}{E_3 E_4} = \frac{d(E_3 + E_4)}{E_3 + E_4} \tag{4.183}$$

が示される．これにより，終状態の運動量の大きさ $|\boldsymbol{P}'|$ についての積分をデルタ関数とともに実行することができ，散乱角度に関する微分散乱断面積の表式は

$$\left.\frac{d\sigma}{d\Omega}\right|_{\text{CM}} = \frac{1}{64\pi^2} \frac{|\boldsymbol{P}'|}{(E_1 + E_2)^2 |\boldsymbol{P}|} \left|\mathcal{M}_{\beta\alpha}\right|^2 \tag{4.184}$$

となる．ただし上の表式における $|\boldsymbol{P}'|$ は，式 (4.182) の左辺を $E_1 + E_2$ に置き換えたものの解で与えられる．具体的には

$$|\boldsymbol{P}'| = \frac{1}{2(E_1+E_2)}\sqrt{(E_1+E_2)^4 - 2(E_1+E_2)^2(m_3^2+m_4^2)+(m_3^2-m_4^2)^2} \quad (4.185)$$

である．

4.5.3 粒子の崩壊幅

次に，初期状態が 1 粒子からなる反応過程

$$1 \to 2 + 3 + \cdots \quad (4.186)$$

を考える．このような反応は，粒子 1 が不安定粒子であって，時間の経過によってそれより軽い粒子群に崩壊する場合に起きる．この崩壊反応の起きる確率がどのように求められるかを見ておく．散乱断面積の場合の式 (4.179) の導出と同様の考察によれば，初期状態 α における粒子 1 の数密度を ρ_1 とするとき，終状態 β の粒子 $2, 3, \ldots$ が運動量素片 d^3P_i ($i = 2, \ldots, n+1$) の中に見いだされる回数は，

$$dN = VT\frac{\rho_1}{2E_1}(2\pi)^4\delta_D^4(P_\beta - P_\alpha)|\mathscr{M}_{\beta\alpha}|^2\prod_{i=2}^{n+1}\frac{d^3P_i}{(2\pi)^3 2E_i} \quad (4.187)$$

となる．粒子 1 に対する静止系で考えると，崩壊前の粒子 1 の質量を m_1 とするとき $E_1 = m_1$ となる．初期状態の粒子 1 の個数は $V\rho_1$ であるから，1 つの粒子 1 が単位時間あたりにこの運動量素片に崩壊する確率は，この静止系において，

$$d\Gamma|_{\text{CM}} = (2\pi)^4\delta_D^4(P_\beta - P_\alpha)\frac{|\mathscr{M}_{\beta\alpha}|^2}{2m_1}\prod_{i=2}^{n+1}\frac{d^3P_i}{(2\pi)^3 2E_i} \quad (4.188)$$

で与えられる．この量を**微分崩壊幅** (differential decay width) という．

崩壊後に現れるすべての粒子 $2, 3, \ldots$ のうち，部分的な粒子群 a を考えて，そのすべての運動量について積分した量を Γ_a とする．この量は粒子群 a へ崩壊する確率を表し，これをチャネル a への**部分崩壊幅** (partial decay width) という．この場合にも，終状態に同種粒子が $n_A, n_B, \ldots$ 個ずつ含まれていれば，適切な対称性因子 $n_A!n_B!\cdots$ で割る必要がある．可能なすべての粒子群への崩壊幅を足し上げた量 $\Gamma = \sum_a \Gamma_a$ は，最初の粒子 1 が単位時間あたりに崩壊する全確率を表し，これを**全崩壊幅** (total decay width) という．全崩壊幅の逆数 $\tau = 1/\Gamma$ を，崩壊する粒子の**平均寿命** (mean lifetime) という．粒子数が半分になるまでの期待値 $t_{1/2}$ を**半減期**

(half-life) と呼び，平均寿命 τ との間に $t_{1/2} = \tau \ln 2$ の関係がある．また，全崩壊幅に対する部分崩壊幅の割合 $B_a = \Gamma_a/\Gamma$ をチャネル a への**分岐比** (branching ratio) という．

終状態が2粒子状態となる場合は，式 (4.188) をさらに簡単な式で表すことができる．再び，崩壊前の粒子1の静止系で考えると，$\boldsymbol{P} \equiv \boldsymbol{P}_2 = -\boldsymbol{P}_3$ とおくことができるので，散乱断面積の場合と同様に考えることにより，

$$\left.\frac{d\Gamma}{d\Omega}\right|_{\text{CM}} = \frac{1}{32\pi^2} \frac{|\boldsymbol{P}|}{m_1{}^2} \left|\mathscr{M}_{\beta\alpha}\right|^2 \tag{4.189}$$

が得られる．ただし，

$$|\boldsymbol{P}| = \frac{1}{2m_1}\sqrt{m_1{}^4 - 2m_1{}^2(m_3{}^2 + m_4{}^2) + (m_3{}^2 - m_4{}^2)^2} \tag{4.190}$$

である．

4.6 散乱断面積の計算例

この節では，基本的な散乱過程をいくつか選び，断面積の具体的な計算例を与える．本書ではくりこみ理論を必要とする高次補正については扱わず，摂動の最低次近似の範囲に取り扱いを限る．

4.6.1 電子のクーロン散乱

最初の例として，空間に固定された動かない点電荷があり，その点電荷によるクーロン・ポテンシャルで電子が散乱される場合を考える．一般に，荷電粒子同士のクーロン力による散乱のことを**ラザフォード散乱** (Rutherford scattering) というが，ここで考える散乱過程はその一種である．電荷を持つフェルミ粒子と電磁場が共存する系のラグランジアン密度は，式 (3.245) に与えられている．単位電荷を e とすると，電子は電荷 $q = -e$ を持つフェルミ粒子である．したがっていまの場合，ラグランジアン密度の電子と光子の相互作用部分は，正規積の規約を考慮して，

$$\mathscr{L}_1 = e : \bar{\psi} \slashed{A} \psi : \tag{4.191}$$

となる．

空間に固定されている点電荷を $-Ze$ とする．この点電荷が作るクーロン・ポテンシャル $\phi(x)$ は，時間的に一定である．また磁場はないものとする．このとき，4元電磁ポテンシャル A^μ の成分は

$$A^0(x) = \phi(x) = -\frac{1}{4\pi}\frac{Ze}{|\bm{x}|}, \qquad \bm{A}(x) = 0 \tag{4.192}$$

で与えられる．この電磁場を静的な古典場であると考え，電子だけを量子場として扱う．古典的な電場から受けるクーロン力によって，量子的な電子が散乱される．この状況設定において，上に与えられた相互作用ラグランジアンは

$$\mathscr{L}_1(x) = -\frac{Z\alpha}{|\bm{x}|} : \bar{\psi}(x)\gamma_0\psi(x) : \tag{4.193}$$

と書き表される．ここで，$\alpha = e^2/4\pi \simeq 1/137.036$ は微細構造定数と呼ばれる無次元定数である．

ここでは，点電荷 $-Ze$ が空間に固定されているために並進対称性が成り立たず，系の全運動量は保存しない．このため，前節で考えた散乱断面積と散乱行列の関係がそのままでは成り立たないので，改めてその関係を導出しておく．任意の慣性座標系において，数密度 ρ_1 および速さ v_1 を持つ電子のビームを考え，それが時間間隔 T の間に終状態の運動量素片 d^3P_2 中へ散乱される回数を dN とする．このとき，図 4.2 と同様に考えると，終状態への微分散乱断面積 $d\sigma$ は

$$dN = T\rho_1 v_1 d\sigma \tag{4.194}$$

を満たす．入射粒子の運動量とエネルギーをそれぞれ $\bm{P}_1, E_1 = (|\bm{P}_1|^2 + m_e^2)^{1/2}$ とすると，入射粒子の速さは $v_1 = |\bm{P}_1|/E_1$ である．ここで式 (4.175) の導出と同様の考察を行えば，

$$dN = \frac{\rho_1}{2E_1}|\langle\beta|S|\alpha\rangle|^2 \frac{d^3P_2}{(2\pi)^3 2E_2} \tag{4.195}$$

が導かれる．したがって微分散乱断面積は

$$d\sigma = \frac{|\langle\beta|S|\alpha\rangle|^2}{2T|\bm{P}_1|} \frac{d^3P_2}{(2\pi)^3 2E_2} \tag{4.196}$$

と表される．いまクーロン・ポテンシャルが固定されているため，電子の運動量は散乱の前後で保存しないが，エネルギーは保存する．このため，以下で具体的にも示されるように，散乱行列要素には必ず $\delta_{\rm D}(E_1 - E_2)$ の因子が含まれる．そこで，

$$\langle\beta|S|\alpha\rangle = 2\pi i\,\delta_{\rm D}(E_1 - E_2)\mathscr{S}_{\beta\alpha} \tag{4.197}$$

とおく．これを 2 乗したときに出てくるデルタ関数の 2 乗の部分は式 (4.177) と同じ考え方により，

$$[2\pi\delta_D(E_1 - E_2)]^2 = 2\pi\delta_D(E_1 - E_2)\int dt e^{i(E_1-E_2)t} = 2\pi T\delta_D(E_1 - E_2) \quad (4.198)$$

と変形できる．また，終状態の運動量素片は極座標で $d^3P_2 = |\boldsymbol{P}_2|^2 d|\boldsymbol{P}_2|d\Omega$ と表すことができる．ここで $E_2^2 = |\boldsymbol{P}_2|^2 + m^2$ の関係より $E_2 dE_2 = |\boldsymbol{P}_2|d|\boldsymbol{P}_2|$ が成り立つから，

$$\frac{d^3P_2}{2E_2} = \frac{|\boldsymbol{P}_2|}{2}dE_2 d\Omega \quad (4.199)$$

となる．したがって微分散乱断面積の式 (4.196) は

$$d\sigma = \frac{|\mathscr{S}_{\beta\alpha}|^2}{16\pi^2}\delta_D(E_1 - E_2)dE_2 d\Omega \quad (4.200)$$

と表される．ただし，エネルギー保存を表すデルタ関数があるため $|\boldsymbol{P}_1| = |\boldsymbol{P}_2|$ となることを用いた．エネルギー保存により，終状態のエネルギー E_2 は E_1 以外の値をとることができず，デルタ関数によりそれが保証されている．上式を E_2 で積分すると，微分散乱断面積は簡単に

$$\frac{d\sigma}{d\Omega} = \frac{|\mathscr{S}_{\beta\alpha}|^2}{16\pi^2} \quad (4.201)$$

で与えられる．

散乱行列要素 $\langle\beta|S|\alpha\rangle$ はダイソンの公式 (4.131) を展開して計算する．$\mathscr{L}_I$ に関して展開した摂動の n 次の項を $S^{(n)}$ と表記し，$S = 1 + S^{(1)} + S^{(2)} + \cdots$ と表す．摂動の 0 次の項は相互作用がない場合と同じになるので，散乱が起きない状況を表す．散乱に関する最低次の近似は摂動の 1 次の項

$$S^{(1)} = i\int d^4x \mathscr{L}_I = -iZ\alpha\int d^4x \frac{1}{|x|} :\bar\psi(x)\gamma_0\psi(x): \quad (4.202)$$

によって与えられる．非積分関数には 1 つの時空点しか含まれていないので，時間順序積をとる必要はない．入射電子の 4 元波数ベクトルを $(k_1^\mu) = (E_1, \boldsymbol{P}_1)$，スピンを s_1 とし，散乱された電子に対する同じ量をそれぞれ $(k_2^\mu) = (E_2, \boldsymbol{P}_2)$ および s_2 とすると，始状態と終状態はそれぞれ

$$|\alpha\rangle = c_{s_1}^\dagger(\boldsymbol{k}_1)|0\rangle, \qquad \langle\beta| = \langle 0|c_{s_2}(\boldsymbol{k}_2) \quad (4.203)$$

で与えられる．スピノル場に対する平面波展開の式 (4.55), (4.56) を式 (4.202) に代入し，それを式 (4.203) で挟むことにより行列要素 $\langle\beta|S^{(1)}|\alpha\rangle$ が計算できる．こ

のとき，反電子の生成消滅演算子 $d_s{}^\dagger, d_s$ を含む項は，真空状態である $|0\rangle$ や $\langle 0|$ に直接作用して消えてしまう．このようにして散乱行列要素の 1 次の項を求めると，

$$\langle\beta|S^{(1)}|\alpha\rangle = -iZ\alpha \int \frac{d^3k}{(2\pi)^3 2k^0} \frac{d^3k'}{(2\pi)^3 2k'^0} \int d^4x \frac{e^{i(k-k')\cdot x}}{|\boldsymbol{x}|}$$
$$\times \sum_{s,s'} \langle 0|c_{s_2}(\boldsymbol{k}_2)c_{s'}{}^\dagger(\boldsymbol{k}')c_s(\boldsymbol{k})c_{s_1}{}^\dagger(\boldsymbol{k}_1)|0\rangle \overline{u_{s'}}(\boldsymbol{k}')\gamma_0 u_s(\boldsymbol{k}) \quad (4.204)$$

が得られる．ここで x^μ の積分は公式 $\triangle|\boldsymbol{x}|^{-1} = -4\pi\delta_{\rm D}^3(\boldsymbol{x})$ と部分積分により，

$$\int d^4x \frac{e^{i(k-k')\cdot x}}{|\boldsymbol{x}|} = \int dx^0 e^{i(k^0-k'^0)x^0} \cdot \frac{-1}{|\boldsymbol{k}-\boldsymbol{k}'|^2} \int d^3x \frac{\triangle e^{i(k-k')\cdot x}}{|\boldsymbol{x}|}$$
$$= \frac{8\pi^2 \delta_{\rm D}(k^0 - k'^0)}{|\boldsymbol{k} - \boldsymbol{k}'|^2} \quad (4.205)$$

と計算できる．さらに真空期待値の部分は，前の 2 対の演算子と後ろの 2 対の演算子にそれぞれ反交換関係の式 (4.57) を用いて交換することで，

$$\langle 0|c_{s_2}(\boldsymbol{k}_2)c_{s'}{}^\dagger(\boldsymbol{k}')c_s(\boldsymbol{k})c_{s_1}{}^\dagger(\boldsymbol{k}_1)|0\rangle$$
$$= \delta_{s_1 s}\delta_{s_2 s'}(2\pi)^3 2k_1{}^0 \delta_{\rm D}^3(\boldsymbol{k}-\boldsymbol{k}_1)(2\pi)^3 2k_2{}^0 \delta_{\rm D}^3(\boldsymbol{k}'-\boldsymbol{k}_2) \quad (4.206)$$

と計算できる．こうして散乱行列要素の 1 次の項は

$$\langle\beta|S^{(1)}|\alpha\rangle = -8\pi^2 iZ\alpha \delta_{\rm D}(k_1{}^0 - k_2{}^0) \frac{\overline{u_{s_2}}(\boldsymbol{k}_2)\gamma_0 u_{s_1}(\boldsymbol{k}_1)}{|\boldsymbol{k}_1 - \boldsymbol{k}_2|^2} \quad (4.207)$$

という形になる．これを式 (4.197) の記法によって表せば，

$$\mathscr{S}^{(1)}_{\beta\alpha} = -\frac{4\pi Z\alpha}{|\boldsymbol{k}_1 - \boldsymbol{k}_2|^2} \overline{u_{s_2}}(\boldsymbol{k}_2)\gamma_0 u_{s_1}(\boldsymbol{k}_1) \quad (4.208)$$

となる．したがって式 (4.201) の微分散乱断面積は

$$\frac{d\sigma}{d\Omega} = \frac{Z^2 \alpha^2}{|\boldsymbol{k}_1 - \boldsymbol{k}_2|^4} \left|\overline{u_{s_2}}(\boldsymbol{k}_2)\gamma_0 u_{s_1}(\boldsymbol{k}_1)\right|^2 \quad (4.209)$$

で与えられる．

ここで，式 (3.162)-(3.164) を用いて示される複素共役の一般的な関係式

$$[\overline{u_s}(\boldsymbol{k})\gamma_\mu u_{s'}(\boldsymbol{k}')]^* = \overline{u_{s'}}(\boldsymbol{k}')\gamma_\mu u_s(\boldsymbol{k}) \quad (4.210)$$

を用いると，式 (4.209) の最後の因子は

$$\left|\overline{u_{s_2}}(\boldsymbol{k}_2)\gamma_0 u_{s_1}(\boldsymbol{k}_1)\right|^2 = \overline{u_{s_2}}(\boldsymbol{k}_2)\gamma_0 u_{s_1}(\boldsymbol{k}_1)\overline{u_{s_1}}(\boldsymbol{k}_1)\gamma_0 u_{s_2}(\boldsymbol{k}_2)$$
$$= \mathrm{Tr}\left[u_{s_2}(\boldsymbol{k}_2)\overline{u_{s_2}}(\boldsymbol{k}_2)\gamma_0 u_{s_1}(\boldsymbol{k}_1)\overline{u_{s_1}}(\boldsymbol{k}_1)\gamma_0\right] \quad (4.211)$$

と書き換えられる．

ここで入射電子のスピンがランダムな向きを向いていて，さらに散乱電子のスピンは測定されないものとする．この場合の微分散乱断面積は，式 (4.209) において始状態のスピン s_1 の平均をとり，さらに終状態のスピン s_2 の和をとることで得られる．すなわち，

$$\frac{d\sigma}{d\Omega} = \frac{Z^2\alpha^2}{|\boldsymbol{k}_1 - \boldsymbol{k}_2|^4}\frac{1}{2}\sum_{s_1,s_2}\left|\overline{u_{s_2}}(\boldsymbol{k}_2)\gamma_0 u_{s_1}(\boldsymbol{k}_1)\right|^2 \quad (4.212)$$

がスピン自由度を測定しない場合の微分散乱断面積である．この式に式 (4.211) を代入してからスピン和の公式 (3.210) を用いると，

$$\sum_{s_1,s_2}\left|\overline{u_{s_2}}(\boldsymbol{k}_2)\gamma_0 u_{s_1}(\boldsymbol{k}_1)\right|^2 = \mathrm{Tr}\left[(\slashed{k}_2 + m)\gamma_0(\slashed{k}_1 + m)\gamma_0\right] \quad (4.213)$$

が得られる．ここで γ 行列の反交換関係の式 (3.163) を繰り返し使うと次のトレース公式

$$\mathrm{Tr}[\gamma_\mu \gamma_\nu] = -4\eta_{\mu\nu} \quad (4.214)$$

$$\mathrm{Tr}[(奇数個の\gamma 行列の積)] = 0 \quad (4.215)$$

$$\mathrm{Tr}[\gamma_\mu \gamma_\nu \gamma_\lambda \gamma_\rho] = 4\left(\eta_{\mu\nu}\eta_{\lambda\rho} + \eta_{\mu\rho}\eta_{\nu\lambda} - \eta_{\mu\lambda}\eta_{\nu\rho}\right) \quad (4.216)$$

が示される．これにより式 (4.213) の右辺を計算すると，

$$\sum_{s_1,s_2}\left|\overline{u_{s_2}}(\boldsymbol{k}_2)\gamma_0 u_{s_1}(\boldsymbol{k}_1)\right|^2 = \mathrm{Tr}(\slashed{k}_2 \gamma_0 \slashed{k}_1 \gamma_0) + m^2 \mathrm{Tr}\left(\gamma_0^{\ 2}\right)$$
$$= 4\left(2k_1^{\ 0}k_2^{\ 0} + k_1 \cdot k_2 + m^2\right) = 4\left(E_1 E_2 + \boldsymbol{P}_1 \cdot \boldsymbol{P}_2 + m^2\right) \quad (4.217)$$

が得られる．エネルギー保存により，散乱前後の電子のエネルギーは等しく，また散乱前後の運動量の絶対値も等しい．そこで $E \equiv E_1 = E_2$, $|\boldsymbol{P}| \equiv |\boldsymbol{P}_1| = |\boldsymbol{P}_2|$ とおく．4元速度の絶対値も散乱前後で等しいので，それを $v \equiv |\boldsymbol{P}|/E$ とおく．このとき散乱角を θ とすると，

$$P_1 \cdot P_2 = |P|^2 \cos\theta = |P|^2 \left(1 - 2\sin^2\frac{\theta}{2}\right) \tag{4.218}$$

$$|P_1 - P_2| = \sqrt{2|P|^2 - 2P_1 \cdot P_2} = 2|P|\sin\frac{\theta}{2} \tag{4.219}$$

となる．いま，$k_1 = P_1$, $k_2 = P_2$ であることに注意して，式 (4.212) に式 (4.217) を代入し，上の式を用いて計算すると，微分散乱断面積の最終的な式

$$\frac{d\sigma}{d\Omega} = \frac{Z^2\alpha^2 \left[1 - v^2 \sin^2(\theta/2)\right]}{4E^2 v^4 \sin^4(\theta/2)} \tag{4.220}$$

が得られる．この散乱断面積の式は**モット散乱公式** (Mott scattering formula) という名前で知られている．非相対論的な極限 $v \to 0$ をとると，

$$\frac{d\sigma}{d\Omega} = \frac{Z^2\alpha^2}{4m^2 v^4 \sin^4(\theta/2)} \tag{4.221}$$

が得られる．これは**ラザフォードの散乱公式** (Rutherford's scattering formula) である．

4.6.2 電子・電子散乱

次に自由な電子どうしの散乱，すなわち電子・電子散乱を考える．この散乱は**メラー散乱** (Møller scattering) とも呼ばれている．相互作用ラグランジアン密度はこの場合も式 (4.191) で与えられ，散乱断面積は式 (4.180) で $n = 2$ とおいたものになり，重心系では式 (4.184) で与えられる．始状態 $|\alpha\rangle$ と終状態 $|\beta\rangle$ は

$$|\alpha\rangle = c_{s_1}^\dagger(k_1) c_{s_2}^\dagger(k_2) |0\rangle, \qquad \langle\beta| = \langle 0| c_{s_3}(k_3) c_{s_4}(k_4) \tag{4.222}$$

となる．このとき，散乱行列要素の 1 次摂動 $S^{(1)}$ の寄与はない．なぜなら，$S^{(1)}$ は電磁場 A^μ を 1 つしか含まないため，対応する生成消滅演算子が $|0\rangle$ もしくは $\langle 0|$ に作用して消えてしまうからである．したがって寄与の消えない最低次摂動は 2 次の項であり，それはダイソンの公式 (4.131) より，

$$S^{(2)} = \frac{i^2}{2!} \int d^4x d^4y \, \mathrm{T}[\mathscr{L}_I(x)\mathscr{L}_I(y)]$$
$$= -2\pi\alpha \int d^4x d^4y \, \mathrm{T}\left[:\bar\psi(x)\gamma_\mu\psi(x)A^\mu(x)::\bar\psi(y)\gamma_\nu\psi(y)A^\nu(y):\right] \tag{4.223}$$

で与えられる．この式における時間順序積に対し，ウィックの定理を適用して展

開する．同一の正規順序積の中に含まれている演算子どうしは縮約しないこと，また同じ種類の生成消滅演算子が対にならない縮約は消えるので $\underline{\psi(x)\psi(y)} = 0$, $\underline{\bar{\psi}(x)\bar{\psi}(y)} = 0$, $\underline{\psi(x)A^\mu(y)} = 0$ などとなることを考慮すれば，

$$T\left[:\bar{\psi}(x)\gamma_\mu\psi(x)A^\mu(x)::\bar{\psi}(y)\gamma_\nu\psi(y)A^\nu(y):\right]$$
$$= \Big[:\bar{\psi}(x)\gamma_\mu\underline{\psi(x)\bar{\psi}(y)}\gamma_\nu\psi(y): + :\bar{\psi}(x)\gamma_\mu\psi(x)\underline{\bar{\psi}(y)\gamma_\nu\psi(y)}:$$
$$+ :\underline{\bar{\psi}(x)}\gamma_\mu\underline{\psi(x)\bar{\psi}(y)}\gamma_\nu\underline{\psi(y)}: + \underline{\bar{\psi}(x)}\gamma_\mu\underline{\psi(x)\bar{\psi}(y)}\gamma_\nu\underline{\psi(y)}\Big]$$
$$\times \Big[:A^\mu(x)A^\nu(y): + \underline{A^\mu(x)A^\nu(y)}\Big] \quad (4.224)$$

と計算される．ここで場の演算子を平面波展開して生成消滅演算子によって表し，式 (4.222) の始状態と終状態で挟めば，散乱行列要素が計算できる．

　具体的な計算の前に，一般に摂動論によって散乱行列要素を求めるための方針を説明しておく．ウィックの定理を適用した後は，散乱演算子が正規順序積の和で表現されているので，消滅演算子がすべて右側にある．これを始状態と終状態で挟んだものが散乱行列要素である．そこで散乱演算子の消滅演算子を，それより右側にある始状態 $|\alpha\rangle$ の生成演算子と（反）交換関係により交換しつつ，次々と右側へ移動させていき，その消滅演算子が $|0\rangle$ にかかって消えるまでこれを続ける．この手順において，同種の生成消滅演算子を（反）交換するときに定数項が出るので，その寄与が消えずに残ることになる．散乱演算子の左側に含まれる生成演算子についても，次々と左側へ移動することにより，同様の手順で処理する．

　始状態に含まれる生成演算子と終状態に含まれる消滅演算子が対になって定数項を出すこともできるが，そういう生成消滅演算子に対応する粒子は散乱を受けていない．上の手順から明らかなように，実際の散乱過程を記述する項では，始状態に含まれる生成演算子と対になる同種の消滅演算子が散乱演算子に含まれていて，かつ終状態に含まれる消滅演算子と対になる同種の生成演算子が散乱演算子に含まれている必要がある．

　以上の考察を念頭におき，具体的な式 (4.224) を見てみる．実際の散乱過程を記述する散乱行列要素に寄与する項は，電子の生成消滅演算子をそれぞれ 2 つずつ含み，光子の生成消滅演算子を 1 つも含まない項である．それは $\psi, \bar{\psi}$ に関する縮約をまったく含まない項と，A^μ がすべて縮約された項だけである．しかも，陽電子に関する項はすべて消えるから，ψ の正振動部分，$\bar{\psi}$ の負振動部分のみが生き残る．したがって，

$$\langle\beta|S^{(2)}|\alpha\rangle = -2\pi\alpha \int d^4x d^4y \langle\beta|:\bar{\psi}(x)\gamma_\mu\psi(x)\bar{\psi}(y)\gamma_\nu\psi(y):|\alpha\rangle \underline{A^\mu(x)A^\nu(y)}$$

$$= -4\pi\alpha \int d^4x d^4y \int \frac{d^3k_1'}{(2\pi)^3 2k_1'^0} \cdots \frac{d^3k_4'}{(2\pi)^3 2k_4'^0} e^{i(k_1'-k_3')\cdot x + i(k_2'-k_4')\cdot y}$$

$$\times \sum_{s_1',\ldots,s_4'} \langle 0|c_{s_3}(\mathbf{k}_3)c_{s_4}(\mathbf{k}_4)c_{s_3'}^\dagger(\mathbf{k}_3')c_{s_4'}^\dagger(\mathbf{k}_4')c_{s_1'}(\mathbf{k}_1')c_{s_2'}(\mathbf{k}_2')c_{s_1}^\dagger(\mathbf{k}_1)c_{s_2}^\dagger(\mathbf{k}_2)|0\rangle$$

$$\times iD_F^{\mu\nu}(x-y)\,\overline{u_{s_3'}}(\mathbf{k}_3')\gamma_\mu u_{s_1'}(\mathbf{k}_1')\overline{u_{s_4'}}(\mathbf{k}_4')\gamma_\nu u_{s_2'}(\mathbf{k}_2') \quad (4.225)$$

となる．ここで光子の伝播関数の式 (4.159) を代入することにより

$$\int d^4x d^4y\, e^{i(k_1'-k_3')\cdot x + i(k_2'-k_4')\cdot y} D_F^{\mu\nu}(x-y) = \frac{-\eta^{\mu\nu}}{(k_4'-k_2')^2}(2\pi)^4 \delta_D^4(k_1'+k_2'-k_3'-k_4')$$

(4.226)

が示される．ただし $\epsilon \to 0$ の極限をとった．さらに真空期待値の部分は，上に説明したように中の生成消滅演算子を次々と左右に移動させて計算することにより，

$$\langle 0|c_{s_3}(\mathbf{k}_3)c_{s_4}(\mathbf{k}_4)c_{s_3'}^\dagger(\mathbf{k}_3')c_{s_4'}^\dagger(\mathbf{k}_4')c_{s_1'}(\mathbf{k}_1')c_{s_2'}(\mathbf{k}_2')c_{s_1}^\dagger(\mathbf{k}_1)c_{s_2}^\dagger(\mathbf{k}_2)|0\rangle$$

$$= \left[(2\pi)^3 2k_1^0\right]\left[(2\pi)^3 2k_2^0\right]\left[(2\pi)^3 2k_3^0\right]\left[(2\pi)^3 2k_4^0\right]$$

$$\times \left[\delta_{s_3 s_4'}\delta_{s_4 s_3'}\delta_D^3(\mathbf{k}_3-\mathbf{k}_4')\delta_D^3(\mathbf{k}_4-\mathbf{k}_3') - \delta_{s_3 s_3'}\delta_{s_4 s_4'}\delta_D^3(\mathbf{k}_3-\mathbf{k}_3')\delta_D^3(\mathbf{k}_4-\mathbf{k}_4')\right]$$

$$\times \left[\delta_{s_1 s_2'}\delta_{s_2 s_1'}\delta_D^3(\mathbf{k}_1-\mathbf{k}_2')\delta_D^3(\mathbf{k}_2-\mathbf{k}_1') - \delta_{s_1 s_1'}\delta_{s_2 s_2'}\delta_D^3(\mathbf{k}_1-\mathbf{k}_1')\delta_D^3(\mathbf{k}_2-\mathbf{k}_2')\right]$$

(4.227)

となる．こうして式 (4.225) が計算され，その結果を式 (4.176) で定義される不変散乱振幅で表すと，

$$\mathcal{M}_{\beta\alpha} = 4\pi\alpha\left[\frac{\eta^{\mu\nu}}{(k_1-k_3)^2}\overline{u_{s_3}}(\mathbf{k}_3)\gamma_\mu u_{s_1}(\mathbf{k}_1)\overline{u_{s_4}}(\mathbf{k}_4)\gamma_\nu u_{s_2}(\mathbf{k}_2)\right.$$

$$\left. - \frac{\eta^{\mu\nu}}{(k_1-k_4)^2}\overline{u_{s_4}}(\mathbf{k}_4)\gamma_\mu u_{s_1}(\mathbf{k}_1)\overline{u_{s_3}}(\mathbf{k}_3)\gamma_\nu u_{s_2}(\mathbf{k}_2)\right] \quad (4.228)$$

が得られる．

　散乱断面積の表式を得るには，式 (4.228) の絶対値 2 乗が必要である．ここでもスピンの向きを区別しない散乱断面積を考えることとし，不変散乱振幅を 2 乗した後にスピンに関する和をとる．その計算は式 (4.213) を導いたときと同様で，複素共役の関係式 (4.210) とスピン和の公式 (3.210) を用いて直線的に行うことがで

きる．その結果，

$$\sum_{s_1,s_2,s_3,s_4} |\mathcal{M}_{\beta\alpha}|^2$$
$$= 16\pi^2\alpha^2 \left\{ \frac{\text{Tr}\left[\gamma_\mu(\slashed{k}_1+m)\gamma_\nu(\slashed{k}_3+m)\right] \text{Tr}\left[\gamma^\mu(\slashed{k}_2+m)\gamma^\nu(\slashed{k}_4+m)\right]}{(k_1-k_3)^4} \right.$$
$$\left. - \frac{\text{Tr}\left[\gamma_\mu(\slashed{k}_1+m)\gamma_\nu(\slashed{k}_4+m)\gamma^\mu(\slashed{k}_2+m)\gamma^\nu(\slashed{k}_3+m)\right]}{(k_1-k_3)^2(k_1-k_4)^2} \right\}$$
$$+ (k_3 \leftrightarrow k_4) \quad (4.229)$$

が得られる．右辺の最後の項は，前の項について k_3 と k_4 を入れ替え，それを加えるという意味である．

トレースの計算を行うにあたり，γ 行列の反交換関係 (3.163) をくり返し使って得られる次の縮約公式

$$\gamma_\mu \gamma^\mu = -4 \quad (4.230)$$

$$\gamma_\mu \gamma_\nu \gamma^\mu = 2\gamma_\nu \quad (4.231)$$

$$\gamma_\mu \gamma_\nu \gamma_\lambda \gamma^\mu = 4\eta_{\nu\lambda} \quad (4.232)$$

$$\gamma_\mu \gamma_\nu \gamma_\lambda \gamma_\rho \gamma^\mu = 2\gamma_\rho \gamma_\lambda \gamma_\nu \quad (4.233)$$

$$\gamma_\mu \gamma_\nu \gamma_\lambda \gamma_\rho \gamma_\sigma \gamma^\mu = -2\left(\gamma_\sigma \gamma_\nu \gamma_\lambda \gamma_\rho + \gamma_\rho \gamma_\lambda \gamma_\nu \gamma_\sigma\right) \quad (4.234)$$

が便利である．同様に反交換関係を使って示される便利な関係式として，

$$\slashed{k}_1 \slashed{k}_2 = -\eta_{\mu\nu} k_1{}^\mu k_2{}^\nu \equiv -k_1 \cdot k_2 \quad (4.235)$$

$$\slashed{k}_1 \slashed{k}_2 = -\slashed{k}_1 \slashed{k}_2 - 2k_1 \cdot k_2 \quad (4.236)$$

などがある．

式 (4.229) を求めるにあたって，トレースの中で γ 行列が縮約している部分は縮約公式 (4.230)-(4.234) を用いて行列の数を減らす．そしてトレース公式 (4.214)-(4.216) や式 (4.235), (4.236) などを使って計算していく．たとえば，γ 行列の数がもっとも多い項として，式 (4.229) に含まれる 8 個の行列の積の計算は

$$\text{Tr}\left[\gamma_\mu \slashed{k}_1 \gamma_\nu \slashed{k}_4 \gamma^\mu \slashed{k}_2 \gamma^\nu \slashed{k}_3\right] = \text{Tr}\left[(\gamma_\mu \slashed{k}_1 \gamma_\nu \slashed{k}_4 \gamma^\mu) \slashed{k}_2 \gamma^\nu \slashed{k}_3\right] = \text{Tr}\left[(2\slashed{k}_4 \gamma_\nu \slashed{k}_1) \slashed{k}_2 \gamma^\nu \slashed{k}_3\right]$$
$$= 2\text{Tr}\left[\slashed{k}_4 (\gamma_\nu \slashed{k}_1 \slashed{k}_2 \gamma^\nu) \slashed{k}_3\right] = 2\text{Tr}\left[\slashed{k}_4 (4k_1 \cdot k_2) \slashed{k}_3\right] = 8(k_1 \cdot k_2) \text{Tr}\left[\slashed{k}_4 \slashed{k}_3\right]$$
$$= -32(k_1 \cdot k_2)(k_3 \cdot k_4) \quad (4.237)$$

となる．他の項も同様に計算すればよい．ここで，入射・散乱する電子の波数ベク

トルは $k^2 + m^2 = 0$ を満たし,さらにエネルギー運動量保存から $k_1 + k_2 = k_3 + k_4$ を満たすので,$k_1 \cdot k_2 = k_3 \cdot k_4, k_1 \cdot k_3 = k_2 \cdot k_4, k_1 \cdot k_4 = k_2 \cdot k_3$ がそれぞれ成り立つ. これらの関係を使ってトレース計算の結果を整理すると,

$$\mathrm{Tr}[\gamma_\mu(\slashed{k}_1+m)\gamma_\nu(\slashed{k}_3+m)]\,\mathrm{Tr}[\gamma^\mu(\slashed{k}_2+m)\gamma^\nu(\slashed{k}_4+m)]$$
$$= 32\left[(k_1 \cdot k_2)^2 + (k_1 \cdot k_4)^2 + 2m^2 k_1 \cdot k_3 + 2m^4\right] \quad (4.238)$$

$$\mathrm{Tr}[\gamma_\mu(\slashed{k}_1+m)\gamma_\nu(\slashed{k}_4+m)\gamma^\mu(\slashed{k}_2+m)\gamma^\nu(\slashed{k}_3+m)]$$
$$= -32\left[(k_1 \cdot k_2)^2 + m^2 k_1 \cdot (k_1 + 2k_2) + m^4\right] \quad (4.239)$$

が得られる.その結果,式 (4.229) は

$$\frac{1}{4}\sum_{s_1,s_2,s_3,s_4}|\mathscr{M}_{\beta\alpha}|^2 = 128\pi^2\alpha^2\left\{\frac{(k_1 \cdot k_2)^2 + (k_1 \cdot k_4)^2 + 2m^2 k_1 \cdot k_3 + 2m^4}{(k_1 - k_3)^4}\right.$$
$$+ \frac{(k_1 \cdot k_2)^2 + (k_1 \cdot k_3)^2 + 2m^2 k_1 \cdot k_4 + 2m^4}{(k_1 - k_4)^4}$$
$$\left.+ \frac{2\left[(k_1 \cdot k_2)^2 + m^2 k_1 \cdot (k_1 + 2k_2) + m^4\right]}{(k_1 - k_3)^2(k_1 - k_4)^2}\right\} \quad (4.240)$$

となる.ここで因子 1/4 は始状態の電子についてスピンの平均をとるためにつけてある.

式 (4.240) を式 (4.180) の $|\mathscr{M}_{\beta\alpha}|^2$ に代入すれば微分散乱断面積の一般的表式が得られる.この場合は 2 体反応なので,重心系で記述した式 (4.184) が便利である. いま $k_i = (E_i, \boldsymbol{P}_i)$ $(i = 1, 2, 3, 4)$ とすれば,重心系では

$$\boldsymbol{P}_1 = -\boldsymbol{P}_2 \equiv \boldsymbol{P}, \quad \boldsymbol{P}_3 = -\boldsymbol{P}_4 \equiv \boldsymbol{P}' \quad (4.241)$$

となる(図 4.3).質量がすべて等しいので,エネルギー保存の式 $E_1 + E_2 = E_3 + E_4$ と上式より $|\boldsymbol{P}| = |\boldsymbol{P}'|$ でなければならず,さらに

$$E_1 = E_2 = E_3 = E_4 \equiv E, \quad |\boldsymbol{P}| = |\boldsymbol{P}'| = \sqrt{E^2 - m^2} \quad (4.242)$$

が成り立つ.したがって,重心系での 2 体散乱断面積の式 (4.184) は

$$\left.\frac{d\sigma}{d\Omega}\right|_{\mathrm{CM}} = \frac{1}{256\pi^2 E^2}\frac{1}{4}\sum_{s_1,s_2,s_3,s_4}|\mathscr{M}_{\beta\alpha}|^2 \quad (4.243)$$

となる.ここで,電子 1(始状態)と電子 3(終状態)の進行方向間の角度を θ と

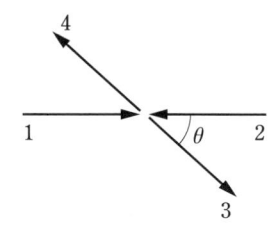

図 **4.3** 重心系から見た電子・電子散乱.

すると $\boldsymbol{P} \cdot \boldsymbol{P}' = (E^2 - m^2) \cos \theta$ である．これらの式を用いると，

$$k_1 \cdot k_1 = -m^2, \qquad\qquad k_1 \cdot k_2 = -2E^2 + m^2 \qquad (4.244)$$

$$k_1 \cdot k_3 = -E^2(1 - \cos \theta) - m^2 \cos \theta, \quad k_1 \cdot k_4 = -E^2(1 + \cos \theta) + m^2 \cos \theta \qquad (4.245)$$

$$(k_1 - k_3)^2 = 2(E^2 - m^2)(1 - \cos \theta), \quad (k_1 - k_4)^2 = 2(E^2 - m^2)(1 + \cos \theta) \qquad (4.246)$$

が導かれる．これらを式 (4.240) に用いて計算し，式 (4.243) を求めれば，

$$\left. \frac{d\sigma}{d\Omega} \right|_{\text{CM}} = \frac{\alpha^2}{4E^2(E^2 - m^2)^2} \left[\frac{4(2E^2 - m^2)^2}{\sin^4 \theta} - \frac{8E^4 - 4E^2 m^2 - m^4}{\sin^2 \theta} + (E^2 - m^2)^2 \right] \tag{4.247}$$

となる．これがメラー散乱における微分散乱断面積の最終的な公式である．

4.6.3 ファインマン則

ここまでに行った散乱断面積の計算において，散乱行列要素の計算の部分に注目する．この計算は機械的に進めることができるが，上のようにいちいち式変形で導くのでなく，図形を考えることによって見通しよく摂動項を求めることのできる，便利な方法がある．この方法はリチャード・ファインマンによって考案され，そこで用いられる図形を**ファインマン図形** (Feynman diagram) という．以下では，上の例で考えてきた電子と電磁場の共存系を例にとり，ファインマン図形の方法を具体的に述べる．すなわち，式 (3.245) に $q = -e$ を代入したラグランジアン密度

$$\mathscr{L} = -\bar{\psi} \left(i\slashed{\partial} - e\slashed{A} + m \right) \psi - \frac{1}{4} F_{\mu\nu} F^{\mu\nu} \tag{4.248}$$

で表される系を考える．

散乱行列要素の計算を振り返れば，それは相互作用ラグランジアン $\mathscr{L}_I$ に含まれる生成消滅演算子と，始状態や終状態を構成する生成消滅演算子が対になることで，最終的な結果に寄与する．ここで $\mathscr{L}_I$ に含まれる演算子の対からは伝播関数が

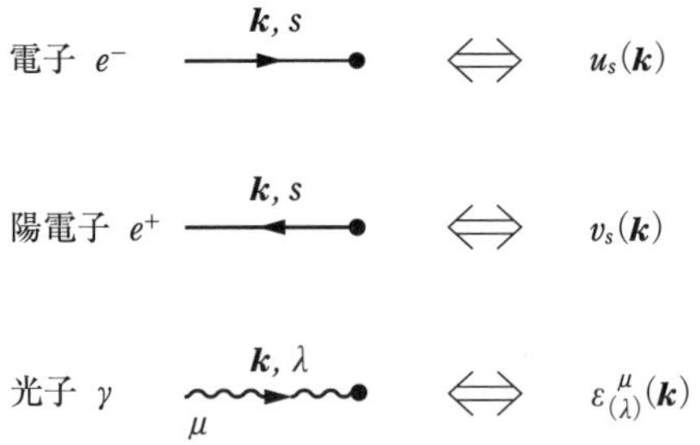

電子 e^-　——→●　k, s　⇔　$u_s(\boldsymbol{k})$

陽電子 e^+　←——●　k, s　⇔　$v_s(\boldsymbol{k})$

光子 γ　〜〜〜〜→●　k, λ　⇔　$\varepsilon^{\mu}_{(\lambda)}(\boldsymbol{k})$
　　　　　　　μ

図 **4.4**　始状態の外線に対するファインマン則.

電子 e^-　●——→　k, s　⇔　$\bar{u}_s(\boldsymbol{k})$

陽電子 e^+　●←——　k, s　⇔　$\bar{v}_s(\boldsymbol{k})$

光子 γ　●〜〜〜〜→　k, λ　⇔　$\varepsilon^{\mu*}_{(\lambda)}(\boldsymbol{k})$
　　　　　　　　　μ

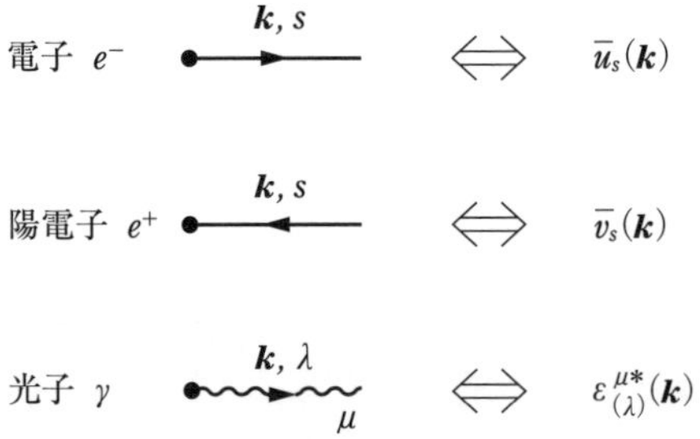

図 **4.5**　終状態の外線に対するファインマン則.

発生する．また $\mathscr{L}_\mathrm{I}$ に含まれる演算子と，始状態や終状態に含まれる演算子との対からは，モード関数である $u_s, v_s, \bar{u}_s, \varepsilon^{\mu}_{(\lambda)}$ などが発生する．

　まず，始状態に含まれる生成演算子と相互作用ラグランジアンに含まれる消滅演算子が対になって寄与することを表す図形として，始状態の粒子を図 4.4 のように表す．これらの図形を始状態の「外線」と呼び，始状態の粒子に対応する場のモード関数 $u_s(\boldsymbol{k}), v_s(\boldsymbol{k}), \varepsilon^{\mu}_{(\lambda)}(\boldsymbol{k})$ が因子として対応づけられる．このように図形要素に対応する因子を結びつける規則のことを，**ファインマン則** (Feynman rules) という．同様に終状態の粒子は図 4.5 のように表す．これらは終状態の「外線」であり，終状態の粒子に対応する場のモード関数 $\bar{u}_s(\boldsymbol{k}), \bar{v}_s(\boldsymbol{k}), \varepsilon^{\mu*}_{(\lambda)}(\boldsymbol{k})$ が因子として対応づけられる．これら始状態や終状態に対応する外線が表す生成消滅演算子は，相互作用部分 $\mathscr{L}_\mathrm{I}$ の生成消滅演算子と対になることで寄与できる．相互作用部分を表現する図形として，図 4.6 で与えられる「頂点」を考える．この頂点には，相互作用ラグランジアンの係数に単位虚数 i を乗じた因子 $ie\gamma_\mu$ が対応づけられる．さらに，場を縮約する操作を表現する図形として，図 4.7 のように頂点と頂点を結ぶ「内線」を考える．内線には各粒子に対応する伝播関数に単位虚数 i を乗じた因子が対応づけられる．

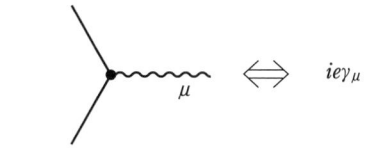

図 4.6 相互作用頂点に対するファインマン則.

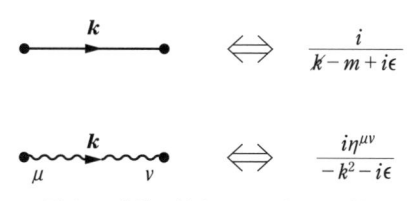

図 4.7 内線に対するファインマン則.

ファインマン則を用いて不変散乱振幅を求める規則は次のようになる．与えられた始状態と終状態について，それらに対応する外線を描く．外線の間を内線と頂点を用いて結ぶような，あらゆる可能な図形を考える．可能な各図形は，摂動展開で得られる各項に対応する．各図形中の外線と内線は，生成消滅演算子が対になって散乱行列要素に寄与することを表している．このときに出てくる因子が，外線と内線に対応するファインマン則である．同様に頂点からは相互作用ラグランジアンの係数が出てくるので，頂点のファインマン則が得られる．描いた図形の各部分にファインマン則を適用して出てくる因子をかけ合わせたものが，散乱行列要素へ寄与する 1 つの項となる．結合定数である e についての摂動展開は，頂点の数の展開に対応する．摂動展開をある次数で打ち切ると，考える図形の数は有限個でよい．摂動の低次項ほど，簡単な図形で表される．

ファインマン図形の外線と内線は，運動量（波数ベクトル）を運んでいる．外線の運動量は，対応する始状態の粒子と終状態の粒子の運動量である．また，頂点においては入ってくる運動量の和，もしくは出ていく運動量の和がゼロとなる．これは，頂点から繋がる内線に式 (4.226) のような伝播関数の積分が現れるからである．一般に，ある頂点に繋がっているフーリエ空間の伝播関数を $\tilde{D}_1(k), \tilde{D}_2(k), \dots$ とし，実空間のそれらを $D_1(x), D_2(x), \dots$ とすると，その頂点に対応する部分には次の積分

$$\int d^4 x D_1(x-x_1) D_2(x-x_2) \cdots$$
$$= \int \frac{d^4 k_1}{(2\pi)^4} \frac{d^4 k_2}{(2\pi)^4} \cdots \tilde{D}_1(k_1) e^{-ik_1 x_1} \tilde{D}_2(k_2) e^{-ik_2 x_2} \cdots (2\pi)^4 \delta_D^4(k_1+k_2+\cdots) \quad (4.249)$$

が現れる．このように，ファインマン図形の各頂点で運動量が保存される．ファインマン図形において，内線と頂点をたどって一周できるような閉じた経路が存在する場合，その経路のことを「ループ」という．図形にループが含まれない場合，頂点で運動量が保存するという条件だけから内線の波数はすべて決まる．ところがループを含む場合には，頂点の運動量保存だけではループに沿って回る運動量が不定になる．この場合，ループを回る不定の運動量については積分 $\int d^4 k/(2\pi)^4$ を行うという規則を適用する．

始状態に対応する外線はファインマン図形の左側に配置し，終状態に対応する外線は右側に配置することが多い．このとき，ファインマン則を適用して得られる各因子は，反応の順序に沿って左から右へとかけ合わせる．また頂点でスピノルやベクトルなど内部自由度を表す添字は縮約させ，全体としてスカラーにする．不変散乱振幅を $\mathscr{M}$ とすると，すべての種類のファインマン図形にファインマン則を適用して足し合わせたものは，$i\mathscr{M}$ という量を与える．各ファインマン図形ごとの摂動の次数は頂点の数に対応するため，摂動計算をとても見通しよく行うことができる．

電子などのフェルミ粒子に対応する演算子は反交換関係にしたがうため，符号について若干の注意が必要である．フェルミ粒子どうしの演算子の交換を奇数回行う図形には，ファインマン規則によって得られた式の全体にマイナス符号を付与する必要がある．図形の中でフェルミ粒子の線が交差するような場合と，フェルミ粒子のループを持つ場合がそれにあたる．また，1つの図形であっても，頂点と頂点，あるいは頂点と外線を結ぶときに2通り以上のやり方がある場合，そのやり方に応じた場合の数（統計因子）をかける必要がある．このような点はわりあい間違いを犯しやすいので，つねにウィックの定理による計算を念頭において，そのグラフがどのような計算で出てくるのかを考えながらファインマン規則を適用することが大事である．

前項で求めた電子・電子散乱に対し，最低次の摂動項として可能なファインマン図形は，図4.8に示されている2つだけである．このファインマン図形からファインマン則によって不変散乱振幅を計算すると，実際に式(4.228)が得られることは容易に確かめられる．左の図は角括弧内の第1項に対応し，右の図は第2項に対

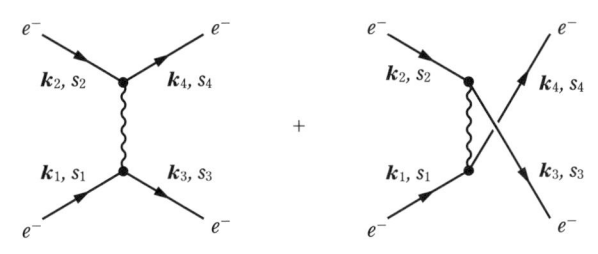

図 **4.8** 電子・電子散乱に対する最低次近似のファインマン図形.

応する．2 つめの図形にはフェルミ粒子の交差が含まれるため，負符号がつく．摂動の最低次の計算だけを見ると，ファインマン図形を使うことによる利点はそれほど実感できないかもしれない．だが，摂動の次数が高くなるほど計算するべき項の数が飛躍的に増えるため，代数的な計算だけで散乱行列要素を得ることがとても大変になる．このことを考えると，ファインマン図形を援用することによって圧倒的に計算を見通しよく進められることは，容易に想像できるであろう．

　上に与えたファインマン則は，フェルミ粒子と電磁場の共存する系を記述するラグランジアン密度 (4.248) から導いた．この系の量子論は**量子電磁力学** (quantum electrodynamics) と呼ばれる．この理論は場の量子論の嚆矢となり，その後，弱い相互作用や強い相互作用についても場の量子論で記述できることが明らかになった．後者の理論については次章で述べる．ある系を記述するラグランジアンが与えられれば，そこからただちにファインマン則を読みとることができる．ラグランジアン密度に含まれる自由項の係数をフーリエ変換して逆数をとれば，内線に対応するファインマン則の因子が読みとれる．また，相互作用項の係数から頂点に対応するファインマン則の因子が読みとれる．これらのファインマン則を用いて，摂動の各次数ごとに可能なファインマン図を網羅的に描いていけば，散乱振幅を摂動的に求める式が系統的に得られる．ただし摂動の高次補正を求めようとすると，多くの場合，ループを含むファインマン図形から発散積分が生じる．この場合には，数式上で無限に発散する量をうまく処理して有限の観測可能量を導き出す手続きが必要になる．本書では扱わないが，一見して奇妙なこの手続きは，無限自由度を持つ場の理論には不可避なもので，**くりこみ理論** (renormalization theory) という確立した手法で処理される．

4.6.4 コンプトン散乱

　最後の散乱過程の計算例として，電子と光子の散乱を考える．この過程は**コンプトン散乱** (Compton scattering) として知られている．ここでは，上で導いたファイ

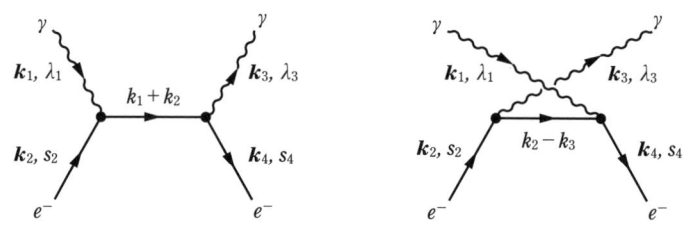

図 4.9　コンプトン散乱に対するファインマン図形.

ンマン図形の応用により，不変散乱振幅を求める．コンプトン散乱において，摂動最低次の近似で可能なファインマン図形は図 4.9 の 2 つだけである．これらの図形にファインマン則を適用して不変散乱振幅を求めると，ただちに

$$i\mathcal{M}_{\beta\alpha} = -ie^2 \left[\overline{u_{s_4}}(k_4) \not{\epsilon}^*_{(\lambda_3)}(k_3) \frac{1}{\not{k}_1 + \not{k}_2 - m} \not{\epsilon}_{(\lambda_1)}(k_1) u_{s_1}(k_2) \right.$$
$$\left. + \overline{u_{s_4}}(k_4) \not{\epsilon}_{(\lambda_1)}(k_1) \frac{1}{\not{k}_2 - \not{k}_3 - m} \not{\epsilon}^*_{(\lambda_3)}(k_3) u_{s_2}(k_2) \right] \quad (4.250)$$

が得られる．ただし，$\not{\epsilon}^*_{(\lambda_3)} = \gamma_\mu \varepsilon^{\mu*}_{(\lambda_3)}$ とし，スラッシュ記号により縮約する γ 行列の成分については，複素共役がとられていないものとする．ここで，角括弧内第 1 項における電子の伝播関数の部分は

$$\frac{1}{\not{k}_1 + \not{k}_2 - m} = -\frac{\not{k}_1 + \not{k}_2 + m}{(k_1 + k_2)^2 + m^2} = -\frac{\not{k}_1 + \not{k}_2 + m}{2k_1 \cdot k_2} \quad (4.251)$$

となる．ここで k_1, k_2 はそれぞれ入射光子と入射電子の 4 元運動量であるから $k_1{}^2 = 0, k_2{}^2 + m^2 = 0$ を満たすことを用いた．第 2 項についても同様であり，上の不変散乱振幅は

$$\mathcal{M}_{\beta\alpha} = e^2 \overline{u_{s_4}}(k_4) \left[\not{\epsilon}^*_{(\lambda_3)}(k_3) \frac{\not{k}_1 + \not{k}_2 + m}{2k_1 \cdot k_2} \not{\epsilon}_{(\lambda_1)}(k_1) \right.$$
$$\left. - \not{\epsilon}_{(\lambda_1)}(k_1) \frac{\not{k}_2 - \not{k}_3 + m}{2k_2 \cdot k_3} \not{\epsilon}^*_{(\lambda_3)}(k_3) \right] u_{s_2}(k_2) \quad (4.252)$$

と書き直すことができる．

　この散乱振幅の表式を一般の座標系で計算するのはかなり面倒なので，座標系を選んで計算することにする．ここでは始状態の電子が静止して見える座標系を選ぶ（図 4.10 の左図）．これを実験室系という．さらに，入射光子の運動量の向きに z 軸をとる．すると，始状態の 4 元運動量の成分は，$k_1 = (|\boldsymbol{k}_1|, 0, 0, |\boldsymbol{k}_1|)$ および $k_2 = (m, 0, 0, 0)$ で与えられる．この座標において，光子の偏極ベクトルを式 (3.220)-(3.224) のようにとる．この偏極ベクトルは実数であり，また横偏極ベク

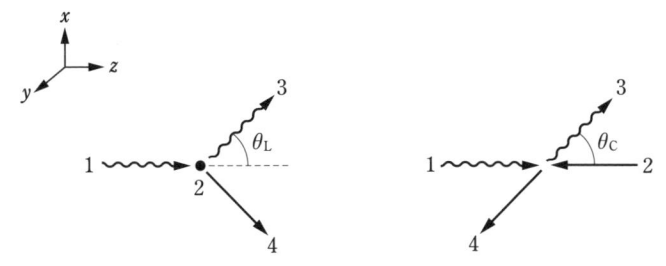

図 4.10 コンプトン散乱における座標系．左図は実験室系，右図は重心系．

トルは x, y 成分しか持たないから，入射光子の横偏極ベクトルは始状態の電子と光子の運動量のどちらとも垂直になる．すなわち，

$$\varepsilon_{(\lambda_1)}(\boldsymbol{k}_1) \cdot k_1 = \varepsilon_{(\lambda_1)}(\boldsymbol{k}_1) \cdot k_2 = 0 \quad (\lambda_1 = 1, 2) \tag{4.253}$$

が成り立つ．始状態の電子は静止しているので，時間成分を持たない横偏極ベクトルとは垂直であり，さらに散乱光子の横偏極ベクトルも自分自身の運動量とは垂直であるから

$$\varepsilon_{(\lambda_3)}(\boldsymbol{k}_3) \cdot k_2 = \varepsilon_{(\lambda_3)}(\boldsymbol{k}_3) \cdot k_3 = 0 \quad (\lambda_3 = 1, 2) \tag{4.254}$$

が成り立つ．物理的な入射光子と散乱光子には横偏極成分しかなく，λ_1, λ_3 のとり得る値は $1, 2$ のみであるから，いま考えている座標系において上の関係式 (4.253), (4.254) はいつでも用いてよい．

この座標系のもと，式 (4.252) の括弧内第 1 項における分子の部分とそこから右にかかっている因子の部分に着目する．γ 行列の順序を反交換関係式 (3.163) により交換して計算すると，

$$\begin{aligned}
(\slashed{k}_1 + \slashed{k}_2 + m)&\slashed{\varepsilon}_{(\lambda_1)}(\boldsymbol{k}_1) u_{s_2}(\boldsymbol{k}_2) \\
&= -\slashed{\varepsilon}_{(\lambda_1)}(\boldsymbol{k}_1)(\slashed{k}_1 + \slashed{k}_2 - m) u_{s_2}(\boldsymbol{k}_2) - 2(k_1 + k_2) \cdot \varepsilon_{(\lambda_1)}(\boldsymbol{k}_1) u_{s_2}(\boldsymbol{k}_2) \\
&= -\slashed{\varepsilon}_{(\lambda_1)}(\boldsymbol{k}_1) \slashed{k}_1 u_{s_2}(\boldsymbol{k}_2)
\end{aligned} \tag{4.255}$$

となる．ここで，最後の等式では式 (4.253) およびディラック方程式 (3.202) を用いた．同様に式 (4.252) の角括弧内第 2 項についても

$$(\slashed{k}_2 - \slashed{k}_3 + m)\slashed{\varepsilon}^*_{(\lambda_3)}(\boldsymbol{k}_3) u_{s_2}(\boldsymbol{k}_2) = \slashed{\varepsilon}_{(\lambda_3)}(\boldsymbol{k}_3) \slashed{k}_3 u_{s_2}(\boldsymbol{k}_2) \tag{4.256}$$

となる．ここで偏極ベクトルが実数であることも用いた．こうして不変散乱振幅の式 (4.252) は

$$\mathscr{M}_{\beta\alpha} = -e^2 \overline{u}_{s_4}(k_4) \left[\frac{\not{\epsilon}_{(\lambda_3)}(k_3)\not{\epsilon}_{(\lambda_1)}(k_1)\not{k}_1}{2k_1 \cdot k_2} + \frac{\not{\epsilon}_{(\lambda_1)}(k_1)\not{\epsilon}_{(\lambda_3)}(k_3)\not{k}_3}{2k_2 \cdot k_3} \right] u_{s_2}(k_2) \quad (4.257)$$

という形にまで簡単化する．

ここに得られた不変散乱振幅の絶対値 2 乗を求め，電子のスピンについて和をとる．応用上の重要性のため，光子の偏極については和をとらず，そのまま残しておく．以下では記号が繁雑になるので，$\varepsilon_{(\lambda_1)}(k_1) = \varepsilon_1$, $u_{s_2}(k_2) = u_2$ などのように略記して表す．計算の方針は，反交換関係の式 (3.163) を用いて γ 行列をできるだけ減らしていくことである．このとき，式 (4.235), (4.236) でも用いられたように，任意の 4 元ベクトル a^μ, b^μ に対する恒等式

$$\not{a}\not{a} = -a \cdot a \quad (4.258)$$

$$\not{a}\not{b} = -\not{b}\not{a} - 2a \cdot b \quad (4.259)$$

が有用である．

まず，式 (4.257) の右辺第 1 項の絶対値 2 乗をとって出てくる因子は，

$$\sum_{s_2, s_4} \left| \overline{u}_4 \not{\epsilon}_3 \not{\epsilon}_1 \not{k}_1 u_2 \right|^2 = \sum_{s_2, s_4} \overline{u}_4 \not{\epsilon}_3 \not{\epsilon}_1 \not{k}_1 u_2 \overline{u}_2 \not{k}_1 \not{\epsilon}_1 \not{\epsilon}_3 u_4$$

$$= \mathrm{Tr}[\not{\epsilon}_3 \not{\epsilon}_1 \not{k}_1 (\not{k}_2 + m)\not{k}_1 \not{\epsilon}_1 \not{\epsilon}_3 (\not{k}_4 + m)] = \mathrm{Tr}[\not{\epsilon}_3 \not{\epsilon}_1 \not{k}_1 \not{k}_2 \not{k}_1 \not{\epsilon}_1 \not{\epsilon}_3 \not{k}_4] \quad (4.260)$$

と計算される．ただし，最初の等式では式 (3.164), (3.165) を用い，また最後の等式では $\not{k}_1 \not{k}_1 = -k_1 \cdot k_1 = 0$ であることと，奇数個の γ 行列のトレースが消えることを用いた．さらに式 (4.258), (4.259) を使うことで，2 番めから 6 番めの因子の積は

$$\not{\epsilon}_1 \not{k}_1 \not{k}_2 \not{k}_1 \not{\epsilon}_1 = \not{\epsilon}_1 \not{k}_1 (-\not{k}_1 \not{k}_2 - 2k_1 \cdot k_2)\not{\epsilon}_1 = -2(k_1 \cdot k_2)\not{\epsilon}_1 \not{k}_1 \not{\epsilon}_1$$

$$= -2(k_1 \cdot k_2)\not{\epsilon}_1(-\not{\epsilon}_1 \not{k}_1) = 2(k_1 \cdot k_2)(\varepsilon_1 \cdot \varepsilon_1)\not{k}_1 = -2(k_1 \cdot k_2)\not{k}_1 \quad (4.261)$$

と計算できる．ただし 3 番めの等式には式 (4.253) の $\varepsilon_1 \cdot k_1 = 0$ を用い，最後の等式では直交規格化の式 (3.218) から導かれる関係 $\varepsilon_1 \cdot \varepsilon_1 = 1$ を用いた．したがって式 (4.260) は上式と式 (4.259) を用いて

$$\sum_{s_2, s_4} \left| \overline{u}_4 \not{\epsilon}_3 \not{\epsilon}_1 \not{k}_1 u_2 \right|^2 = -2(k_1 \cdot k_2) \mathrm{Tr}[\not{\epsilon}_3 \not{k}_1 \not{\epsilon}_3 \not{k}_4]$$

$$= -8(k_1 \cdot k_2)[2(\varepsilon_3 \cdot k_1)(\varepsilon_3 \cdot k_4) - (\varepsilon_3 \cdot \varepsilon_3)(k_1 \cdot k_4)] \quad (4.262)$$

と計算できる．ここでエネルギー運動量の保存と式 (4.254) により，散乱光子の偏極ベクトルと散乱電子の運動量の内積は

$$\varepsilon_3 \cdot k_4 = \varepsilon_3 \cdot (k_1 + k_2 - k_3) = \varepsilon_3 \cdot k_1 \tag{4.263}$$

となるので，結局

$$\sum_{s_2,s_4} \left| \overline{u}_4 \slashed{\varepsilon}_3 \slashed{\varepsilon}_1 \slashed{k}_1 u_1 \right|^2 = -8(k_1 \cdot k_2) \left[2(\varepsilon_3 \cdot k_1)^2 - k_1 \cdot k_4 \right] \tag{4.264}$$

が得られる．

同様に式 (4.257) の右辺第 2 項の絶対値 2 乗も計算できるが，この項は第 1 項を $(1 \leftrightarrow 3)$ と置き換えたものである．式 (4.262) までの変形は座標系によらない計算のため，この置き換えをした計算がそのまま成り立ち，

$$\sum_{s_2,s_4} \left| \overline{u}_4 \slashed{\varepsilon}_1 \slashed{\varepsilon}_3 \slashed{k}_3 u_2 \right|^2 = -8(k_2 \cdot k_3) \left[2(\varepsilon_1 \cdot k_3)(\varepsilon_1 \cdot k_4) - (\varepsilon_1 \cdot \varepsilon_1)(k_3 \cdot k_4) \right] \tag{4.265}$$

が得られる．入射光子の偏極ベクトルと散乱電子の運動量の内積は，

$$\varepsilon_1 \cdot k_4 = \varepsilon_1 \cdot (k_1 + k_2 - k_3) = -\varepsilon_1 \cdot k_3 \tag{4.266}$$

となるので，

$$\sum_{s_2,s_4} \left| \overline{u}_4 \slashed{\varepsilon}_3 \slashed{\varepsilon}_1 \slashed{k}_1 u_2 \right|^2 = 8(k_2 \cdot k_3) \left[2(\varepsilon_1 \cdot k_3)^2 + k_3 \cdot k_4 \right] \tag{4.267}$$

が得られる．

次に交差項の計算をする必要がある．ここで必要な項は

$$\sum_{s_2,s_4} (\overline{u}_4 \slashed{\varepsilon}_3 \slashed{\varepsilon}_1 \slashed{k}_1 u_2)(\overline{u}_4 \slashed{\varepsilon}_1 \slashed{\varepsilon}_3 \slashed{k}_3 u_2)^* = \sum_{s_2,s_4} \overline{u}_4 \slashed{\varepsilon}_3 \slashed{\varepsilon}_1 \slashed{k}_1 u_2 \overline{u}_2 \slashed{k}_3 \slashed{\varepsilon}_3 \slashed{\varepsilon}_1 u_4$$

$$= \text{Tr} \left[\slashed{\varepsilon}_3 \slashed{\varepsilon}_1 \slashed{k}_1 (\slashed{k}_2 + m) \slashed{k}_3 \slashed{\varepsilon}_3 \slashed{\varepsilon}_1 (\slashed{k}_4 + m) \right] \tag{4.268}$$

である．この計算も上と同じようにして γ 行列の反交換関係によりその数を減らしていけばよいが，より多くのステップが必要になる．エネルギー運動量の保存により，上式に $k_4 = k_1 + k_2 - k_3$ を代入すると多少計算が簡単化する．計算は単調であり，結果として

$$\sum_{s_2,s_4} [\overline{u_4}\not{\epsilon}_3\not{\epsilon}_1\not{k}_1 u_2][\overline{u_4}\not{\epsilon}_1\not{\epsilon}_3\not{k}_3 u_2]^*$$
$$= 8(k_1 \cdot k_2)(k_2 \cdot k_3)\left[2(\varepsilon_1 \cdot \varepsilon_3)^2 - 1\right] + 8(\varepsilon_3 \cdot k_1)^2(k_2 \cdot k_3) - 8(\varepsilon_1 \cdot k_3)^2(k_1 \cdot k_2) \tag{4.269}$$

が得られる．もう1つの交差項は上式の複素共役で与えられるが，上式は実数であるから，単に上式を2倍しておけばよい．

以上の結果をすべて合わせることにより，不変散乱振幅の絶対値2乗に対して電子のスピン和をとったものは

$$\sum_{s_2,s_4}|\mathcal{M}_{\beta\alpha}|^2 = e^4 \sum_{s_2,s_4}\left[\frac{|\overline{u_4}\not{\epsilon}_3\not{\epsilon}_1\not{k}_1 u_2|^2}{4(k_1\cdot k_2)^2} + \frac{|\overline{u_4}\not{\epsilon}_1\not{\epsilon}_3\not{k}_3 u_2|^2}{4(k_2\cdot k_3)^2}\right.$$
$$\left. + \frac{(\overline{u_4}\not{\epsilon}_3\not{\epsilon}_1\not{k}_1 u_2)(\overline{u_4}\not{\epsilon}_1\not{\epsilon}_3\not{k}_3 u_2)^*}{2(k_1\cdot k_2)(k_2\cdot k_3)}\right]$$
$$= 2e^4\left[\frac{k_1\cdot k_4}{k_1\cdot k_2} + \frac{k_3\cdot k_4}{k_2\cdot k_3} + 4(\varepsilon_1\cdot\varepsilon_3)^2 - 2\right] \tag{4.270}$$

で与えられる．ここで，始状態と終状態の4元運動量は質量殻上にあるため $k_1{}^2 = k_3{}^2 = 0$, $k_2{}^2 = k_4{}^2 = -m^2$ が成り立つことに注意すると，エネルギー保存の関係 $(k_1 - k_4)^2 = (k_2 - k_3)^2$ および $(k_1 + k_2)^2 = (k_3 + k_4)^2$ によりそれぞれ $k_1\cdot k_4 = k_2\cdot k_3$ および $k_1\cdot k_2 = k_3\cdot k_4$ という関係式が成り立つ．こうして式 (4.270) は結局

$$\sum_{s_2,s_4}|\mathcal{M}_{\beta\alpha}|^2 = 2e^4\left[\frac{k_2\cdot k_3}{k_1\cdot k_2} + \frac{k_1\cdot k_2}{k_2\cdot k_3} + 4(\varepsilon_1\cdot\varepsilon_3)^2 - 2\right] \tag{4.271}$$

という形になる．

　ここまでの計算結果は実験室系のものである．これを重心系で表すには，実験室系から重心系へローレンツ変換する．そこで，重心系における入射光子のエネルギーを E_C として入射方向を z 軸に選ぶ．また散乱面を xz 面に選び，z 軸に対する散乱光子の散乱角を θ_C とする（図4.10右）．重心系では始状態と終状態のそれぞれで運動量の和がゼロになることと，各粒子の4元運動量が質量殻上にあること，さらにエネルギー運動量保存則 $k_1{}^\mu + k_2{}^\mu = k_3{}^\mu + k_4{}^\mu$ が成り立つことを考慮すると，重心系における各4元運動量の成分は，上の変数を用いて一般的に

$$(k_1^\mu) = (E_C, 0, 0, E_C) \tag{4.272}$$

$$(k_2^\mu) = \left(\left[E_C^2 + m^2\right]^{1/2}, 0, 0, -E_C\right) \tag{4.273}$$

$$(k_3^\mu) = (E_C, E_C \sin\theta_C, 0, E_C \cos\theta_C) \tag{4.274}$$

$$(k_4^\mu) = \left(\left[E_C^2 + m^2\right]^{1/2}, -E_C \sin\theta_C, 0, -E_C \cos\theta_C\right) \tag{4.275}$$

で与えられることがわかる.

次に，実験室系における入射光子のエネルギーを E_L，散乱光子のエネルギーを E'_L，散乱角を θ_L とする．実験室系における入射電子の運動量はゼロである．また，散乱電子のエネルギーと運動量をそれぞれ E''_L, $\boldsymbol{P}''_L$ とすると，実験室系における各4元運動量の成分は

$$(k_1^\mu) = (E_L, 0, 0, E_L), \qquad k_2 = (m, 0, 0, 0) \tag{4.276}$$

$$(k_3^\mu) = \left(E'_L, E'_L \sin\theta_L, 0, E'_L \cos\theta_L\right), \qquad (k_4^\mu) = \left(E''_L, \boldsymbol{P}''_L\right) \tag{4.277}$$

で与えられる．ここで4元ベクトルの絶対値である $(k_1 + k_2)^2$ がローレンツ不変量であることから，式 (4.272), (4.273), (4.276) により次の関係

$$E_C = \sqrt{\frac{m}{2E_L + m}} E_L \tag{4.278}$$

が導かれる.

式 (4.273), (4.278) により，重心系から見た入射電子は z 軸の負の向きへ速さ

$$v = \frac{|\boldsymbol{k}_2|}{k_2^0} = \frac{E_C}{\sqrt{E_C^2 + m^2}} = \frac{E_L}{E_L + m} \tag{4.279}$$

で運動する．実験室系は入射電子と同じ速度で運動しているので，重心系から見た実験室系は入射電子と同じく z 軸の負の向きに速さ v で運動している．したがって，重心系から実験室系へのローレンツ変換により，散乱光子のエネルギーは

$$E'_L = \frac{1 + v\cos\theta_C}{\sqrt{1 - v^2}} E_C = \frac{E_L + m + E_L \cos\theta_C}{2E_L + m} E_L \tag{4.280}$$

となり，運動量の z 成分は

$$E'_L \cos\theta_L = \frac{v + \cos\theta_C}{\sqrt{1 - v^2}} E_C = \frac{E_L + (E_L + m)\cos\theta_C}{2E_L + m} E_L \tag{4.281}$$

となる．ただし式 (4.278), (4.279) を用いた.

ここで式 (4.280), (4.281) から $\cos\theta_\mathrm{C}$ を消去すると，

$$\frac{1}{E'_\mathrm{L}} - \frac{1}{E_\mathrm{L}} = \frac{1 - \cos\theta_\mathrm{L}}{m} \tag{4.282}$$

という関係式が得られる．光子のエネルギーの逆数は波長に比例するので，この関係式は実験室系における電磁波の波長変化を与えるものである．これを**コンプトンの公式 (Compton formula)** という．また，式 (4.280), (4.281) から E'_L を消去すると，実験室系での散乱角を与える式

$$\cos\theta_\mathrm{L} = \frac{E_\mathrm{L} + (E_\mathrm{L} + m)\cos\theta_\mathrm{C}}{E_\mathrm{L} + m + E_\mathrm{L}\cos\theta_\mathrm{C}} \tag{4.283}$$

が得られる．

さて，重心系で表された散乱断面積の式 (4.184) を実験室系のものに変換することを考える．最初に散乱立体角の変換を求める必要がある．重心系での散乱立体角を $d\Omega_\mathrm{C}$，実験室系の散乱立体角を $d\Omega_\mathrm{L}$ とする．ローレンツ変換により z 軸に垂直な方向の座標値は不変に保たれるので，

$$d\Omega_\mathrm{L} = \frac{d\cos\theta_\mathrm{L}}{d\cos\theta_\mathrm{C}} d\Omega_\mathrm{C} \tag{4.284}$$

が成り立つ．散乱角の微分は式 (4.283) から求めることができる．その結果にコンプトンの公式 (4.282) を代入すると，

$$\frac{d\cos\theta_\mathrm{L}}{d\cos\theta_\mathrm{C}} = \frac{m}{2E_\mathrm{L} + m}\left(\frac{E_\mathrm{L}}{E'_\mathrm{L}}\right)^2 \tag{4.285}$$

が得られる．

次に，重心系では 3 次元運動量の和がゼロであることに注意すると，入射粒子のエネルギー和の 2 乗 $(E_1 + E_2)^2|_\mathrm{CM}$ はローレンツ不変量 $-(k_1 + k_2)^2$ に等しいので，式 (4.276) より

$$(E_1 + E_2)^2\big|_\mathrm{CM} = -(E_\mathrm{L} + m)^2 + E_\mathrm{L}^2 = m(2E_\mathrm{L} + m) \tag{4.286}$$

となる．また，式 (4.272), (4.273) で与えられたように，重心系のエネルギー運動量保存によって入射光子と散乱光子の運動量の大きさは等しい．さらに不変散乱振幅は慣性座標系に依存しないスカラー量である．これらのことから，重心系における散乱断面積の公式 (4.184) を実験室系における散乱断面積 $d\sigma/d\Omega_\mathrm{L}$ に変換すると

$$\left.\frac{d\sigma}{d\Omega}\right|_{\mathrm{L}} = \left(\frac{d\cos\theta_{\mathrm{L}}}{d\cos\theta_{\mathrm{C}}}\right)^{-1} \left.\frac{d\sigma}{d\Omega}\right|_{\mathrm{CM}} = \frac{1}{64\pi^2}\cdot\frac{1}{m^2}\left(\frac{E'_{\mathrm{L}}}{E_{\mathrm{L}}}\right)^2\cdot\frac{1}{2}\sum_{s_2,s_4}|\mathscr{M}_{\beta\alpha}|^2 \quad (4.287)$$

が得られる．ここで，電子のスピン状態を測定しない状況を考え，入射電子のスピンについて平均をとり，散乱電子のスピンについて和をとった．

また不変散乱振幅の式 (4.271) は，実験室系の量 (4.276), (4.277) を用いて，

$$\sum_{s_2,s_4}|\mathscr{M}_{\beta\alpha}|^2 = 2e^4\left[\frac{E'_{\mathrm{L}}}{E_{\mathrm{L}}} + \frac{E_{\mathrm{L}}}{E'_{\mathrm{L}}} + 4(\varepsilon_1\cdot\varepsilon_3)^2 - 2\right] \quad (4.288)$$

と表される．入射光子と散乱光子の偏極ベクトルは，進行方向に垂直な横偏極成分しかなく，時間成分を持たない．そこで入射光子と散乱光子の 3 次元偏極ベクトルをそれぞれ $\boldsymbol{\varepsilon}, \boldsymbol{\varepsilon}'$ とすると，$\varepsilon_1\cdot\varepsilon_3 = \boldsymbol{\varepsilon}\cdot\boldsymbol{\varepsilon}'$ である．また，光子のエネルギーは光の角振動数に等しいので，入射光子と散乱光子の角振動数をそれぞれ ω, ω' とすると，$E'_{\mathrm{L}}/E_{\mathrm{L}} = \omega'/\omega$ である．式 (4.287), (4.288) により，実験室系での散乱断面積の最終的な表式は

$$\left.\frac{d\sigma}{d\Omega}\right|_{\mathrm{L}} = \frac{\alpha^2}{4m^2}\left(\frac{\omega'}{\omega}\right)^2\left[\frac{\omega'}{\omega} + \frac{\omega}{\omega'} + 4(\boldsymbol{\varepsilon}\cdot\boldsymbol{\varepsilon}')^2 - 2\right] \quad (4.289)$$

となる．ただし $\alpha = e^2/4\pi$ は微細構造定数である．この式を**クライン–仁科の公式**(Klein-Nishina formula) という．コンプトンの公式 (4.282) を角振動数によって書き直すと，散乱光子の振動数は

$$\omega' = \frac{\omega}{1 + \omega(1 - \cos\theta_{\mathrm{L}})/m} \quad (4.290)$$

で与えられる．

ここで，入射光子のエネルギーが電子の静止エネルギーに比べて小さい極限，すなわち低エネルギー極限 $\omega \ll m$ を考えると，コンプトンの公式 (4.290) は $\omega' = \omega$ となって振動数が変化しなくなる．このとき散乱断面積は近似的に

$$\left.\frac{d\sigma}{d\Omega}\right|_{\mathrm{L}} \simeq \frac{\alpha^2}{m^2}(\boldsymbol{\varepsilon}\cdot\boldsymbol{\varepsilon}')^2 \quad (4.291)$$

となる．これは低エネルギーの光子による光の散乱を表す**トムソン散乱公式**(Thomson scattering formula) である．トムソン散乱公式においては，散乱断面積が光のエネルギーと無関係に決まる．これに対して，高エネルギー光子に対するクライン–仁科の公式では，散乱断面積が光子のエネルギーに依存する．

次に，入射光子が偏極していない場合を考える．入射光子に対して，運動量の方

向ベクトルを $\hat{\boldsymbol{k}} = \boldsymbol{k}_1/|\boldsymbol{k}_1|$ とすると，偏極ベクトル成分の積の平均は

$$\langle \varepsilon_i \varepsilon_j \rangle = \frac{\delta_{ij} - \hat{k}_i \hat{k}_j}{2} \tag{4.292}$$

で与えられる．なぜなら，左辺は3次元対称2階テンソルであり，偏極していなければ偏極面に特別な方向がないので，そのテンソル性は δ_{ij} と $\hat{k}_i$ だけで表されるべきであり，さらに $|\boldsymbol{\varepsilon}|^2 = 1$, $\hat{\boldsymbol{k}} \cdot \boldsymbol{\varepsilon} = 0$ を満たす形はこれしかないからである．この関係式を使い，散乱光子の偏極ベクトル $\boldsymbol{\varepsilon}'$ を固定して入射光子の偏極ベクトル $\boldsymbol{\varepsilon}$ に関する平均をとると，

$$\langle (\boldsymbol{\varepsilon} \cdot \boldsymbol{\varepsilon}')^2 \rangle = \langle \varepsilon_i \varepsilon_j \rangle \varepsilon'_i \varepsilon'_j = \frac{1}{2} \left[1 - \left(\hat{\boldsymbol{k}} \cdot \boldsymbol{\varepsilon}' \right)^2 \right] \tag{4.293}$$

となる．したがって，入射光子に偏極のない場合のクライン-仁科の公式は，

$$\left. \frac{d\sigma}{d\Omega} \right|_{\mathrm{L}} = \frac{\alpha^2}{4m^2} \left(\frac{\omega'}{\omega} \right)^2 \left[\frac{\omega'}{\omega} + \frac{\omega}{\omega'} - 2 \left(\hat{\boldsymbol{k}} \cdot \boldsymbol{\varepsilon}' \right)^2 \right] \tag{4.294}$$

で与えられる．

さらに散乱光子の偏極を測定しない場合には，2つの偏極成分についての和をとる．ここで散乱光子についても式 (4.292) と同様に

$$\langle \varepsilon'_i \varepsilon'_j \rangle = \frac{\delta_{ij} - \hat{k}'_i \hat{k}'_j}{2} \tag{4.295}$$

が成り立つ．ただし $\hat{\boldsymbol{k}}' = \boldsymbol{k}_3/|\boldsymbol{k}_3|$ は散乱光子の運動量の方向ベクトルである．したがって，

$$\sum_{\boldsymbol{\varepsilon}'} \left(\hat{\boldsymbol{k}} \cdot \boldsymbol{\varepsilon}' \right)^2 = 2 \left\langle \left(\hat{\boldsymbol{k}} \cdot \boldsymbol{\varepsilon}' \right)^2 \right\rangle = 2 \hat{k}_i \hat{k}_j \langle \varepsilon'_i \varepsilon'_j \rangle = 1 - \left(\hat{\boldsymbol{k}} \cdot \hat{\boldsymbol{k}}' \right)^2 = 1 - \cos^2 \theta_{\mathrm{L}} \tag{4.296}$$

となる．式 (4.294) において，偏極ベクトル $\boldsymbol{\varepsilon}'$ に依存しない項は偏極の和をとると単に2倍されるだけである．こうして，光子の偏極自由度を測定しない場合のクライン-仁科の公式は

$$\left. \frac{d\sigma}{d\Omega} \right|_{\mathrm{L}} = \frac{\alpha^2}{2m^2} \left(\frac{\omega'}{\omega} \right)^2 \left(\frac{\omega'}{\omega} + \frac{\omega}{\omega'} - 1 + \cos^2 \theta_{\mathrm{L}} \right) \tag{4.297}$$

で与えられる．この式において低エネルギー極限 $\omega \ll m$ をとれば，

$$\left. \frac{d\sigma}{d\Omega} \right|_{\mathrm{L}} \simeq \frac{\alpha^2}{2m^2} \left(1 + \cos^2 \theta_{\mathrm{L}} \right) \tag{4.298}$$

が得られる．これは偏極のない場合のトムソン散乱断面積である．この式を全立体角で積分した全断面積

$$\sigma_{\mathrm{T}} = \frac{8\pi\alpha^2}{3m^2} \tag{4.299}$$

をトムソン断面積 (Thomson cross section) という.

後の章で用いるため，実験室系における不変散乱振幅の式 (4.288) に対する低エネルギー極限の表式を求めておく．入射電子と散乱電子の両方のスピン状態について平均した不変散乱振幅は，この極限で

$$\frac{1}{4}\sum_{s_2,s_4}|\mathscr{M}_{\beta\alpha}|^2 = 32\pi^2\alpha^2\left(\boldsymbol{\varepsilon}\cdot\boldsymbol{\varepsilon}'\right)^2 = 12\pi m^2 \sigma_{\mathrm{T}}\left(\boldsymbol{\varepsilon}\cdot\boldsymbol{\varepsilon}'\right)^2 \tag{4.300}$$

となる．さらに光子の偏極についても平均すれば，式 (4.293), (4.296) を用いて，

$$\frac{1}{4}\sum_{s_2,s_4}\left\langle|\mathscr{M}_{\beta\alpha}|^2\right\rangle = 8\pi^2\alpha^2\left(1+\cos^2\theta_{\mathrm{L}}\right) = 3\pi m^2 \sigma_{\mathrm{T}}\left(1+\cos^2\theta_{\mathrm{L}}\right) \tag{4.301}$$

が得られる．

第5章

素粒子標準モデル

　自然界に存在する物質は，それ以上細かく分けることができないと考えられる素粒子で構成されている．実験的に存在が確認されている素粒子は，**素粒子標準モデル** (standard model of particle physics) という理論モデルによって理解されている．素粒子標準モデルは基礎物理学における金字塔とも呼べる理論であり，これまでに地上で行われた素粒子実験の結果のほとんどすべてを，定量的に説明することができる．この理論は1970年代までにほぼ完成の域に達し，その後は実験的な検証がさまざまな角度から行われてきた．これまでのところ，標準モデルに反するような信頼できる実験結果は見つかっていない．

　素粒子標準モデルに含まれている素粒子のうち，モデルが作られた当時にはまだ実験的に存在が確認されていないものも多数あった．だが，それから検証実験が進むにつれて，これら未確認粒子は次々と発見されていった．中でも，ヒッグス粒子は理論の根幹をなす重要な粒子でありながら，その存在が最後まで未確認であった．だが2013年にはその存在も実験的に確定した．これにより素粒子標準モデルは完全に確立したといえる．

　輝かしい成功を収めている素粒子標準モデルだが，万能な理論というわけではない．宇宙観測により存在が示されているダークマターの性質は，素粒子標準モデルの枠内で説明することはできない．また，自然界に見つかっている4種類の相互作用のうち，電磁相互作用，弱い相互作用，強い相互作用の3つはすべて場の量子論の枠組みで理解されるが，重力相互作用だけはその枠組みから外れてしまっている．このために，素粒子標準モデルでは重力相互作用を統一的に扱うことができない．これらのことから，素粒子標準モデルにはさらに改善の余地があると考えられている．宇宙初期の極限的な高温高密度状態を記述するには，素粒子標準モデルだけでは不足である．このモデルを超える理論的試みは数多くなされている．だが，それらの理論は実験的な検証がされておらず，いまのところ仮説の域を出ては

いない．

　この章では，現在の物理学で確立している素粒子標準モデルの構成とその概要を述べる．以下の最初の節では，まず素粒子標準モデルで重要な概念である「対称性の自発的破れ」について説明する．その後の節で，素粒子標準モデルの具体的な構成を与える．

5.1　対称性の自発的な破れ

　対称性が自発的に破れる自然現象の典型的な例は，磁性体に見ることができる．磁性体の温度が高いとき，磁化していない状態の方が，磁化している状態よりもエネルギーが低く安定である．ところが温度がある臨界値を下回ると，逆に磁化している状態の方がエネルギーが低く安定になる．磁化していない状態には特別の方向がないので，空間に関する回転対称性がある．ところが，磁化した状態は磁化方向が特別な方向になり，回転対称性がない．温度を下げていくと偶発的に磁化の方向が決まり，回転対称性のある状態からない状態へと，対称性が自発的に破れる．これに似た対称性の自発的な破れは，素粒子の基本的な相互作用についても起きているのである．

5.1.1　南部-ゴールドストーン粒子

　最初に，自発的な対称性の破れを導く簡単な理論モデルを考察する．複素スカラー場 Φ を考え，ラグランジアン密度が

$$\mathscr{L} = -\partial_\mu \Phi^* \partial^\mu \Phi - \lambda \left(\Phi^* \Phi - \frac{v^2}{2} \right)^2 \tag{5.1}$$

となる系を考える．ここで λ, v は実数の定数パラメータであり，どちらも正の数 $\lambda > 0, v > 0$ であるとする．このラグランジアン密度は，時空に依存しない定数 θ を用いた場の全位相変換

$$\Phi \to e^{i\theta} \Phi \tag{5.2}$$

に対して不変である．すなわちこの系は大域的な U(1) 対称性を持つ．

　式 (5.1) の右辺第 2 項を展開すると，場の微分を含まない 2 次の項，すなわち質量項に対応する項は，$+\lambda v^2 \Phi^* \Phi$ で与えられる．これを自由スカラー場のラグランジアン密度の式 (3.135) と比べてみると，質量項の符号が逆になっている．これ

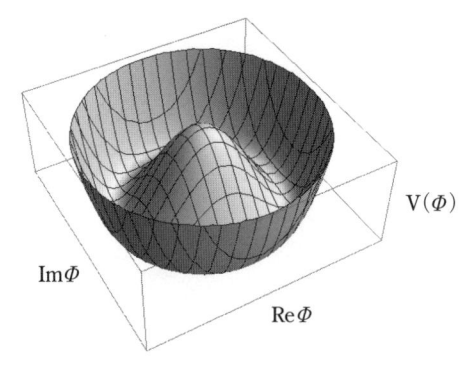

図 5.1 対称性の破れを導くポテンシャル $V(\Phi)$ の形．複素場 Φ の実部と虚部の関数として表したもの．

は，ポテンシャルが場の原点 $\Phi = 0$ で正の曲率を持ち，そこが不安定点になっていることを意味する．通常とは異なり，場の原点が最低エネルギー状態ではない．ポテンシャル項 $V(\Phi) = \lambda(\Phi^*\Phi - v^2/2)^2$ を図示すると，図 5.1 のようになる．その形はワインボトルの底の部分，もしくはソンブレロというメキシコの帽子に形が似ている．

式 (5.2) の大域的な位相変換は，複素平面の原点を中心にした回転であるから，場の原点 $\Phi = 0$ は対称性の中心である．ところが，ポテンシャルの形を見ると明らかなように，この対称性の中心は不安定点であり，安定な最低エネルギー状態は対称性の中心から外れた場所にある．図 5.1 から明らかなように，ポテンシャルが最低値をとる場所は 1 つだけなく，原点を中心とする円上に連続的に分布する．その半径は，式 (5.1) のポテンシャル項の微分がゼロになる条件により，$|\Phi| = v/\sqrt{2}$ である．対称性が自発的に破れることにより，この円上の点のどこかに場の値が落ち着く．実際にどこへ落ち着くのかは偶発的に決まる．だが，場の位相変換によってその点を実数軸上に移動することができるので，一般性を失わずに基底状態を $\Phi = v/\sqrt{2}$ と選んでおく．

ここで 2 つの実スカラー場 χ, ϕ を導入して

$$\Phi(x) = \frac{1}{\sqrt{2}}[\chi(x) + i\phi(x) + v] \tag{5.3}$$

とおく．すると，これらのスカラー場 χ, ϕ の原点 $\chi = \phi = 0$ が基底状態に対応する．この新しい場でラグランジアン密度の式 (5.1) を書き直すと，

$$\mathscr{L} = -\frac{1}{2}\partial_\mu\chi\partial^\mu\chi - \frac{1}{2}\partial_\mu\phi\partial^\mu\phi - \lambda v^2\chi^2 - \lambda v\chi\left(\chi^2 + \phi^2\right) - \frac{1}{4}\lambda\left(\chi^2 + \phi^2\right)^2 \tag{5.4}$$

となる．右辺最初の 3 つの項は場の 2 次の量であるから，自由場のラグランジアン密度に対応し，最後の 2 つの項は相互作用項になる．自由実スカラー場のラグランジアン密度の式 (3.125) と比較すると，場 χ の質量は $m_\chi = \sqrt{2\lambda}v$ であり，場 ϕ に対応する質量はゼロであることがわかる．図 5.1 との対応では，もとの複素場 Φ の基底状態を与える円上の各点において，円の半径方向にだけポテンシャルの曲率がある．これが場 χ の質量を与えている．一方，円の接線方向へはポテンシャルが平坦である．このため場 ϕ には質量がないのである．

この例に限らず，一般的に大域的な対称性が破れるときには，その破れた対称性の自由度の数だけ，必ず質量を持たないスピン 0 のボース粒子に対応するスカラー場が現れる，ということが示される．これを**南部-ゴールドストーンの定理** (Nambu-Goldstone theorem) という．また，そのときに現れる質量ゼロの粒子を**南部-ゴールドストーン粒子** (Nambu-Goldstone boson) という．

5.1.2　ヒッグス機構

前項では，大域的な位相変換の対称性がある場合を考えた．次に，局所的なゲージ変換の対称性がある場合を考える．すなわち，複素スカラー場 φ の局所的な位相変換

$$\varphi(x) \to e^{iq\theta(x)}\varphi(x) \tag{5.5}$$

に対して不変な系を考える．ここで q は定数であり，$\theta(x)$ は時空点に依存する任意の関数である．局所位相変換に対して不変になるラグランジアン密度を構成するには，ゲージ場 A_μ を導入する必要があり，その形は式 (3.237) に与えられた．複素スカラー場の質量項と相互作用項が式 (5.1) と同じ形になる系を考えると，全体のラグランジアン密度は

$$\mathscr{L} = -\left[(\partial_\mu + iqA_\mu)\varphi^*\right]\left[(\partial^\mu - iqA^\mu)\varphi\right] - \frac{1}{4}F_{\mu\nu}F^{\mu\nu} - \lambda\left(\varphi^*\varphi - \frac{v^2}{2}\right)^2 \tag{5.6}$$

となる．ここで $F_{\mu\nu} = \partial_\mu A_\nu - \partial_\nu A_\mu$ であり，さらにゲージ場のゲージ変換は

$$A_\mu(x) \to A_\mu(x) + \partial_\mu \theta(x) \tag{5.7}$$

で与えられる．式 (5.6) のラグランジアン密度は式 (5.5), (5.7) で与えられるゲージ変換に対して不変である．

ラグランジアン密度の式 (5.6) の相互作用項を場 φ で微分すればわかるように，

最低エネルギーを持つ基底状態は

$$|\varphi(x)| = \frac{\sqrt{v}}{2}, \quad A_\mu(x) = 0 \tag{5.8}$$

を満たす場所にある．前節と同様，これは φ の複素平面上において半径 $v/\sqrt{2}$ の円上に分布している．この基底状態を原点とする 2 つの実スカラー場 H, ξ を導入して

$$\varphi(x) = \frac{e^{iq\xi(x)}}{\sqrt{2}}[H(x) + v] \tag{5.9}$$

とおけば，式 (5.6) のラグランジアン密度は

$$\mathscr{L} = -\frac{1}{2}\partial_\mu H \partial^\mu H - \lambda v^2 H^2 - \frac{1}{4}F_{\mu\nu}F^{\mu\nu} - \frac{q^2 v^2}{2}A'_\mu A'^\mu \\ - q^2 v H A'_\mu A'^\mu - \frac{1}{2}q^2 H^2 A'_\mu A'^\mu - \lambda v H^3 - \frac{\lambda}{4}H^4 \tag{5.10}$$

と変形される．ただし，

$$A'_\mu = A_\mu - \partial_\mu \xi \tag{5.11}$$

と定義した．このとき $F_{\mu\nu} = \partial_\mu A_\nu - \partial_\nu A_\mu = \partial_\mu A'_\nu - \partial_\nu A'_\mu$ が成り立つ．式 (5.10) 右辺の第 1 行（最初の 4 項）が自由項に対応し，第 2 行（最後の 4 項）が相互作用項に対応する．実スカラー場 H は質量 $m_H = \sqrt{2\lambda}v$ を持ち，ベクトル場 A_μ は質量 $m_A = qv$ を持つことがわかる．

もとのラグランジアン密度の式 (5.6) では，ゲージ対称性を保証するためにゲージ場は質量項を持てなかった．だが，対称性が自発的に破れることによってゲージ場が質量項を獲得する．一方，実スカラー場 ξ は微分した形でしか現れないため，質量項を持たない．これが南部-ゴールドストーン粒子に対応する場と考えられる．ところがこの場は式 (5.11) の形でしか現れず，さらにゲージ場 A_μ のゲージ変換 (5.7) において $\theta(x) = \xi(x)$ と選べば消し去ってしまうことができる．すなわち，南部-ゴールドストーン粒子に対応すると思われた自由度は，実はゲージ自由度そのものであり，物理的な自由度ではない．ゲージを選べばいつでも $\xi = 0$ とすることができ，場 φ は実数になる．このゲージの選択をユニタリ・ゲージ (unitary gauge) という．

一方，ゲージ場には質量項が現れるため，質量項を持たないゲージ場の非物理的自由度であった縦偏極が，今度は物理的自由度になる．物理的な自由度は対称性が破れる前と後で変わりない．すなわち，対称性が自発的に破れることにより現れる

はずの質量ゼロ粒子は，実際には現れることなくゲージ場の縦偏極の自由度に化けてしまったとみなされる．このようにしてゲージ場に質量を持たせる機構のことを**ヒッグス機構** (Higgs mechanism) という．また，残ったスカラー場の自由度である $H(x)$ を**ヒッグス場** (Higgs field) といい，これに対応するスピン 0 の粒子を**ヒッグス粒子** (Higgs boson) という．ここでは可換群に基づいた U(1) ゲージ場におけるヒッグス機構について説明したが，非可換ゲージ場においても，ゲージ対称性の自由度に応じた数のスカラー場を導入することによって，同様にヒッグス機構を構成できる．その具体例は，以下に説明する素粒子標準モデルにおける電弱理論である．

5.2 電弱理論

素粒子標準モデルにおいて，電磁相互作用と弱い相互作用は 1 つの統一的なゲージ理論から導かれる．この統一理論のことを**電弱理論** (electroweak theory) という．これはゲージ群 SU(2) × U(1) に基づいたゲージ理論であり，自発的対称性の破れに伴うヒッグス機構が組みこまれている．もともとの電弱相互作用の対称性 SU(2) × U(1) は自発的に破れ，その部分群である電磁相互作用の対称性 U(1) だけが残る．このとき弱い相互作用に関するゲージ粒子は質量を獲得するが，破れていない電磁対称性のゲージ粒子である光子の質量はゼロにとどまる．また，弱い相互作用はパリティ対称性を破るという奇妙な性質を持っている．

5.2.1 SU(2) × U(1) 対称性

上に述べたように，弱い相互作用のゲージ対称性はゲージ群 SU(2) × U(1) で与えられる．はじめにその構成を述べる．まず，2 成分の複素スカラー場

$$\Phi = \begin{pmatrix} \varphi^+ \\ \varphi^0 \end{pmatrix} \tag{5.12}$$

を導入する．この場を**ヒッグス 2 重項** (Higgs doublet) という．3.4.2 項で述べたヤン–ミルズ場の一般論において $N = 2$ とすれば，ゲージ群 SU(2) の表現行列 U は式 (3.254) により

$$U = \exp(ig\theta^a \tau_a) \tag{5.13}$$

と表すことができる．ここで g はゲージ群 SU(2) の結合定数，$\theta^a(x)$ は時空点に依

存する3つの実数パラメータ関数で，その添字は $a = 1, 2, 3$ をとる．また τ_a は SU(2) の生成子で，3つの 2×2 行列で表現される．行列 U が行列式 1 のユニタリ行列になる条件から，2×2 行列 τ_a はトレースがゼロのエルミート行列である．そのような行列の独立成分は式 (3.97) のパウリ行列 σ_a で与えられるが，生成子 τ_a が規格化の式 (3.261) を満たすようにするためには，パウリ行列を 1/2 倍した $\tau_a = \sigma_a/2$ を生成子とすればよい．すなわち，

$$\tau_1 = \frac{1}{2}\begin{pmatrix} 0 & 1 \\ 1 & 0 \end{pmatrix}, \quad \tau_2 = \frac{1}{2}\begin{pmatrix} 0 & -i \\ i & 0 \end{pmatrix}, \quad \tau_3 = \frac{1}{2}\begin{pmatrix} 1 & 0 \\ 0 & -1 \end{pmatrix} \tag{5.14}$$

である．このとき，生成子 τ_a は交換関係

$$[\tau_a, \tau_b] = i\epsilon_{abc}\tau_c \tag{5.15}$$

を満たす．ただし ϵ_{abc} は完全反対称テンソルである．

ヒッグス 2 重項はゲージ群 U(1) の表現にもなっているものとする．その 1 次元表現は $e^{ig'\vartheta/2}$ で与えられる．ここで g' はゲージ群 U(1) の結合定数，$\vartheta(x)$ は時空点に依存する実数パラメータ関数である．こうして，ヒッグス 2 重項に対する SU(2) × U(1) の変換は

$$\Phi \to e^{ig'\vartheta/2}U\Phi \tag{5.16}$$

となる．この変換でラグランジアン密度が不変になるように理論を構成する．

ゲージ群 SU(2) に対応するゲージ場を

$$W_\mu = W_\mu^a \tau_a = \frac{1}{2}\begin{pmatrix} W_\mu^3 & W_\mu^1 - iW_\mu^2 \\ W_\mu^1 + iW_\mu^2 & -W_\mu^3 \end{pmatrix} \tag{5.17}$$

とし，ゲージ群 U(1) に対応するゲージ場を B_μ とする．式 (3.266) より，ゲージ場のゲージ変換は

$$B_\mu \to B_\mu + \partial_\mu \vartheta \tag{5.18}$$

$$W_\mu \to UW_\mu U^\dagger + \frac{i}{g}U\partial_\mu U^\dagger \tag{5.19}$$

である．ここで $U^\dagger U = 1$ であるから，$U\partial_\mu U^\dagger = (\partial_\mu U)U^\dagger$ が成り立つ．ヒッグス 2 重項に対する共変微分を

$$D_\mu \Phi = \left(\partial_\mu - igW_\mu - \frac{ig'}{2}B_\mu \right) \Phi \tag{5.20}$$

$$= \begin{pmatrix} \partial_\mu - \frac{i}{2}\left(gW_\mu^3 + g'B_\mu\right) & -\frac{ig}{2}\left(W_\mu^1 - iW_\mu^2\right) \\ -\frac{ig}{2}\left(W_\mu^1 + iW_\mu^2\right) & \partial_\mu + \frac{i}{2}\left(gW_\mu^3 - g'B_\mu\right) \end{pmatrix} \Phi \tag{5.21}$$

とすれば，共変微分のゲージ変換が満たすべき変換

$$D_\mu \Phi \to e^{ig'\vartheta/2} U D_\mu \Phi \tag{5.22}$$

が成り立つ．したがって，ヒッグス2重項Φのゲージ不変な運動項は，$-(D_\mu \Phi)^\dagger D^\mu \Phi$ という形になる．ここでヒッグス2重項がゼロでない真空期待値を持てば，ヒッグス機構によりゲージ場が質量を獲得する．

5.2.2 電弱対称性の破れ

電弱理論において，ヒッグス2重項Φのポテンシャル項は，式(5.1)や式(5.6)におけるものと同様の形

$$V_\Phi = \lambda \left(\Phi^\dagger \Phi - \frac{v^2}{2} \right)^2 \tag{5.23}$$

で与えられる．ポテンシャルの原点である$\Phi = 0$は不安定点であり，対称性の自発的破れを導く．基底状態となるポテンシャルの安定点は$\Phi^\dagger \Phi = v^2/2$を満たす場所である．ここで$\Phi^\dagger \Phi = |\varphi^+|^2 + |\varphi^0|^2$であるから，複素場$\varphi^+$と$\varphi^0$の各々の実部と虚部を自由度とする4次元空間において，基底状態になれるのは半径$v/\sqrt{2}$の3次元超球面上である．

ここでゲージ群SU(2)の自由度は3つあるから，Φの4自由度のうち3つはゲージ変換で任意に選ぶことができる．そこで場φ^0の実部以外の成分をすべてゼロとするユニタリ・ゲージを採用する．すると，ヒッグス2重項の真空期待値は

$$\langle \Phi \rangle_0 \equiv \langle 0|\Phi|0\rangle = \frac{1}{\sqrt{2}} \begin{pmatrix} 0 \\ v \end{pmatrix} \tag{5.24}$$

となる．この真空期待値の対称性は完全には破れていない．実際，$\theta^1 = \theta^2 = 0$, $g\theta^3 = g'\vartheta = \alpha$ を満たす特別なゲージ変換を考えると，そのゲージ変換行列は

$$e^{i\alpha/2} \exp(i\alpha\tau_3) = e^{i\alpha/2} \begin{pmatrix} e^{i\alpha/2} & 0 \\ 0 & e^{-i\alpha/2} \end{pmatrix} = \begin{pmatrix} e^{i\alpha} & 0 \\ 0 & 1 \end{pmatrix} \tag{5.25}$$

となり，これを式 (5.24) に作用させても不変である．この変換行列の式 (5.25) は，群 U(1) の 1 次元基本表現と自明な 1 次元表現の直積表現となっている．すなわち，もとの SU(2) × U(1) 対称性が自発的に破れた後にも，式 (5.25) で表現される U(1) 対称性が残されている．以下で具体的に明らかになるように，この残った対称性は電磁相互作用の U(1) 対称性なのである．

上述のように，ユニタリ・ゲージを採用すれば，ヒッグス 2 重項 Φ の第 2 成分の実部以外はすべてゼロである．そこで，真空期待値 (5.24) からのずれを表す実スカラー場 $H(x)$ を

$$\Phi(x) = \frac{1}{\sqrt{2}} \begin{pmatrix} 0 \\ H(x) + v \end{pmatrix} \tag{5.26}$$

により導入する．この場 $H(x)$ がヒッグス場である．そのポテンシャル項である式 (5.23) は

$$V_\Phi = \lambda v^2 H^2 + \lambda v H^3 + \frac{\lambda}{4} H^4 \tag{5.27}$$

となる．ただし定数項は落とした．

次に，共変微分の式 (5.21) へユニタリ・ゲージのヒッグス 2 重項の形 (5.26) を代入すると，

$$D_\mu \Phi = \frac{1}{\sqrt{2}} \begin{pmatrix} -\frac{i}{2} g \left(W^1_\mu - i W^2_\mu\right)(H + v) \\ \partial_\mu H + \frac{i}{2} \left(g W^3_\mu - g' B_\mu\right)(H + v) \end{pmatrix} \tag{5.28}$$

となる．ここにゲージ場の線形結合が現れてきたので，ゲージ場を再定義しておくと便利である．まず，第 1 成分に現れる線形結合の形とその複素共役をもとにして，場 W^1_μ, W^2_μ の代わりに

$$W^\pm_\mu = \frac{W^1_\mu \mp i W^2_\mu}{\sqrt{2}} \tag{5.29}$$

という 2 つの場を定義する．次に第 2 成分に現れる線形結合の形と，それに直交するように重ね合わせた線形結合を考えて，残りの場 W^3_μ, B_μ の代わりに

$$Z_\mu = \frac{gW_\mu^3 - g'B_\mu}{\sqrt{g^2 + g'^2}}, \quad A_\mu = \frac{g'W_\mu^3 + gB_\mu}{\sqrt{g^2 + g'^2}} \tag{5.30}$$

という 2 つの場を定義する.

ここで

$$\frac{g}{\sqrt{g^2 + g'^2}} = \cos\theta_W, \quad \frac{g'}{\sqrt{g^2 + g'^2}} = \sin\theta_W \tag{5.31}$$

を満たす角度 θ_W を定義する. この角度を**弱混合角** (weak mixing angle) もしくは**ワインバーグ角** (Weinberg angle) という. 式 (5.31) から

$$g' = g\tan\theta_W \tag{5.32}$$

が成り立つ. 弱混合角を用いると式 (5.30) は

$$Z_\mu = W_\mu^3 \cos\theta_W - B_\mu \sin\theta_W \tag{5.33}$$
$$A_\mu = W_\mu^3 \sin\theta_W + B_\mu \cos\theta_W \tag{5.34}$$

と表される. つまり, (W_μ^3, B_μ) を 2 次元ベクトルの成分と見て, そのベクトルを角度 θ_W だけ回転させたベクトルの成分が (Z_μ, A_μ) である. また逆変換は

$$W_\mu^3 = Z_\mu \cos\theta_W + A_\mu \sin\theta_W \tag{5.35}$$
$$B_\mu = -Z_\mu \sin\theta_W + A_\mu \cos\theta_W \tag{5.36}$$

で与えられる. 上に導入した場を用いると, 共変微分の式 (5.28) は

$$D_\mu \Phi = \frac{1}{\sqrt{2}} \begin{pmatrix} -\frac{ig}{\sqrt{2}}(H+v)W_\mu^+ \\ \partial_\mu H + \frac{ig}{2\cos\theta_W}(H+v)Z_\mu \end{pmatrix} \tag{5.37}$$

という形になる.

式 (5.20) と (5.23) によりヒッグス 2 重項に対するゲージ不変なラグランジアン密度が構成でき, さらにそれを式 (5.27), (5.37) によって書き直せば,

$$\mathcal{L}_{\text{Higgs}} = -(D_\mu \Phi)^\dagger D^\mu \Phi - V_\Phi \tag{5.38}$$

$$= -\frac{1}{2}\partial_\mu H \partial^\mu H - \frac{g^2 v^2}{4}\left(W_\mu^- W^{+\mu} + \frac{Z_\mu Z^\mu}{2\cos^2\theta_W}\right)\left(1 + \frac{H}{v}\right)^2$$

$$- \lambda v^2 H^2 \left(1 + \frac{H}{2v}\right)^2 \tag{5.39}$$

となる.ただし,最後の表式では定数項を落とした.対称性の破れに伴うヒッグス機構により,確かにゲージ場には質量項が生じている.実ベクトル場の質量項は式(3.227) の形で入ってくること,また $W_\mu^- W^{+\mu} = (W_\mu^1 W^{1\mu} + W_\mu^2 W^{2\mu})/2$ となることから,ゲージ場の質量項を容易に読みとることができる.すなわち場 $W_\mu^{1,2}$, Z_μ の質量をそれぞれ m_W, m_Z とすると,それらは

$$m_W = \frac{gv}{2}, \quad m_Z = \frac{gv}{2\cos\theta_W} \tag{5.40}$$

と対応する.したがってこれらの質量比は

$$\cos\theta_W = \frac{m_W}{m_Z} \tag{5.41}$$

で与えられる.さらに式 (5.39) の最後の項に含まれるヒッグス場 H の質量項から,ヒッグス場の質量が

$$m_H = \sqrt{2\lambda}\, v \tag{5.42}$$

で与えられることがわかる.

電弱理論が考えられた当初,ゲージ粒子 W, Z およびヒッグス粒子 H の存在は理論的な仮説にすぎなかった.だがその後,巨大な加速器を建設することによって大掛かりな実験が行われ,それらの存在は理論予言どおりに示されたのである.実験によって求められたそれらの質量をエネルギーの単位で表すと,

$$m_W = 80.39\,\text{GeV}, \quad m_Z = 91.19\,\text{GeV}, \quad m_H = 125.7\,\text{GeV} \tag{5.43}$$

である.弱混合角 θ_W は低エネルギー現象の解析によってこれらの質量とは独立に求めることができるが,式 (5.41) から求まる値と誤差の範囲で一致し,ほぼ $\theta_W \simeq 28°$ となる.

5.2.3 電弱ゲージ場

場の強度テンソルは式 (3.270) のように構成される.ゲージ場 B_μ, W_μ についてはそれぞれ

$$B_{\mu\nu} = \partial_\mu B_\nu - \partial_\nu B_\mu \tag{5.44}$$

$$W_{\mu\nu} = \partial_\mu W_\nu - \partial_\nu W_\mu - ig\left[W_\mu, W_\nu\right] \tag{5.45}$$

である．ゲージ場 B_μ は可換ゲージ場であるため，強度テンソルに交換子は現れない．ここで $W_{\mu\nu} = W_{\mu\nu}^a \tau^a$ として，式 (5.15) を考慮すると，式 (5.45) は

$$W_{\mu\nu}^a = \partial_\mu W_\nu^a - \partial_\nu W_\mu^a + g\epsilon_{abc} W_\mu^b W_\nu^c \tag{5.46}$$

と等価である．ヤン-ミルズ場のラグランジアン密度は一般に式 (3.273) で与えられるので，いまの場合，

$$\mathscr{L}_{\text{gauge}}^{\text{EW}} = -\frac{1}{4} B_{\mu\nu} B^{\mu\nu} - \frac{1}{2} \text{Tr}\left(W_{\mu\nu} W^{\mu\nu}\right) = -\frac{1}{4} B_{\mu\nu} B^{\mu\nu} - \frac{1}{4} W_{\mu\nu}^a W^{a\mu\nu} \tag{5.47}$$

となる．あるいは $W_{\mu\nu}^1, W_{\mu\nu}^2$ の代わりに

$$W_{\mu\nu}^\pm = \frac{W_{\mu\nu}^1 \mp i W_{\mu\nu}^2}{\sqrt{2}} \tag{5.48}$$

を導入すると，式 (5.46) は

$$W_{\mu\nu}^3 = \partial_\mu W_\nu^3 - \partial_\nu W_\mu^3 + ig\left(W_\mu^- W_\nu^+ - W_\nu^- W_\mu^+\right) \tag{5.49}$$

$$W_{\mu\nu}^\pm = \partial_\mu W_\nu^\pm - \partial_\nu W_\mu^\pm \pm ig\left(W_\mu^\pm W_\nu^3 - W_\nu^\pm W_\mu^3\right) \tag{5.50}$$

と表され，また式 (5.47) は

$$\mathscr{L}_{\text{gauge}}^{\text{EW}} = -\frac{1}{4} B_{\mu\nu} B^{\mu\nu} - \frac{1}{4} W_{\mu\nu}^3 W^{3\mu\nu} - \frac{1}{2} W_{\mu\nu}^- W^{+\mu\nu} \tag{5.51}$$

となる．

式 (5.30) で導入された場 Z_μ, A_μ についての場の強度テンソルを

$$Z_{\mu\nu} = \partial_\mu Z_\nu - \partial_\nu Z_\mu, \quad A_{\mu\nu} = \partial_\mu A_\nu - \partial_\nu A_\mu \tag{5.52}$$

とする．式 (5.35), (5.36) を式 (5.44), (5.49), (5.50) に代入すれば

$$B_{\mu\nu} = A_{\mu\nu} \cos\theta_W - Z_{\mu\nu} \sin\theta_W \tag{5.53}$$

$$W_{\mu\nu}^3 = A_{\mu\nu} \sin\theta_W + Z_{\mu\nu} \cos\theta_W + ig\left(W_\mu^- W_\nu^+ - W_\nu^- W_\mu^+\right) \tag{5.54}$$

$$W_{\mu\nu}^\pm = \partial_\mu W_\nu^\pm - \partial_\nu W_\mu^\pm \pm ig\cos\theta_W \left(W_\mu^\pm Z_\nu - W_\nu^\pm Z_\mu\right) \pm ig\sin\theta_W \left(W_\mu^\pm A_\nu - W_\nu^\pm A_\mu\right) \tag{5.55}$$

が得られる．これを式 (5.51) へ代入し，$Z_{\mu\nu}$ と $A_{\mu\nu}$ が反対称テンソルであることな

どに注意して変形すると

$$
\begin{aligned}
\mathscr{L}^{\text{EW}}_{\text{gauge}} = &-\frac{1}{4}A_{\mu\nu}A^{\mu\nu} - \frac{1}{4}Z_{\mu\nu}Z^{\mu\nu} - \frac{1}{2}\left(\partial_\mu W^-_\nu - \partial_\nu W^-_\mu\right)\left(\partial_\mu W^+_\nu - \partial_\nu W^+_\mu\right) \\
&- ig\sin\theta_W\left[\left(\partial_\mu W^-_\nu - \partial_\nu W^-_\mu\right)W^{+\mu}A^\nu \right.\\
&\qquad\qquad\qquad\qquad\left. - \left(\partial_\mu W^+_\nu - \partial_\nu W^+_\mu\right)W^{-\mu}A^\nu + A_{\mu\nu}W^{-\mu}W^{+\nu}\right] \\
&- ig\cos\theta_W\left[\left(\partial_\mu W^-_\nu - \partial_\nu W^-_\mu\right)W^{+\mu}Z^\nu \right.\\
&\qquad\qquad\qquad\qquad\left. - \left(\partial_\mu W^+_\nu - \partial_\nu W^+_\mu\right)W^{-\mu}Z^\nu + Z_{\mu\nu}W^{-\mu}W^{+\nu}\right] \\
&- g^2\sin^2\theta_W\left(W^-_\mu W^{+\mu}A_\nu A^\nu - W^-_\mu W^+_\nu A^\mu A^\nu\right) \\
&- g^2\cos^2\theta_W\left(W^-_\mu W^{+\mu}Z_\nu Z^\nu - W^-_\mu W^+_\nu Z^\mu Z^\nu\right) \\
&- g^2\sin\theta_W\cos\theta_W\left[2W^-_\mu W^{+\mu}A_\nu Z^\nu - W^-_\mu W^+_\nu(A^\mu Z^\nu + A^\nu Z^\mu)\right] \\
&- \frac{g^2}{2}\left[W^-_\mu W^{+\mu}W^-_\nu W^{+\nu} - W^-_\mu W^{-\mu}W^+_\nu W^{+\nu}\right] \tag{5.56}
\end{aligned}
$$

となる．右辺の1行めはゲージ場の自由項を与え，2行めと3行めは3次の相互作用項，4行め以降は4次の相互作用項を与える．すなわち，ゲージ場どうしで直接的に相互作用をすることができ，W^-W^+A, W^-W^+Z, W^-W^+AA, W^-W^+ZZ, W^-W^+AZ, $W^-W^-W^+W^+$ の形の相互作用をする．

5.2.4 物質場の共変微分

次に，ヒッグス場以外の物質場を考える．最初に共変微分の一般的な形を導き，さらに便利のため，それを上で定義したゲージ場 A_μ, Z_μ で表し直す．まず，物質場がゲージ群 SU(2) に関する2重項

$$\Psi = \begin{pmatrix} f_1 \\ f_2 \end{pmatrix} \tag{5.57}$$

で与えられる場合を考える．ここで f_1, f_2 は任意の場であり，スカラー場であってもよいし，それら自体がスピノル場などの多成分場であってもよい．この場に関する SU(2) × U(1) ゲージ変換は，ヒッグス2重項のゲージ変換 (5.16) と似た形で与えられ，

$$\Psi \to e^{ig'Y\vartheta/2}U\Psi \tag{5.58}$$

となる．ここで Y はある定数である．式 (5.13) で与えられる SU(2) ゲージ変換行

列 U の結合定数 g はヒッグス 2 重項のゲージ変換と同じ値を持たなければならないが，U(1) ゲージ変換の結合定数にそのような制限はない．なぜなら，非可換ゲージ場のゲージ変換は式 (5.19) のように結合定数の値に依存するが，可換ゲージ場のゲージ変換は式 (5.18) のように結合定数の値に依存しない形にできるからである．このため，式 (5.58) の定数 Y は 1 でない値をとってよい．その値 Y を**弱ハイパーチャージ** (weak hypercharge) という．これは物質場と U(1) ゲージ場 B_μ との結合の強さを与える U(1) 電荷に対応する．

さて，ゲージ群 SU(2) に関する 2 重項のゲージ変換 (5.58) に対して，共変微分は

$$D_\mu \Psi = \left(\partial_\mu - ig W_\mu - \frac{ig' Y}{2} B_\mu \right) \Psi \tag{5.59}$$

である．このとき共変微分が満たすべきゲージ変換の性質

$$D_\mu \Psi \to e^{ig' Y \theta} U D_\mu \Psi \tag{5.60}$$

が成り立っていることは容易に確かめられる．ここで式 (5.14) に与えられた生成子 τ_a から

$$\tau_\pm = \frac{\tau_1 \pm i\tau_2}{\sqrt{2}} \tag{5.61}$$

を定義する．すなわち，

$$\tau_+ = \frac{1}{\sqrt{2}} \begin{pmatrix} 0 & 1 \\ 0 & 0 \end{pmatrix}, \quad \tau_- = \frac{1}{\sqrt{2}} \begin{pmatrix} 0 & 0 \\ 1 & 0 \end{pmatrix} \tag{5.62}$$

である．すると，

$$W_\mu = W_\mu^a \tau_a = W_\mu^- \tau_- + W_\mu^+ \tau_+ + W_\mu^3 \tau_3 \tag{5.63}$$

となる．これを式 (5.59) へ代入して，さらに式 (5.32), (5.35), (5.36) を用いると，

$$D_\mu \Psi = \left[\partial_\mu - ig \left(W_\mu^- \tau_- + W_\mu^+ \tau_+ \right) - ig \cos \theta_W \left(\tau_3 - \frac{Y}{2} \tan^2 \theta_W \right) Z_\mu \right.$$
$$\left. - ig \sin \theta_W \left(\tau_3 + \frac{Y}{2} \right) A_\mu \right] \Psi \tag{5.64}$$

となる．

次に，ゲージ群 SU(2) に関して自明な表現となる 1 重項を f とする．この 1 重項は U(1) ゲージ変換のみを受けるので，そのゲージ変換は

$$f \to e^{ig'Y\vartheta/2} f \tag{5.65}$$

である．ここで Y はこの 1 重項に対する弱ハイパーチャージの値であり，上で導入した 2 重項の弱ハイパーチャージと同じである必要はなく，考える場の種類ごとに異なる値を持ってよい．このゲージ変換に対応する共変微分は

$$D_\mu f = \left(\partial_\mu - \frac{ig'Y}{2} B_\mu\right) f \tag{5.66}$$

となる．これをゲージ場 A_μ, Z_μ で表し直すことにより，

$$D_\mu f = \left[\partial_\mu + \frac{igY}{2} \sin\theta_W (\tan\theta_W Z_\mu - A_\mu)\right] f \tag{5.67}$$

が得られる．

5.2.5　弱ハイパーチャージと電荷

ゲージ場 A_μ は，対称性が自発的に破れても質量を獲得しないので，現実世界の電磁場を表しているものと考えられる．いま，ゲージ場 A_μ だけがあって $W_\mu^\pm = Z_\mu = 0$ となる特別な場合を考えてみる．このとき，2 重項 Ψ に対する共変微分の式 (5.64) を成分で表すと，

$$D_\mu \Psi = \begin{pmatrix} \partial_\mu f_1 - \dfrac{ig}{2} \sin\theta_W (Y+1) A_\mu f_1 \\ \partial_\mu f_2 - \dfrac{ig}{2} \sin\theta_W (Y-1) A_\mu f_2 \end{pmatrix} \tag{5.68}$$

となる．ここで場 f_1, f_2 の電荷をそれぞれ eQ_1, eQ_2 とする．ただし e は素電荷の値を表す．ゲージ場 A_μ が電磁場に対応するならば，式 (3.232) にあるように，共変微分における結合項 $A_\mu f_1, A_\mu f_2$ の係数はそれぞれ $-ieQ_1, -ieQ_2$ となるべきである．このことから，

$$Q_1 = \frac{g \sin\theta_W}{2e}(Y+1), \quad Q_2 = \frac{g \sin\theta_W}{2e}(Y-1) \tag{5.69}$$

となる．

電弱理論では，2 重項の第 1 成分と第 2 成分に対応する粒子の電荷の差が $+e$ となるように構成される．すなわち

$$Q_1 - Q_2 = 1 \tag{5.70}$$

を満たすようにする．この条件から，

$$e = g \sin\theta_W = \frac{gg'}{\sqrt{g^2 + g'^2}} \tag{5.71}$$

という関係式が得られる．このとき，結合定数 g, g' の値は電磁結合定数である e と弱混合角 θ_W の値から一意的に決まり，

$$g = \frac{e}{\sin\theta_W}, \quad g' = \frac{e}{\cos\theta_W} \tag{5.72}$$

となる．このとき式 (5.69) は

$$Q_1 = \frac{Y+1}{2}, \quad Q_2 = \frac{Y-1}{2} \tag{5.73}$$

となる．

次にゲージ群 SU(2) の 1 重項を考える．共変微分の式 (5.67) に式 (5.71) を代入すると，$Z_\mu = 0$ の場合

$$D_\mu f = \left(\partial_\mu - \frac{ieY}{2}A_\mu\right)f \tag{5.74}$$

となる．この 1 重項の電荷を eQ とすると，電磁場との結合係数の形から，

$$Q = \frac{Y}{2} \tag{5.75}$$

が成り立つ．

ここで SU(2) の 2 重項第 1 成分に対して値 $+1/2$ を，第 2 成分に対して値 $-1/2$ を，さらに 1 重項に対して値 0 をそれぞれ割り当て，これらの値を**弱アイソスピン** (weak isospin) と呼び，I_3 という記号で表す．各成分の電荷を eQ とすると，式 (5.73), (5.75) から，

$$Q = I_3 + \frac{Y}{2} \tag{5.76}$$

が成り立つ．この関係式は，当初ハドロンに働く弱い相互作用に関して現象論的に求められた，**中野–西島–ゲルマンの公式** (Gell-Mann-Nishijima formula) と呼ばれるものの一種である．ヒッグス 2 重項の弱ハイパーチャージは式 (5.16) や (5.20) からわかるように，$Y = 1$ である．このことから，一般に式 (5.12) のように表したヒッグス場の成分 φ^+, φ^0 はそれぞれ $+e$, 0 の電荷を持つ場である．したがって，ユニタリ・ゲージにおけるヒッグス場 H に対応するヒッグス粒子は電気的に中性である．

上に与えられた結合定数と弱結合角の関係式 (5.72) を用いて，共変微分の式を

書き表しておくと便利である．2重項の共変微分の式 (5.64) は行列表示で

$$D_\mu \Psi = \begin{pmatrix} \partial_\mu - ie\left[\dfrac{1-(Y+1)\sin^2\theta_W}{\sin 2\theta_W}Z_\mu + \dfrac{Y+1}{2}A_\mu\right] & \dfrac{-ie}{\sqrt{2}\sin\theta_W}W_\mu^+ \\ \dfrac{-ie}{\sqrt{2}\sin\theta_W}W_\mu^- & \partial_\mu + ie\left[\dfrac{1+(Y-1)\sin^2\theta_W}{\sin 2\theta_W}Z_\mu - \dfrac{Y-1}{2}A_\mu\right] \end{pmatrix}\begin{pmatrix} f_1 \\ f_2 \end{pmatrix}$$
(5.77)

と表される．また1重項の共変微分の式 (5.67) は

$$D_\mu f = \left[\partial_\mu + \dfrac{ieY}{2}(\tan\theta_W Z_\mu - A_\mu)\right]f \tag{5.78}$$

と表される．

5.2.6　ワインバーグ–サラム理論

　電子やニュートリノなどのレプトンに働く電弱相互作用の理論を考える．この理論は**ワインバーグ–サラム理論** (Weinberg-Salam theory) として知られる．ワインバーグとサラムはヒッグス機構を用いてこの理論を完成させたのだが，それ以前に電磁相互作用と弱い相互作用を統一する基本的な枠組み自体はグラショウによって与えられていた．このため，**グラショウ–ワインバーグ–サラム理論** (Glashow-Weinberg-Salam theory) または **GWS 理論** (GWS theory) と呼ばれることもある．

　弱い相互作用は，パリティ不変性を破るという奇妙な性質を持っている．ワインバーグ–サラム理論では，電子と電子ニュートリノは左手型の成分だけが対になって SU(2) ゲージ変換の2重項を構成する．また，右手系の電子は SU(2) ゲージ変換を受けない1重項（つまり自明な表現）になっている．このように左手型と右手型が異なる表現に属することで，理論の根本からパリティ不変性が破れている．

　そこで，式 (3.169) の第1式のように，左手型に射影された電子の4成分スピノルを e_L とし，左手型に射影された電子ニュートリノの4成分スピノルを ν_{eL} とする．すなわち，電子の4成分スピノルを ψ_e，電子ニュートリノの4成分スピノルを ψ_{ν_e} とするとき，

$$e_L = \frac{1-\gamma_5}{2}\psi_e, \quad \nu_{eL} = \frac{1-\gamma_5}{2}\psi_{\nu_e} \tag{5.79}$$

とおく．そして，これらを成分とする2重項

$$E_{\mathrm{L}} = \begin{pmatrix} \nu_{\mathrm{eL}} \\ \mathrm{e}_{\mathrm{L}} \end{pmatrix} \tag{5.80}$$

を作る．ニュートリノの電荷は 0，電子の電荷は $-e$ であるから，この 2 重項は式 (5.70) を満たし，また式 (5.76) により弱ハイパーチャージの値は $Y = -1$ である．すると式 (5.59), (5.77) により，上の 2 重項 E_{L} に対する共変微分は

$$\begin{aligned} D_\mu E_{\mathrm{L}} &= \left(\partial_\mu - igW_\mu + \frac{ig'}{2}B_\mu\right)E_{\mathrm{L}} \\ &= \begin{pmatrix} \partial_\mu - \dfrac{ie}{\sin 2\theta_{\mathrm{W}}}Z_\mu & \dfrac{-ie}{\sqrt{2}\sin\theta_{\mathrm{W}}}W_\mu^+ \\ \dfrac{-ie}{\sqrt{2}\sin\theta_{\mathrm{W}}}W_\mu^- & \partial_\mu + ie\left(\cot 2\theta_{\mathrm{W}} Z_\mu + A_\mu\right) \end{pmatrix}\begin{pmatrix} \nu_{\mathrm{eL}} \\ \mathrm{e}_{\mathrm{L}} \end{pmatrix} \end{aligned} \tag{5.81}$$

で与えられる．

一方，右手型に射影された電子の 4 成分スピノルを e_{R} とする．すなわち

$$\mathrm{e}_{\mathrm{R}} = \frac{1+\gamma_5}{2}\psi_{\mathrm{e}} \tag{5.82}$$

である．右手型電子は SU(2) の 1 重項とするので，式 (5.76) によりハイパーチャージの値は $Y = -2$ である．したがって，式 (5.66), (5.78) により，その共変微分は

$$\begin{aligned} D_\mu \mathrm{e}_{\mathrm{R}} &= (\partial_\mu + ig'B_\mu)\mathrm{e}_{\mathrm{R}} \\ &= [\partial_\mu - ie(\tan\theta_{\mathrm{W}} Z_\mu - A_\mu)]\mathrm{e}_{\mathrm{R}} \end{aligned} \tag{5.83}$$

で与えられる．

自然界には，電子 e と電子ニュートリノ ν_{e} に似た素粒子が全部で 3 種類ずつある．電子に似た素粒子はミュー粒子 μ とタウ粒子 τ であり，これらにそれぞれ対応するニュートリノがミュー・ニュートリノ ν_μ とタウ・ニュートリノ ν_τ である．これらの粒子をまとめて**レプトン** (lepton) という．レプトンとはもともと「軽い粒子」という意味を持つ言葉である．ただし不安定な粒子であるタウ粒子はこの命名の後で見つかったこともあり，その質量は陽子や中性子よりも重い．

6 種類あるレプトンはすべて異なる質量を持っているが，その他の性質はそれぞれ電子や電子ニュートリノと同じである．ミュー粒子とタウ粒子は電子と同じように負の単位電荷 $-e$ を持ち，ニュートリノはすべて電荷を持たない．電荷を持つレプトンを**荷電レプトン** (charged lepton) という．素粒子の種類が 3 回繰り返して存在するという性質は，バリオンを構成する素粒子のクォークにもある．このことを

表 5.1　6 種類のレプトン

レプトン	記号	電荷 (e)	質量
電子	e	-1	511.0 keV
電子ニュートリノ	ν_e	0	< 2 eV
ミュー粒子	μ	-1	105.7 MeV
ミュー・ニュートリノ	ν_μ	0	< 0.19 MeV
タウ粒子	τ	-1	1.777 GeV
タウ・ニュートリノ	ν_τ	0	< 18.2 MeV

指して,「素粒子の種類は 3 世代ある」という. 第 1 世代に属するレプトンは電子と電子ニュートリノ, 第 2 世代はミュー粒子とミュー・ニュートリノ, 第 3 世代はタウ粒子とタウ・ニュートリノからなる. レプトンの異なる種類のことを 6 種類のフレーバー (flavor) という. また, 荷電レプトンには各々に反粒子があり, それらはすべて正の単位電荷 $+e$ を持つ. 電子の反粒子は陽電子である. 表 5.1 にレプトンの性質をまとめる.

ここで 3 世代ある左手型レプトンはすべて SU(2) の 2 重項となる. 第 l 世代の 2 重項を E_L^l ($l = 1, 2, 3$) と書くことにする. すなわち,

$$E_L^1 = \begin{pmatrix} \nu_{eL} \\ e_L \end{pmatrix}, \quad E_L^2 = \begin{pmatrix} \nu_{\mu L} \\ \mu_L \end{pmatrix}, \quad E_L^3 = \begin{pmatrix} \nu_{\tau L} \\ \tau_L \end{pmatrix} \tag{5.84}$$

である. ただし, 左手型に射影された荷電レプトンの 4 成分スピノルを e_L, μ_L, τ_L とし, 対応するニュートリノの左手型 4 成分スピノルを $\nu_{eL}, \nu_{\mu L}, \nu_{\tau L}$ とした. これら 2 重項の共変微分はすべて式 (5.81) と同じ形となり, 弱ハイパーチャージの値はすべて $Y = -1$ である. 一方, 第 l 世代の右手型レプトンを表す 1 重項を e_R^l と書くことにすれば,

$$e_R^1 = e_R, \quad e_R^2 = \mu_R, \quad e_R^3 = \tau_R \tag{5.85}$$

である. ここで e_R, μ_R, τ_R は荷電レプトンの右手型に射影された 4 成分スピノルである. これら 1 重項の共変微分は式 (5.83) と同じ形であり, 弱ハイパーチャージの値はすべて $Y = -2$ である. ここから, レプトンのラグランジアン密度に対するゲージ不変な運動項を構成することができ,

$$\mathscr{L}_{\text{leptons}} = -\overline{E_L^l} i \slashed{D} E_L^l - \overline{e_R^l} i \slashed{D} e_R^l \tag{5.86}$$

となる. ここでレプトンの世代を表す添字 l についても, 繰り返し現れるときは和

をとる．また $\displaystyle{\not}D = \gamma^\mu D_\mu$ は 4×4 行列で表される演算子であり，1 重項と 2 重項のどちらにおいても各スピノル成分のすべてに作用する．

次にレプトンの質量項について考える．反粒子を持つ荷電レプトンの質量は，ディラック型の質量項である式 (3.195) の形で与えられるはずである．ディラック型の質量項は左手型と右手型について対称である．ところがいまの場合，左手型と右手型のレプトンはそれぞれ SU(2) の 2 重項と 1 重項に属するという違いがあり，弱ハイパーチャージの値も異なる．したがって，ラグランジアン密度にディラック型の質量項を単純に付け加えると，そのような項は SU(2) × U(1) 対称性を破ってしまう．

そこで，自発的な対称性の破れを伴うヒッグス場との相互作用項を介して，荷電レプトンが質量を獲得するものと考える．たとえば，第 1 世代のレプトンについて，ヒッグス場 Φ とのゲージ不変な湯川相互作用項として

$$\mathcal{L}_e^{\text{Yukawa}} = -\lambda_e \overline{E_L^e} \Phi e_R + \text{h.c.} \tag{5.87}$$

を導入する．ここで λ_e は結合定数である．また $+\text{h.c.}$ はそれより前にある項のエルミート共役 (hermite conjugate) を加えるという意味であり，これにより全体が実数になる．式 (5.87) が SU(2) ゲージ変換で不変であることは明らかである．また各々の場に関する弱ハイパーチャージの値を考慮すれば，U(1) ゲージ変換についても不変であることがわかる．ここで自発的な対称性の破れに伴ってヒッグス場は真空期待値を持つ．上式に式 (5.26) を代入すると，

$$\mathcal{L}_e^{\text{Yukawa}} = -\frac{\lambda_e v}{\sqrt{2}} \overline{e_L} e_R - \frac{\lambda_e}{\sqrt{2}} \overline{e_L} e_R H + \text{h.c.} \tag{5.88}$$

となる．ここで右辺第 1 項とそのエルミート共役を加えたものはちょうどディラック型の質量項の形をしている．これを式 (3.195) と比較すると，電子の質量は

$$m_e = \frac{\lambda_e v}{\sqrt{2}} \tag{5.89}$$

で与えられることがわかる．このようにして，自発的な対称性の破れにより電子に質量が付与されるという構造になっている．そして式 (5.88) 右辺第 2 項により電子とヒッグス場との相互作用が発生する．

上のように構成したラグランジアンが正しく電磁力学を含んでいることを確認するため，式 (5.86), (5.88) を合わせたものから電子および電磁場 A_μ に関係する項だけを拾ってみる．式 (5.81), (5.83) を用いてそれらを求めれば，

$$\mathscr{L}_\mathrm{e} = -\overline{\mathrm{e}_\mathrm{L}}\,(i\slashed{\partial} - e\slashed{A})\,\mathrm{e}_\mathrm{L} - \overline{\mathrm{e}_\mathrm{R}}\,(i\slashed{\partial} - e\slashed{A})\,\mathrm{e}_\mathrm{R} + m_\mathrm{e}\,(\overline{\mathrm{e}_\mathrm{L}}\,\mathrm{e}_\mathrm{R} + \overline{\mathrm{e}_\mathrm{R}}\,\mathrm{e}_\mathrm{L}) \tag{5.90}$$

となる．ここで式 (3.169) を用いて上式をディラック・スピノルで表示し直せば，式 (3.245) の右辺第 1 項に $q = -e$ を代入したものと一致することが確かめられる．すなわち，電磁場中における電子のラグランジアン密度になっている．電磁場 A_μ のラグランジアン密度も，式 (5.56) の右辺第 1 項に正しく含まれている．

第 2 世代と第 3 世代についてもまったく同じように構成することで，ミュー粒子とタウ粒子の質量が導き出される．ただし世代が複数あると，一般には世代を混合するような質量項も許される．すなわち，一般にゲージ不変な湯川相互作用項として

$$\mathscr{L}^\mathrm{Yukawa}_\mathrm{leptons} = -\lambda_{ll'}\,\overline{E^l_\mathrm{L}}\,\Phi\,\mathrm{e}^{l'}_\mathrm{R} + \mathrm{h.c.} \tag{5.91}$$

という形が許される．ただしここでも世代を表す重複した添字 l, l' については和をとる．また結合定数 $\lambda_{ll'}$ は，一般に非対角成分を持つ任意の 3×3 複素行列の要素である．線形代数でよく知られているように，任意の複素行列 M は 2 つのユニタリ行列 S, T を用いて実対角行列へ対角化することができ，その実対角行列を M' とすると

$$S^\dagger M T = M' \tag{5.92}$$

となる．ここで M を 3×3 行列としてその行列要素を $\lambda_{ll'}$ とし，そのときの M' の対角成分を λ_l とする．この結合定数 λ_l はすべて実数である．さらに世代間の混合を含む場のユニタリ変換

$$E^l_\mathrm{L} \to S^{ll'} E^{l'}_\mathrm{L}, \quad \mathrm{e}^l_\mathrm{R} \to T^{ll'} \mathrm{e}^{l'}_\mathrm{R} \tag{5.93}$$

を適用すれば，式 (5.91) はレプトンのフレーバーについて対角化し，

$$\mathscr{L}^\mathrm{Yukawa}_\mathrm{leptons} = -\sum_l \lambda_l \left(\overline{E^l_\mathrm{L}}\,\Phi\,\mathrm{e}^l_\mathrm{R} + \overline{\mathrm{e}^l_\mathrm{R}}\,\Phi^\dagger E^l_\mathrm{L}\right) \tag{5.94}$$

となる．すなわち，式 (5.87) を 3 世代分繰り返して和をとったものになる．ここでユニタリ変換 (5.93) をラグランジアン密度の運動項 (5.86) に適用しても，その形は不変である．つまり，非対角成分を持つ一般的な湯川相互作用項の式 (5.91) を考える代わりに，最初から世代ごとに対角化した実係数を持つ式 (5.94) を考えても，物理的には同じことになる．

あとは電子の場合と同様にして，ヒッグス粒子の真空期待値を通じて各世代の荷電レプトンに質量項が導かれる．式 (5.89) と同様に考えれば，ミュー粒子の質量 m_μ とタウ粒子の質量 m_τ は，湯川相互作用の結合定数 $\lambda_\mu = \lambda_2, \lambda_\tau = \lambda_3$ を用いて

$$m_\mu = \frac{\lambda_\mu v}{\sqrt{2}}, \quad m_\tau = \frac{\lambda_\tau v}{\sqrt{2}} \tag{5.95}$$

で与えられる．

ただし上のような機構では，右手型成分を持たないニュートリノに質量を与えることはできない．このため，当初のワインバーグ–サラム理論ではニュートリノの質量がすべてゼロと考えられていた．ところがその後，現実のニュートリノはわずかに質量を持っていることが実験的にわかってきた．ニュートリノの質量項が実際にどのような機構で与えられるのか，いくつかの理論的な可能性はあるが，現在でもまだ実験的に確定していない．この点については後の 5.4 節で改めてくわしく述べる．

5.3 クォークの相互作用

基本的な素粒子である **クォーク** (quark) は，自然界の物質を形作る重要な構成要素である．原子核を構成する陽子や中性子はクォークの複合粒子であり，それぞれ 3 個ずつのクォークが集まってできている．クォークは大きく分けて 6 種類に分類され，それらはアップ (u)，ダウン (d)，チャーム (c)，ストレンジ (s)，トップ (t)，ボトム (b) と名づけられている．クォークのスピンの大きさはすべて 1/2 である．陽子はクォークが uud の組み合わせで結合した粒子であり，中性子は udd の組み合わせで結合した粒子である．6 種類のクォークを 3 つの対 (u,d), (c,s), (t,b) にしてみると，この 3 つの対は質量以外の性質が同じである．アップ型クォーク u,c,t はすべて電荷 $+2e/3$ を持ち，ダウン型クォーク d,s,b はすべて電荷 $-e/3$ を持つ．クォーク対 (u,d) を第 1 世代，(c,s) を第 2 世代，(t,b) を第 3 世代という．また，クォークの異なる種類のことも 6 種類のフレーバーという．つまり，フレーバーにはレプトンの 6 種類とクォークの 6 種類の合計 12 種類がある．表 5.2 にクォークの性質をまとめる．比較的軽いクォークの質量の値に誤差が大きいのは，後にも述べるように，クォークを単独で観測することができないという性質があるためである．

表 5.2　6 種類のクォーク

クォーク	記号	電荷 (e)	質量
アップ	u	2/3	$2.3^{+0.7}_{-0.5}$ MeV
ダウン	d	−1/3	$4.8^{+0.5}_{-0.3}$ MeV
チャーム	c	2/3	1.275 ± 0.025 GeV
ストレンジ	s	−1/3	95 ± 5 MeV
トップ	t	2/3	173.07 ± 0.76 GeV
ボトム	b	−1/3	4.18 ± 0.03 GeV

5.3.1　強い相互作用：量子色力学

クォークには強い相互作用と電弱相互作用のどちらも働いている．ここでは強い相互作用について取り上げる．強い相互作用はクォークにしか働かず，レプトンなど他の粒子にはいっさい働かない．クォーク間に働く強い相互作用は SU(3) ゲージ理論により記述され，これをとくに**量子色力学** (quantum chromodynamics; QCD) という．6 種類のクォークは，それぞれがさらに 3 つの自由度を持つ．量子色力学における SU(3) ゲージ変換はその 3 自由度に作用する．この自由度を色自由度といい，r, g, b (red, green, blue) という添字で区別する．

各クォークに対応する場は SU(3) の 3 重項

$$u = \begin{pmatrix} u_r \\ u_g \\ u_b \end{pmatrix}, \quad d = \begin{pmatrix} d_r \\ d_g \\ d_b \end{pmatrix}, \quad c = \begin{pmatrix} c_r \\ c_g \\ c_b \end{pmatrix}, \quad s = \begin{pmatrix} s_r \\ s_g \\ s_b \end{pmatrix}, \quad t = \begin{pmatrix} t_r \\ t_g \\ t_b \end{pmatrix}, \quad b = \begin{pmatrix} b_r \\ b_g \\ b_b \end{pmatrix} \tag{5.96}$$

で与えられる．ここで u_r などはすべて 4 成分スピノルを表していて，各 3 重項はそれぞれ 12 成分を持つ．これら 3 重項はすべて同じ SU(3) ゲージ変換を受ける．強い相互作用に関する性質については，6 つのクォークの間に違いはない．上に与えられた 6 種類の 3 重項を Q^f ($f = $ u, d, c, s, t, b または $f = 1,\ldots,6$) と表記する．

各クォーク場は局所的な SU(3) ゲージ対称性を持つため，そのゲージ場は 3.4.2 項において $N = 3$ としたヤン-ミルズ場である．このゲージ場を G_μ とし，それに対応する粒子を**グルーオン** (gluon) と呼ぶ．式 (3.268) に対応して

$$G_\mu = G_\mu^a T_a \tag{5.97}$$

と表す．ここで T_a は SU(3) の生成子で $3^2 - 1 = 8$ 個の独立成分を持つ．3 次元基本表現としてはトレースゼロのエルミート行列で与えられる．ここで

$$T_a = \frac{1}{2}\lambda_a \quad (a = 1, \dots, 8) \tag{5.98}$$

とおくとき，直交規格化の式 (3.261) を満たす表現行列は

$$\lambda_1 = \begin{pmatrix} 0 & 1 & 0 \\ 1 & 0 & 0 \\ 0 & 0 & 0 \end{pmatrix}, \quad \lambda_2 = \begin{pmatrix} 0 & -i & 0 \\ i & 0 & 0 \\ 0 & 0 & 0 \end{pmatrix}, \quad \lambda_3 = \begin{pmatrix} 1 & 0 & 0 \\ 0 & -1 & 0 \\ 0 & 0 & 0 \end{pmatrix},$$

$$\lambda_4 = \begin{pmatrix} 0 & 0 & 1 \\ 0 & 0 & 0 \\ 1 & 0 & 0 \end{pmatrix}, \quad \lambda_5 = \begin{pmatrix} 0 & 0 & -i \\ 0 & 0 & 0 \\ i & 0 & 0 \end{pmatrix}, \quad \lambda_6 = \begin{pmatrix} 0 & 0 & 0 \\ 0 & 0 & 1 \\ 0 & 1 & 0 \end{pmatrix}, \tag{5.99}$$

$$\lambda_7 = \begin{pmatrix} 0 & 0 & 0 \\ 0 & 0 & -i \\ 0 & i & 0 \end{pmatrix}, \quad \lambda_8 = \frac{1}{\sqrt{3}}\begin{pmatrix} 1 & 0 & 0 \\ 0 & 1 & 0 \\ 0 & 0 & -2 \end{pmatrix}$$

と選ぶことができる．この 8 個の行列 λ_a を**ゲルマン行列 (Gell-Mann matrices)** という．式 (5.98) が生成子として満たすべき式 (3.253), (3.261), (3.258) は，以下の性質

$$\lambda_a^\dagger = \lambda_a, \quad \mathrm{Tr}\,\lambda_a = 0, \quad \mathrm{Tr}\,(\lambda_a \lambda_b) = 2\delta_{ab}, \quad [\lambda_a, \lambda_b] = 2if_{abc}\lambda_c \tag{5.100}$$

によって満たされている．構造定数 f_{abc} の値は式 (3.262) により計算される．この式をゲルマン行列で表すと，

$$f_{abc} = \frac{1}{4i}\mathrm{Tr}\,([\lambda_a, \lambda_b]\lambda_c) \tag{5.101}$$

となる．その具体的な値を求めれば，

$$f_{123} = 1, \quad f_{147} = f_{246} = f_{345} = f_{516} = f_{637} = \frac{1}{2}, \quad f_{458} = f_{678} = \frac{\sqrt{3}}{2} \tag{5.102}$$

が得られる．ここで添字を置換した組み合わせは反対称性によって値が定まる．上に現れない添字の組み合わせを持つものはすべてゼロである．

強い相互作用の結合定数を g_s とすると，式 (5.96) で与えられるクォーク場 Q^f に対する共変微分は，式 (3.264) により，

$$D_\mu Q^f = (\partial_\mu - ig_s G_\mu) Q^f \tag{5.103}$$

となる．強い結合定数や上の共変微分はすべてのクォークのフレーバーについて共通である．したがって，ゲージ場であるグルーオン場 G_μ は，すべてのクォークに

同じように結合して相互作用する．また，クォークは標準的なディラック粒子である．上の共変微分を用いることで，ゲージ不変なラグランジアン密度は

$$\mathscr{L}_{\text{quarks}}^{\text{QCD}} = -\sum_f \overline{Q^f}\left(i\slashed{D} + m_f\right)Q^f \tag{5.104}$$

となる．ただし m_f は各クォークの質量である．また，ゲージ場 $G_{\mu\nu}$ から構成される強度テンソルは，式 (3.271) に対応して，

$$G_{\mu\nu}^a = \partial_\mu G_\nu^a - \partial_\nu G_\mu^a + g_s f_{abc} G_\mu^b G_\nu^c \tag{5.105}$$

で与えられる．ここからグルーオンのラグランジアン密度を構成すると，式 (3.273) に対応して，

$$\mathscr{L}_{\text{gauge}}^{\text{QCD}} = -\frac{1}{2}\text{Tr}\left(G_{\mu\nu}G^{\mu\nu}\right) = -\frac{1}{4}G_{\mu\nu}^a G_a^{\mu\nu} \tag{5.106}$$

となる．

強い相互作用に関するラグランジアン密度は，式 (5.104) と式 (5.106) を加え合わせた

$$\mathscr{L}^{\text{QCD}} = \mathscr{L}_{\text{quarks}}^{\text{QCD}} + \mathscr{L}_{\text{gauge}}^{\text{QCD}} = -\sum_f \overline{Q^f}\left(i\slashed{D} + m_f\right)Q^f - \frac{1}{4}G_{\mu\nu}^a G_a^{\mu\nu} \tag{5.107}$$

で完全に与えられる．このラグランジアン密度に基づく量子場の理論が量子色力学である．量子電磁力学のラグランジアン密度の式 (3.245) と比較してみると，その類似性は明らかである．つまり，可換な U(1) ゲージ対称性に基づく量子電磁力学を，非可換な SU(3) ゲージ対称性に基づく理論に拡張したものが量子色力学となっている．

非可換ゲージ理論である量子色力学には，可換ゲージ理論である量子電磁力学にはない特徴がある．グルーオンの強度テンソルには，グルーオン場の非線形項が含まれているため，グルーオンどうしの間で相互作用をする．グルーオンの運動方程式は非線形となり，その振る舞いはきわめて複雑である．とくに，自然界に見つかるバリオン (baryons) はクォーク 3 つの複合粒子であるが，必ずクォークの色自由度が rgb の組み合わせを持つ SU(3) の 1 重項になっている．また同じく自然界に見つかるメソン (mesons) は，クォークと反クォークの複合粒子であり，やはり SU(3) の 1 重項になっている．色の合成に関する原理では，赤緑青を合わせた色や，ある色とその補色を合わせた色は白色である．このことになぞらえると，自然

界には SU(3) の 1 重項である「白色」の複合粒子しかできないということになる．このことを**色の閉じ込め** (color confinement) と呼ぶ．このことからとくに，自由なクォークや自由なグルーオンが単独で観測されることはない．

　量子色力学において色の閉じ込めという現象が必ず起きるかどうかを理論的に証明することは難しく，それはいまだに解決されていない基本的問題となっている．一般に量子色力学では非摂動論的な現象が本質的な役割を果たすため，解析的な取扱いが困難なことが多い．このため，近似的に離散化した時空を考えて，大規模な数値計算により問題を解析する**格子ゲージ理論** (lattice gauge theory) の手法や，その他の現象論的なモデルに基づく手法などが用いられる．また，摂動論の解析により，強い相互作用は短距離になるほど力が弱くなるという**漸近的自由性** (asymptotic freedom) という性質が示されている．このため，高エネルギー現象については量子色力学でも摂動論が有効になる場合があり，実験的にも十分な検証がなされている．

5.3.2　クォークの電弱相互作用

　クォークには強い相互作用に加えて電弱相互作用も働く．素粒子標準モデルにおいて，左手型クォークは電弱相互作用に関して 3 つの世代ごとに SU(2) の 2 重項になっているものとする．それらを Q_L^l ($l = 1, 2, 3$) とすると，

$$Q_L^1 = \begin{pmatrix} u_L \\ d_L \end{pmatrix}, \quad Q_L^2 = \begin{pmatrix} c_L \\ s_L \end{pmatrix}, \quad Q_L^3 = \begin{pmatrix} t_L \\ b_L \end{pmatrix} \tag{5.108}$$

である．ただし，たとえば u_L は

$$u_L = \frac{1 - \gamma_5}{2} u = \frac{1 - \gamma_5}{2} \begin{pmatrix} u_r \\ u_g \\ u_b \end{pmatrix} \tag{5.109}$$

で定義され，右辺の γ_5 行列は 3 重項における 3 つの 4 成分スピノルすべてに作用する．その他の成分についても同様である．すなわち，各クォークに関する SU(3) の 3 重項の式 (5.96) において，その各成分である 4 成分スピノルをすべて左手型に射影したものが，u_L, d_L, c_L, s_L, t_L, b_L である．アップ型クォーク (u,c,t) とダウン型クォーク (d,s,b) の電荷の差は $+2e/3 - (-e/3) = +e$ であるから，式 (5.108) の 2 重項は式 (5.70) を満たしている．

　一方，右手型のクォークはすべて SU(2) の 1 重項とする．アップ型クォークに

対する SU(2) の 1 重項を u_R^l ($l = 1, 2, 3$) と表し，ダウン型クォークに対する SU(2) の 1 重項を d_R^l と表すと，

$$u_R^1 = u_R, \quad u_R^2 = c_R, \quad u_R^3 = t_R \tag{5.110}$$

$$d_R^1 = d_R, \quad d_R^2 = s_R, \quad d_R^3 = b_R \tag{5.111}$$

となる．ここで，たとえば u_R は右手型に射影した SU(3) の 3 重項

$$u_R = \frac{1+\gamma_5}{2} u = \frac{1+\gamma_5}{2} \begin{pmatrix} u_r \\ u_g \\ u_b \end{pmatrix} \tag{5.112}$$

であり，他のクォークについても同様である．

関係式 (5.76) により，SU(2) の 2 重項 Q_L^l の弱ハイパーチャージは $Y = 1/3$，1 重項 u_R^l の弱ハイパーチャージは $Y = 4/3$，1 重項 d_R^l の弱ハイパーチャージは $Y = -2/3$ である．したがって，電弱相互作用に関するクォーク 2 重項と 1 重項の共変微分は式 (5.59), (5.66) により

$$D_\mu Q_L^l = \left(\partial_\mu - ig W_\mu - \frac{ig'}{6} B_\mu \right) Q_L^l \tag{5.113}$$

$$D_\mu u_R^l = \left(\partial_\mu - \frac{2ig'}{3} B_\mu \right) u_R^l \tag{5.114}$$

$$D_\mu d_R^l = \left(\partial_\mu + \frac{ig'}{3} B_\mu \right) d_R^l \tag{5.115}$$

となる．これらの共変微分を用いれば，電弱相互作用のゲージ変換 SU(2) × U(1) で不変なラグランジアン密度の運動項を，式 (5.86) と同じような形で構成できる．

ただし上の共変微分は，強い相互作用に対応する SU(3) ゲージ変換について共変ではない．SU(3) ゲージ変換についても同時に共変にするためには，上の共変微分の部分に式 (5.103) のような形で SU(3) ゲージ場の寄与を付け加えればよい．したがって，ゲージ変換 SU(3) × SU(2) × U(1) に対して同時に共変になる共変微分は

$$D_\mu Q_L^l = \left(\partial_\mu - igW_\mu - \frac{ig'}{6}B_\mu - ig_s G_\mu\right)Q_L^l$$

$$= \begin{pmatrix} \partial_\mu - \dfrac{ie}{\sin 2\theta_W}\left(1 - \dfrac{4}{3}\sin^2\theta_W\right)Z_\mu - \dfrac{2ie}{3}A_\mu - \dfrac{ig_s}{2}\lambda_a G_\mu^a & \dfrac{-ie}{\sqrt{2}\sin\theta_W}W_\mu^+ \\ \dfrac{-ie}{\sqrt{2}\sin\theta_W}W_\mu^- & \partial_\mu + \dfrac{ie}{\sin 2\theta_W}\left(1 - \dfrac{2}{3}\sin^2\theta_W\right)Z_\mu + \dfrac{ie}{3}A_\mu - \dfrac{ig_s}{2}\lambda_a G_\mu^a \end{pmatrix} Q_L^l$$

(5.116)

$$D_\mu u_R^l = \left(\partial_\mu - \frac{2ig'}{3}B_\mu - ig_s G_\mu\right)u_R^l = \left[\partial_\mu + \frac{2ie}{3}(\tan\theta_W Z_\mu - A_\mu) - \frac{ig_s}{2}\lambda_a G_\mu^a\right]u_R^l \quad (5.117)$$

$$D_\mu d_R^l = \left(\partial_\mu + \frac{ig'}{3}B_\mu - ig_s G_\mu\right)d_R^l = \left[\partial_\mu - \frac{ie}{3}(\tan\theta_W Z_\mu - A_\mu) - \frac{ig_s}{2}\lambda_a G_\mu^a\right]d_R^l \quad (5.118)$$

で与えられる．各式の 2 番めの表現は，電弱相互作用に関する式 (5.77), (5.78) を用いて書き直したものである．これらの共変微分を用いれば，クォークに関するゲージ不変な運動項を

$$\mathscr{L}_{\text{quarks}} = -\overline{Q_L^l}\, i\slashed{D} Q_L^l - \overline{u_R^l}\, i\slashed{D} u_R^l - \overline{d_R^l}\, i\slashed{D} d_R^l \quad (5.119)$$

によって構成できる．これが，素粒子標準モデルにおけるクォークの完全な運動項である．電弱相互作用が存在しない場合，上のラグランジアン密度は量子色力学における式 (5.107) のクォーク運動項に一致する．

5.3.3 クォークの質量

量子色力学におけるクォークの質量は，ディラック質量項として式 (5.104) で自然に与えられる．だが，クォークは電弱相互作用も行うため，レプトンの場合と同様，単純にディラック質量項を手で付け加えると SU(2) × U(1) ゲージ対称性を破ってしまう．このため，電子に質量を与えたときと同様に，ヒッグス場との湯川相互作用項を導入して，自発的な対称性の破れから質量項を導き出す必要がある．ゲージ不変な湯川相互作用項の一般形は，世代間の混合を含む

$$\mathscr{L}_{\text{quarks}}^{\text{Yukawa}} = -\lambda_d^{ll'}\, \overline{Q_L^l}\, \Phi d_R^{l'} - \lambda_u^{ll'}\, \overline{Q_L^l}\, \varepsilon \Phi^* u_R^{l'} + \text{h.c.} \quad (5.120)$$

で与えられる．ここで ε は 2×2 完全反対称行列で，その行列要素は式 (3.106) で与えられる．各々の場の弱ハイパーチャージの値を考慮すれば，上式が U(1) ゲージ変換について不変であることが確かめられる．また右辺第 1 項が SU(2) ゲージ

変換について不変であることは明らかである．第 2 項が SU(2) ゲージ変換について不変であることは，任意の 2×2 行列 A について $\varepsilon_{cd}A_{ca}A_{db} = \varepsilon_{ab}\det A$ となることを用いると確かめられる．式 (5.120) はゲージ不変な湯川相互作用項としてもっとも一般的なものである．

自発的な対称性の破れに伴い，上の湯川型相互作用項から質量項が発生する．式 (5.26) を式 (5.120) へ代入すると，

$$\mathscr{L}^{\text{Yukawa}}_{\text{quarks}} = -\left(M_{\text{d}}^{ll'}\,\overline{\text{d}_{\text{L}}^{l}}\,\text{d}_{\text{R}}^{l'} + M_{\text{u}}^{ll'}\,\overline{\text{u}_{\text{L}}^{l}}\,\text{u}_{\text{R}}^{l'}\right)\left(1 + \frac{H}{v}\right) + \text{h.c.} \tag{5.121}$$

となる．ただし

$$\text{d}_{\text{L}}^{1} = \text{d}_{\text{L}}, \quad \text{d}_{\text{L}}^{2} = \text{s}_{\text{L}}, \quad \text{d}_{\text{L}}^{3} = \text{b}_{\text{L}} \tag{5.122}$$

$$\text{u}_{\text{L}}^{1} = \text{u}_{\text{L}}, \quad \text{u}_{\text{L}}^{2} = \text{c}_{\text{L}}, \quad \text{u}_{\text{L}}^{3} = \text{t}_{\text{L}} \tag{5.123}$$

と定義した．このとき，式 (5.108) は

$$Q_{\text{L}}^{l} = \begin{pmatrix} \text{u}_{\text{L}}^{l} \\ \text{d}_{\text{L}}^{l} \end{pmatrix} \tag{5.124}$$

と書ける．また

$$M_{\text{d}}^{ll'} = \frac{\lambda_{\text{d}}^{ll'}\,v}{\sqrt{2}}, \quad M_{\text{u}}^{ll'} = \frac{\lambda_{\text{u}}^{ll'}\,v}{\sqrt{2}} \tag{5.125}$$

と定義した．式 (5.121) において，行列 $M_{\text{d}}^{ll'}$ や $M_{\text{u}}^{ll'}$ が実の対角行列なら，その対角成分が各クォークのディラック質量を与えることがわかる．だが，これらの行列は一般に非対角成分を持つ 3×3 複素行列でもかまわない．そこでそのような一般の場合を考え，これらの量 $M_{\text{d}}^{ll'}, M_{\text{u}}^{ll'}$ を成分とする 3×3 行列 $M_{\text{d}}, M_{\text{u}}$ を質量行列と呼ぶことにする．

5.3.4 CKM 行列

クォークの電弱相互作用には奇妙な性質がある．それは弱い相互作用によってフレーバーが変化してしまう**フレーバー混合 (flavor mixing)** という現象である．クォークが相互作用をしないで自由に伝播する状態のフレーバーの区別と，弱い相互作用の働くフレーバーの区別は同一でなく，そこに微妙なずれがある．以下で具体的に示すように，この現象はクォークの質量行列 $M_{\text{d}}^{ll'}, M_{\text{u}}^{ll'}$ における非対角成分によって説明できる．レプトンの場合，ニュートリノに質量がなければ，式

(5.91)-(5.94) で見たように，質量項の非対角成分をユニタリ変換によって完全に消し去ることができた．クォークにはすべてのフレーバーに質量があるため，同じことはできない．

　まず，世代間の混合を許す場の再定義によって，質量行列を対角化してみる．質量行列は本質的に湯川相互作用の係数行列であるから，質量行列を対角化することは，式 (5.120) の湯川相互作用項を世代について対角化することと同じである．式 (5.92) と同様に，式 (5.125) を行列要素とする 2 つの 3×3 複素行列 M_d, M_u をユニタリ行列 $S_\mathrm{d}, T_\mathrm{d}, S_\mathrm{u}, T_\mathrm{u}$ を使って対角化することができる．その結果得られる対角行列を

$$M'_\mathrm{d} = \begin{pmatrix} m_\mathrm{d} & 0 & 0 \\ 0 & m_\mathrm{s} & 0 \\ 0 & 0 & m_\mathrm{b} \end{pmatrix}, \quad M'_\mathrm{u} = \begin{pmatrix} m_\mathrm{u} & 0 & 0 \\ 0 & m_\mathrm{c} & 0 \\ 0 & 0 & m_\mathrm{t} \end{pmatrix} \tag{5.126}$$

とすると，対角化の関係式は

$$S_\mathrm{d}^\dagger M_\mathrm{d} T_\mathrm{d} = M'_\mathrm{d}, \quad S_\mathrm{u}^\dagger M_\mathrm{u} T_\mathrm{u} = M'_\mathrm{u} \tag{5.127}$$

で与えられる．

　ここで世代間の混合を許す場のユニタリ変換

$$\mathrm{d}_\mathrm{L}^l \to S_\mathrm{d}^{ll'} \mathrm{d}_\mathrm{L}^{l'}, \quad \mathrm{u}_\mathrm{L}^l \to S_\mathrm{u}^{ll'} \mathrm{u}_\mathrm{L}^{l'} \tag{5.128}$$

$$\mathrm{d}_\mathrm{R}^l \to T_\mathrm{d}^{ll'} \mathrm{d}_\mathrm{R}^{l'}, \quad \mathrm{u}_\mathrm{R}^l \to T_\mathrm{u}^{ll'} \mathrm{u}_\mathrm{R}^{l'} \tag{5.129}$$

を適用すれば，式 (5.121) がクォークのフレーバーについて対角化し，

$$\mathscr{L}_\mathrm{quarks}^\mathrm{Yukawa} = -\sum_l \left(m_\mathrm{d}^l \overline{\mathrm{d}_\mathrm{L}^l} \mathrm{d}_\mathrm{R}^l + m_\mathrm{u}^l \overline{\mathrm{u}_\mathrm{L}^l} \mathrm{u}_\mathrm{R}^l \right) \left(1 + \frac{H}{v} \right) + \mathrm{h.c.} \tag{5.130}$$

となる．ただし，$m_\mathrm{d}^l, m_\mathrm{u}^l$ は式 (5.126) の対角成分で

$$m_\mathrm{d}^1 = m_\mathrm{d}, \quad m_\mathrm{d}^2 = m_\mathrm{s}, \quad m_\mathrm{d}^3 = m_\mathrm{b}, \quad m_\mathrm{u}^1 = m_\mathrm{u}, \quad m_\mathrm{u}^2 = m_\mathrm{c}, \quad m_\mathrm{u}^3 = m_\mathrm{t} \tag{5.131}$$

と定義される．式 (5.130) により $m_\mathrm{d}, \ldots, m_\mathrm{t}$ はクォークのディラック質量であることがわかる．ユニタリ変換 (5.128), (5.129) を施すことで，質量項が対角化して見えるクォーク場のことを，クォーク場の**質量固有状態** (mass eigenstates) という．

　ニュートリノに質量がない場合のレプトンでは，質量項を対角化するユニタリ変換を行っても運動項は不変であった．6 種類のクォークはすべて質量を持つため，

同じことは成り立たない．クォーク場の運動項である式(5.119)を質量固有状態で表してみる．まず右手型成分については，共変微分の式(5.117), (5.118)の形から明らかなように，式(5.129)を適用するとユニタリ変換行列T_d, T_uが打ち消し合い，その形は不変である．したがって，質量固有状態で表しても同じ形の運動項となる．一方，左手型成分については，式(5.116)の形からわかるように，ゲージ場$W^\pm_\mu$との結合を通じてアップ型クォークとダウン型クォークが混ざり，その結果ユニタリ変換の行列S_d, S_uが打ち消し合わずに残る．運動項の式(5.119)における該当する部分を取り出すと，

$$-\frac{e}{\sqrt{2}\sin\theta_\mathrm{W}}\left(W^+_\mu \overline{\mathrm{u}^l_\mathrm{L}}\gamma^\mu \mathrm{d}^l_\mathrm{L} + W^-_\mu \overline{\mathrm{d}^l_\mathrm{L}}\gamma^\mu \mathrm{u}^l_\mathrm{L}\right) \tag{5.132}$$

という項である．ユニタリ変換(5.128)を適用すると，

$$\overline{\mathrm{u}^l_\mathrm{L}}\gamma^\mu \mathrm{d}^l_\mathrm{L} \to \overline{\mathrm{u}^{l'}_\mathrm{L}}\gamma^\mu \left(S_\mathrm{u}^\dagger S_\mathrm{d}\right)^{ll'} \mathrm{d}^{l'}_\mathrm{L} \tag{5.133}$$

$$\overline{\mathrm{d}^l_\mathrm{L}}\gamma^\mu \mathrm{u}^l_\mathrm{L} \to \overline{\mathrm{d}^{l'}_\mathrm{L}}\gamma^\mu \left(S_\mathrm{d}^\dagger S_\mathrm{u}\right)^{ll'} \mathrm{u}^{l'}_\mathrm{L} \tag{5.134}$$

となって，式(5.132)の形は変化する．つまり，式(5.132)の結合項を質量固有状態で表すと，世代間に混合が生じる．

ここで3×3ユニタリ行列

$$V_\mathrm{CKM} = S_\mathrm{u}^\dagger S_\mathrm{d} \tag{5.135}$$

を定義すれば，式(5.132)の結合項を質量固有状態で表したものは

$$-\frac{e}{\sqrt{2}\sin\theta_\mathrm{W}}\left[W^+_\mu \overline{\mathrm{u}^l_\mathrm{L}}\gamma^\mu (V_\mathrm{CKM})^{ll'} \mathrm{d}^{l'}_\mathrm{L} + W^-_\mu \overline{\mathrm{d}^l_\mathrm{L}}\gamma^\mu (V_\mathrm{CKM}^\dagger)^{ll'} \mathrm{u}^{l'}_\mathrm{L}\right] \tag{5.136}$$

となる．ただし$(V_\mathrm{CKM})^{ll'}$は行列V_CKMの行列要素である．世代間で混合した左手型のダウンクォークを

$$\mathrm{d}'^l_\mathrm{L} = (V_\mathrm{CKM})^{ll'} \mathrm{d}^{l'}_\mathrm{L} \tag{5.137}$$

で定義すると，式(5.136)の結合項は，式(5.132)における左手型のダウン型クォークd^l_Lを，混合したダウン型クォークd'^l_Lで置き換えたものになっている．つまり，左手型のダウン型クォークに対して，弱い相互作用の運動項における世代の区別は，質量固有状態の世代の区別と一致しない，と見ることができる．このユニタリ行列V_CKMを**カビボ–小林–益川行列**(Cabibbo-Kobayashi-Maskawa matrix)，あるいは略して**CKM 行列**(CKM matrix)という．

左手型のダウン型クォーク3世代($\mathrm{d_L, s_L, b_L}$)にCKM行列を適用して回転させ

たものを (d'_L, s'_L, b'_L) とする．すなわち，行列記法では

$$\begin{pmatrix} d'_L \\ s'_L \\ b'_L \end{pmatrix} = V_{\text{CKM}} \begin{pmatrix} d_L \\ s_L \\ b_L \end{pmatrix} \tag{5.138}$$

となる．すると，3世代の左手型クォーク場

$$\begin{pmatrix} u_L \\ d_L \end{pmatrix}, \quad \begin{pmatrix} c_L \\ s_L \end{pmatrix}, \quad \begin{pmatrix} t_L \\ b_L \end{pmatrix} \tag{5.139}$$

が質量固有状態を表すとき，式 (5.138) によりダウン型クォーク場だけを CKM 行列で回転させて得られる

$$\begin{pmatrix} u_L \\ d'_L \end{pmatrix}, \quad \begin{pmatrix} c_L \\ s'_L \end{pmatrix}, \quad \begin{pmatrix} t_L \\ b'_L \end{pmatrix} \tag{5.140}$$

が運動項 (5.119) における SU(2) 対称性の 2 重項 Q^l_L となる．ダウン型クォークの質量固有状態を回転させるのは単に慣例上にすぎない．アップ型クォーク場の質量固有状態を $V_{\text{CKM}}^\dagger$ で回転させた 2 重項を考えたとしても，同じことになる．

CKM 行列 V_{CKM} の行列要素を理論的に決める手だてはない．ユニタリ行列の独立な自由度をパラメータ化しておけば，それらのパラメータは実験によって決定するべき定数になる．一般に 3×3 ユニタリ行列の自由度は $2 \times 3^2 - 3^2 = 9$ である．なぜなら，行列要素には 2×3^2 個の実数が含まれるが，ユニタリ性によって 3^2 個の条件が課されるからである．CKM 行列の場合，これら 9 自由度のすべてが物理的なわけではない．式 (5.135) の表現において，ユニタリ行列 S_u, S_d がもし対角行列であれば，対角成分はすべて絶対値 1 の複素数であるから，これらは場の位相変換をするだけである．このような自由度は，場を再定義することでその位相自由度に吸収することができる．ここで対角成分は 3 つずつあるので位相変換の自由度は 6 つあるが，式 (5.135) の形からわかるように S_u と S_d の全体の位相を同時に回転させる自由度は CKM 行列に含まれない．このため，場の位相変換に吸収できる自由度は 5 つである．したがって，CKM 行列の自由度は $9 - 5 = 4$ である．

一般にユニタリ行列は実回転行列と対角位相因子からなるユニタリ行列の積として表現できることが知られている．だが，CKM 行列を 4 つの定数でパラメータ表示する方法は一意的ではない．標準的なパラメータ表示の方法は，位相角 δ と第 1

象限にある 3 つの回転角 $\theta_{12}, \theta_{23}, \theta_{13}$ ($0 \leq \theta_{12}, \theta_{23}, \theta_{13} \leq \pi/2$) を用いて

$$V_{\mathrm{CKM}} = \begin{pmatrix} 1 & 0 & 0 \\ 0 & c_{23} & s_{23} \\ 0 & -s_{23} & c_{23} \end{pmatrix} \begin{pmatrix} c_{13} & 0 & s_{13}e^{-i\delta} \\ 0 & 1 & 0 \\ -s_{13}e^{i\delta} & 0 & c_{13} \end{pmatrix} \begin{pmatrix} c_{12} & s_{12} & 0 \\ -s_{12} & c_{12} & 0 \\ 0 & 0 & 1 \end{pmatrix}$$

$$= \begin{pmatrix} c_{12}c_{13} & s_{12}c_{13} & s_{13}e^{-i\delta} \\ -s_{12}c_{23} - c_{12}s_{23}s_{13}e^{i\delta} & c_{12}c_{23} - s_{12}s_{23}s_{13}e^{i\delta} & s_{23}c_{13} \\ s_{12}s_{23} - c_{12}c_{23}s_{13}e^{i\delta} & -c_{12}s_{23} - s_{12}c_{23}s_{13}e^{i\delta} & c_{23}c_{13} \end{pmatrix} \quad (5.141)$$

とするものである．ただし，$s_{ij} = \sin\theta_{ij}, c_{ij} = \cos\theta_{ij}$ ($ij = 12, 23, 13$) と略記した．ここで θ_{12} は**カビボ角** (Cabibbo angle) と呼ばれる角度である．これらの角度や位相がすべてゼロであれば，CKM 行列は単位行列になり，世代間の混合は起こらない．実験的には，ほぼ $\delta \simeq 1.20, \theta_{12} \simeq 13.04°, \theta_{23} \simeq 2.38°, \theta_{13} \simeq 0.20°$ という値が得られている．したがって $\delta, \theta_{12} \gg \theta_{23} \gg \theta_{13} > 0$ となっている．このことから，世代間の混合が実際に起きていて，さらに CKM 行列は実行列でない．CKM 行列に複素数が含まれていて，かつそれが場の位相の再定義で吸収できない場合，クォークと W ボソンとの相互作用に CP 対称性の破れを生じることが示されている．ここで CP 対称性とは，場の荷電共役変換 C と空間反転変換 P を同時に行う変換についての対称性である．クォークの弱い相互作用では実験的にも CP 対称性の破れが示されている．もしクォークが 2 世代しかなければ，2×2 ユニタリ行列の複素位相はつねに場の位相の再定義に吸収できてしまうため，CP 対称性の破れは起こり得ない．

5.4 ニュートリノ質量

　素粒子標準モデルでは，理論的にニュートリノの質量はない方が自然である．この場合，ニュートリノにはフレーバー混合が起こり得ない．ところが，ニュートリノが空間を伝播するときにフレーバーが変化してしまう**ニュートリノ振動** (neutrino oscillation) という現象が実験的に確認されている．このため，現実のニュートリノには小さな質量があるものと考えられる．ニュートリノの質量を厳密にゼロとする当初の素粒子標準モデルには，適切な修正が加えられなければならない．

5.4.1 電弱理論におけるニュートリノ質量

　素粒子標準モデルの枠組みを多少拡張することで，ニュートリノに質量を与える

ことは可能である．簡単にそれを実現する 1 つの方法は，電子などの荷電レプトンの場合と同じように，自発的な対称性の破れに伴うヒッグス場の真空期待値からディラック質量項を導くことである．ディラック質量項の式 (3.195) には，左手型成分と右手型成分の両方が必要である．そこで実験では見つけられていない右手型ニュートリノ $\nu_{eR}, \nu_{\mu R}, \nu_{\tau R}$ を導入し，これらは各世代における SU(2) の 1 重項であるとする．左手型ニュートリノの反粒子である反ニュートリノは右手型であるが，ここに導入した右手型ニュートリノは，そのような既知の反ニュートリノとは別物である．この右手型ニュートリノは中性粒子 ($Q = 0$) かつ SU(2) の 1 重項 ($I_3 = 0$) であるから，関係式 (5.76) により弱ハイパーチャージの値は $Y = 0$ となる．弱ハイパーチャージのない 1 重項ということは，式 (5.66) や式 (5.78) からわかるように，その粒子は電弱相互作用を行わない．さらにこれはレプトンであるから，強い相互作用も行わない．このため，これまでの実験で見つかっていなくてもまったく不思議ではない．

3 世代ある右手型ニュートリノ 1 重項をまとめて N_R^l ($l = 1, 2, 3$) と書くことにする．つまり，

$$N_R^1 = \nu_{eR}, \quad N_R^2 = \nu_{\mu R}, \quad N_R^3 = \nu_{\tau R} \tag{5.142}$$

である．ここで $\nu_{eR}, \nu_{\mu R}, \nu_{\tau R}$ は右手型に射影されたニュートリノの 4 成分スピノルである．上述のようにこの 1 重項 N_R^l の弱ハイパーチャージはゼロなので，共変微分にゲージ場との結合はない．すなわち，

$$D_\mu N_R^l = \partial_\mu N_R^l \tag{5.143}$$

となる．したがってゲージ不変な運動項は

$$\mathscr{L}_{\nu R} = -\overline{N_R^l}\, i\slashed{D} N_R^l = -\overline{N_R^l}\, i\slashed{\partial} N_R^l \tag{5.144}$$

と構成される．この項は，標準電弱理論におけるレプトン運動項の式 (5.86) に加えられるべきものである．

ゲージ不変な湯川相互作用項として一般的なものは，式 (5.120) の右辺第 2 項と同様の形

$$\mathscr{L}_\nu^{\text{Yukawa}} = -\lambda_\nu^{ll'}\, \overline{E_L^l}\, \varepsilon \Phi^* N_R^{l'} + \text{h.c.} \tag{5.145}$$

で与えられる．この項は標準電弱理論における一般的な質量項の式 (5.91) に加えられるべきものである．このようにすると，レプトンのラグランジアン密度に

における運動項と質量項は，クォークの運動項と湯川相互作用項である式 (5.119), (5.120) と同じ形になる．通常の左手型ニュートリノを表す 4 成分スピノルを ν_L^l とし，荷電レプトンを表す 4 成分スピノルの左手型成分を e_L^l とすると，クォークの場合の式 (5.119), (5.120) で $Q_L^l \to E_L^l$, $u_R^l \to N_R^l$, $d_R^l \to e_R^l$ と置き換えれば右手型ニュートリノを含んだレプトンのラグランジアン密度になる．とくに式 (5.121) に対応して

$$\mathscr{L}_{\text{leptons}}^{\text{Yukawa}} = -\left(M_e^{ll'} \overline{e_L^l} e_R^{l'} + M_\nu^{ll'} \overline{\nu_L^l} N_R^{l'}\right)\left(1 + \frac{H}{v}\right) + \text{h.c.} \tag{5.146}$$

となる．ここで質量行列は

$$M_e^{ll'} = \frac{\lambda_e^{ll'} v}{\sqrt{2}}, \quad M_\nu^{ll'} = \frac{\lambda_\nu^{ll'} v}{\sqrt{2}} \tag{5.147}$$

と定義される．また

$$e_L^1 = e_L, \quad e_L^2 = \mu_L, \quad e_L^3 = \tau_L \tag{5.148}$$

$$\nu_L^1 = \nu_{eL}, \quad \nu_L^2 = \nu_{\mu L}, \quad \nu_L^3 = \nu_{\tau L} \tag{5.149}$$

であり，このとき

$$E_L^l = \begin{pmatrix} \nu_L^l \\ e_L^l \end{pmatrix} \tag{5.150}$$

と書ける．このように，クォークの場合とまったく同様にして，湯川相互作用項におけるヒッグス場の真空期待値からニュートリノの質量項を導くことができる．さらに場のユニタリ変換でその質量項を対角化する手続きも同様である．すなわち，式 (5.146) を質量固有状態で書き直すと，

$$\mathscr{L}_\nu^{\text{Yukawa}} = -\sum_l \left(m_l \overline{e_L^l} e_R^l + m_\nu^l \overline{\nu_L^l} N_R^l\right)\left(1 + \frac{H}{v}\right) + \text{h.c.} \tag{5.151}$$

という形になる．ここで m_l は第 l 世代の荷電レプトンの質量，m_ν^l は第 l 世代のニュートリノの質量である．ラグランジアン密度のレプトンに対する運動項を質量固有状態で表し直すと，CKM 行列と同様に世代を混合する行列が現れる．

　レプトンの場合，CKM 行列に対応する行列を**ポンテコルボ-牧-中川-坂田行列** (Pontecorvo-Maki-Nakagawa-Sakata matrix) あるいは略して **PMNS 行列** (PMNS matrix) という．PMNS 行列 V_{PMNS} のパラメータ化も CKM 行列の場合と同様であり，標準的には式 (5.141) と同じ形

$$V_{\text{PMNS}} = \begin{pmatrix} c_{12}c_{13} & s_{12}c_{13} & s_{13}e^{-i\delta} \\ -s_{12}c_{23} - c_{12}s_{23}s_{13}e^{i\delta} & c_{12}c_{23} - s_{12}s_{23}s_{13}e^{i\delta} & s_{23}c_{13} \\ s_{12}s_{23} - c_{12}s_{23}s_{13}e^{i\delta} & -c_{12}s_{23} - s_{12}c_{23}s_{13}e^{i\delta} & c_{23}c_{13} \end{pmatrix} \quad (5.152)$$

が用いられる．ただし $s_{ij} = \sin\theta_{ij}$, $c_{ij} = \cos\theta_{ij}$ ($ij = 12, 23, 13$) と略記した．ここで $\theta_{12}, \theta_{23}, \theta_{13}, \delta$ は CKM 行列とは異なる値をもち，レプトンの世代間混合を特徴づける混合角と混合位相である．荷電レプトンについては質量固有状態のまま電磁気力が作用するので，通常観測される電子などの荷電レプトンは質量固有状態である．量子電磁気学における電子は質量固有状態のディラック粒子であり，ミュー粒子やタウ粒子の状態が混合しているわけではない．そこでレプトンの混合行列である PMNS 行列については，ニュートリノの質量固有状態 (ν_e, ν_μ, ν_τ) へ作用させ，運動項におけるニュートリノの量子状態を

$$\begin{pmatrix} \nu'_{eL} \\ \nu'_{\mu L} \\ \nu'_{\tau L} \end{pmatrix} = V_{\text{PMNS}} \begin{pmatrix} \nu_{eL} \\ \nu_{\mu L} \\ \nu_{\tau L} \end{pmatrix} \quad (5.153)$$

と回転させる．すなわち，

$$\begin{pmatrix} \nu'_{eL} \\ e_L \end{pmatrix}, \quad \begin{pmatrix} \nu'_{\mu L} \\ \mu_L \end{pmatrix}, \quad \begin{pmatrix} \nu'_{\tau L} \\ \tau_L \end{pmatrix} \quad (5.154)$$

をレプトンの運動項 (5.86) における SU(2) の 2 重項 E_L^l とみなす．

ニュートリノ混合角を実験的に決定することは容易でないが，最近の測定によると

$$\sin^2\theta_{12} \simeq 0.31, \quad \sin^2\theta_{23} \simeq 0.39, \quad \sin^2\theta_{13} \simeq 0.024 \quad (5.155)$$

という値が得られている．これは $\theta_{12} \simeq 34°$, $\theta_{23} \simeq 39°$, $\theta_{13} \simeq 8.9°$ 程度に相当する．混合位相 δ の値は実験的に不定性が大きく，その値はよくわかっていない．ニュートリノの混合角 θ_{12}, θ_{23} は比較的大きな値を持っているが，混合角 θ_{13} の値はそれに比べると小さい．ニュートリノの混合角は，いずれも対応するクォーク世代の混合角に比べて，比較的大きな値を持っている．

5.4.2 マヨラナ質量項とシーソー機構

右手型ニュートリノを導入する上の方法では，クォーク質量と同様の構造によ

りディラック質量項が導かれた．これは，ゲージ対称性を破らずに質量項を導く，もっとも単純な方法と考えられる．とはいえ，これが唯一の方法というわけではない．右手型ニュートリノの場合，電荷，弱ハイパーチャージ，色荷のすべてがゼロであり，すべてのゲージ変換に対して不変であるという際立った特徴を持つ．ゲージ変換を受ける場に対して勝手に質量項を付け加えるとゲージ対称性を破ってしまうが，右手型ニュートリノはこの制限を受けない．これにより，式 (3.194) のようなマヨラナ質量項も付け加えることができる．

右手型ニュートリノの場 N_R^l に対して，式 (3.170) で定義される荷電共役を $(N_\mathrm{R}^l)^\mathrm{c}$ とすると，世代間の混合を許すマヨラナ質量項は

$$\mathscr{L}_{\nu\mathrm{R}}^\mathrm{mass} = -\frac{1}{2} M_\mathrm{R}^{ll'} \overline{(N_\mathrm{R}^l)^\mathrm{c}} N_\mathrm{R}^{l'} + \mathrm{h.c.} \tag{5.156}$$

で与えられる．荷電共役に関する式 (3.175) の性質により，3×3 質量行列 M_R は対称行列 $M_\mathrm{R}^{ll'} = M_\mathrm{R}^{l'l}$ である．右手型ニュートリノを考えるならば，ゲージ対称性を持つもっとも一般的なラグランジアン密度にはこの質量項が存在する．式 (5.146) に含まれているニュートリノの質量項に，さらに上の質量項が加わる．その結果，ニュートリノに対する質量項をすべて合わせると

$$\mathscr{L}_\nu^\mathrm{mass} = -M_\nu^{ll'} \overline{\nu_\mathrm{L}^l} N_\mathrm{R}^{l'} - \frac{1}{2} M_\mathrm{R}^{ll'} \overline{(N_\mathrm{R}^l)^\mathrm{c}} N_\mathrm{R}^{l'} + \mathrm{h.c.} \tag{5.157}$$

となる．

ここで，荷電共役に関する式 (3.175) の第 1 式と第 3 式により，

$$\overline{\nu_\mathrm{L}^l} N_\mathrm{R}^{l'} = \overline{(N_\mathrm{R}^{l'})^\mathrm{c}} (\nu_\mathrm{L}^l)^\mathrm{c} \tag{5.158}$$

が成り立つ．これを式 (5.157) に用いて，さらに世代に関する自由度を 3×3 行列で表すと，

$$\mathscr{L}_\nu^\mathrm{mass} = -\frac{1}{2} \begin{pmatrix} \overline{\nu_\mathrm{L}} & \overline{N_\mathrm{R}{}^\mathrm{c}} \end{pmatrix} \begin{pmatrix} 0 & M_\nu \\ M_\nu{}^\mathrm{T} & M_\mathrm{R} \end{pmatrix} \begin{pmatrix} \nu_\mathrm{L}{}^\mathrm{c} \\ N_\mathrm{R} \end{pmatrix} + \mathrm{h.c.} \tag{5.159}$$

が得られる．ここで M_ν, M_R はそれぞれ $M_\nu^{ll'}$, $M_\mathrm{R}^{ll'}$ を行列要素とする 3×3 行列である．上述のように M_R は対称行列で $M_\mathrm{R}{}^\mathrm{T} = M_\mathrm{R}$ を満たすから，式 (5.159) に現れる質量行列全体は 6×6 対称行列である．また ν_L, N_R は 3 世代ずつある左手型と右手型のニュートリノの 4 成分スピノルを，それぞれ 12 行 1 列の列ベクトルとして表したものである．式 (3.176) の関係より $(N_\mathrm{R})^\mathrm{c} = (N^\mathrm{c})_\mathrm{L}$ は左手型，また $(\nu_\mathrm{L})^\mathrm{c} = (\nu^\mathrm{c})_\mathrm{R}$ は右手型のスピノルである．すると式 (5.159) は，6 つの右手型ニ

ュートリノの場 (ν_L^c, N_R) に関して，非対角成分を持つ複数成分のマヨラナ質量項の形をしていることが見てとれる．ここに現れる 6×6 質量行列は対称行列であるから，この 6 つの場をユニタリ変換すれば質量行列を対角化することができ，6 つのニュートリノ成分に関する質量固有状態が得られる．これらの質量固有状態はすべてマヨラナ粒子である．

以下で示すように，右手型ニュートリノ N_R の質量が十分重ければ，左手型ニュートリノ ν_L に対応する質量固有値が十分小さくなる．このことは，観測される左手型ニュートリノの質量が他の粒子に比べて極端に小さい理由を与えている可能性がある．これをニュートリノの質量生成機構における**シーソー機構** (seesaw mechanism) という．

シーソー機構を説明するため，まずニュートリノの世代数が 1 の簡単な場合を考える．現実的な世代数 3 の場合は後ほど考える．世代数 1 の場合，質量行列 M_ν, M_R は 1×1 行列，すなわち単なる数である．そこで $M_\nu = m$, $M_R = M$ とおくと，式 (5.159) の質量行列は 2×2 行列

$$\mathcal{M} = \begin{pmatrix} 0 & m \\ m & M \end{pmatrix} \tag{5.160}$$

となる．ここで場の位相変換の自由度を用いると，一般性を失わずに m, M のどちらも正の実数とすることができる．次のユニタリ行列

$$\mathcal{U} = \begin{pmatrix} i\cos\theta & -i\sin\theta \\ \sin\theta & \cos\theta \end{pmatrix} \tag{5.161}$$

を用いた合同変換により，上の質量行列は

$$\mathcal{U}\mathcal{M}\mathcal{U}^{\mathrm{T}} = \begin{pmatrix} m_1 & 0 \\ 0 & m_2 \end{pmatrix}, \quad \mathcal{M} = \mathcal{U}^\dagger \begin{pmatrix} m_1 & 0 \\ 0 & m_2 \end{pmatrix} \mathcal{U}^* \tag{5.162}$$

と対角化する．ただし，

$$\tan 2\theta = \frac{2m}{M}, \quad m_1 = \frac{\sqrt{M^2 + 4m^2} - M}{2}, \quad m_2 = \frac{\sqrt{M^2 + 4m^2} + M}{2} \tag{5.163}$$

である．

ここで，ユニタリ変換

$$\begin{pmatrix} \nu_{1L} \\ \nu_{2R}{}^c \end{pmatrix} = \mathscr{U} \begin{pmatrix} \nu_L \\ N_R{}^c \end{pmatrix} \tag{5.164}$$

によって定義される場 ν_{1L}, ν_{2R} が，以下に見るように質量固有状態となる．上式の荷電共役をとれば

$$\begin{pmatrix} \nu_{1L}{}^c \\ \nu_{2R} \end{pmatrix} = -i\gamma_2 \begin{pmatrix} \nu_{1L} \\ \nu_{2R}{}^c \end{pmatrix}^* = \mathscr{U}^* \begin{pmatrix} \nu_L{}^c \\ N_R \end{pmatrix} \tag{5.165}$$

が得られる．したがって

$$\nu_{1L} = i\nu_L \cos\theta - iN_R{}^c \sin\theta \tag{5.166}$$
$$\nu_{2R} = \nu_L{}^c \sin\theta + N_R \cos\theta \tag{5.167}$$

という関係がある．質量項の式 (5.159) を上のユニタリ変換された場で表すと，

$$\begin{aligned} -\frac{1}{2}\begin{pmatrix} \overline{\nu_L} & \overline{N_R{}^c} \end{pmatrix} \mathscr{M} \begin{pmatrix} \nu_L{}^c \\ N_R \end{pmatrix} + \text{h.c.} &= -\frac{1}{2} \begin{pmatrix} \overline{\nu_{1L}} & \overline{\nu_{2R}{}^c} \end{pmatrix} \begin{pmatrix} m_1 & 0 \\ 0 & m_2 \end{pmatrix} \begin{pmatrix} \nu_{1L}{}^c \\ \nu_{2R} \end{pmatrix} + \text{h.c.} \\ &= -\frac{m_1}{2} \left(\overline{\nu_{1L}}\,\nu_{1L}{}^c + \overline{\nu_{1L}{}^c}\,\nu_{1L} \right) - \frac{m_2}{2} \left(\overline{\nu_{2R}}\,\nu_{2R}{}^c + \overline{\nu_{2R}{}^c}\,\nu_{2R} \right) \end{aligned} \tag{5.168}$$

となる．最後の表式は式 (3.193), (3.194) に与えられたマヨラナ質量項の形をしているので，質量固有状態 ν_{1L}, ν_{2R} はマヨラナ粒子に対応することがわかる．

ここで，右手型ニュートリノに付与したマヨラナ質量 M が，もとのディラック質量 m よりも十分大きいものとする．すると式 (5.163) は $m \ll M$ の近似で

$$\theta \simeq \frac{m}{M}, \quad m_1 \simeq \frac{m^2}{M}, \quad m_2 \simeq M \tag{5.169}$$

という関係になる．またこのとき $\theta \ll 1$ であるから，式 (5.166), (5.167) により近似的に

$$\nu_{1L} \simeq i\nu_L, \quad \nu_{2R} \simeq N_R \tag{5.170}$$

が成り立つ．場の位相変換は物理的に同じ状態を表すから，ν_{1L} は左手型ニュートリノ ν_L にほぼ対応し，ν_{2R} は右手型ニュートリノ N_R にほぼ対応する．すると，式 (5.169) の関係から，左手型ニュートリノの質量は小さな値 m^2/M を持ち，右手型ニュートリノの質量は大きな値 M を持つ．つまり，右手型ニュートリノの質量を大きくすると必然的に左手型ニュートリノの質量が小さくなるというシーソーのような性質を持っている．これがシーソー機構である．

左手型ニュートリノの質量の絶対値はいまだ不定性が大きいが，直接実験や宇宙論的な観測によって 1 eV より十分に小さいと考えられている．ディラック質量 m は自発的対称性の破れから導かれるので，右手型ニュートリノ 1 重項に関する湯川結合定数を λ_ν とすると式 (5.147) のように $m = \lambda_\nu v/\sqrt{2}$ で与えられる．ヒッグス場の真空期待値は $v \simeq 250\,\text{GeV}$ であるから，左手型ニュートリノ質量を $m_1 \ll 1\,\text{eV}$ とするには，式 (5.169) の第 2 式より $M/\lambda_\nu \gg 3 \times 10^{13}\,\text{GeV}$ とすればよい．ニュートリノの湯川結合定数 λ_ν が極端に小さな値でないとするなら，右手型ニュートリノの質量 $m_2 \simeq M$ を電弱理論のスケールの $10^2\,\text{GeV}$ より十分に大きくとればよい．シーソー機構によって，パラメータの微調整でニュートリノの質量を恣意的に小さくする必要はなくなったが，スケールのかけ離れた値が理論に含まれるという不自然さは残っている．

次に，現実的な世代数 3 の場合を考える．この場合には上で考えた $M_\nu = m$, $M_R = M$ が複素 3×3 行列になるため，式 (5.160) に対応する質量行列は 6×6 行列

$$\mathscr{M} = \begin{pmatrix} 0 & m \\ m^T & M \end{pmatrix} \tag{5.171}$$

となる．ここで 3×3 行列 $\rho = mM^{-1}$ を用いて

$$\mathscr{U} = \begin{pmatrix} i\left(1 - \frac{1}{2}\rho\rho^\dagger\right) & -i\rho \\ \rho^\dagger & 1 - \frac{1}{2}\rho^\dagger\rho \end{pmatrix} \tag{5.172}$$

とすると，行列 ρ の行列要素が小さい ($|\rho| \ll 1$) とき，$\mathscr{U}^\dagger \mathscr{U} = 1 + \mathscr{O}(\rho^3)$ となるので，$\mathscr{U}$ は近似的なユニタリ行列である．この近似 $|\rho| \ll 1$ のもとでは，質量行列が合同変換により

$$\mathscr{U}\mathscr{M}\mathscr{U}^T = \begin{pmatrix} mM^{-1}m^T & 0 \\ 0 & M \end{pmatrix} \tag{5.173}$$

というブロック対角化された形になる．式 (5.164), (5.165) のユニタリ変換は，場が 3 世代の成分を持っていると考えればそのまま成り立つ．また $|\rho| \ll 1$ のとき，同じ解釈によって式 (5.170) もそのまま成り立つ．すなわち，近似的に ν_{1L} はもとの左手型ニュートリノに，ν_{2R} はもとの右手型ニュートリノにそれぞれ対応する．

ここで行列 M は複素対称行列であったから，行列 $mM^{-1}m^T$ も複素対称行列である．一般に複素対称行列はユニタリ行列を用いた合同変換によって対角化するこ

とができ，その対角成分はすべて負でない実数になる．つまり，ユニタリ行列 S_L, S_R を適当に選べば

$$S_\mathrm{L} m M^{-1} m^\mathrm{T} S_\mathrm{L}{}^\mathrm{T} = \begin{pmatrix} m_1 & 0 & 0 \\ 0 & m_2 & 0 \\ 0 & 0 & m_3 \end{pmatrix}, \quad S_\mathrm{R} M S_\mathrm{R}{}^\mathrm{T} = \begin{pmatrix} M_1 & 0 & 0 \\ 0 & M_2 & 0 \\ 0 & 0 & M_3 \end{pmatrix} \tag{5.174}$$

と対角化することができ，m_l, M_l ($l = 1, 2, 3$) はすべて負でない実数である．ここで同じユニタリ行列を用いて，世代間の混合を許す場のユニタリ変換

$$\nu_{1\mathrm{L}} \to S_\mathrm{L} \nu_{1\mathrm{L}}, \quad \nu_{2\mathrm{R}} \to S_\mathrm{R}{}^* \nu_{2\mathrm{R}} \tag{5.175}$$

を行う．ここで

$$\mathscr{S} = \begin{pmatrix} S_\mathrm{L} & 0 \\ 0 & S_\mathrm{R} \end{pmatrix} \tag{5.176}$$

とおけば，場のユニタリ変換は

$$\begin{pmatrix} \nu_{1\mathrm{L}} \\ \nu_{2\mathrm{R}}{}^c \end{pmatrix} = \mathscr{S}\mathscr{U} \begin{pmatrix} \nu_\mathrm{L} \\ N_\mathrm{R}{}^c \end{pmatrix}, \quad \begin{pmatrix} \nu_{1\mathrm{L}}{}^c \\ \nu_{2\mathrm{R}} \end{pmatrix} = \mathscr{S}^* \mathscr{U}^* \begin{pmatrix} \nu_\mathrm{L}{}^c \\ N_\mathrm{R} \end{pmatrix} \tag{5.177}$$

となる．さらに

$$\mathscr{S}\mathscr{U}\mathscr{M}\mathscr{U}^\mathrm{T}\mathscr{S}^\mathrm{T} = \begin{pmatrix} S_\mathrm{L} m M^{-1} m^\mathrm{T} S_\mathrm{L}{}^\mathrm{T} & 0 \\ 0 & S_\mathrm{R} M S_\mathrm{R}{}^\mathrm{T} \end{pmatrix} \tag{5.178}$$

という 6×6 行列は，式 (5.174) により，完全に対角化されていることがわかる．こうして質量項の式 (5.159) は

$$\mathscr{L}_\nu^\mathrm{mass} = -\frac{1}{2} \sum_i m_i \left[\overline{\nu_{1\mathrm{L}}^i} (\nu_{1\mathrm{L}}^i)^c + \overline{(\nu_{1\mathrm{L}}^i)^c} \, \nu_{1\mathrm{L}}^i \right] - \frac{1}{2} \sum_i M_i \left[\overline{\nu_{2\mathrm{R}}^i} (\nu_{2\mathrm{R}}^i)^c + \overline{(\nu_{2\mathrm{R}}^i)^c} \, \nu_{2\mathrm{R}}^i \right] \tag{5.179}$$

と表され，すべての場が完全に対角化されたマヨラナ質量項となる．

ここで式 (5.174) により

$$\begin{pmatrix} m_1 & 0 & 0 \\ 0 & m_2 & 0 \\ 0 & 0 & m_3 \end{pmatrix} = S_\mathrm{L} m S_\mathrm{R}^\mathrm{T} \begin{pmatrix} M_1^{-1} & 0 & 0 \\ 0 & M_2^{-1} & 0 \\ 0 & 0 & M_3^{-1} \end{pmatrix} S_\mathrm{R} m^\mathrm{T} S_\mathrm{L}^\mathrm{T} \tag{5.180}$$

という関係が導かれるから,右手型ニュートリノの質量固有値 M_l がすべて十分大きければ左手型ニュートリノの質量固有値 m_l は十分小さくなる.これが世代数3の場合のシーソー機構である.これにより各世代の左手型ニュートリノ質量をすべて小さくできる.

前項で説明したディラック質量項しか持たないニュートリノの場合,観測される左手型ニュートリノはディラック粒子であるが,ここで考えたシーソー機構による場合,左手型ニュートリノもマヨラナ粒子となるという違いがある.この他にもニュートリノに質量を与えるモデルは多数考えられていて,ニュートリノがディラック粒子かマヨラナ粒子かという問題にはいまだに結論が出ていない.ニュートリノがマヨラナ粒子である場合,原子核の2重ベータ崩壊という現象に,ニュートリノの放出を伴わない過程が起きる可能性がある.この現象はニュートリノがディラック粒子の場合にはあり得ないので,将来的にニュートリノがどちらの質量項を持つのか実験的に判別できる可能性がある.

場のユニタリ変換のもとで,ディラック質量項の質量行列はユニタリ変換を受けるが,上のようにマヨラナ質量項の質量行列は合同変換を受ける.このため,ディラック質量項とは異なり,マヨラナ質量項は場の位相変換に対して不変でない.したがって,3世代の場にそれぞれ異なる位相変換をした場合の物理状態は同一ではなくなる.このため,マヨラナ・ニュートリノに対する PMNS 行列 V_PMNS には,ディラック・ニュートリノにはなかった余分な自由度が必要になる.ただし,質量項は全体として実数であるから,3世代すべての場に共通の位相変換をしても不変である.マヨラナ・ニュートリノの場合,残り2つの位相因子の自由度を PMNS 行列に含める必要がある.たとえば,式 (5.152) の形を拡張した

$$V_\mathrm{PMNS} = \begin{pmatrix} c_{12}c_{13} & s_{12}c_{13} & s_{13}e^{-i\delta} \\ -s_{12}c_{23} - c_{12}s_{23}s_{13}e^{i\delta} & c_{12}c_{23} - s_{12}s_{23}s_{13}e^{i\delta} & s_{23}c_{13} \\ s_{12}s_{23} - c_{12}c_{23}s_{13}e^{i\delta} & -c_{12}s_{23} - s_{12}c_{23}s_{13}e^{i\delta} & c_{23}c_{13} \end{pmatrix} \begin{pmatrix} e^{i\alpha_1/2} & 0 & 0 \\ 0 & e^{i\alpha_2/2} & 0 \\ 0 & 0 & 1 \end{pmatrix} \tag{5.181}$$

という形でパラメータ化することができる.

5.4.3 ニュートリノ振動

ニュートリノが弱い相互作用を行うときには，SU(2) の 2 重項としての固有状態，すなわち弱い相互作用の固有状態となっている．一方で，ニュートリノが一定のエネルギーを持って空間中を運動するときには，質量固有状態として伝播する．このため，弱い相互作用の固有状態として見たニュートリノの世代が時間的に変化するという現象が起きる．これを**ニュートリノ振動** (neutrino oscillation) という．

いま，ニュートリノの質量固有状態を $|\nu_i\rangle$ とし，それぞれに対応する質量を m_i とする．ここで $i = 1, 2, 3$ は世代を区別する添字である．また，弱い相互作用の固有状態を $|\nu'_i\rangle$ とする．ここで PMNS 行列 V_{PMNS} の行列要素を U_{ij} とすると，式 (5.153) により

$$|\nu'_i\rangle = \sum_j U_{ij} |\nu_j\rangle \tag{5.182}$$

となる．この状態 $|\nu'_i\rangle$ で生成されたニュートリノが運動量 $\boldsymbol{P}$ で空間を伝播するものとする．ここで質量固有状態 $|\nu_i\rangle$ のエネルギーは

$$E_i = \sqrt{|\boldsymbol{P}|^2 + m_i^2} \tag{5.183}$$

である．ニュートリノが放出されて時間 t が経過すると，量子力学的な時間発展により式 (5.182) の状態は

$$|\nu'_i, t\rangle = \sum_j e^{-iE_j t} U_{ij} |\nu_j\rangle \tag{5.184}$$

と変化する．この状態を観測するときには再び弱い相互作用の固有状態としてニュートリノを検出する．すると状態 $|\nu'_j\rangle$ のニュートリノを観測する量子力学的振幅は，式 (5.182) と (5.184) の内積をとることにより

$$\langle \nu'_j | \nu'_i, t\rangle = \sum_k e^{-iE_k t} U_{ik} U_{jk}^* \tag{5.185}$$

となる．ここで直交規格化関係 $\langle \nu_i | \nu_j \rangle = \delta_{ij}$ を用いた．したがって，最初に世代 i のニュートリノとして放出されたものを，時間 t の後に世代 j のニュートリノとして観測する確率は

$$P_{i \to j} = \left|\langle \nu'_j | \nu'_i, t \rangle\right|^2 = \sum_{k,l} U_{ik} U_{jk}^* U_{il}^* U_{jl} e^{-i(E_k - E_l)t}$$

$$= \sum_k |U_{ik}|^2 |U_{jk}|^2 + 2\sum_{k<l} \left|U_{ik} U_{jk}^* U_{il}^* U_{jl}\right| \cos\left[(E_k - E_l)t - \phi_{ij;kl}\right] \quad (5.186)$$

となる．ただし $U_{ik} U_{jk}^* U_{il}^* U_{jl} = |U_{ik} U_{jk}^* U_{il}^* U_{jl}| e^{i\phi_{ij;kl}}$ とした．このとき位相 $\phi_{ij;kl}$ は添字の交換について $\phi_{ij;kl} = -\phi_{ji;kl} = -\phi_{ij;lk}$ を満たす．上式からわかるように，空間を一定エネルギーで伝播するニュートリノを観測すると，得られる世代の種類の確率に時間的な振動が見られる．

ニュートリノの質量は極端に小さく，通常の観測や実験では非常に高速で運動する相対論的な粒子となり，$|\boldsymbol{P}| \gg m_i$ が満たされている．この場合には式 (5.183) により $E_i - E_j = (m_i^2 - m_j^2)/2|\boldsymbol{P}|$ となり，さらに t はニュートリノの進んだ距離 x にほとんど等しくなる．したがって，式 (5.186) において振動位相の変化を決めている因子は

$$(E_i - E_j)t = \frac{2\pi x}{L_{ij}} \quad (5.187)$$

と表すことができる．ここで

$$L_{ij} = \frac{4\pi E}{\Delta m_{ij}^2} \quad (5.188)$$

および

$$E = |\boldsymbol{P}|, \qquad \Delta m_{ij}^2 = m_i^2 - m_j^2 \quad (5.189)$$

と定義した．この量 L_{ij} の絶対値 $|L_{ij}|$ を**振動長** (oscillation lengths) と呼び，これは世代 i と j の間のニュートリノ振動がどのくらいの距離で顕著になるかの目安を示す量になる．この長さ $|L_{ij}|$ よりも十分短い距離では，対応する世代間にニュートリノ振動は起こらない．上の式からわかるように，ニュートリノ振動の観測を行うことにより，ニュートリノの異なる世代間の 2 乗質量差が求められる．ちなみにニュートリノがマヨラナ粒子の場合，式 (5.181) の PMNS 行列に現れる 2 つの余分な位相角 α_1, α_2 の値は，ニュートリノ振動には寄与しない．

簡単な場合として混合行列 U が実行列であるとする．これは，ニュートリノがディラック粒子で，かつ混合行列の位相角 δ が無視できて CP 対称性が成り立つ場合に相当する．このとき $\phi_{ij;kl} = 0$ となり，さらに U は実回転行列となり $U^{\mathrm{T}} U = 1$ を満たすから，式 (5.186) は

$$P_{i\to j} = \delta_{ij} - \sum_{k,l} U_{ik} U_{jk} U_{il} U_{jl} \left[1 - e^{-i(E_k - E_l)t}\right]$$

$$= \delta_{ij} - 2\sum_{k<l} U_{ik} U_{jk} U_{il} U_{jl} \left[1 - \cos\left(\frac{2\pi x}{L_{kl}}\right)\right]$$

$$= \delta_{ij} - 4\sum_{k<l} U_{ik} U_{jk} U_{il} U_{jl} \sin^2\left(\frac{\Delta m_{kl}^2}{4E} x\right) \tag{5.190}$$

となる．さらに簡単な場合として，2世代間の混合だけが顕著で他の世代は振動に寄与しないとき，混合行列は

$$U = \begin{pmatrix} \cos\theta & \sin\theta \\ -\sin\theta & \cos\theta \end{pmatrix} \tag{5.191}$$

で与えられるから，

$$P_{1\to 1} = 1 - \sin^2 2\theta \sin^2\left(\frac{\Delta m^2}{4E} x\right) \tag{5.192}$$

$$P_{1\to 2} = \sin^2 2\theta \sin^2\left(\frac{\Delta m^2}{4E} x\right) \tag{5.193}$$

となる．ここで $\Delta m^2 = m_2^2 - m_1^2$ は考えている2世代間におけるニュートリノの2乗質量差である．

ニュートリノ振動を用いた実験により，2乗質量差の値としてほぼ

$$\Delta m_{21}^2 \simeq 7.6 \times 10^{-5} \text{ eV}^2, \quad |\Delta m_{32}^2| \simeq 2.4 \times 10^{-3} \text{ eV}^2 \tag{5.194}$$

が得られている．ただし Δm_{32}^2 の符号はわかっていない．ここで $\Delta m_{21}^2 \ll |\Delta m_{32}^2|$ であることから，m_1 と m_2 の値はお互いに近いわりに m_3 の値はそこから離れていることがわかる．ここで Δm_{32}^2 の符号によって2つの可能性がある．1つの可能性は $m_1 < m_2 \ll m_3$ となって m_2 と m_3 の間に大きな質量ギャップがある場合で，これを**順質量階層** (normal mass hierarchy) という．他の可能性は $m_3 \ll m_1 < m_2$ となって m_3 と m_1 の間に大きな質量ギャップがある場合で，これを**逆質量階層** (inverse mass hierarchy) という．実際にどちらなのか，いまのところ実験的には結論が出ていない．

ニュートリノ振動実験では，ニュートリノ質量の絶対値を測定することができない．上の2つの質量階層のどちらであっても，もっとも軽いニュートリノの質量が十分小さければ，もっとも重いニュートリノの質量は $\sqrt{|\Delta m_{32}^2|} \simeq 0.05$ eV 程度である．逆に，もっとも軽いニュートリノの質量が十分大きければ，3世代のニ

ュートリノ質量はほぼ等しい．宇宙論的な観測の解析から，3世代のニュートリノ質量の合計は 1 eV より十分小さいという結果が得られている．このことから，各世代でニュートリノ質量の絶対値は 0.1 eV を超えない値だろうと考えられる．

5.5 ラグランジアンのまとめと低エネルギー現象論

5.5.1 素粒子標準モデルのラグランジアン密度

　素粒子標準理論を構成する基本的な要素は，ここまでの説明でほとんど尽きている．ラグランジアン密度に寄与するかなり多くの項が出てきたので，ここで全体を整理してまとめておく．標準理論のラグランジアン密度全体 $\mathscr{L}_{\mathrm{SM}}$ を，

$$\mathscr{L}_{\mathrm{SM}} = \mathscr{L}_{\mathrm{Higgs}} + \mathscr{L}_{\mathrm{gauge}} + \mathscr{L}_{\mathrm{fermions}} + \mathscr{L}_{\mathrm{Yukawa}} \tag{5.195}$$

と分解する．これらをゲージ対称性の明らかな形で書き表すと，$\mathscr{L}_{\mathrm{Higgs}}$ は式 (5.38) で与えられ，また $\mathscr{L}_{\mathrm{gauge}}$ は式 (5.47) と (5.106)，$\mathscr{L}_{\mathrm{fermions}}$ は式 (5.86) と (5.119) で与えられる．またニュートリノ質量を与えるため，標準理論の最小限の拡張として湯川相互作用項に右手型ニュートリノを導入すると，$\mathscr{L}_{\mathrm{Yukawa}}$ は式 (5.91) と (5.145) および (5.120) で与えられる．すなわち，

$$\mathscr{L}_{\mathrm{Higgs}} = -(D_\mu \Phi)^\dagger D^\mu \Phi - \lambda \left(\Phi^\dagger \Phi - \frac{v^2}{2} \right)^2 \tag{5.196}$$

$$\mathscr{L}_{\mathrm{gauge}} = -\frac{1}{4} B_{\mu\nu} B^{\mu\nu} - \frac{1}{2} \mathrm{Tr}(W_{\mu\nu} W^{\mu\nu}) - \frac{1}{2} \mathrm{Tr}(G_{\mu\nu} G^{\mu\nu}) \tag{5.197}$$

$$\mathscr{L}_{\mathrm{fermions}} = -\overline{E_{\mathrm{L}}^l} \, i\slashed{D} E_{\mathrm{L}}^l - \overline{e_{\mathrm{R}}^l} \, i\slashed{D} e_{\mathrm{R}}^l - \overline{Q_{\mathrm{L}}^l} \, i\slashed{D} Q_{\mathrm{L}}^l - \overline{u_{\mathrm{R}}^l} \, i\slashed{D} u_{\mathrm{R}}^l - \overline{d_{\mathrm{R}}^l} \, i\slashed{D} d_{\mathrm{R}}^l \tag{5.198}$$

$$\mathscr{L}_{\mathrm{Yukawa}} = -\lambda_{ll'} \, \overline{E_{\mathrm{L}}^l} \, \Phi \, e_{\mathrm{R}}^{l'} - \lambda_\nu^{ll'} \, \overline{E_{\mathrm{L}}^l} \, \varepsilon \Phi^* \, N_{\mathrm{R}}^{l'} - \lambda_{\mathrm{d}}^{ll'} \, \overline{Q_{\mathrm{L}}^l} \, \Phi \, d_{\mathrm{R}}^{l'} - \lambda_{\mathrm{u}}^{ll'} \, \overline{Q_{\mathrm{L}}^l} \, \varepsilon \Phi^* \, u_{\mathrm{R}}^{l'} + \mathrm{h.c.} \tag{5.199}$$

となる．素粒子標準モデルの基本的な要素はこのラグランジアン密度に凝縮されている．このラグランジアン密度は古典的場に対するものであり，量子化の手続きを経て観測量が求められる．既知の素粒子に働く基本的な相互作用は，重力相互作用を除き，このラグランジアン密度を基礎として記述される．そして，数々の検証実験によりその正しさは十分な精度で確かめられている．

　上に与えられたラグランジアン密度の式は，理論の持つゲージ対称性が明らかにわかる形をしている．観測される粒子に対する相互作用を得には，自発的な対称

性の破れを考慮したラグランジアン密度に書き換える必要がある．以下にそれらの形を整理して与える．

ユニタリ・ゲージのもとで $\mathscr{L}_{\text{Higgs}}$ は式 (5.39) で与えられる．結合定数 g は式 (5.72) により $g = e/\sin\theta_{\text{W}}$ と置き換えてよい．すると

$$\begin{aligned}\mathscr{L}_{\text{Higgs}} = &-\frac{1}{2}\partial_\mu H \partial^\mu H - \lambda v^2 H^2 - \lambda v H^3 - \frac{\lambda}{4}H^4 \\ &- \frac{e^2 v^2}{4\sin^2\theta_{\text{W}}}W_\mu^- W^{+\mu} - \frac{e^2 v^2}{2\sin^2 2\theta_{\text{W}}}Z_\mu Z^\mu - \frac{e^2 v}{2\sin^2\theta_{\text{W}}}W_\mu^- W^{+\mu} H \\ &- \frac{e^2 v}{\sin^2 2\theta_{\text{W}}}Z_\mu Z^\mu H - \frac{e^2}{4\sin^2\theta_{\text{W}}}W_\mu^- W^{+\mu} H^2 - \frac{e^2}{2\sin^2 2\theta_{\text{W}}}Z_\mu Z^\mu H^2 \end{aligned} \quad (5.200)$$

となる．ただし定数項は落とした．右辺第 1 項と第 2 項はヒッグス場の自由ラグランジアンを与え，第 3 項と第 4 項はヒッグス場の自己相互作用項を与える．また第 5 項と第 6 項はゲージ場 $W_\mu^\pm, Z_\mu$ の質量項になっている．残りの項はゲージ場とヒッグス場の相互作用項である．

ゲージ場の強度テンソルからなるラグランジアン密度 $\mathscr{L}_{\text{gauge}}$ は，式 (5.56) と (5.106) を合わせたもので与えられる．すなわち

$$\begin{aligned}\mathscr{L}_{\text{gauge}} = &-\frac{1}{4}G_{\mu\nu}^a G_a^{\mu\nu} - \frac{1}{4}A_{\mu\nu}A^{\mu\nu} - \frac{1}{4}Z_{\mu\nu}Z^{\mu\nu} - \frac{1}{2}\left(\partial_\mu W_\nu^- - \partial_\nu W_\mu^-\right)\left(\partial^\mu W^{+\nu} - \partial^\nu W^{+\mu}\right) \\ &- ie\left[\left(\partial_\mu W_\nu^- - \partial_\nu W_\mu^-\right)W^{+\mu}A^\nu - \left(\partial_\mu W_\nu^+ - \partial_\nu W_\mu^+\right)W^{-\mu}A^\nu + A_{\mu\nu}W^{-\mu}W^{+\nu}\right] \\ &- ie\cot\theta_{\text{W}}\left[\left(\partial_\mu W_\nu^- - \partial_\nu W_\mu^-\right)W^{+\mu}Z^\nu - \left(\partial_\mu W_\nu^+ - \partial_\nu W_\mu^+\right)W^{-\mu}Z^\nu + Z_{\mu\nu}W^{-\mu}W^{+\nu}\right] \\ &- e^2\left(W_\mu^- W^{+\mu}A_\nu A^\nu - W_\mu^- W_\nu^+ A^\mu A^\nu\right) \\ &- e^2\cot^2\theta_{\text{W}}\left(W_\mu^- W^{+\mu}Z_\nu Z^\nu - W_\mu^- W_\nu^+ Z^\mu Z^\nu\right) \\ &- e^2\cot\theta_{\text{W}}\left[2W_\mu^- W^{+\mu}A_\nu Z^\nu - W_\mu^- W_\nu^+ \left(A^\mu Z^\nu + A^\nu Z^\mu\right)\right] \\ &- \frac{e^2}{2\sin^2\theta_{\text{W}}}\left[W_\mu^- W^{+\mu}W_\nu^- W^{+\nu} - W_\mu^- W^{-\mu}W_\nu^+ W^{+\nu}\right] \end{aligned} \quad (5.201)$$

である．

物質場の共変微分から作られるラグランジアン密度 $\mathscr{L}_{\text{fermions}}$ について，ここで共変微分を具体的に表した式を求めておく．共変微分の具体的な形は，レプトンの SU(2) 2 重項 E_{L}^l については式 (5.81) で，1 重項 e_{R}^l については式 (5.83) で，クォークの 2 重項 Q_{L}^l については式 (5.116) で，さらに 1 重項 $u_{\text{R}}^l, d_{\text{R}}^l$ については式 (5.117), (5.118) で，それぞれ与えられる．ただし，ここに現れてくるレプトンとクォークの世代の区別は弱い相互作用に関する固有状態である．これらを質量固有

状態で表すと，PMNS 行列と CKM 行列により世代間混合が起きる．以上により，式 (5.198) を具体的に表す式を求めると，

$$\begin{aligned}
\mathscr{L}_{\text{fermions}} = &-\overline{\nu_L^l} i\partial\!\!\!/\nu_L^l - \overline{\psi^l} i\partial\!\!\!/\psi^l - \overline{u^l} i\partial\!\!\!/u^l - \overline{d^l} i\partial\!\!\!/d^l + e\left[\overline{\psi^l}\gamma^\mu\psi^l - \frac{2}{3}\overline{u^l}\gamma^\mu u^l + \frac{1}{3}\overline{d^l}\gamma^\mu d^l\right]A_\mu \\
&-\frac{e}{2\sqrt{2}\sin\theta_W}\left[V_{\text{PMNS}}^{ll'}\overline{\psi^l}\gamma^\mu(1-\gamma_5)\nu_L^{l'}W_\mu^- + V_{\text{PMNS}}^{l'l*}\overline{\nu_L^l}\gamma^\mu(1-\gamma_5)\psi^{l'}W_\mu^+\right. \\
&\left.\qquad\qquad\qquad + V_{\text{CKM}}^{ll'}\overline{u^l}\gamma^\mu(1-\gamma_5)d^{l'}W_\mu^+ + V_{\text{CKM}}^{l'l*}\overline{d^l}\gamma^\mu(1-\gamma_5)u^{l'}W_\mu^-\right] \\
&+\frac{e}{2\sin 2\theta_W}\left[\overline{\psi^l}\gamma^\mu\left(1-4\sin^2\theta_W - \gamma_5\right)\psi^l - \overline{\nu_L^l}\gamma^\mu(1-\gamma_5)\nu_L^l\right. \\
&\left.\qquad\qquad - \overline{u^l}\gamma^\mu\left(1-\frac{8}{3}\sin^2\theta_W-\gamma_5\right)u^l + \overline{d^l}\gamma^\mu\left(1-\frac{4}{3}\sin^2\theta_W-\gamma_5\right)d^l\right]Z_\mu \\
&-\frac{g_s}{2}\left(\overline{u^l}\lambda_a\gamma^\mu u^l + \overline{d^l}\lambda_a\gamma^\mu d^l\right)G_\mu^a \qquad (5.202)
\end{aligned}$$

が得られる．

最後に，湯川相互作用項 $\mathscr{L}_{\text{Yukawa}}$ を質量固有状態で表したものは，式 (5.130)，(5.151) により与えられ，

$$\mathscr{L}_{\text{Yukawa}} = -\sum_l \left(m_l\overline{\psi^l}\psi^l + m_\nu^l\overline{\psi_\nu^l}\psi_\nu^l + m_d^l\overline{d^l}d^l + m_u^l\overline{u^l}u^l\right)\left(1+\frac{H}{v}\right) \qquad (5.203)$$

となる．ただしここでは右手型ニュートリノを付け加えてニュートリノにディラック質量を与えるモデルを考え，ニュートリノを表すスピノル場

$$\psi_\nu^l = \nu_L^l + N_R^l \qquad (5.204)$$

を定義した．前節でくわしく述べたように，ニュートリノ質量項の起源は素粒子標準モデルの中でも確立していないため，その形については他の可能性もある．

以上のラグランジアン密度は，古典場に対するものである．ここから量子化の手続きを経て，散乱振幅や散乱断面積などを計算し，実験と比較することができる．ゲージ場の量子化では非物理的自由度であるゲージ自由度の処理が必要になる．非可換ゲージ場の量子化には，4.2.3 項で述べた可換ゲージ場とは異なる技術が必要である．本書ではその具体的な手続きを述べることはしないが，そこでは，ファデーエフ-ポポフ・ゴースト（Faddeev-Popov ghost; FP ゴースト）場と呼ばれる，グラスマン数のスカラー場で表される非物理的な場が導入される．この場によって，非可換ゲージ場を含む散乱振幅のユニタリ性が保証される．ただしそれはけっして観測されることのない場であり，ゲージ場の内線に対するループ補正にだ

け現れる．量子論では，古典的なラグランジアン密度 $\mathscr{L}_{\text{SM}}$ の他に，ゲージ固定項 $\mathscr{L}_{\text{GF}}$ および FP ゴースト場を含んだファデーエフ-ポポフ項 $\mathscr{L}_{\text{FP}}$ が付け加わる．また，前章でも少し述べたように，場の量子論の摂動計算においては，ループ補正で生じる発散をくりこみ理論によって処理する必要がある．くりこみの手続きが有限の操作で実行可能かどうかは，ラグランジアンの形に依存する．それが有限の手続きで実行可能な理論をくりこみ可能な理論という．くりこみ可能な理論だけが，整合的に理論予言を行うことができる．ヤン-ミルズ理論がくりこみ可能な理論であることは，1971 年にゲラルド・トフーフトによって証明された．これにより，素粒子標準モデルもくりこみ可能な理論であることが示されている．

ここで，素粒子標準モデルに含まれる独立なパラメータをまとめておく．式 (5.200)–(5.203) に含まれる独立なパラメータは，ヒッグス場の自己結合定数 λ，ヒッグス場の真空期待値 v，単位電荷 e，ワインバーグ角 θ_{W}，強い相互作用の結合定数 g_{s}，レプトンの質量 $m_{\text{e}}, m_{\mu}, m_{\tau}, m_{\nu_e}, m_{\nu_\mu}, m_{\nu_\tau}$，クォークの質量 $m_{\text{u}}, m_{\text{d}}, m_{\text{c}}, m_{\text{s}}, m_{\text{t}}, m_{\text{b}}$，CKM 行列の混合角 $\theta_{12}, \theta_{23}, \theta_{13}$ と位相 δ，さらに PMNS 行列の混合角 $\theta^{\nu}_{12}, \theta^{\nu}_{23}, \theta^{\nu}_{13}$ と位相 δ^{ν} である．ニュートリノがマヨラナ粒子である場合には，さらに位相 α_1, α_2 がこれに加わる．したがって，パラメータの総数はディラック・ニュートリノの場合 25 個，マヨラナ・ニュートリノの場合 27 個となる．ヒッグス場やゲージ場の質量は自発的な対称性の破れによって生じるため，上の変数により一意的に定まる．これらの質量項は $\mathscr{L}_{\text{Higgs}}$ に含まれ，式 (5.40), (5.42) にあるように，

$$m_{\text{H}} = \sqrt{2\lambda}v, \quad m_{\text{W}} = \frac{ev}{2\sin\theta_{\text{W}}}, \quad m_{\text{Z}} = \frac{ev}{\sin 2\theta_{\text{W}}} \tag{5.205}$$

で与えられる．したがって，3 つのパラメータ $\lambda, v, \theta_{\text{W}}$ の代わりにこれらの質量 $m_{\text{H}}, m_{\text{W}}, m_{\text{Z}}$ を独立なパラメータと考えることもできる．

このようにまとめてみると明らかなように，素粒子標準モデルにおいて独立なパラメータの数は少なくない．これらのパラメータの値は理論の内部構造からは定まらず，実験で決めるほかない．理論的に決定できないパラメータが多いということは，素粒子標準モデルがまだ真に基本的な理論ではないことを示唆している可能性が高いと考えられている．さらに，これらの独立なパラメータのほとんどが質量に関係していることに気がつく．質量は重力相互作用とも関係しているが，素粒子標準モデルにおいて重力を量子論的に矛盾なく扱うことはできていない．このような意味で，質量の起源については素粒子標準モデルの中でも謎の多い部分になっている．

5.5.2 弱い相互作用の低エネルギー現象論

弱い相互作用のゲージ場 $W_\mu^\pm, Z_\mu$ が持つ質量 m_W, m_Z は 100 GeV 程度であり, 他の素粒子に比べてかなり大きい. この 100 GeV よりも十分に低エネルギーの現象は, これらの質量が十分に大きいという極限をとることによって, 近似的なラグランジアン密度で表されるようになる. 以下でこのことを具体的に示しておく.

弱い相互作用に関するゲージ場と物質場との相互作用項は, 式 (5.202) に含まれている. その部分を取り出すと

$$\mathscr{L}_{\text{fermions}}^{\text{weak}} = -\frac{e}{2\sqrt{2}\sin\theta_W}\left(J_-^\mu W_\mu^- + J_+^\mu W_\mu^+\right) - \frac{e}{2\sin 2\theta_W}J_0^\mu Z_\mu \tag{5.206}$$

という形となる. ここで,

$$J_-^\mu = V_{\text{PMNS}}^{ij}\overline{\psi^i}\gamma^\mu(1-\gamma_5)\nu_L^j + V_{\text{CKM}}^{ji*}\overline{d^i}\gamma^\mu(1-\gamma_5)u^j \tag{5.207}$$

$$J_+^\mu = (J_-^\mu)^\dagger = V_{\text{PMNS}}^{ji*}\overline{\nu_L^i}\gamma^\mu(1-\gamma_5)\psi^j + V_{\text{CKM}}^{ij}\overline{u^i}\gamma^\mu(1-\gamma_5)d^j \tag{5.208}$$

$$J_0^\mu = \overline{\nu_L^i}\gamma^\mu(1-\gamma_5)\nu_L^i - \overline{\psi^i}\gamma^\mu\left(1-4\sin^2\theta_W-\gamma_5\right)\psi^i$$
$$+ \overline{u^i}\gamma^\mu\left(1-\frac{8}{3}\sin^2\theta_W-\gamma_5\right)u^i - \overline{d^i}\gamma^\mu\left(1-\frac{4}{3}\sin^2\theta_W-\gamma_5\right)d^i \tag{5.209}$$

と定義した. ゲージ場 $W_\mu^\pm$ と結合する量 $J_\pm^\mu$ は**荷電カレント** (charged current) と呼ばれ, またゲージ場 Z_μ と結合している量 J_0^μ は**中性カレント** (neutral current) と呼ばれる.

ゲージ場の質量が大きい極限では, $\mathscr{L}_{\text{Higgs}}$ に含まれるゲージ場自体の質量項 $-m_W^2 W_\mu^- W^{+\mu}$ および $(-1/2)m_Z^2 Z_\mu Z^\mu$ を除き, 他の部分ではゲージ場の関係する項が無視できるようになる. すると, 弱い相互作用に関係する物質場のラグランジアン密度は近似的に

$$\mathscr{L}^{\text{weak}} \simeq \mathscr{L}_{\text{fermions}}^{\text{weak}} - m_W^2 W_\mu^- W^{+\mu} - \frac{1}{2}m_Z^2 Z_\mu Z^\mu \tag{5.210}$$

で与えられる. ここにはゲージ場の微分が含まれないため, ゲージ場は近似的に力学的な場ではない. ゲージ場に対するオイラー–ラグランジュ方程式 (3.9) を求めると,

$$W_\mu^\pm = \frac{-eJ_{\mp\mu}}{2\sqrt{2}\,m_W^2\sin\theta_W}, \quad Z_\mu = \frac{-eJ_{0\mu}}{2\,m_Z^2\sin 2\theta_W} \tag{5.211}$$

となる. これを物質場のラグランジアン密度 (5.206) へ代入してゲージ場 $W_\mu^\pm, Z_\mu$ を消去すると,

$$\mathscr{L}_{\text{fermions}}^{\text{weak}} \simeq \frac{e^2}{4\, m_W^2 \sin^2\theta_W} J_-^\mu J_{+\mu} + \frac{e^2}{4\, m_Z^2 \sin^2 2\theta_W} J_0^\mu J_{0\mu} \tag{5.212}$$

という有効ラグランジアン密度が得られる．この近似的なラグランジアン密度は，物質場についての4点相互作用項を含んでいる．

歴史的には素粒子標準モデルの完成する前から，弱い相互作用が物質場の4点相互作用で現象論的に記述できることが知られていた．ベータ崩壊に関するフェルミ理論では，陽子p, 中性子n, 電子e, ニュートリノνをそれぞれ4成分スピノルで表すとき，ラグランジアン密度が

$$\mathscr{L}_\beta = \frac{G_F}{\sqrt{2}}\, (\bar{\mathrm{p}}\gamma_\mu \mathrm{n})(\bar{\mathrm{e}}\gamma^\mu \nu) + \text{h.c.} \tag{5.213}$$

で与えられる．ここでG_Fはフェルミ結合定数(Fermi coupling constant)と呼ばれる定数であり，その測定値は

$$G_F \simeq 1.1664 \times 10^{-5}\ \text{GeV}^{-2} \tag{5.214}$$

である．

その後，弱い相互作用に関するパリティの破れが実験的に発見されると，式(5.213)にはパリティを破る項を追加するべきことがわかり，

$$\mathscr{L}_\beta = \frac{G_F}{\sqrt{2}}\, [\bar{\mathrm{p}}\gamma_\mu(1 - g_A\gamma_5)\mathrm{n}]\,[\bar{\mathrm{e}}\gamma^\mu(1-\gamma_5)\nu] + \text{h.c.} \tag{5.215}$$

という形で実験をよく再現することがわかった．ここで

$$g_A \simeq 1.289 \tag{5.216}$$

は「核子の擬ベクトル結合定数」と呼ばれる現象論的な量である．レプトンの部分と違って核子の部分に因子g_Aがつくのは，核子中での強い相互作用による高次補正効果が無視できないためである．

さらに弱い相互作用を一般的に記述する現象論として**V–A理論**(V–A theory)と呼ばれる理論が考えられた．この理論では，ラグランジアン密度における場の4点相互作用項が式(5.215)に似た形

$$\mathscr{L}_{\text{V--A}} = \frac{G_F}{\sqrt{2}}\, J_\mu^\dagger J^\mu + \text{h.c.} \tag{5.217}$$

で現象論的に与えられる．このカレントJ_μはベクトル(Vector)と擬ベクトル(Axial vector)の差で与えられるため，上の相互作用はパリティ対称性を破る．このカレントは素粒子標準モデルにおける荷電カレントJ_-^μに対応する．すると式(5.212)

と比較することにより，フェルミ結合定数は素粒子標準モデルのパラメータで表すことができ，

$$G_\mathrm{F} = \frac{e^2}{4\sqrt{2}\, m_\mathrm{W}^2 \sin^2\theta_\mathrm{W}} \tag{5.218}$$

と対応する．式 (5.41) により Z 粒子の質量は $m_\mathrm{Z} = m_\mathrm{W}/\cos\theta_\mathrm{W}$ で与えられる．したがって，この関係式 (5.218) を用いると，低エネルギー現象の実験で求められる 3 つのパラメータ $e, G_\mathrm{F}, \theta_\mathrm{W}$ の値だけから，ゲージ粒子の質量値 $m_\mathrm{W}, m_\mathrm{Z}$ が推定できる．歴史的にはこのようにして弱い相互作用を媒介するゲージ粒子の質量が理論的に予言され，それに基づいて高エネルギー加速器による実験で探索したところ，理論予言の通りに見つかったのであった．

付録 A
有用な数値

本書に関係する有用な数値をまとめる．以下の値は主として 2010 CODATA Internationally recommended values of the Fundamental Physical Constants[*1]，2012 Particle Data Group[*2]，Planck Cosmological Parameters (*Planck*+WP+highL+BAO)[*3] などによる．括弧付きの数値は最後の数字に含まれる誤差 (1σ) を表す．たとえば，"1.234(56)" は，"1.234 ± 0.056 (1σ)" という意味である．また，不等式に付けられている "(95% C.L.)" は，確度 95% で制限されることを表す．

A.1 数学定数

円周率	$\pi = 3.141592653589793238\ldots$
ネイピア数（自然対数の底）	$e = 2.718281828459045235\ldots$
オイラー定数	$\gamma = 0.577215664901532861\ldots$
アペリーの定数	$\zeta(3) = 1.202056903159594285\ldots$
10 の自然対数	$\ln 10 = 2.302585092994045684\ldots$

[*1] http://physics.nist.gov/cuu/Constants/
[*2] http://pdg.lbl.gov/
[*3] http://www.sciops.esa.int/wikiSI/planckpla/index.php

A.2 物理定数

真空中の光速[*4] $\qquad c \equiv 2.99792458 \times 10^8 \text{ m s}^{-1}$

換算プランク定数（ディラック定数）[*5] $\qquad \hbar = 1.054571726(47) \times 10^{-34}$ J s

$\qquad\qquad\qquad\qquad\qquad\qquad\qquad = 6.58211928(15) \times 10^{-16}$ eV s

ボルツマン定数 $\qquad k_B = 1.3806488(13) \times 10^{-23}$ J K^{-1}

アボガドロ数 $\qquad N_A = 6.02214129(27) \times 10^{23}$ mol^{-1}

重力定数 $\qquad G = 6.67384(80) \times 10^{-11}$ m^3 kg^{-1} s^{-2}

素電荷 $\qquad e = 1.602176565(35) \times 10^{-19}$ C

電子ボルト $\qquad \text{eV} = 1.602176565(35) \times 10^{-19}$ J

電子質量 $\qquad m_e = 9.10938291(40) \times 10^{-31}$ kg

$\qquad\qquad\qquad\qquad\qquad\qquad\qquad = 510.998928(11)$ keV$/c^2$

陽子質量 $\qquad m_p = 1.672621777(74) \times 10^{-27}$ kg

$\qquad\qquad\qquad\qquad\qquad\qquad\qquad = 938.272046(21)$ MeV$/c^2$

中性子質量 $\qquad m_n = 1.674927351(74) \times 10^{-27}$ kg

$\qquad\qquad\qquad\qquad\qquad\qquad\qquad = 939.565379(21)$ MeV$/c^2$

重陽子質量 $\qquad m_d = 3.34358348(15) \times 10^{-27}$ kg

$\qquad\qquad\qquad\qquad\qquad\qquad\qquad = 1875.612859(41)$ MeV$/c^2$

ステファン-ボルツマン定数 $\qquad \sigma_{SB} \equiv \pi^2 k_B^4 / 60 \hbar^3 c^2$

$\qquad\qquad\qquad\qquad\qquad\qquad\qquad = 5.670373(21) \times 10^{-8}$ W m^{-2} K^{-4}

真空の透磁率（誤差なし） $\qquad \mu_0 \equiv 4\pi \times 10^{-7}$ N A^{-2}

$\qquad\qquad\qquad\qquad\qquad\qquad\qquad = 12.566370614... \times 10^{-7}$ N A^{-2}

真空の誘電率（誤差なし） $\qquad \epsilon_0 \equiv 1/\mu_0 c^2$

$\qquad\qquad\qquad\qquad\qquad\qquad\qquad = 8.854187817... \times 10^{-12}$ F m^{-1}

[*4] 基本単位のメートルは真空中の光速を用いて定義されるため，値に誤差はない．

[*5] プランク定数 $h = 2\pi\hbar$ は無次元ハッブル定数と紛らわしいので本書では用いない．

微細構造定数	$\alpha \equiv e^2/4\pi\epsilon_0\hbar c$
	$= 7.2973525698\,(24) \times 10^{-3}$
	$= 1/137.035999074\,(44)$
トムソン散乱断面積	$\sigma_\mathrm{T} \equiv e^4/6\pi\epsilon_0{}^2 m_\mathrm{e}{}^2 c^4$
	$= 0.6652458734\,(13) \times 10^{-28}\ \mathrm{m}^2$
フェルミ結合定数	$G_\mathrm{F}/(\hbar c)^3 = 1.166364\,(5) \times 10^{-5}\ \mathrm{GeV}^{-2}$
弱混合角	$\sin^2\theta_\mathrm{W} = 0.23155\,(5)$
W粒子質量	$m_\mathrm{W} = 80.385\,(15)\ \mathrm{GeV}/c^2$
Z粒子質量	$m_\mathrm{Z} = 91.1876\,(21)\ \mathrm{GeV}/c^2$
プランク長	$l_\mathrm{Pl} \equiv (G\hbar/c^3)^{1/2}$
	$= 1.616199\,(97) \times 10^{-35}\ \mathrm{m}$
プランク質量	$m_\mathrm{Pl} \equiv (\hbar c/G)^{1/2}$
	$= 2.17651\,(13) \times 10^{-8}\ \mathrm{kg}$
	$= 1.220932\,(73) \times 10^{19}\ \mathrm{GeV}/c^2$
プランク時間	$t_\mathrm{Pl} \equiv (G\hbar/c^5)^{1/2}$
	$= 5.39106\,(32) \times 10^{-44}\ \mathrm{s}$
プランク温度	$T_\mathrm{Pl} \equiv (\hbar c^5/G)^{1/2}/k_\mathrm{B}$
	$= 1.416833\,(85) \times 10^{32}\ \mathrm{K}$

A.3　天文学的単位

天文単位[*6] (astronomical unit)	$1\ \mathrm{AU} = 1.495978707 \times 10^{11}\ \mathrm{m}$
光年[*6] (light year)	$1\ \mathrm{ly} = 9.4607304725808 \times 10^{15}\ \mathrm{m}$
	$= 0.306601\ldots\ \mathrm{pc}$
パーセク (parsec)	$1\ \mathrm{pc} = 1\ \mathrm{AU}/1\ \mathrm{arcsec}$
	$= 3.085677581\ldots \times 10^{16}\ \mathrm{m}$
	$= 3.2615638\ldots\ \mathrm{ly}$

[*6] これが定義であり，値に誤差はない．

恒星年[*7] (sidereal year, 2007)	1 yr = 3.15581498×10^7 s
回帰年[*8] (tropical year, 2007)	1 yr = 3.15569252×10^7 s
太陽質量	$M_\odot = 1.32712440041\,(10) \times 10^{20} G^{-1}$ m^3 s^{-2}
	$= 1.98855\,(25) \times 10^{30}$ kg
太陽赤道半径	$R_\odot = 6.9551\,(3) \times 10^8$ m
太陽光度	$L_\odot = 3.8427\,(14) \times 10^{26}$ W
地球質量	$M_\oplus = 5.9722\,(6) \times 10^{24}$ kg
地球赤道半径	$R_\oplus = 6.378137 \times 10^6$ m

A.4 宇宙論的な量

ハッブル定数	$H_0 = 100\,h$ km s^{-1} Mpc^{-1}
	$= (3.085677581 \times 10^{17}$ s$)^{-1}\,h$
	$= (9.778$ Gyr$)^{-1}\,h$
無次元ハッブル定数[*9]	$h = 0.6780\,(77)$
宇宙年齢[*9]	$t_0 = 13.798\,(37)$ Gyr
臨界密度	$\varrho_{c0} = \rho_{c0}/c^2 = 3H_0^2/8\pi G$
	$= 2.77536627 \times 10^{11}\,h^2\,M_\odot$ Mpc^{-3}
	$= 1.87835\,(19) \times 10^{-26}\,h^2$ kg m^{-3}
	$= 1.05368\,(11) \times 10^1\,h^2$ GeV/c^2 m^{-3}
CMB 温度	$T_0 = 2.72548\,(57)$ K
相対論的有効自由度（エネルギー密度）	$g_{*0} \simeq 3.384$
相対論的有効自由度（エントロピー）	$g_{*S0} \simeq 3.938$
光子密度パラメータ	$\Omega_{\gamma 0} = 2.4729\,(21) \times 10^{-5}\,h^{-2}$

[*7] 太陽系外の恒星から見た地球の公転周期.
[*8] 春分点から 1 年後の春分点までにかかる時間. 地球の歳差運動により恒星年よりも短い.
[*9] これら宇宙パラメータの値や誤差は独立ではなく, 仮定する宇宙論モデルにも依存する. こ こに挙げた数値は宇宙項入りの平坦宇宙モデルで, ニュートリノの質量が十分小さい場合のもの.

A.4 宇宙論的な量

放射成分密度パラメータ*10	$\Omega_{r0} = g_{*0}\Omega_{\gamma 0}/2 = 4.1577(35) \times 10^{-5}\, h^{-2}$
バリオン密度パラメータ*9	$\Omega_{b0} = 0.02205(28)\, h^{-2} \simeq 0.0480(12)$
CDM 密度パラメータ*9	$\Omega_{c0} = 0.1187(17)\, h^{-2} \simeq 0.2582(69)$
物質成分密度パラメータ*9	$\Omega_{m0} = 0.1408(17)\, h^{-2} \simeq 0.3062(79)$
宇宙定数密度パラメータ*9	$\Omega_{\Lambda 0} = 0.692(10)$
密度ゆらぎの振幅*9	$\sigma_8 = 0.829(12)$
曲率パラメータ*11	$\Omega_{K0} = -0.0005(33)$
ニュートリノ密度パラメータ*11	$\Omega_{\nu 0} h^2 < 0.0025$ (95% C.L.)
ニュートリノ質量和*11	$\sum m_\nu < 0.23\,\mathrm{eV}$ (95% C.L.)
ニュートリノ有効世代数*11	$N_{\mathrm{eff}} = 3.30(26)$
ダークエネルギーの 　状態方程式パラメータ*11	$w_d = -1.13(12)$
初期密度ゆらぎスペクトル指数*9	$n_s = 0.9608(54)$
走るスペクトル指数*9	$\dfrac{dn_s}{d\ln k} = -0.0143(85)$
テンソルとスカラーのスペクトル比 　$(k = 0.002\,\mathrm{Mpc}^{-1}$ における値)*9	$r_{0.002} < 0.111$ (95% C.L.)
CMB 光子の数密度	$n_{\gamma 0} = 4.1072(26) \times 10^8\,\mathrm{m}^{-3}$
バリオン数密度	$n_{b0} = \Omega_{b0}\varrho_{c0}/m_p$
	$= 0.2476(31) \times 10^{-1}\,\mathrm{m}^{-3}$
バリオン・光子比	$\eta = n_b/n_\gamma$
	$= 6.029(77) \times 10^{-10}$
ヘリウムと水素の原始質量比	$Y_P = 0.24770(12)$
エントロピー密度	$s = 2.9129(18) \times 10^9\,\mathrm{m}^{-3}$

---

*10　3 種類のニュートリノが放射成分として寄与する場合．
*11　他の宇宙論パラメータの見積り時にこれらのパラメータは $\Omega_{K0} = \Omega_{\nu 0} = 1 + w_d = 0$ に固定されている．

付録 B

特殊関数および数学公式

この付録では，本書で用いられる主な特殊関数や関連する数学公式などを示す．

B.1　デルタ関数

$$\int_{-\infty}^{\infty} dx\, \delta_{\mathrm{D}}(x-a) f(x) = f(a) \tag{B.1}$$

フーリエ表示：

$$\delta_{\mathrm{D}}(x) = \int_{-\infty}^{\infty} \frac{dk}{2\pi} e^{ikx} \tag{B.2}$$

$f(x) = 0$ の解を x_p ($p = 1, 2, \ldots$) とするとき，

$$\delta_{\mathrm{D}}(f(x)) = \sum_p \frac{\delta_{\mathrm{D}}(x - x_p)}{|f'(x_p)|} \tag{B.3}$$

B.2　2重階乗

$$n!! = \begin{cases} n(n-2)\cdots 3\cdot 1 & (n \text{ が奇数のとき}) \\ n(n-2)\cdots 4\cdot 2 & (n \text{ が偶数のとき}) \end{cases} \tag{B.4}$$

$$0! = 0!! = (-1)!! = 1 \tag{B.5}$$

階乗による表示：

$$(2n)!! = 2^n n!, \quad (2n-1)!! = \frac{(2n)!}{2^n n!} \tag{B.6}$$

B.3 ガンマ関数

$$\Gamma(z) = \int_0^\infty t^{z-1} e^{-t} dt = 2 \int_0^\infty e^{-t^2} t^{2z-1} dt = \int_0^1 \left[\ln\left(\frac{1}{t}\right)\right]^{z-1} dt \tag{B.7}$$

$$\Gamma(z+1) = z\Gamma(z) \tag{B.8}$$

倍数公式：

$$\Gamma(2z) = \frac{2^{2z}}{2\sqrt{\pi}} \Gamma(z) \Gamma\left(z + \frac{1}{2}\right) \tag{B.9}$$

$$\Gamma(nz) = \frac{n^{nz}}{(2\pi)^{(n-1)/2} \sqrt{n}} \Gamma(z) \Gamma\left(z + \frac{1}{n}\right) \Gamma\left(z + \frac{2}{n}\right) \cdots \Gamma\left(z + \frac{n-1}{n}\right) \tag{B.10}$$

特別な値：

負でない整数 $n = 0, 1, 2, \ldots$ に対し，

$$\Gamma(n) = (n-1)!, \quad \Gamma\left(n + \frac{1}{2}\right) = \frac{(2n-1)!! \sqrt{\pi}}{2^n}, \quad \Gamma\left(\frac{1}{2} - n\right) = \frac{(-1)^n 2^n \sqrt{\pi}}{(2n-1)!!} \tag{B.11}$$

いくつかの具体的な値：

$$\Gamma(1) = 1, \quad \Gamma(2) = 1, \quad \Gamma(3) = 2, \quad \Gamma(4) = 6, \quad \Gamma(5) = 24 \tag{B.12}$$

$$\Gamma\left(\frac{1}{2}\right) = \sqrt{\pi}, \quad \Gamma\left(\frac{3}{2}\right) = \frac{\sqrt{\pi}}{2}, \quad \Gamma\left(\frac{5}{2}\right) = \frac{3\sqrt{\pi}}{4}, \quad \Gamma\left(\frac{7}{2}\right) = \frac{15\sqrt{\pi}}{8} \tag{B.13}$$

B.4 ディガンマ関数

$$\psi(z) = \frac{d}{dz} \ln \Gamma(z) = \frac{\Gamma'(z)}{\Gamma(z)} \tag{B.14}$$

特別な値：

n を正の整数，$\gamma = 0.57721\cdots$ をオイラーの定数とすると，

$$\psi(n) = -\gamma + \sum_{k=1}^{n-1} \frac{1}{k} \tag{B.15}$$

$$\psi\left(n + \frac{1}{2}\right) = -\gamma - 2\ln 2 + \sum_{k=1}^{n} \frac{2}{2k-1} \tag{B.16}$$

B.5 リーマン・ツェータ関数

$$\zeta(z) = \sum_{k=1}^{\infty} \frac{1}{k^z} \quad (\text{Re}\, z > 1) \tag{B.17}$$

を解析接続して得られる関数をリーマン・ツェータ関数という．ゼータ関数とも呼ばれる．

積分表示：

$$\zeta(z) = \frac{1}{\Gamma(z)} \int_0^\infty \frac{t^{z-1}}{e^t - 1} dt = \frac{1}{(1 - 2^{1-z})\Gamma(z)} \int_0^\infty \frac{t^{z-1}}{e^t + 1} dt \tag{B.18}$$

いくつかの具体的な値：

$$\zeta(-1) = -\frac{1}{12}, \quad \zeta(0) = -\frac{1}{2}, \quad \zeta(1) = \infty, \quad \zeta(2) = \frac{\pi^2}{6}, \quad \zeta(3) = 1.20205\cdots \tag{B.19}$$

$$\zeta(4) = \frac{\pi^4}{90}, \quad \zeta(5) = 1.36927\cdots, \quad \zeta(6) = \frac{\pi^6}{945}, \quad \zeta(7) = 1.00834\cdots \tag{B.20}$$

B.6 多重対数関数

$$\text{Li}_s(z) = \sum_{k=1}^{\infty} \frac{z^k}{k^s} = z + \frac{z^2}{2^s} + \frac{z^3}{3^s} + \cdots \tag{B.21}$$

を解析接続して得られる関数を多重対数関数という．

積分表示：

$$\text{Li}_s(z) = \frac{1}{\Gamma(s)} \int_0^\infty \frac{t^{s-1}}{e^t/z - 1} dt, \quad -\text{Li}_s(-z) = \frac{1}{\Gamma(s)} \int_0^\infty \frac{t^{s-1}}{e^t/z + 1} dt \tag{B.22}$$

特別な値：

$$\text{Li}_s(1) = \zeta(s) \quad (\text{Re}\, s > 1) \tag{B.23}$$

$$\text{Li}_s(-1) = \left(2^{1-s} - 1\right)\zeta(s) \tag{B.24}$$

B.7 ベッセル関数

ベッセル関数とノイマン関数：

$$J_\nu(z) = \left(\frac{z}{2}\right)^\nu \sum_{k=0}^\infty \frac{(-1)^k}{k!\,\Gamma(\nu+k+1)} \left(\frac{z}{2}\right)^{2k} \qquad (z \neq \text{負の実数}) \tag{B.25}$$

$$N_\nu(z) = \frac{\cos(\nu\pi)J_\nu(z) - J_{-\nu}(z)}{\sin(\nu\pi)} \qquad (\nu \neq \text{整数},\ z \neq \text{負の実数}) \tag{B.26}$$

第1種および第2種ハンケル関数：

$$H_\nu^{(1)}(z) = J_\nu(z) + iN_\nu(z), \quad H_\nu^{(2)}(z) = J_\nu(z) - iN_\nu(z) \tag{B.27}$$

これら4つの関数を合わせたものを広義ベッセル関数という．

ベッセル微分方程式：

$$z^2 \frac{d^2 F}{dz^2} + z \frac{dF}{dz} + \left(z^2 - \nu^2\right) F = 0 \tag{B.28}$$

広義ベッセル関数はすべてベッセル微分方程式を満たす．

第1種および第2種変形ベッセル関数：

正の実数 x に対して

$$I_\nu(x) = i^{-\nu} J_\nu(ix) = \left(\frac{x}{2}\right)^\nu \sum_{k=0}^\infty \frac{(x/2)^{2k}}{k!\,\Gamma(\nu+k+1)} \left(\frac{z}{2}\right)^{2k} \tag{B.29}$$

$$K_\nu(x) = \frac{\pi}{2} \frac{I_{-\nu}(x) - I_\nu(x)}{\sin \nu\pi} = \frac{i\pi}{2} e^{i\nu\pi/2} H_\nu^{(1)}(ix) \quad (\nu \neq \text{整数}) \tag{B.30}$$

$$\begin{aligned} K_n(x) = K_{-n}(x) &= \frac{(-1)^n}{2} \left[\frac{\partial I_{-\nu}(x)}{\partial \nu} - \frac{\partial I_\nu(x)}{\partial \nu} \right]_{\nu=n} \\ &= (-1)^{n+1} I_n(x) \left(\gamma + \ln \frac{z}{2}\right) \quad (n = \text{整数}) \end{aligned} \tag{B.31}$$

B.8 球ベッセル関数

l を整数とする．

球ベッセル関数, 球ノイマン関数:

$$j_l(z) = \sqrt{\frac{\pi}{2z}} J_{l+\frac{1}{2}}(z), \quad n_l(z) = \sqrt{\frac{\pi}{2z}} N_{l+\frac{1}{2}}(z) = (-1)^{l+1} j_{-l-1}(z) \tag{B.32}$$

第1種および第2種球ハンケル関数:

$$h_l^{(1)}(z) = j_l(z) + in_l(z), \quad h_l^{(2)}(z) = j_l(z) - in_l(z) \tag{B.33}$$

これら4つの関数を合わせたものを広義ベッセル関数という.

球ベッセル微分方程式:

$$\frac{d^2 f}{dz^2} + \frac{2}{z}\frac{df}{dz} + \left[1 - \frac{l(l+1)}{z^2}\right]f = 0 \tag{B.34}$$

広義球ベッセル関数はすべて球ベッセル微分方程式を満たす.

レイリーの公式:

$$j_l(z) = (-1)^l z^l \left(\frac{1}{z}\frac{d}{dz}\right)^l \frac{\sin z}{z}, \quad n_l(z) = -(-1)^l z^l \left(\frac{1}{z}\frac{d}{dz}\right)^l \frac{\cos z}{z} \tag{B.35}$$

いくつかの具体形:

$$j_0(z) = \frac{\sin z}{z}, \quad j_1(z) = \frac{\sin z}{z^2} - \frac{\cos z}{z}, \quad j_2(z) = \left(\frac{3}{z^2} - 1\right)\frac{\sin z}{z} - \frac{3\cos z}{z^2} \tag{B.36}$$

$$j_{-1}(z) = -n_0(z) = \frac{\cos z}{z}, \quad j_{-2}(z) = n_1(z) = -\frac{\cos z}{z^2} - \frac{\sin z}{z} \tag{B.37}$$

直交関係:

$$\int_0^\infty r^2 dr\, j_l(kr)\, j_l(k'r) = \frac{\pi}{2k^2}\delta(k-k') \tag{B.38}$$

再帰関係式:

f_l が広義の球ベッセル関数 $j_l, n_l, h_l^{(1)}, h_l^{(2)}$ のいずれかであるとき,

$$f_l(z) = \frac{z}{2l+1}[f_{l+1}(z) + f_{l-1}(z)] \tag{B.39}$$

$$\frac{d}{dz}f_l(z) = \frac{l f_{l-1}(z) - (l+1)f_{l+1}(z)}{2l+1} = \frac{l}{z}f_l(z) - f_{l+1}(z) = f_{l-1}(z) - \frac{l+1}{z}f_l(z) \tag{B.40}$$

$$\frac{d}{dz}[z^{l+1}f_l(z)] = z^{l+1}f_{l-1}(z), \quad \frac{d}{dz}\left[\frac{f_l(z)}{z^l}\right] = -\frac{f_{l+1}(z)}{z^l} \tag{B.41}$$

近似式と漸近形：

$$j_l(z) \sim \frac{z^l}{(2l+1)!!}, \qquad n_l(z) \sim -\frac{(2l-1)!!}{z^{l+1}} \qquad (z \to 0) \qquad \text{(B.42)}$$

$$j_l(z) \sim \frac{1}{z}\cos\left[z - \frac{(l+1)\pi}{2}\right], \quad n_l(z) \sim \frac{1}{z}\sin\left[z - \frac{(l+1)\pi}{2}\right] \quad (z \to \infty) \quad \text{(B.43)}$$

B.9　ルジャンドル多項式

$$P_l(z) = \frac{1}{2^l}\sum_k \frac{(-1)^k(2l-2k)!}{k!\,(l-k)!\,(l-2k)!}z^{l-2k} \tag{B.44}$$

$$= \frac{1}{2^l}\sum_k (-1)^k \binom{l}{k}\binom{2l-2k}{l}z^{l-2k} \tag{B.45}$$

ただし，第1式において，すべての階乗の中身が負でない整数になる k について和をとる．

ルジャンドル微分方程式：

$$\frac{d}{dz}\left[(1-z^2)\frac{d}{dz}P_l(z)\right] + l(l+1)P_l(z) = 0 \tag{B.46}$$

ロドリゲス表示：

$$P_l(z) = \frac{1}{2^l l!}\frac{d^l}{dz^l}\left(z^2-1\right)^l \tag{B.47}$$

再帰関係式：

$$(l+1)P_{l+1}(z) = (2l+1)zP_l(z) - lP_{l-1}(z) \tag{B.48}$$

いくつかの具体形：

$$P_0(z) = 1, \quad P_1(z) = z, \quad P_2(z) = \frac{1}{2}\left(3z^2-1\right), \quad P_3(z) = \frac{1}{2}\left(5z^3-3z\right),$$

$$P_4(z) = \frac{1}{8}\left(35z^4-30z^2+3\right), \quad P_5(z) = \frac{1}{8}\left(63z^4-70z^2+15\right) \tag{B.49}$$

べき乗の表現：

$$1 = P_0(z), \quad z = P_1(z), \quad z^2 = \frac{1}{3}P_0(z) + \frac{2}{3}P_2(z), \quad z^3 = \frac{3}{5}P_1(z) + \frac{2}{5}P_3(z),$$
$$z^4 = \frac{1}{5}P_0(z) + \frac{4}{7}P_2(z) + \frac{8}{35}P_4(z), \quad z^5 = \frac{3}{7}P_1(z) + \frac{4}{9}P_3(z) + \frac{8}{63}P_5(z) \tag{B.50}$$

直交性と完全性：

$$\int_{-1}^{1} dx\, P_l(x) P_{l'}(x) = \frac{2\delta_{ll'}}{2l+1} \tag{B.51}$$

$$\sum_{l=0}^{\infty} (2l+1) P_l(x) P_l(x') = 2\delta(x-x') \tag{B.52}$$

積分公式：

$$\frac{1}{2}\int_{-1}^{1} dx\, P_l(x)\, e^{ixz} = i^l j_l(z) \tag{B.53}$$

レイリー展開公式：

$$e^{ix\mu} = \sum_{l=0}^{\infty} (2l+1) i^l j_l(x) P_l(\mu) \tag{B.54}$$

加法定理：

$\mu = \hat{\boldsymbol{r}}_1 \cdot \hat{\boldsymbol{r}}_2$ とするとき，

$$j_0(|\boldsymbol{r}_1 - \boldsymbol{r}_2|) = \sum_{l=0}^{\infty} (2l+1) j_l(r_1) j_l(r_2) P_l(\mu) \tag{B.55}$$

$$\frac{j_n(|\boldsymbol{r}_1 - \boldsymbol{r}_2|)}{|\boldsymbol{r}_1 - \boldsymbol{r}_2|^n} = \sum_{l=0}^{\infty} (2l+2n+1) \frac{j_{l+n}(r_1)}{r_1^{\,n}} \frac{j_{l+n}(r_2)}{r_2^{\,n}} \frac{d^n P_{l+n}(\mu)}{d\mu^n} \tag{B.56}$$

B.10　ルジャンドル陪多項式

$m \geq 0$ とするとき，

$$P_l^m(x) = (-1)^m \left(1-x^2\right)^{m/2} \frac{d^m}{dx^m} P_l(x) \tag{B.57}$$

$$= \frac{(-1)^m}{2^l l!} \left(1-x^2\right)^{m/2} \frac{d^{l+m}}{dx^{l+m}} \left(x^2-1\right)^l \tag{B.58}$$

$$P_l^{-m}(x) = (-1)^m (1-x^2)^{-m/2} \int_x^1 dx \cdots \int_x^1 dx\, P_l(x) \tag{B.59}$$

$$= (-1)^m \frac{(l-m)!}{(l+m)!} P_l^m(x) \tag{B.60}$$

上の定義式 (B.57), (B.58) に現れる因子 $(-1)^m$ はコンドン-ショートレイ位相 (Condon-Shortley phase) と呼ばれ，文献によってはこの因子を含まない定義を採用する場合がある．コンドン-ショートレイ位相を含まない多項式を $P_{lm}(x) = (-1)^m P_l^m(x)$ として区別する場合もある．

ルジャンドルの陪微分方程式：

$$\frac{d}{dx}\left[(1-x^2)\frac{d}{dx} P_l^m(x)\right] + \left[l(l+1) - \frac{m^2}{1-x^2}\right] P_l^m(x) = 0 \tag{B.61}$$

具体的表示：

$$P_l^m(\cos\theta) = (-1)^m \frac{\sin^m \theta}{2^m} \sum_{r=0}^{l-m} \frac{(-1)^r (l+m+r)!}{r!\,(m+r)!\,(l-m-r)!} \sin^{2r}\frac{\theta}{2} \tag{B.62}$$

$$= (-1)^l \frac{\sin^m \theta}{2^m} \sum_{r=0}^{l-m} \frac{(-1)^r (l+m+r)!}{r!\,(m+r)!\,(l-m-r)!} \cos^{2r}\frac{\theta}{2} \tag{B.63}$$

いくつかの具体形：

$$\begin{aligned}
&P_0^0(x) = 1, \quad P_1^0(x) = x, \quad P_1^1(x) = -\left(1-x^2\right)^{1/2}, \\
&P_2^0(x) = \frac{1}{2}\left(3x^2-1\right), \quad P_2^1(x) = -3x\left(1-x^2\right)^{1/2}, \quad P_2^2(x) = 3\left(1-x^2\right), \\
&P_3^0(x) = \frac{1}{2}x\left(5x^2-3\right), \quad P_3^1(x) = \frac{3}{2}\left(1-5x^2\right)\left(1-x^2\right)^{1/2}, \\
&P_3^2(x) = 15x\left(1-x^2\right), \quad P_3^3(x) = -15\left(1-x^2\right)^{3/2}
\end{aligned} \tag{B.64}$$

$$\begin{aligned}
&P_0^0(\cos\theta) = 1, \quad P_1^0(\cos\theta) = \cos\theta, \quad P_1^1(\cos\theta) = -\sin\theta, \\
&P_2^0(\cos\theta) = \frac{1}{2}\left(3\cos^2\theta-1\right), \quad P_2^1(\cos\theta) = -3\sin\theta\cos\theta, \quad P_2^2(\cos\theta) = 3\sin^2\theta, \\
&P_3^0(\cos\theta) = \frac{1}{2}\cos\theta\left(5\cos^2\theta-3\right), \quad P_3^1(\cos\theta) = \frac{3}{2}\left(1-5\cos^2\theta\right)\sin\theta, \\
&P_3^2(\cos\theta) = 15\cos\theta\sin^2\theta, \quad P_3^3(\cos\theta) = -15\sin^3\theta
\end{aligned} \tag{B.65}$$

直交性：

$$\int_{-1}^{1} dx P_l^m(x) P_{l'}^m(x) = \frac{2}{2l+1} \frac{(l+m)!}{(l-m)!} \delta_{ll'} \tag{B.66}$$

$$\int_{-1}^{1} \frac{dx}{1-x^2} P_l^m(x) P_l^{m'}(x) = \frac{(l+m)!}{m(l-m)!} \delta_{mm'} \tag{B.67}$$

B.11 球面調和関数

$$Y_l^m(\theta, \phi) = \sqrt{\frac{2l+1}{4\pi}} \sqrt{\frac{(l-m)!}{(l+m)!}} P_l^m(\cos\theta) e^{im\phi} \tag{B.68}$$

$$= \sqrt{\frac{2l+1}{4\pi}} \sqrt{\frac{(l-|m|)!}{(l+|m|)!}} P_l^{|m|}(\cos\theta) e^{im\phi} \times \begin{cases} 1 & (m \geq 0) \\ (-1)^m & (m < 0) \end{cases} \tag{B.69}$$

具体的表示：

$$Y_l^m(\theta, \phi) = \sqrt{\frac{2l+1}{4\pi}} e^{im\phi} \sum_{r=\max(0,m)}^{\min(l,l+m)} \frac{(-1)^r l! \sqrt{(l+m)!(l-m)!}}{r!(r-m)!(l-r)!(l+m-r)!}$$

$$\times \left(\cos\frac{\theta}{2}\right)^{2l+m-2r} \left(\sin\frac{\theta}{2}\right)^{2r-m} \tag{B.70}$$

いくつかの具体形：

$$Y_0^0(\theta, \phi) = \frac{1}{\sqrt{4\pi}}, \quad Y_1^0(\theta, \phi) = \sqrt{\frac{3}{4\pi}} \cos\theta, \quad Y_1^{\pm 1}(\theta, \phi) = \mp \sqrt{\frac{3}{8\pi}} \sin\theta\, e^{\pm i\phi},$$

$$Y_2^0(\theta, \phi) = \sqrt{\frac{5}{16\pi}} \left(3\cos^2\theta - 1\right), \quad Y_2^{\pm 1}(\theta, \phi) = \mp \sqrt{\frac{15}{8\pi}} \sin\theta \cos\theta\, e^{\pm i\phi},$$

$$Y_2^{\pm 2}(\theta, \phi) = \sqrt{\frac{15}{32\pi}} \sin^2\theta\, e^{\pm 2i\phi}, \quad Y_3^0(\theta, \phi) = \sqrt{\frac{7}{16\pi}} \cos\theta \left(5\cos^2\theta - 3\right),$$

$$Y_3^{\pm 1}(\theta, \phi) = \mp \sqrt{\frac{21}{64\pi}} \sin\theta \left(5\cos^2\theta - 1\right) e^{\pm i\phi}, \quad Y_3^{\pm 2}(\theta, \phi) = \sqrt{\frac{105}{32\pi}} \sin^2\theta \cos\theta\, e^{\pm 2i\phi},$$

$$Y_3^{\pm 3}(\theta, \phi) = \mp \sqrt{\frac{35}{64\pi}} \sin^3\theta\, e^{\pm 3i\phi} \tag{B.71}$$

B.11 球面調和関数

直交性と完全性：

$$\int_0^\pi \sin\theta\, d\theta \int_0^{2\pi} d\phi\, Y_l^{m*}(\theta,\phi) Y_{l'}^{m'}(\theta,\phi) = \delta_{mm'}\delta_{ll'} \tag{B.72}$$

$$\sum_{l=0}^\infty \sum_{m=-l}^l Y_l^{m*}(\theta,\phi)\, Y_l^m(\theta',\phi') = \delta_D(\cos\theta - \cos\theta')\, \delta_D(\phi-\phi') \tag{B.73}$$

空間反転：

$$Y_l^m(\pi-\theta, \phi+\pi) = (-1)^l Y_l^m(\theta,\phi) \tag{B.74}$$

複素共役：

$$Y_l^{m*}(\theta,\phi) = (-1)^m Y_l^{-m}(\theta,\phi) \tag{B.75}$$

特別な形：

$$Y_l^m(0,\varphi) = \delta_{m0}\sqrt{\frac{2l+1}{4\pi}}, \quad Y_l^0(\theta,\varphi) = \sqrt{\frac{2l+1}{4\pi}} P_l(\cos\theta) \tag{B.76}$$

方位角積分：

$$\int_0^{2\pi} d\phi\, Y_l^m(\theta,\phi) = 2\pi \delta_{m0}\sqrt{\frac{2l+1}{4\pi}} P_l(\cos\theta) \tag{B.77}$$

加法定理：

2つの極座標 (θ_1,ϕ_1) と (θ_2,ϕ_2) の間の角度が θ のとき，

$$\frac{4\pi}{2l+1} \sum_m Y_l^{m*}(\theta_1,\phi_1) Y_l^m(\theta_2,\phi_2) = P_l(\cos\theta) \tag{B.78}$$

3つの積の積分：

$$\int_0^\pi \sin\theta\, d\theta \int_0^{2\pi} d\phi\, Y_{l_1}^{m_1}(\theta,\phi) Y_{l_2}^{m_2}(\theta,\phi) Y_{l_3}^{m_3}(\theta,\phi)$$
$$= \sqrt{\frac{(2l_1+1)(2l_2+1)(2l_3+1)}{4\pi}} \begin{pmatrix} l_1 & l_2 & l_3 \\ 0 & 0 & 0 \end{pmatrix} \begin{pmatrix} l_1 & l_2 & l_3 \\ m_1 & m_2 & m_3 \end{pmatrix} \tag{B.79}$$

ただし $\begin{pmatrix} l_1 & l_2 & l_3 \\ m_1 & m_2 & m_3 \end{pmatrix}$ はウィグナーの $3j$ 記号.

B.12 回転行列

回転演算子の定義:

 3次元直交基底を $\mathbf{e}_i$ ($i = x, y, z$) とするとき,任意のベクトルは $V = V_i \mathbf{e}_i$ と表される.回転行列 R_{ij} による基底の変換を

$$\mathbf{e}_i \to \mathbf{e}'_i = \mathbf{e}_j R_{ji} = (R^{-1})_{ij} \mathbf{e}_j \tag{B.80}$$

とすると,回転行列は $R_{ij} = \mathbf{e}_i \cdot \mathbf{e}'_j$ で与えられ

$$R^{\mathrm{T}} = R^{-1}, \quad R^* = R, \quad \det R = 1 \tag{B.81}$$

を満たす.ベクトル V を空間に固定しておけば $V = V_i \mathbf{e}_i = V'_i \mathbf{e}'_i$ であるから,成分 V_i の変換は

$$V_i \to V'_i = R_{ij} V_j \tag{B.82}$$

となり,基底の変換とは逆の変換行列がかかる.

 オイラー角 (α, β, γ) による回転により球座標 $\Omega = (\theta, \phi)$ が $\Omega' = R\Omega$ へ変換されるとき,球面上のスカラー関数 $f(\Omega)$ は $f'(\Omega') = f(\Omega)$ を満たす.ここで関数形の変化を $f' = D(R) f$ という演算子 $D(R)$ により表現し,

$$f'(\Omega') = D(R) f(\Omega') \tag{B.83}$$

と定義する.この演算子 $D(R)$ を回転演算子という.任意のスカラー関数 $f(\Omega)$ に対して,

$$D(R) f(\Omega) = f(R^{-1}\Omega) \tag{B.84}$$

が成り立つ.

回転演算子の表現行列:

 角運動量演算子を $\boldsymbol{J} = (J_x, J_y, J_z)$ とし,オイラー角 (α, β, γ) により座標軸を回転するとき,

$$D(\alpha,\beta,\gamma) = e^{-i\alpha J_z} e^{-i\beta J_y} e^{-i\gamma J_z} \tag{B.85}$$

$$D^l_{m'm}(\alpha,\beta,\gamma) = \langle lm' | D(\alpha,\beta,\gamma) | lm \rangle \tag{B.86}$$

ただし $|lm\rangle$ は J^2, J_z の同時固有状態, $l = 0, 1/2, 1, 3/2, \ldots$ は負でない整数または半整数, また m, m' のとる値は $-l, -l+1, \ldots, l-1, l$ である. 関数 $D^l_{m'm}$ はウィグナーの D 関数と呼ばれ, 回転演算子 D の $2l+1$ 次元表現である.

回転行列の具体的表現:

$$D^l_{m'm}(\alpha,\beta,\gamma) = e^{-im'\alpha} d^l_{m'm}(\beta) e^{-im\gamma} \tag{B.87}$$

ここで $d^l_{m'm}(\theta) = D^l_{m'm}(0,\theta,0)$ はウィグナー d 関数と呼ばれ, 次式で与えられる:

$$d^l_{m'm}(\theta) = \langle lm' | e^{-i\theta J_y} | lm \rangle \tag{B.88}$$

$$= \sum_{r=\max(0,m'-m)}^{\min(l-m,l+m')} \frac{(-1)^r \sqrt{(l+m)!\,(l-m)!\,(l+m')!\,(l-m')!}}{r!\,(l-m-r)!\,(l+m'-r)!\,(m-m'+r)!}$$

$$\times \left(\cos\frac{\theta}{2}\right)^{2l-m+m'-2r} \left(\sin\frac{\theta}{2}\right)^{m-m'+2r} \tag{B.89}$$

ウィグナー d 関数の対称性:

$$d^l_{m'm}(\theta) = (-)^{m'-m} d^l_{mm'}(\theta) = d^l_{-m,-m'}(\theta) = d^l_{mm'}(-\theta) \tag{B.90}$$

逆回転 (ユニタリ性):

$$D^l_{m'm}(-\gamma,-\beta,-\alpha) = D^{l*}_{mm'}(\alpha,\beta,\gamma) \tag{B.91}$$

複素共役:

$$D^{l*}_{m'm}(\alpha,\beta,\gamma) = (-)^{m'-m} D^l_{-m',-m}(\alpha,\beta,\gamma) \tag{B.92}$$

規格直交関係:

$$\sum_{m''} D^{l*}_{mm''}(\alpha,\beta,\gamma) D^l_{m'm''}(\alpha,\beta,\gamma) = \delta_{mm'} \tag{B.93}$$

$$\sum_{m''} D^{l*}_{m''m}(\alpha,\beta,\gamma) D^l_{m''m'}(\alpha,\beta,\gamma) = \delta_{mm'} \tag{B.94}$$

直交性と完全性：

$$\int_0^{2\pi} d\alpha \int_0^{\pi} d\beta \sin\beta \int_0^{2\pi} d\gamma\, D_{m_1 m_1'}^{l_1\,*}(\alpha,\beta,\gamma)\, D_{m_2 m_2'}^{l_2}(\alpha,\beta,\gamma) = \frac{8\pi^2}{2l_1+1} \delta_{m_1 m_2} \delta_{m_1' m_2'} \delta_{l_1 l_2} \tag{B.95}$$

$$\sum_{l,m,m'} D_{m'm}^{l\,*}(\alpha,\beta,\gamma)\, D_{m'm}^{l}(\alpha',\beta',\gamma') = \frac{8\pi^2}{2l+1} \delta_D(\alpha-\alpha')\, \delta_D(\cos\beta - \cos\beta')\, \delta_D(\gamma-\gamma') \tag{B.96}$$

還元公式と結合公式：

以下の回転行列はすべて同じオイラー角を引数に持つとする．

$$D_{m_1 m_1'}^{l_1} D_{m_2 m_2'}^{l_2} = \sum_{l,m,m'} \langle l_1,m_1; l_2,m_2 | l,m\rangle \langle l_1,m_1'; l_2,m_2' | l,m'\rangle D_{m,m'}^{l} \tag{B.97}$$

$$D_{m,m'}^{l} = \sum_{m_1,m_1',m_2,m_2'} \langle l_1,m_1; l_2,m_2 | l,m\rangle \langle l_1,m_1'; l_2,m_2' | l,m'\rangle D_{m_1 m_1'}^{l_1} D_{m_2 m_2'}^{l_2} \tag{B.98}$$

ただし $\langle l_1,m_1; l_2,m_2 | l,m\rangle$, $\langle l_1,m_1'; l_2,m_2' | l,m'\rangle$ はクレブシュ-ゴーダン係数で，それぞれ $m_1 + m_2 = m$, $m_1' + m_2' = m'$ を満たすときだけ値を持つ．

特別な値：

$$D_{m0}^{l}(\alpha,\beta,\gamma) = \sqrt{\frac{4\pi}{2l+1}} Y_l^{m*}(\beta,\alpha) \tag{B.99}$$

$$D_{0m}^{l}(\alpha,\beta,\gamma) = \sqrt{\frac{4\pi}{2l+1}} Y_l^{m}(-\beta,-\gamma) \tag{B.100}$$

$$D_{00}^{l}(\alpha,\beta,\gamma) = P_l(\cos\beta) \tag{B.101}$$

球面調和関数の回転：

オイラー角 (α,β,γ) による回転により球座標値 Ω' が $\Omega = R\Omega'$ へ変換されるとき，

$$Y_l^m(\Omega') = Y_l^m(R^{-1}\Omega) = D(R) Y_l^m(\Omega) \tag{B.102}$$

$$= \sum_{m'} Y_l^{m'}(\Omega) D_{m'm}^{l}(\alpha,\beta,\gamma) = \sum_{m'} D_{mm'}^{l\,*}(-\gamma,-\beta,-\alpha) Y_l^{m'}(\Omega) \tag{B.103}$$

B.13 クレブシュ-ゴーダン係数

ラカーの公式：

$$\langle l_1, m_1; l_2, m_2 | l, m \rangle = \delta_{m_1+m_2, m} \sqrt{2l+1} \sqrt{\frac{(l_1+l_2-l)!(l+l_1-l_2)!(l+l_2-l_1)!}{(l_1+l_2+l+1)!}}$$
$$\times \sqrt{(l_1+m_1)!(l_1-m_1)!(l_2+m_2)!(l_2-m_2)!(l+m)!(l-m)!}$$
$$\times \sum_r \frac{(-1)^r}{r!} \frac{1}{(l_1+l_2-l-r)!(l_1-m_1-r)!(l_2+m_2-r)!}$$
$$\times \frac{1}{(l-l_2+m_1+r)!(l-l_1-m_2+r)!} \quad \text{(B.104)}$$

ただし，上式ではすべての階乗が負でないすべての整数 r について和をとる．すなわち，

$$\max(0, l_2-l-m_1, l_1-l+m_2) \leq r \leq \min(l_1+l_2-l, l_1-m_1, l_2+m_2) \quad \text{(B.105)}$$

を満たす整数についての和．

ウィグナーの $3j$ 記号：

$$\begin{pmatrix} j_1 & j_2 & j_3 \\ m_1 & m_2 & m_3 \end{pmatrix} \equiv \frac{(-1)^{j_1-j_2-m_3}}{\sqrt{2j_3+1}} \langle j_1, m_1; j_2, m_2 | j_3, -m_3 \rangle \quad \text{(B.106)}$$

B.14 スピン球面調和関数

回転行列による定義：

$$_sY_l^m(\theta, \phi) \equiv (-1)^m \sqrt{\frac{2l+1}{4\pi}} d^l_{-m,s}(\theta) e^{im\phi} = (-1)^m \sqrt{\frac{2l+1}{4\pi}} d^l_{-s,m}(\theta) e^{im\phi} \quad \text{(B.107)}$$

$$= (-1)^m \sqrt{\frac{2l+1}{4\pi}} D^l_{-m,s}(\phi, \theta, 0) = (-1)^m \sqrt{\frac{2l+1}{4\pi}} D^{l*}_{-s,m}(0, \theta, \phi) \quad \text{(B.108)}$$

具体的表式：

$$_sY_l^m(\theta, \phi) = \sqrt{\frac{2l+1}{4\pi}} e^{im\phi} \sum_r \frac{(-1)^{r-s} \sqrt{(l+s)!(l-s)!(l+m)!(l-m)!}}{r!(r-s-m)!(l+s-r)!(l+m-r)!}$$
$$\times \left(\cos\frac{\theta}{2}\right)^{2l+s+m-2r} \left(\sin\frac{\theta}{2}\right)^{2r-s-m} \quad \text{(B.109)}$$

上式ではすべての階乗が負でないすべての整数 r について和をとる．すなわち $\max(0, m+s) \leq r \leq \min(l+s, l+m)$ となる整数．

$$_sY_l^m(\theta,\phi) = \sqrt{\frac{2l+1}{4\pi} \frac{(l+m)!\,(l-m)!}{(l+s)!\,(l-s)!}} \left(\sin\frac{\theta}{2}\right)^{2l} e^{im\phi}$$
$$\times \sum_r (-1)^{l+m-s-r} \binom{l-s}{r}\binom{l+s}{r+s-m}\left(\cot\frac{\theta}{2}\right)^{2r+s-m} \quad \text{(B.110)}$$

上式では r の和を 2 項係数に意味があるような値についてとる．すなわち $\max(0, m-s) \leq r \leq \min(l+m, l-s)$ となる整数．

整数スピンに対するいくつかの具体形：

$$_1Y_1^0(\theta,\phi) = \sqrt{\frac{3}{8\pi}}\sin\theta, \quad _1Y_1^{\pm1}(\theta,\phi) = -\sqrt{\frac{3}{16\pi}}(1\mp\cos\theta)e^{\pm i\phi},$$

$$_1Y_2^0(\theta,\phi) = \sqrt{\frac{15}{8\pi}}\sin\theta\cos\theta, \quad _1Y_2^{\pm1}(\theta,\phi) = -\sqrt{\frac{5}{16\pi}}(\cos\theta\mp\cos2\theta)e^{\pm i\phi},$$

$$_1Y_2^{\pm2}(\theta,\phi) = \pm\sqrt{\frac{5}{16\pi}}\sin\theta(1\mp\cos\theta)e^{\pm 2i\phi}, \quad _2Y_2^0(\theta,\phi) = \sqrt{\frac{15}{32\pi}}\sin^2\theta,$$

$$_2Y_2^{\pm1}(\theta,\phi) = -\sqrt{\frac{5}{16\pi}}\sin\theta(1\mp\cos\theta)\,e^{\pm i\phi}, \quad _2Y_2^{\pm2}(\theta,\phi) = \sqrt{\frac{5}{64\pi}}(1\mp\cos\theta)^2\,e^{\pm 2i\phi}$$
$$\text{(B.111)}$$

一般の回転行列との関係：

$$D_{m'm}^{(l)}(\phi,\theta,\psi) = (-1)^{m'}\sqrt{\frac{4\pi}{2l+1}}\,_mY_l^{-m'}(\theta,\phi)e^{-im\psi} \quad \text{(B.112)}$$

$$= (-1)^m\sqrt{\frac{4\pi}{2l+1}}\,_{-m}Y_l^{m'*}(\theta,\phi)e^{-im\psi} \quad \text{(B.113)}$$

複素共役：

$$_sY_l^{m*}(\theta,\phi) = (-1)^{m+s}\,_{-s}Y_l^{-m}(\theta,\phi) \quad \text{(B.114)}$$

直交性と完全性：

$$\int \sin\theta\,d\theta\,d\phi\,_sY_l^{m*}(\theta,\phi)\,_sY_{l'}^{m'}(\theta,\phi) = \delta_{ll'}\delta_{mm'} \quad \text{(B.115)}$$

$$\sum_{l,m} {}_sY_l^{m*}(\theta,\phi)\,_sY_l^m(\theta',\phi') = \delta_D(\cos\theta - \cos\theta')\delta_D(\phi - \phi') \quad \text{(B.116)}$$

空間反転変換：
$$_sY_l^m(\pi - \theta, \phi + \pi) = (-1)^l {}_{-s}Y_l^m(\theta, \phi) \tag{B.117}$$

いくつかの特別な値：
$$_0Y_l^m(\theta, \phi) = Y_m^l(\theta, \phi) \tag{B.118}$$

$$_sY_l^m(0, \phi) = \delta_{-s,m}(-1)^{-s}\sqrt{\frac{2l+1}{4\pi}}\, e^{-is\phi} \tag{B.119}$$

方位角積分：
$$\int d\phi\, {}_sY_l^m(\theta, \phi) = \delta_{m0}\, {}_sY_l^0(\theta, 0) \tag{B.120}$$

加法定理：
$$\sum_m {}_{s_1}Y_l^{m*}(\theta_1, \phi_1)\, {}_{s_2}Y_l^m(\theta_2, \phi_2) = (-1)^{s_1}\sqrt{\frac{2l+1}{4\pi}}\, {}_{s_2}Y_l^{-s_1}(\theta, \phi)\, e^{-is_2\psi} \tag{B.121}$$

ただし，オイラー角による回転 $(\phi_2, \theta_2, 0)$ に続いて $(0, -\theta_1, -\phi_1)$ を合成した変換のオイラー角が (ϕ, θ, ψ) であり，

$$\cos\theta = \cos\theta_1\cos\theta_2 + \sin\theta_1\sin\theta_2\cos(\phi_2 - \phi_1) \tag{B.122}$$

および

$$e^{-i(\phi+\psi)/2} = \frac{\cos[(\phi_2-\phi_1)/2]\cos[(\theta_2-\theta_1)/2] - i\sin[(\phi_2-\phi_1)/2]\cos[(\theta_2+\theta_1)/2]}{\sqrt{\cos^2[(\phi_2-\phi_1)/2]\cos^2[(\theta_2-\theta_1)/2] + \sin^2[(\phi_2-\phi_1)/2]\cos^2[(\theta_2+\theta_1)/2]}} \tag{B.123}$$

$$e^{i(\phi-\psi)/2} = \frac{\cos[(\phi_2-\phi_1)/2]\sin[(\theta_2-\theta_1)/2] + i\sin[(\phi_2-\phi_1)/2]\sin[(\theta_2+\theta_1)/2]}{\sqrt{\cos^2[(\phi_2-\phi_1)/2]\sin^2[(\theta_2-\theta_1)/2] + \sin^2[(\phi_2-\phi_1)/2]\sin^2[(\theta_2+\theta_1)/2]}} \tag{B.124}$$

とくに角度 θ は球面上の 2 点 $(\theta_1, \phi_1), (\theta_2, \phi_2)$ を原点から見込む角度に等しいため，座標系に依存しない．特別な場合として $\theta_1 = \theta_2, \phi_1 = \phi_2$ のとき

$$\sum_m {}_{s'}Y_l^{m*}(\theta, \phi)\, {}_sY_l^m(\theta, \phi) = \frac{2l+1}{4\pi}\, \delta_{s's} \tag{B.125}$$

スピン昇降演算子：

${}_sf(\theta,\phi)$ を球面上のスピン s 関数とするとき，

$$\eth\,{}_sf = -\left(\frac{\partial}{\partial\theta} + \frac{i}{\sin\theta}\frac{\partial}{\partial\phi} - s\cot\theta\right){}_sf = -\sin^s\theta\left(\frac{\partial}{\partial\theta} + \frac{i}{\sin\theta}\frac{\partial}{\partial\phi}\right)\left(\frac{{}_sf}{\sin^s\theta}\right) \quad \text{(B.126)}$$

$$\bar{\eth}\,{}_sf = -\left(\frac{\partial}{\partial\theta} - \frac{i}{\sin\theta}\frac{\partial}{\partial\phi} + s\cot\theta\right){}_sf = -\frac{1}{\sin^s\theta}\left(\frac{\partial}{\partial\theta} - \frac{i}{\sin\theta}\frac{\partial}{\partial\phi}\right)({}_sf\sin^s\theta) \quad \text{(B.127)}$$

はそれぞれスピン $s+1, s-1$ の関数になる．

$$\eth\,{}_sY_l^m = \sqrt{(l-s)(l+s+1)}\,{}_{s+1}Y_l^m \quad \text{(B.128)}$$

$$\bar{\eth}\,{}_sY_l^m = -\sqrt{(l+s)(l-s+1)}\,{}_{s-1}Y_l^m \quad \text{(B.129)}$$

$$\bar{\eth}\eth\,{}_sY_l^m = -(l-s)(l+s+1)\,{}_sY_l^m \quad \text{(B.130)}$$

$$\eth\bar{\eth}\,{}_sY_l^m = -(l-s+1)(l+s)\,{}_sY_l^m \quad \text{(B.131)}$$

$$
{}_sY_l^m = \begin{cases}
\sqrt{\dfrac{(l-s)!}{(l+s)!}}\,\eth^s Y_l^m & (0 \le s \le l) \\
(-1)^{-|s|}\sqrt{\dfrac{(l-|s|)!}{(l+|s|)!}}\,\bar{\eth}^{|s|} Y_l^m & (-l \le s \le 0) \\
0 & (|s| > l)
\end{cases}
\quad \text{(B.132)}
$$

参考図書

参考文献は本文中にも注記したが,ここでは本書に関係の深い一般的な参考書や,本書で全般的に参考にした書物などを紹介する.

相対性理論

[1] C・W・ミスナー,K・S・ソーン,J・A・ホィーラー『重力理論——古典力学から相対性理論まで,時空の幾何学から宇宙の構造へ』若野省己訳(丸善出版,2011)[C. W. Misner, K. S. Thorne and J. A. Wheeler: *Graviation* (W. H. Freeman & Co, 1973)]

[2] ランダウ,リフシッツ『場の古典論——電気力学,特殊および一般相対性理論(原書第6版)』恒藤敏彦,広重徹訳〔ランダウ=リフシッツ理論物理学教程〕(東京図書,1978)[L. D. Landau and E. M. Lifshitz: *The Classical Theory of Fields*, 4th Revised English Edition (Butterworth-Heinemann, 1975)]

[3] 内山龍雄『相対性理論』〔物理テキストシリーズ8〕(岩波書店,1987)

[4] 佐々木節『一般相対論』(産業図書,1996)

[5] B・シュッツ『第2版シュッツ相対論入門』江里口良治,二間瀬敏史訳(丸善,2010)

[6] N. Straumann: *General Relativity*, 2nd Edition (Springer, 2013)

宇宙論全般

[7] 成相秀一,冨田憲二『一般相対論的宇宙論』〔物理学選書19〕(裳華房,1988)

[8] 小玉英雄『相対論的宇宙論』〔パリティ物理学コース〕(丸善,1991)

[9] S・ワインバーグ『ワインバーグの宇宙論 上,下』小松英一郎訳(日本評論社,2013)[S. Weinberg: *Cosmology* (Oxford University Press, 2008)]

[10] 佐藤勝彦ほか『宇宙論 I——宇宙のはじまり』〔シリーズ現代の天文学2〕(日本評論社,2008)

[11] 二間瀬敏史ほか『宇宙論 II——宇宙の進化』〔シリーズ現代の天文学3〕(日本評論社,2008)

[12] 松原隆彦『現代宇宙論——時空と物質の共進化』(東京大学出版会,2010)

[13] 辻川信二『現代宇宙論講義』〔SGCライブラリ99〕(サイエンス社,2013)

[14] S. Weinberg: *Gravitation and Cosmology* (John Wiley and Sons, Inc., 1972)

[15] P. J. E. Peebles: *Principles of Physical Cosmology* (Princeton University Press, 1993)

[16] J. A. Peacock: *Cosmological Physics* (Cambridge University Press, 1999)

場の量子論

[17] 中西襄『場の量子論』〔新物理学シリーズ 19〕（培風館，1975）
[18] 西島和彦『場の理論』〔紀伊國屋数学叢書 27〕（紀伊國屋書店，1987）
[19] 九後汰一郎『ゲージ場の量子論 I, II』〔新物理学シリーズ 23, 24〕（培風館，1989）
[20] M. E. Peskin and D. V. Schroeder: *An Introduction to Quantum Field Theory* (Westview Press, 1995)
[21] S・ワインバーグ『ワインバーグ 場の量子論』1 巻～6 巻，青山秀明，有末宏明，杉山勝之訳（吉岡書店，1997-2003）[S. Weinberg: *The Quantum Theory of Fields* (Cambridge University Press, 2006)]
[22] 日置善郎『場の量子論——摂動計算の基礎』（吉岡書店，1999）
[23] W. Greiner and D. A. Bromley: *Relativistic Quantum Mechanics. Wave Equations*, 3rd Edition (Springer, 2000)
[24] C. Itzykson and J.-B. Zuber: *Quantum Field Theory* (Dover, 2006)
[25] W. Greiner and J. Reinhardt: *Quantum Electrodynamics*, 4th Edition (Springer, 2008)

素粒子標準理論

[26] V・P・ナイア『現代的な視点からの場の量子論 基礎編，発展編』阿部泰裕，磯暁訳（丸善出版，2012）[V. P. Nair: *Quantum Field Theory* (Springer, 2005)]
[27] 川村嘉春『例題形式で学ぶ現代素粒子物理学』〔SGC ライブラリ 48〕（サイエンス社，2006）
[28] M. Fukugita and T. Yanagida: *Physics of Neutrinos and Applications to Astrophysics* (Springer-Verlag, 2003)
[29] R. N. Mohapatra and P. B. Pal: *Massive Neutrinos in Physics and Astrophysics*, 3rd Edition (World Scientific, 2004)
[30] W. Greiner and B. Müller: *Gauge Theory of Weak Interactions*, 4th Edition (Springer, 2009)
[31] F. Mandl and G. Shaw: *Quantum Field Theory*, 2nd Edition (Wiley, 2010)
[32] C. Quigg: *Gauge Theories of the Strong, Weak and Electromagnetic Interactions*: 2nd Edition (Princeton University Press, 2013)

相対論的運動学

[33] J. M. Stewart: *Non-Equilibrium Relativistic Kinetic Theory* (Springer-Verlag, 1971)
[34] S. R. de Groot, W. A. van Leeuwen and Ch. G. van Weert: *Relativistic Kinetic Theory: Principles and Applications* (Elsevier, 1980)
[35] J. Bernstein: *Kinetic Theory in the Expanding Universe* (Cambridge University Press, 1988)

[36] C. Cercignani and G. M. Kremer: *The Relativistic Boltzmann Equation: Theory and Applications* (Birkhäuser, 2002)

初期宇宙論

[37] E. W. Kolb and M. S. Turner: *The Early Universe* (Westview Press, 1994)
[38] A. R. Liddle and D. H. Lyth: *Cosmological Inflation and Large-Scale Structure* (Cambridge Unviersity Press, 2000)
[39] G. Börner: *The Early Universe: Facts and Fiction*, 4th Edition (Springer, 2004)
[40] V. Mukhanov: *Physical Foundations of Cosmology* (Cambridge Unviersity Press, 2005)
[41] P. Peter and J.-P. Uzan (tanslated by J. Brujić and C. de Rham): *Primordial Cosmology* (Oxford Unviersity Press, 2009)
[42] D. H. Lyth and A. R. Liddle: *The Primordial Density Perturbation: Cosmology, Inflation and the Origin of Structure* (Cambridge University Press, 2009)
[43] D. S. Gorbunov and V. A. Rubakov: *Introduction to the Theory of the Early Universe: Hot Big Bang Theory* (World Scientific, 2011)
[44] D. S. Gorbunov and V. A. Rubakov: *Introduction to the Theory of the Early Universe: Cosmological Perturbations and Inflationary Theory* (World Scientific, 2011)
[45] G. F. R. Ellis, R. Maartens and M. A. H. MacCallum: *Relativistic Cosmology* (Cambridge University Press, 2012)

宇宙マイクロ波背景放射，宇宙の構造形成

[46] 池内了『観測的宇宙論』（東京大学出版会，1997）
[47] 松原隆彦『大規模構造の宇宙論——宇宙に生まれた絶妙な多様性』〔基本法則から読み解く物理学最前線 4〕（共立出版，2014）
[48] P. J. E. Peebles: *Physical Cosmology* (Princeton University Press, 1971)
[49] P. J. E. Peebles: *The Large-scale Structure of the Universe* (Princeton University Press, 1980)
[50] Ya. B. Zel'dovich and I. D. Novikov: *Relativistic Astrophysics 2: The Structure and Evolution of the Universe* (University of Chicago Press, 1983)
[51] T. Padmanabhan: *Structure Formation in the Universe* (Cambridge University Press, 1993)
[52] P. Coles and F. Lucchin: *Cosmology: The Origin and Evolution of Cosmic Structure*, 2nd Edition (Wiley, 2002)
[53] S. Dodelson: *Modern Cosmology* (Academic Press, 2003)
[54] P. D. Naselsky, D. I. Novikov and I. D. Novikov: *The Physics of the Cosmic Microwave Background* (Cambridge University Press, 2008)
[55] R. Durrer: *The Cosmic Microwave Background* (Cambridge University Press, 2008)

[56] M. Giovannini: *A Primer on the Physics of the Cosmic Microwave Background* (World Scientific, 2008)

数学公式集

[57] 森口繁一，一松信，宇田川銈久『岩波数学公式 I, II, III』（岩波書店，1987）
[58] A. Jeffrey and D. Zwillinger: *Table of Integrals, Series, and Products*, 8th Edition (Academic Press, 2014)
[59] NIST 数学関数デジタル・ライブラリ：http://dlmf.nist.gov
[60] H. Bateman: *Higher Transcendental Functions I,II,III*（公開 PDF）：http://authors.library.caltech.edu/43491/

索 引

太字は上巻，細字は下巻のページを表す．

ア 行

アインシュタイン・テンソル ……… **51**
アインシュタイン-ド・ジッター宇宙
　…………………………………… **69, 74**
アインシュタインの和の規約 ……… **2**
アインシュタイン-ヒルベルト作用
　…………………………… **160**, 162
アインシュタイン方程式 …………… **52**
熱い残存粒子 ………………………… 41
アフィン・パラメータ ……………… **42**
アフィン変換 ………………………… **42**
位相変換 ……………………………… **139**
一様等方宇宙モデル ………………… **54**
色の閉じ込め ………………………… **251**
インフラトン場 ……………………… 134
インフレーション期 ………………… 131
インフレーション理論 ……………… 131
ウィグナー D 関数 ……………… **295**, 319
ウィグナー d 関数 ……………… **295**, 319
ウィックの縮約 ……………………… **188**
ウィックの定理 ……………………… **187**
ウィンドウ関数 ……………………… 288
宇宙原理 ……………………………… **54**
宇宙項 ………………………………… **53**
宇宙時間 ……………………………… **55**
宇宙定数 ……………………………… **53**
　——パラメータ ………………… **70**
　——問題 ………………………… **81**
　——優勢期 ……………………… **72**
宇宙ニュートリノ背景 ……………… **95**
宇宙の大規模構造 …………………… 279
宇宙マイクロ波背景放射 …………… 104
宇宙論パラメータ ………………… **67, 68**
エネルギー運動量テンソル ……… **4, 18**
エネルギー流束 ……………………… **19**
遠方観測者近似 ……………………… 294
オイラー方程式 ……………………… **23**
オイラー-ラグランジュ方程式 …… **105, 107**
応力テンソル ………………………… **19**
大きな場のインフレーション …… 140, 160

音響振動 ……………………………… 230
音響ホライズン ……………………… 232

カ 行

カイザーの公式 ……………………… 297
回転行列 …………………………… **294**, 318
カイラル表示 ………………………… **137**
カイラル変換 ………………………… **139**
ガウスの定理 ………………………… **41**
カオス的インフレーション …… 140, 160
可換ゲージ場 ………………………… **151**
拡散減衰 ……………………………… 235
核子の擬ベクトル結合定数 ……… **96**
角径距離 ……………………………… **63**
荷電カレント ………………………… **275**
荷電共役 ……………………………… **138**
荷電レプトン ………………………… **243**
カビボ角 ……………………………… **258**
カビボ-小林-益川行列 ……………… **256**
ガモフの基準 ………………………… **89**
可約表現 ……………………………… **121**
完全反対称テンソル ………………… **37**
完全流体 ……………………………… **20**
カンパニエーツ方程式 ……………… **50**
ガンマ関数 ………………………… **285**, 309
輝度 …………………………………… **103**
　——温度 ………………………… **58**
　——関数 ………………………… 209
基本観測者 …………………………… **55**
逆質量階層 …………………………… 270
既約表現 ……………………………… **121**
球ノイマン関数 …………………… **288**, 312
球ハンケル関数 …………………… **288**, 312
球ベッセル関数 …………………… **288**, 312
球面調和関数 ……………… 211, **292**, 316
共形時間 …………………………… **57**, 79
共形ニュートン・ゲージ …………… 104
強結合近似 …………………………… 228
共動距離 ……………………………… **57**
共動ゲージ …………………………… 108
共動座標 …………………………… **10, 55**

共変微分	**28, 149**
共変ベクトル	**8**
共役運動量	**117**
局所慣性系	**24**
局所的変換	**112**
曲率テンソル	**46, 58, 59**
曲率パラメータ	**70**
曲率優勢期	**72**
曲率ゆらぎ	**110**
キリング・ベクトル	**37**
キリング方程式	**37**
空間的	**3**
——測地線	**43**
——平坦ゲージ	**109**
クォーク	**247**
——・ハドロン転移	**92**
グプタ–ブロイラーの方法	**177**
クライン–ゴルドン方程式	**130**
クライン–仁科の公式	**223**
グラショウ–ワインバーグ–サラム理論	**242**
グラスマン数	**135, 172**
くりこみ可能な理論	**274**
くりこみ理論	**215**
クリストッフェル記号	**28, 58, 59**
グルーオン	**248**
クーロン・ゲージ条件	**15**
クロネッカー・デルタ記号	**2**
群	**119**
——の表現	**120**
系外銀河	**292**
計量テンソル	**2, 9**
ゲージ群	**152**
ゲージ原理	**149**
ゲージ固定項	**174**
ゲージ自由度	**14, 145**
ゲージ場	**149**
ゲージ不変摂動論	**98**
ゲージ変換	**14, 145, 149**
結合則	**120**
ゲルマン行列	**249**
原始元素合成	**96**
交換子	**49**
後期積分ザックス–ヴォルフェ効果	**268**
格子ゲージ理論	**251**
構造定数	**153**
光度距離	**62**
コールド・ダークマター	**199**
——・モデル	**43**
個数演算子	**167**
固有時	**10**
コンドン–ショートレイ位相	**291**, 315
コンプトン化パラメータ	**50**
コンプトン散乱	**215**
コンプトンの公式	**222**

サ 行

再加熱	**136**
再結合	**101**
最終散乱面	**267**
最小作用の原理	**105**
ザックス–ヴォルフェ効果	**268**
サハの式	**102**
座標基底	**32**
作用積分	**105**
残存粒子	**39**
散乱演算子	**183**
散乱行列	**183**
散乱振幅	**183**
散乱断面積	**194**
時間順序積	**186**
時間的	**3**
——ゲージ条件	**15**
——測地線	**42**
——偏極	**147**
時空間隔	**2**
軸性ゲージ条件	**15**
軸性ベクトル・カレント	**140**
事象ホライズン	**64**
視線積分法	**261**
自然単位系	**ix, xiii**
シーソー機構	**263**
実験室系	**216**
質量殼	**1**
質量固有状態	**255**
視程関数	**263**
自明な表現	**120**
弱アイソスピン	**241**
弱混合角	**235**
弱ハイパーチャージ	**239**
シューアの補題	**121**
自由場	**129**
縮約	**2**

シュレーディンガー表示	179	摂動時空	80
シュレーディンガー描像	178	摂動論	185
順質量階層	270	全位相変換	139
状態方程式パラメータ	68	漸近条件	182
消滅演算子	167	漸近的完全性	183
初期密度ゆらぎ	129	漸近的自由性	251
初期ゆらぎ	157	線形成長因子	182
シルク減衰	235	線形成長率	182
振動長	269	線形バイアス	291
水素原子の3段階近似	32	——因子	291
スカラー	7	線形パワースペクトル	285
——・ベクトル・テンソル分解	92	全散乱断面積	194
——・ポテンシャル	14	全崩壊幅	200
——曲率	49, 58, 59	相関関数	280
——場	26, 124	早期積分ザックス–ヴォルフェ効果	268
——偏極	147	相互作用表示	181
スケール因子	55	相対性原理	1
スケール不変スペクトル	158	双対電磁場テンソル	17
スツルム–リウビル型微分方程式	172	測地線	42
ストークス・パラメータ	60, 215	——方程式	42
スニヤエフ–ゼルドビッチ効果	56	素粒子標準モデル	226
スピノル表現	125	ソンブレロ	228
スピノル表示	137	**タ 行**	
スピン角運動量	117	大域的変換	111
スピン球面調和関数	68, 297, 321	ダイソンの公式	187
スペクトル指数	158, 167	タウ・ニュートリノ	243
スローロール	137	タウ粒子	243
——・インフレーション	136	ダークエネルギー	79
——条件	137	ダークマター	39
——パラメータ	138	多重対数関数	286, 310
スローン・デジタル・スカイ・サーベイ	299	脱結合	89
正規順序	168	縦型ゲージ	104
正準エネルギー運動量テンソル	111, 115	縦偏極	147
正準形式	117	ダミーの添字	2
正準変数	117	ダランベルシアン	15, 31, 130
正準方程式	118	単一場スローロール・インフレーション	
正振動モード	132		136
生成演算子	167	断熱ゆらぎ	112, 157, 189
生成子	153	地平面	63
——（リー代数の）	123	中性カレント	275
世界線	10, 41	直積表現	120
積分ザックス–ヴォルフェ効果	268	冷たい残存粒子	43
赤方偏移空間	293	ディガンマ関数	285, 309
赤方偏移サーベイ	292	ディラック・スピノル	136
接続係数	28	ディラック共役	137
絶対光度	62		

ディラック質量項 …………………… **141**
ディラック方程式 …………………… **142**
テトラッド ……………………………… **32**
デルタ関数 ………………………… **284**, 308
電子 ……………………………………… **243**
　　── ・電子散乱 ………………… **206**
電磁 4 元ポテンシャル ………………… **15**
電子ニュートリノ …………………… **243**
電磁場 ………………………………… **144**
　　──テンソル ……………………… **16**
電弱相転移 ……………………………… **91**
電弱理論 ……………………………… **231**
テンソル・スカラー比 ……………… **167**
テンソル積 …………………………… **120**
テンソルの対称化 ………………………… **9**
テンソルの反対称化 ……………………… **9**
等価原理 ………………………………… **23**
同期ゲージ …………………………… **105**
等曲率ゆらぎ ……………… **112, 189, 243**
凍結 ……………………………………… **41**
等密度時 ………………………………… **71**
特異速度 ……………………………… **292**
特殊線形群 …………………………… **125**
ド・ジッター宇宙 ……………………… **72**
トムソン散乱公式 …………………… **223**
トムソン断面積 ……………………… **225**

ナ 行

内積 ……………………………………… **8**
中野–西島–ゲルマンの公式 ………… **241**
南部–ゴールドストーンの定理 …… **229**
南部–ゴールドストーン粒子 ……… **229**
ニュートリノ ………………………… **199**
　　──振動 ……………………… **258, 268**
　　──速度・等曲率モード ……… **250**
　　──密度・等曲率モード ……… **247**
　　──有効世代数 …………………… **87**
ネーター・カレント ………………… **112**
ネーターの定理 ……………………… **109**
ノイマン関数 ……………………… **287**, 311

ハ 行

場 ……………………………………… **105**
バイアス ……………………………… **290**
　　── ・パラメータ ……………… **291**
背景時空 ………………………………… **80**

ハイゼンベルク表示 ………………… **179**
ハイゼンベルク描像 ………………… **178**
パウリ行列 …………………………… **125**
走るスペクトル指数 ………………… **159**
バッグモデル …………………………… **92**
ハッブル定数 …………………………… **62**
ハッブルの法則 ………………………… **62**
ハッブル半径 …………………………… **64**
バーディーン変数 …………………… **102**
バーディーン方程式 ………………… **102**
場の強度テンソル …………………… **155**
ハミルトニアン ……………………… **117**
パラティニ恒等式 …………………… **158**
バリオン ……………………………… **250**
　　──音響振動 ……………………… **234**
　　──等曲率モード ……………… **245**
ハリソン–ゼルドビッチ・スペクトル … **270**
パリティ不変性 ……………………… **135**
パワースペクトル …………………… **280**
汎関数 ………………………………… **107**
　　──微分 …………………………… **107**
ハンケル関数 ……………………… **287**, 311
半減期 ………………………………… **200**
反交換子 ……………………………… **125**
バンチ–デービス真空 ……………… **153**
反変ベクトル …………………………… **8**
ビアンキ恒等式 ………………………… **48**
ピーブルス・モデル ………………… **32**
非可換ゲージ場 ……………………… **152**
光的 ……………………………………… **3**
　　──測地線 ………………………… **42**
左手型のスピノル …………………… **136**
ヒッグス 2 重項 ……………………… **231**
ヒッグス機構 ………………………… **231**
ヒッグス場 …………………………… **231**
ヒッグス粒子 ……………………… **226**, **231**
微分散乱断面積 ……………………… **194**
微分崩壊幅 …………………………… **200**
表現空間 ……………………………… **120**
ファインマン・ゲージ ……………… **175**
ファインマン図形 …………………… **211**
ファインマン則 ……………………… **212**
ファインマン伝播関数 ……………… **190**
ファデーエフ–ポポフ・ゴースト場 … **273**
フェルミ結合定数 …………………… **276**
フォック基底 ………………………… **166**

フォック空間	12, **166**
負振動モード	**132**
物質・放射の等密度時	**71**
物質成分	**67**
物質遷移関数	**283**
物質優勢期	**72**
部分崩壊幅	**200**
不変散乱振幅	**198**
不変体積要素	**26**
ブラソフ方程式	**8**
フラックス	**62**
プランクの法則	**104**
フリードマン宇宙モデル	**74**
フリードマン方程式	**66**
フレーバー	**244**
——混合	**254**
分岐比	**201**
平均寿命	**200**
平行移動	**33**
平坦宇宙モデル	**74**
平坦性問題	**131**
ベクトル・カレント	**140**
ベクトル場	**26**
ベクトル・ポテンシャル	**14**
ベッセル関数	**287**, 311
ヘビサイド–ローレンツ単位系	ix, xiii, **13**
ヘリシティ	**143**
——基底	**65**
偏極ベクトル	**145**
偏極面	**59**
変形ベッセル関数	**287**, 311
ポアソン括弧	**119**
ポアソン方程式	**49**
放射成分	**68**
放射遷移関数	**255**
放射優勢期	**72**
保存カレント	**112**
ホット・ダークマター・モデル	**42**
ホライズン	**63**
——問題	**130**
ボルツマン方程式	**4**, **9**
本義ローレンツ変換	**5**
ポンテコルボ–牧–中川–坂田行列	**260**

マ 行

マクスウェル方程式	**13**
マヨラナ・スピノル	**138**
マヨラナ質量項	**140**
右手型のスピノル	**136**
密度パラメータ	**69**
ミュー・ニュートリノ	**243**
ミュー粒子	**243**
ミルン宇宙	**72**
ミンコフスキー時空	**2**
無衝突ボルツマン方程式	**8**
ムハノフ–佐々木変数	**147**
無矛盾性関係	**167**
メーザー	**15**
メソン	**250**
メラー散乱	**206**
モット散乱公式	**206**
モード分解	**170**

ヤ 行

ヤコビ恒等式	**154**
ヤン–ミルズ場	**152**
有効スペクトル指数	**159**
誘導放射	**15**
ユニタリ・ゲージ	**230**, **233**
横偏極	**147**

ラ 行

ライス限界	**168**
ライマン・アルファ線	**33**
ラグランジアン密度	**106**
ラザフォード散乱	**201**
ラザフォードの散乱公式	**206**
ラプラシアン	**14**
ランダウ・ゲージ	**175**
リー代数	**123**
リッチ曲率テンソル	**48**, **58**, **59**
リー微分	**36**
リーマン・ツェータ関数	**286**, 310
リーマン・テンソル	**46**
リーマン曲率テンソル	**46**
粒子 4 元流束	**3**
粒子ホライズン	**64**
流速	**18**
リュービル演算子	**8**
リュービルの定理	**7**
リュービル方程式	**8**
量子色力学	**248**

量子電磁力学 ………………………… **215**
臨界密度 ……………………………… **69**
ルジャンドル多項式 ………… 210, **289**, 313
ルジャンドル展開 …………… 201, 211
ルジャンドル陪多項式 ……………… **290**, 314
レーザー ……………………………… 15
レプトン ……………………………… **243**
連続の式 ……………………………… **23**
ローレンツ因子 ……………………… 6
ローレンツ群 ………………………… **120**
ローレンツ・ゲージ条件 …………… **145**
ローレンツ項 ………………………… 6
ローレンツ・ブースト ……………… 5
ローレンツ不変規格化 ……………… **197**
ローレンツ不変デルタ関数 ………… **169**
ローレンツ変換 ……………………… 4
ロバートソン–ウォーカー計量 …… **56**, 79

ワ 行

ワイル・スピノル …………………… **139**
ワインバーグ角 ……………………… **235**
ワインバーグ–サラム理論 …………… **242**
ワインボトル ………………………… **228**

数 字

2-point correlation function ………… 280
2nd-order tensor …………………… **8**
2 階テンソル ………………………… **8**
2 価表現 ……………………………… **126**
2 重階乗 ……………………… **284**, 308
2 点相関関数 ………………………… 280
3 次元完全反対称テンソル ………… 16
4-acceleration ……………………… **11**
4-current ……………………………… 15
4-force ……………………………… **13**
4-momentum ………………………… **11**
4-vector ……………………………… **8**
4-velocity …………………………… **11**
4 脚場 ………………………………… **32**
4 元運動量 …………………………… **11**
4 元加速度 …………………………… **11**
4 元速度 ……………………………… **11**
4 元電流密度 ………………………… 15
4 元ベクトル ………………………… **8**
4 元力 ………………………………… **13**

A

Abelian gauge field ………………… **151**
absolute luminosity ………………… **62**
acoustic oscillations ………………… 230
adiabatic fluctuations ……………… 157
adiabatic perturbations …………… 112, 189
affine parameter …………………… **42**
affine transformation ……………… **42**
angular diameter distance ………… **63**
annihilation operator ……………… **167**
asymptotic completeness …………… **183**
asymptotic condition ……………… **182**
asymptotic freedom ………………… **251**

B

background spacetime ……………… 80
BAO ………………………………… 234
Bardeen equation …………………… 102
Bardeen's variables ………………… 102
baryon acoustic oscillations ……… 234
baryon isocurvature mode ……… 245, 246
baryons ……………………………… **250**
Bianchi identity …………………… **48**
bias …………………………………… 290
——parameter …………………… 291
Boltzmann equation ………………… 9
branching ratio …………………… **201**
brightness …………………………… **103**
——function …………………… 209
——temperature ……………… 58
Bunch–Davis vaccum ……………… 153

C

Cabibbo angle ……………………… **258**
Cabibbo-Kobayashi-Maskawa matrix … **256**
CAMB ……………………………… 251
canonical energy-momentum tensor … **111**
CDM ………………………………… 43
——等曲率モード ……………… 246
chaotic inflation …………………… 140
charge conjugation ………………… **138**
charged current …………………… **275**
charged lepton ……………………… **243**
chiral representation ……………… **137**
chiral transformation ……………… **139**

Christoffel symbol ··· **28**
CKM matrix ······································· **256**
CKM 行列 ······································· **256**
CMB ·· **104**
CMBFAST ······································· 261
CNB ·· **95**
cold dark matter model ······················· 43
cold relics ······································· 43
collisionless Boltzmann equation ············ 8
color confinement ······························ **251**
comoving coordinates ···················· **10**, **55**
comoving distance ······························ **57**
comoving gauge ································ 108
Compton formula ······························ **222**
Compton scattering ···························· **215**
Comptonization parameter ···················· 51
Condon-Shortley phase ············· **291**, 315
conformal Newtonian gauge ··············· 104
conformal time ······································ **57**
connection coefficients ······················· **28**
conserved current ······························ **112**
consistency relation ···························· 167
continuity equation ····························· **23**
contraction ·· 2
contravariant vector ······························ 8
correlation function ···························· 280
cosmic microwave background radiation
   ·· **104**
cosmic neutrino background ················ **95**
cosmic time ·· **55**
cosmological constant ························· **53**
   —— dominated epoch ···················· **72**
   —— parameter ······························ **70**
   —— problem ································ **81**
cosmological parameters ···················· **67**
cosmological principle ························· **54**
cosmological term ······························ **53**
covariant derivative ····························· **28**
covariant vector ·································· 8
CP 対称性の破れ ······························· **258**
creation operator ································ **167**
critical density ··································· **69**
curvature parameter ···························· **70**
curvature perturbations ······················· 110
curvature tensor ·································· **46**
curvature-dominated epoch ················· **72**

D

dark energy ·· **79**
dark matter ······································· 39
decoupling ·· **89**
density parameter ································ **69**
de Sitter universe ······························· **72**
differential decay width ······················ **200**
differential scattering cross-section ········ **194**
diffusion damping ····························· 235
Dirac adjoint ····································· **137**
Dirac equation ··································· **142**
Dirac mass term ································· **141**
Dirac spinor ······································· **136**
distant-observer approximation ··········· 294
dual electromagnetic field tensor ············· **17**
dummy index ····································· 2
Dyson's formula ································ **187**

E

early-time integrated Sachs-Wolfe effect
   ·· 268
effective number of neutrinos ·············· **87**
effective spectral index ······················ 159
Einstein-de Sitter universe ·················· **69**
Einstein equation ······························· **52**
Einstein-Hilbert action ······················· **160**
Einstein tensor ···································· **51**
electromagnetic 4-potential ················· **15**
electromagntic field tensor ··················· **16**
electroweak phase transition ················ **91**
electroweak theory ···························· **231**
energy flux ·· **19**
energy-momentum tensor ···················· **18**
equality time ······································ **71**
equation-of-state parameter ················· **68**
equivalence principle ·························· **23**
Euler equation ···································· **23**
Euler-Lagrange equation ···················· **105**
event horizon ····································· **64**

F

Fadder-Popov ghost ··························· **273**
Fermi coupling constant ····················· **276**
Feynman diagram ······························ **211**
Feynman gauge ·································· 175

Feynman propagator ······ **190**
Feynman rules ······ **212**
field ······ **105**
　—— strength tensor ······ **155**
flat model ······ **75**
flatness problem ······ 131
flavor ······ **244**
　—— mixing ······ **254**
flux ······ **18, 62**
Fock base ······ **166**
Fock space ······ **166**
FP ゴースト ······ **273**
free field ······ **129**
freeze in ······ 41
Friedmann equation ······ **66**
Friedmann model ······ **74**
functional ······ **107**
　—— derivative ······ **107**
fundamental observer ······ **55**

G

Gamov criterion ······ **89**
gauge field ······ **149**
gauge fixing term ······ **174**
gauge freedom ······ **14**
gauge group ······ **152**
gauge-invariant perturbation theory ······ 98
gauge principle ······ **149**
gauge transformation ······ **14**
Gell-Mann matrices ······ **249**
Gell-Mann-Nishijima formula ······ **241**
generator ······ **123**
geodesic ······ **42**
　—— equation ······ **42**
Glashow-Weinberg-Salam theory ······ **242**
global transformation ······ **111**
gluon ······ **248**
Grassmann numbers ······ **135**
group ······ **119**
　—— representation ······ **120**
Gupta-Bleuler method ······ **177**
GWS theory ······ **242**
GWS 理論 ······ **242**

H

half-life ······ **201**

Harrison-Zel'dovich spectrum ······ 270
HDM ······ 42
Heaviside-Lorentz units ······ ix, **xiii**
Heisenberg picture ······ **178**
Heisenberg representation ······ **179**
helicity ······ **143**
　—— basis ······ 65
Higgs boson ······ **231**
Higgs doublet ······ **231**
Higgs field ······ **231**
Higgs mechanism ······ **231**
horizon ······ **63**
　—— problem ······ 130
hot dark matter model ······ 42
hot relics ······ 41
Hubble radius ······ **64**
Hubble's constant ······ **62**
Hubble's law ······ **62**

I

inflation theory ······ 131
inflaton field ······ 134
initial density fluctuations ······ 129
initial fluctuations ······ 157
integrated Sachs-Wolfe effect ······ 268
interaction representation ······ **181**
invariant scattering amplitude ······ **198**
invariant volume element ······ **26**
inverse mass hierarchy ······ 270
irreducible representation ······ **121**
isocurvature perturbations ······ 112, 189, 243

J

Jacobi indentity ······ **154**

K

Kaiser's formula ······ **297**
Killing equation ······ **37**
Killing vector ······ **37**
Klein-Gordon equation ······ **130**
Klein-Nishina formula ······ **223**
Kompaneets equation ······ 50

L

Lagrangian density ······ **106**
Landau gauge ······ **175**

large-field inflation ································ 140
large-scale structure of the universe ······· 279
last scattering surface ····························· 267
late-time integrated Sachs-Wolfe effect ·· 268
lattice gauge theory ································ **251**
left-handed spinor ································· **136**
lepton ·· **243**
Lie algebra ·· **123**
Lie derivative ··· **36**
light-like ··· 3
—— geodesic ······································ **42**
linear bias ·· 291
—— factor ·· 291
linear growth factor ······························· 182
linear growth rate ·································· 182
linear power spectrum ···························· 285
line-of-sight integration approach ·········· 261
Liouville equation ····································· 8
Liouville operator ····································· 8
Liouville's theorem ··································· 7
local inertial frame ································· **24**
local transformation ······························· **112**
longitudinal gauge ································· 104
longtudinal polarization ························· **147**
Lorentz boost ·· **5**
Lorentz factor ··· **6**
Lorentz group ······································· **120**
Lorentz invariant delta function ············ **169**
Lorentz invariant normalization ············ **197**
Lorentz term ·· **6**
Lorentz transformation ···························· **4**
luminosity distance ································ **62**
Lyth bound ·· 168

M

Møller scattering ··································· **206**
Majorana mass term ······························ **140**
Majorana spinor ···································· **139**
mass eigenstates ···································· **255**
mass-shell ·· 1
matter-dominated epoch ························ **72**
matter-radiation equality time ··············· **71**
matter transfer function ························· 283
mean lifetime ·· **200**
mesons ·· 250
metric tensor ··· 2

Milne universe ·· **72**
Minkowski spacetime ······························· **2**
mode decomposition ······························ 170
Mott scattering formula ························ **206**
Mukhanov-Sasaki variable ···················· 147

N

Nambu-Goldstone boson ······················ **229**
Nambu-Goldstone theorem ··················· **229**
natural units ···································· ix, **xiii**
negative frequency mode ······················ **132**
neutral current ······································ **275**
neutrino density isocurvature mode ······· 247
neutrino oscillation ······················· **258**, 268
neutrino velocity isocurvature mode ······ 250
Noether current ···································· **112**
Noether's theorem ································· **109**
non-Abelian gauge field ························ **152**
normal mass hierarchy ·························· **270**
normal ordering ···································· **168**
number operator ··································· **167**

O

oscillation lengths ································· **269**

P

Palatini identity ···································· **158**
parity invariance ··································· **135**
partial decay width ······························· **200**
particle 4-flow ·· 3
particle horizon ······································ **64**
Pauli matrices ······································· **125**
peculiar velocity ···································· 292
Peebles model ·· 32
perfect fluid ·· **20**
perturbed spacetime ································ 80
Planck's law ·· **104**
PMNS matrix ······································· **260**
PMNS 行列 ··· **260**
polarization vector ································ **145**
Pontecorvo-Maki-Nakagawa-Sakata matrix
  ··· **260**
positive frequency mode ······················· **132**
primordial nucleosynthesis ······················ **96**
proper orthochronous Lorentz transformation
  ·· **5**

proper time ·········· 10

Q

QCD ·········· 248
quantum chromodynamics ·········· 248
quantum electrodynamics ·········· 215
quark ·········· 247
—-hadron transition ·········· 92

R

radiation-dominated epoch ·········· 72
radiation transfer function ·········· 255
recombination ·········· 101
redshift space ·········· 293
redshift survey ·········· 292
reducible representation ·········· 121
reheating ·········· 136
relic particle ·········· 39
renormalization theory ·········· 215
representation of direct product ·········· 120
representation space ·········· 120
Ricci curvature tensor ·········· 48
right-handed spinor ·········· 136
Robertson-Walker metric ·········· 56
running spectral index ·········· 159
Rutherford scattering ·········· 201
—— formula ·········· 206

S

S matrix ·········· 183
—— operator ·········· 183
Sachs-Wolfe effect ·········· 268
Saha equation ·········· 102
scalar ·········· 7
—— curvature ·········· 49
—— poloarization ·········· 147
——-vector-tensor decomposition ·········· 92
scale factor ·········· 55
scale-invariant spectrum ·········· 158
scattering amplitude ·········· 183
scattering cross-section ·········· 194
scattering matrix ·········· 183
scattering operator ·········· 183
Schrödinger picture ·········· 178
Schrödinger representation ·········· 179
SDSS ·········· 299

seesaw mechanism ·········· 263
Silk damping ·········· 235
single-field slow-roll inflation ·········· 136
Sloan Digital Sky Survey ·········· 299
slow-roll ·········· 137
—— conditions ·········· 137
—— inflation ·········· 136
—— parameters ·········· 138
sound horizon ·········· 232
space-like ·········· 3
—— geodesic ·········· 43
spacetime interval ·········· 2
spatially flat gauge ·········· 109
specific intensity ·········· 103
spectral index ·········· 158
spin angular momentum ·········· 117
spinor representation ·········· 125, 137
spin-weighted spherical harmonics ·········· 68
standard model of particle physics ·········· 226
stimulated emission ·········· 15
Stokes parameters ·········· 60, 215
stress tensor ·········· 19
structure constant ·········· 153
Sunyaev-Zel'dovich effect ·········· 56
SVT decomposition ·········· 92
SVT 分解 ·········· 92
synchronous gauge ·········· 105
S 行列 ·········· 183
——演算子 ·········· 183

T

tensor product ·········· 120
tensor-to-scalar ratio ·········· 167
tetrad ·········· 32
the principle of relativity ·········· 1
Thomson cross section ·········· 225
Thomson scattering formula ·········· 223
three-level approximation of the hydrogen atom ·········· 32
tight-coupling approximation ·········· 228
time-like ·········· 3
—— geodesic ·········· 42
—— polarization ·········· 147
time-ordered product ·········· 186
total decay width ·········· 200
total scattering cross-section ·········· 194

totally antisymmetric tensor	**37**
T-product	**186**
transverse polarization	**147**
trivial representation	**120**
T 積	**186**

U

unitary gauge	**230**

V

V–A theory	**276**
V–A 理論	**276**
visibility function	263
Vlasov equation	8

W

weak hypercharge	**239**
weak isospin	**241**
weak mixing angle	**235**
Weinberg angle	**235**
Weinberg-Salam theory	**242**
Weyl spinor	**139**
Wick contraction	**188**
Wick theorem	**187**
window function	288
world line	**10**

Y

Yang-Mills field	**152**

著者略歴

松原隆彦（まつばら・たかひこ）
 1990 年 京都大学理学部卒業．
 1995 年 広島大学大学院理学研究科博士課程修了．
     京都大学基礎物理学研究所，東京大学大学院理学系研究科，
     ジョンズホプキンス大学物理天文学部，名古屋大学大学院
     理学研究科などを経て，
 現　在 高エネルギー加速器研究機構教授．博士（理学）．
 主要著書 『宇宙論 II　宇宙の進化』（共著，日本評論社，2007），
     『現代宇宙論――時空と物質の共進化』
      （東京大学出版会，2010），
     『宇宙のダークエネルギー――未知なる力の謎を解く』
      （共著，光文社，2011），
     『宇宙に外側はあるか』（光文社，2012），
     『大規模構造の宇宙論――宇宙に生まれた絶妙な多様性』
      （共立出版，2014），
     『宇宙はどうして始まったのか』（光文社新書，2015），
     『目に見える世界は幻想か？――物理学の思考法』
      （光文社新書，2017），
     『図解　宇宙のかたち――大規模構造を読む』（光文社，2018），
     『なぜか宇宙はちょうどいい――この世界を創った奇跡のパ
      ラメータ 22』（誠文堂新光社，2020）．

宇宙論の物理　上

   2014 年 12 月 25 日　初　版
   2022 年 9 月 5 日　第 3 刷

   [検印廃止]

 著　者 松原隆彦
 発行所 一般財団法人　東京大学出版会
    代表者　吉見俊哉
    153-0041　東京都目黒区駒場 4-5-29
    電話 03-6407-1069　Fax 03-6407-1991
    振替 00160-6-59964
    URL http://www.utp.or.jp/
 印刷所 大日本法令印刷株式会社
 製本所 牧製本印刷株式会社

Ⓒ2014 Takahiko Matsubara
ISBN978-4-13-062615-6 Printed in Japan

[JCOPY] 〈出版者著作権管理機構　委託出版物〉
本書の無断複写は著作権法上での例外を除き禁じられています．複写される場合は，そのつど事前に，出版者著作権管理機構（電話 03-5244-5088，FAX 03-5244-5089, e-mail: info@jcopy.or.jp）の許諾を得てください．

ものの大きさ[第2版]　自然の階層・宇宙の階層	須藤　靖	A5/2400円
銀河進化の謎　宇宙の果てに何をみるか	嶋作一大	A5/2400円
宇宙137億年解読　コンピューターで探る歴史と進化	吉田直紀	A5/2400円
現代宇宙論　時空と物質の共進化	松原隆彦	A5/3800円
系外惑星探査　地球外生命をめざして	河原　創	A5/4200円
観測的宇宙論	池内　了	A5/4200円
宇宙観5000年史　人類は宇宙をどうみてきたか	中村・岡村	A5/3200円

ここに表示された価格は本体価格です．御購入の際には消費税が加算されますので御了承下さい．